应用泛函分析基础

Fundamentals of Applied Functional Analysis

（第二版）

主　编　庞永锋　余维燕
副主编　杨　威　陈晓龙
孙　燕　张雅荣

西安电子科技大学出版社

内 容 简 介

本书共分 7 章(不含绪论)。第 1 章主要介绍本书所需要的集合论、数学分析、高等代数和近世代数等方面的基本知识。第 2 章主要介绍与本书相关的点集拓扑知识，重点介绍连续映射、开集、闭集以及紧性。第 3 章主要介绍可数集、可测集和 Lebesgue 积分等与本书相关的实变函数知识。第 4 章主要介绍距离空间的定义、常见的距离空间、距离空间的完备性及 Banach 不动点定理等。第 5 章主要介绍赋范线性空间的定义、常见的赋范线性空间、赋范线性空间中的最佳逼近问题、Banach 空间中的基本定理及有限维赋范线性空间等。第 6 章主要介绍内积空间的定义、Hilbert 空间的定义、常见的内积空间、内积空间中的逼近问题、Hilbert 空间上有界线性泛函的表示定理及有界线性算子等。第 7 章主要介绍有界线性算子的谱理论、紧算子的谱理论及有界自伴算子的谱理论等。

本书可作为信息与计算科学、数学与应用数学、统计学及数据科学与大数据等数学类专业的本科生教材和其他理工类专业研究生的教材或参考书。

图书在版编目(CIP)数据

应用泛函分析基础＝Fundamentals of Applied Functional Analysis / 庞永锋，余维燕主编. —2 版. —西安：西安电子科技大学出版社，2022.10
ISBN 978 - 7 - 5606 - 6616 - 7

Ⅰ. ①应… Ⅱ. ①庞… ②余… Ⅲ. ①泛函分析—应用 Ⅳ. ①O117.92

中国版本图书馆 CIP 数据核字(2022)第 157330 号

策　　划　邵汉平
责任编辑　邵汉平
出版发行　西安电子科技大学出版社(西安市太白南路 2 号)
电　　话　(029)88202421　88201467　　邮　　编　710071
网　　址　www.xduph.com　　电子邮箱　xdupfxb001@163.com
经　　销　新华书店
印刷单位　陕西天意印务有限责任公司
版　　次　2022 年 10 月第 1 版　2022 年 10 月第 1 次印刷
开　　本　787 毫米×1092 毫米　1/16　印张　15.5
字　　数　360 千字
印　　数　1～2000 册
定　　价　45.00 元
ISBN 978 - 7 - 5606 - 6616 - 7 / O

XDUP 6918002 - 1

前　　言

编者从 2004 年起，先后承担泛函分析、数学分析和实变函数等数学专业本科生课程和拓扑学等研究生课程的教学任务。在长期的教学过程中编者发现学生的基础千差万别。很多数学专业的研究生虽然学过数学分析、高等代数、近世代数和实变函数等课程，但是他们并没有很好地掌握这些课程的基本知识，没有深入理解这些课程的思想，不能将这些课程和泛函分析课程有机联系。因此泛函分析课程的学习对于他们来说是相当困难的。

在长期的教学和科研过程中，编者遇到很多非数学专业的科研人员，他们需要用到泛函分析的知识，对泛函分析课程非常感兴趣。但是这些科研人员大多数没有完整学习过数学分析、高等代数、实变函数和拓扑学等课程，因此对于他们来说，泛函分析是一门令人头疼，但是又不得不学的课程，他们迫切需要一本合适的泛函分析教材。

现在国内使用的泛函分析教材主要有两类：一类是为数学专业学生编写的教材，这类教材数学理论完备，证明过程详尽，但是应用方面的知识和例题讲得比较少，学生学习的难度较大，即使勉强学习，也很难将所学知识应用于实际工程中；另一类是为非数学专业学生编写的教材，这类教材应用性比较强，但是没有对相关的数学知识进行必要的归纳、提炼和升华，内容的跳跃度大，理论衔接性差，导致学习难度变大。

编者在总结多年教学经验的基础上，针对应用泛函分析的学习需要，编写了本书。本书第一版自 2015 年在西安电子科技大学出版社出版后，获得了众多师生的认可和厚爱，有些学生和教师还提出了很多宝贵的修改意见。在此基础上，编者对第一版教材进行了修改和完善，出版了教材的第二版。本书在保持第一版结构不变的前提下进行了全面修订，与第一版相比，除使细节更合理外，还做了一些涉及全局性的改变：

(1) 将第一版中第 5 章仅与线性空间有关的凸集知识进行调整，增加了很多应用知识，重新组织成为 1.7 节；

(2) 将第一版中 2.6 节拓扑空间中的紧性与可分性进行调整，重新组织为 2.6 节拓扑空间中的紧性；

(3) 对第一版第 3 章中实变函数的证明进行弱化，增加了一些与概率相关的概念和知识，对第 3 章的内容进行了调整；

(4) 对第一版中 4.2 节的内容进行调整、优化，并与第 2 章所介绍的拓扑空间进行联系，使知识结构更加合理；

(5) 对第一版中的证明过程和习题进行了完善和优化。

本书具有以下特点：

(1) 以高等数学、线性代数和概率论等大学数学教材为基础，提炼和提升了与泛函分析相关的数学专业知识，为泛函分析的学习奠定全面的、扎实的基础。

(2) 尽可能详细、完整地讲授泛函分析理论，对于重要的定理大都给出详细的证明，不但符合数学专业注重理论性的特点，而且使非数学专业学生在理论上对泛函分析有一个较全面的、完整的认识。

(3) 尽可能多地给出了泛函分析在最优化、控制论和概率论等领域中的一些应用，帮助学生更好地理解泛函分析的思想，学习泛函分析的知识，培养学生应用泛函分析知识解决工程问题的能力。

全书共分为 7 章，其中第 4～7 章是本书的核心。在学习本书时，数学专业的本科生和非数学专业的研究生可以只学习第 1 章到第 6 章。数学专业的研究生可以对前 3 章的内容进行简单的复习，熟悉基础知识，从第 4 章开始学习。数学专业算子理论与算子代数方向的研究生还需要学习第 7 章内容。

本书的编写得到了国家自然科学基金(12061031，11401457)、陕西省自然科学基金(2019JM252，2014JM1010)、西安建筑科技大学数学一流专业子项目(YLZY1003J01)和海南师范大学数学学科基金的资助，是编者二十年来的教学成果和研究心血的结晶。

本书由 6 位编者合作完成，其中第 1 章由杨威和孙燕编写，第 2 章由余维燕编写，第 3 章由庞永锋和余维燕编写，第 4 章由庞永锋编写，第 5 章由杨威和张雅荣编写，第 6 章由庞永锋和陈晓龙编写，第 7 章由庞永锋编写。张雅荣为本书配备了习题，并协助修改完善书稿。全书由庞永锋统稿和校正。

在此，第一要感谢父母多年来的培养和教育，使编者能够顺利地完成大学的学习。第二，要感谢妻子在生活上的悉心照顾，使编者能够顺利完成研究生阶段的学习和本书的顺利编写。第三，要感谢大学授业恩师的谆谆教诲和研究生阶段各位导师的悉心指导及无私培养。第四，要感谢数学与应用数学专业的本科生和数学专业的研究生在教学和学习过程中提出的宝贵意见和建议，特别感谢本人的研究生高乐、闫涛、王芳、梁佳秀、魏银、王权、张丹莉和马栋。第五，要感谢海南师范大学余维燕教授和西安电子科技大学陈晓龙教授的工作。最后，要感谢西安建筑科技大学理学院、数学系、大数据科学系的各位同事多年的悉心指导和帮助。

由于编者水平有限，书中难免存在疏漏与不足，恳请各位专家、同仁和同学批评指正。在此，编者致以真诚的感谢！

本人联系方式：pangyongfengyw@xauat.edu.cn。

庞永锋

2022年6月18日于

西安建筑科技大学

常用数学符号表

符号	含义
$\mathbb{N}$	全体正整数构成的集合，称为自然数集
$\mathbb{Z}$	全体整数构成的集合，称为整数集
$\mathbb{Q}$	全体有理数构成的集合，称为有理数集
$\mathbb{R}$	全体实数构成的集合，称为实数集
$\mathbb{C}$	全体复数构成的集合，称为复数集
$\mathbb{F}$	一个数域，通常是实数域，或者复数域
$\varnothing$	空集
$a\in A$	元素 a 属于集合 A
$a\notin A$	元素 a 不属于集合 A
$\forall x\langle P(x)\rangle$	对一切变量 x，$P(x)$是真的
$\exists x\langle P(x)\rangle$	存在一个变量 x，使得 $P(x)$是真的
$\rightarrow$	左边的命题蕴含右边的命题
$\Rightarrow$	左边的命题蕴含右边的命题是一个永真式
$\Leftrightarrow$	左右两边的命题等值是一个永真式
$A\subseteq B$	集合 A 的每一个元素都是集合 B 的元素
$A\cap B$	集合 A 与集合 B 的所有公共元素构成的集合
$A\cup B$	集合 A 或者集合 B 的所有元素构成的集合
$A-B$	属于集合 A 且不属于集合 B 的所有元素构成的集合
$\bigcup\limits_{\gamma\in\Gamma}A_\gamma$	集合$\{x\mid\exists\gamma_0\langle\gamma_0\in\Gamma\wedge x\in A_{\gamma_0}\rangle\}$
$\bigcap\limits_{\gamma\in\Gamma}A_\gamma$	集合$\{x\mid\forall\gamma\langle\gamma\in\Gamma\rightarrow x\in A_\gamma\rangle\}$
$A\times B$	集合$\{(x, y): x\in A\wedge y\in B\}$
A'	集合 A 的所有聚点构成的集合
$\overline{A}$	集合$A\cup A'$
A°	由集合 A 的所有内点构成的集合
$\mathrm{CH}(S)$	集合 S 的凸包
$\mathrm{span}A$	集合 A 张成的线性子空间
$\lvert A\rvert$	集合 A 的基数

$m(A)$	集合 A 的 Lebesgue 测度
ω	可数集的基数
$C(X)$	集合 X 上的连续函数全体构成的集合
$M(X)$	集合 X 上的可测函数全体构成的集合
$S(X)$	集合 X 上的简单函数全体构成的集合
$L^1(X, \mu)$	集合 X 上关于测度 μ 可积的函数构成的集合
$\\|x\\|$	向量 x 的范数
$X \approx Y$	空间 X 和 Y 同构
$B(X, Y)$	从赋范线性空间 X 到 Y 的全体有界线性算子构成的集合
X^*	赋范线性空间 X 上的全体有界线性泛函构成的集合
$D(T)$	算子 T 的定义域且它是 X 的一个子空间
$G(T)$	算子 T 的图像
$R(T)$	算子 T 的值域
$N(T)$	算子 T 的核空间
$\\|T\\|$	算子 T 的范数
$x_n \xrightarrow{w} x$	向量列 $\{x_n\}$ 弱收敛于 x
$T_n \xrightarrow{\\|\cdot\\|} T$	算子列 $\{T_n\}$ 依范数收敛于 T
$T_n \xrightarrow{s} T$	算子列 $\{T_n\}$ 强收敛于 T
$T_n \xrightarrow{w} T$	算子列 $\{T_n\}$ 弱收敛于 T
$\dim H$	线性空间 H 的维数
$[x, y]$	向量 x 和 y 的内积
$L^\perp$	Hilbert 空间中子集 L 的正交补
$\rho(T)$	算子 T 的预解集
$\sigma(T)$	算子 T 的谱
$\sigma_p(T)$	算子 T 的所有特征值构成的集合
$r(T)$	算子 T 的谱半径

目　　录

绪　论

“泛函分析”一词最早出现于 Levy 在 1922 年出版的《泛函分析教程》中。泛函分析的起源可以追溯到 18 世纪变分法的产生。与微积分研究函数的极值一样，变分法研究函数空间上的函数——泛函的极值。泛函分析的产生一方面是研究数学物理中各种艰深问题的需要，另一方面则是受到其他数学分支高度发展的影响。

泛函分析起源于线性代数、常微分方程和偏微分方程、变分法和逼近论，特别是线性积分方程理论对现代泛函分析的创立和发展起了极大的作用。数学家观察到各种不同领域的问题具有相互关联的特征和性质，通过对问题的提炼，可以获得处理这些问题的一个统一而有效的途径。这种处理问题的优点是：能够把握事物最本质的核心部分，免受非本质的细节的干扰，从而把问题看得更深入、更清晰。这有助于把毫不相关的各个领域联系起来。用抽象方法研究问题，总是从满足某些公理的一个集合出发，并且对集合元素的特征不予指定，将导出的一些逻辑结果作为定理反复使用。这意味着，从公理体系出发得到了一个数学结构，对这个结构的理论以抽象的方法进行讨论，而且这些定理可以被应用到满足公理体系的各种具体的集合上。在泛函分析中，以抽象的方法研究各种抽象的空间。一个抽象空间实质上是满足一个公理体系的集合，选用不同的公理体系就可以得到不同的抽象空间。由此我们将会看到空间这个概念具有惊人的广泛性。

泛函分析的直接推动力是 19 世纪末兴起的积分方程的研究，它促进了线性泛函分析的诞生。泛函分析的发展受到 19 世纪末和 20 世纪初数学史上发生的几件大事的影响。

(1) 分析学中类似问题的处理。代数方程求根和微分方程求解都使用了逐次逼近法，并且解的存在性和唯一性的条件也极为相似，这种相似在处理积分方程中表现得更为突出。Riesz 和 Fischer 几乎同时建立了 L^2 和 l^2 之间的等价关系。泛函分析的产生正是和这种情况有关，即有些看起来似乎不相关的对象却存在着类似的地方。它启发人们从这些类似的东西中探寻一般的、本质的东西，这正是泛函分析的特征。

(2) 非欧几何的发现。非欧几何的建立产生的一个“最重要的影响是迫使数学家从根本上改变了对数学性质的理解”。函数被看成是函数空间中的点或向量。这一方面显示出分析学和几何学之间的相似性，另一方面存在将分析方法几何化的可能性，这种可能性要求把几何概念进一步推广，将有限维空间推广到无限维空间。

(3) 实变函数的诞生。集合论在 20 世纪初首先引起了积分学的变革。1902 年，Lebesgue 发表的论文《积分、长度与面积》，被公认为是现代积分论的奠基性工作。1905 年前后，法国数学家 Frechet 开创了一般测度空间中的积分论，建立了实变函数。

(4) 抽象代数的发展。在 Galois 引进了群的概念之后，Cayley 引进了抽象群的概念，

Huntington 提出了抽象群的公理体系，Dirichlet 提出了理想的概念，Dedekind 引进了环和格的概念，Weber 提出了域的概念。1921 年，Noether 及其学派出版了《环中的理想》一书，这本书被看成现代抽象代数的开端。

如此形成的现代泛函分析是现代几何、函数及代数观点的高度综合。泛函分析的许多概念和方法是在总结各个数学分支的相似点的基础上提炼出来的，这就促使数学家们用抽象的方法和统一的观点对这些不同数学分支中的共同点进行加工，其结果不仅使经典分析的概念和方法一般化了，而且由于与代数和几何结合在一起，这些概念和方法也被代数化和几何化了。泛函分析研究的是代数的问题，运用的是几何的观点，使用的是分析的方法。

泛函分析是一门分析学科，与传统的分析学科不同。传统的分析强调演算，而泛函分析强调概念；传统的分析主要讨论个别函数(类)的性质，而泛函分析主要讨论函数空间及其上算子集合的结构，特别是拓扑结构、代数结构及序结构。

泛函分析研究的空间是将一个拓扑结构加到一个代数结构上所形成的拓扑向量空间。泛函分析研究拓扑向量空间之间满足各种拓扑和代数条件的映射。

泛函分析的内容大致可分为四个部分：

一是**函数空间理论**，包括从 Hilbert 空间、Banach 空间到一般拓扑向量空间的理论。

二是**函数空间上的分析**，即所谓泛函演算。

三是**函数空间之间的映射及算子理论**，其中发展最成熟的是 Hilbert 空间中的线性算子理论。

四是**算子(或函数)集合的代数结构**，如 Banach 代数、von Neumann 代数、C^*-代数以及算子半群等理论。

泛函分析的发展可分为三个阶段：

第一阶段是泛函分析的创始时期，大约从 19 世纪 80 年代到 20 世纪 20 年代。在意大利数学家引进泛函演算以及线性算子的概念之后，法国数学家发展了泛函演算。法国数学家 Frechet 利用集合论把前人的结果统一为一个抽象的理论，把它们的共同点归纳起来并且加以推广，将函数或者曲线构成一个抽象的集合，将单个的函数或曲线看成这个集合中的一个点。1906 年，Hadmard 还在抽象的空间中引进“距离”的观念，它具有 Euclid 空间距离的基本性质。带有极限结构的集合称为距离空间，这是后来拓扑空间的萌芽。集合上可以定义函数，也就是泛函。有了极限结构就可以定义泛函的连续性。泛函可以进行代数运算，也可以进行分析演算，这样就成为名副其实的泛函分析。

与 Frechet 研究的同时，Hilbert 对积分方程进行了系统的研究，得到了具体的 Hilbert 空间理论。抽象的 Hilbert 空间理论是由 Schmidt 提出的。1907 年，匈牙利数学家 Riesz 等人引进 L^2 空间，发现其性质和 l^2 空间类似。Riesz-Fischer 定理清楚地表明积分理论和抽象空间的泛函之间的紧密联系。1910 年，Riesz 仿照 L^2 空间研究了 L^p 空间($1\leqslant p\leqslant+\infty$)，后来又研究 l^p 空间。Riesz 发现 L^p 上的连续线性泛函全体构成一个对偶的空间 L^q(其中 p 和 q 互为共轭指数)，这些空间是研究偏微分方程不可少的工具。

第二阶段是泛函分析正式发展为一门学科。从 1920 年到 1922 年，Hahn、Helly、Wiener 和 Banach 都对赋范线性空间进行了定义及研究，Helly 得到了 Hahn-Banach 定理。

对泛函分析贡献最大的是波兰数学家 Banach，他将 Hilbert 空间推广为 Banach 空间。1932 年，Banach 出版了《线性算子理论》，统一了当时泛函分析的众多成果，成为泛函分析第一本经典著作。从此泛函分析不仅理论上比较完备，而且在古典分析的应用上起到了举足轻重的作用。特别是波兰数学家 Schauder 和法国数学家 Leray 的不动点理论都是偏微分方程理论的重要工具。

1926 年，John von Neumann 把 Hilbert 空间公理化，将量子力学的数学基础建立在泛函分析之上，提出了自伴算子的谱理论。20 世纪 30 年代末，波兰数学家 Mazur 与苏联数学家 Gelfand 发展了 Banach 代数理论，而且通过抽象方法轻而易举地证明古典分析中的大定理。这显示了泛函分析方法的威力，也证明了泛函分析独立存在的价值。

第三阶段是泛函分析的成熟阶段。从 20 世纪 40 年代起，泛函分析在各方面取得突飞猛进的发展。Schwartz 系统地发展了广义函数论，它现在已成为数学中不可缺少的重要工具。1945 年后，Schatten 和 Grothendieck 引入拓扑张量积理论，完成了局部凸向量空间理论。Grothendieck 引进一种新型的拓扑凸空间——核空间，它在泛函分析及概率论的许多分支中有广泛的应用。

随着科学技术的迅速发展，泛函分析的概念和方法已经渗透到数学的许多分支，泛函分析为数学提供了一个强有力的工具和崭新的语言。而且泛函分析日益广泛地被应用于自然科学、工程科技理论和社会科学的各个领域，例如现代调和分析、多元复分析、金融数学、量子概率论和非交换几何等，成为从事这些领域研究工作的专家和学者们所必需的数学工具，即使那些表面上与基础数学没有任何关系的学科也大量涉及泛函分析的方法。

最后我们给出一个与泛函分析密切相关的应用问题。

求解$[a, b]$上满足初始条件 $f(a)=1$，$f'(a)=0$ 的微分方程 $f''(x)+f(x)=g(x)$。当 $g(x)=0$ 时，常系数线性齐次方程 $f''(x)+f(x)=0$ 的通解为 $f(x)=A\sin x+B\cos x$，其中 A 和 B 是任意实常数。参数变易法是求解微分方程的一个重要方法，它将任意常数 A 和 B 用函数 $A(x)$和 $B(x)$代替，得到微分方程的解 $f(x)=A(x)\sin x+B(x)\cos x$。

下面确定函数 $A(x)$和 $B(x)$。对 $f(x)=A(x)\sin x+B(x)\cos x$ 关于 x 求导数可得

$$f'(x)=A(x)\cos x-B(x)\sin x+A'(x)\sin x+B'(x)\cos x$$

如果直接再次关于 x 求导数，则函数的项数不断增加，还会出现 $A(x)$和 $B(x)$的高阶导数。为避免出现这种情形，做出自然而且合理的假设，令 $A'(x)\sin x+B'(x)\cos x=0$。此时，$f'(x)=A(x)\cos x-B(x)\sin x$，进而 $f''(x)=A'(x)\cos x-B'(x)\sin x-f(x)$。将上式带入原微分方程可得，$g(x)=A'(x)\cos x-B'(x)\sin x$。由 Crammer 法则可得

$$A'(x)=g(x)\cos x,\ B'(x)=g(x)\sin x$$

由初始条件可得，$A(a)=\sin a$，$B(a)=\cos a$。

由 Newton-Leibniz 公式可得

$$A(x)=A(a)+\int_a^x g(t)\cos t\,\mathrm{d}t=\sin a+\int_a^x g(t)\cos t\,\mathrm{d}t$$

$$B(x)=B(a)+\int_a^x g(t)\sin t\,\mathrm{d}t=\cos a+\int_a^x g(t)\sin t\,\mathrm{d}t$$

进而有

$$f(x)=\cos(x-a)+\int_a^x \sin(x-t)g(t)\mathrm{d}t$$

下面需要验证上述函数的确是原微分方程的解。

利用含参变量积分的性质，对上述 $f(x)$求两次导数可得

$$f'(x)=-\sin(x-a)+\int_a^x \cos(x-t)g(t)\mathrm{d}t$$

$$f''(x)=-\cos(x-a)-\int_a^x g(t)\sin(x-t)\mathrm{d}t+g(x)=-f(x)+g(x)$$

代入原微分方程后成为恒等式。故 $f(x)=\cos(x-a)+\int_a^x \sin(x-t)g(t)\mathrm{d}t$ 是原方程满足初始条件的解。

下面推广这个问题。设 $\varphi(x)$在$[a, b]$上连续，求解$[a, b]$上的满足初始条件 $f(a)=1$，$f'(a)=0$ 的微分方程 $f''(x)+f(x)=\varphi(x)f(x)$。利用上述的讨论结果，很容易写出它的特解形式为

$$f(x)=\cos(x-a)+\int_a^x \sin(x-t)\varphi(t)f(t)\mathrm{d}t$$

但是上述表达式只是将微分方程等价于积分方程，并没有实质性地求解。因此需要寻找该积分方程的解。

下面使用泛函分析方法求解积分方程 $f(x)=\cos(x-a)+\int_a^x \sin(x-t)\varphi(t)f(t)\mathrm{d}t$。

(1) 简化积分方程。设 $u(x)=\cos(x-a)$。定义$(Kh)(x)=\int_a^x \sin(x-t)\varphi(t)h(t)\mathrm{d}t$，将积分方程改写为 $f(x)=u(x)+(Kf)(x)$。由 x 的任意性，得 $f=u+Kf$。称映射 K 为算子，称上述方程为算子方程。

(2) 使用迭代法求解算子方程。任取 $f_0\in C[a, b]$，如果恰好有 $u+Kf_0=f_0$，则 f_0 就是算子方程的解；如果 $u+Kf_0=f_1\neq f_0$ 且 $u+Kf_1=f_1$，则 f_1 就是算子方程的解；如果不是这样，就定义一个迭代序列 $f_{n+1}=u+Kf_n$，得到一个函数列$\{f_n\}$。希望 f_{n+1} 较 f_n 更接近算子方程的解且函数列$\{f_n\}$存在极限函数 f，期望极限函数 f 是算子方程的解。

(3) 考虑函数列收敛的类型。由于希望算子方程的解是连续函数，因此要求函数列是一致收敛的，即 $\lim\limits_{n, m\to\infty}\max\limits_{x\in[a, b]}|f_n(x)-f_m(x)|=0$。为了简化形式，引入范数记号。定义

$$\|h\|=\max_{x\in[a, b]}|h(x)|$$

则

$$\lim_{n, m\to\infty}\|f_n-f_m\|=0$$

(4) 研究算子 K 的性质。在迭代过程中要求 $K(\lambda_1 h_1+\lambda_2 h_2)=\lambda_1 Kh_1+\lambda_2 Kh_2$，即 K 是线性算子，还用到 $\|Kf_n\|\leqslant M\|f_n\|$ 保证$\{f_n\}$的收敛性，这实质上是要求算子是有界的。

(5) 积分方程解的收敛性。由于 $(Kh)(x)=\int_a^x \sin(x-t)\varphi(t)h(t)\mathrm{d}t$，则

$$|(Kh)(x)| \leqslant \|\varphi\| \|h\| (x-a)$$

由归纳法可得，

$$|(K^n h)(x)| \leqslant \|\varphi\| \|h\| \frac{(x-a)^n}{n!}, \quad \forall n \in \mathbb{N}$$

进而

$$\|K^n h\| \leqslant \|\varphi\|^n \|h\| \frac{(b-a)^n}{n!}$$

因此 $\sum_{n=0}^{\infty} \|K^n u\| \leqslant \|u\| \exp((b-a)\varphi)$。当 $n>m$ 时，则

$$\|f_n - f_m\| \leqslant \sum_{j=m}^{n} \|K^j u\| + \|K^n f_0\| + \|K^m f_0\|$$

这里用到了范数记号的性质：

$$\|h_1 + h_2\| \leqslant \|h_1\| + \|h_2\|, \quad \|\lambda h\| = |\lambda| \|h\|$$

由于 $\sum_{n=0}^{\infty} \|K^n u\|$ 收敛，则 $\forall \varepsilon > 0$，$\exists k_1$，$\forall n > m > k_1$ 有 $\sum_{j=m}^{n} \|K^j u\| < \frac{\varepsilon}{3}$。由于 $\sum_{n=0}^{\infty} \|K^n f_0\|$ 收敛，则 $\lim_{m\to\infty} \|K^m f_0\| = 0$。故对上述 ε，$\exists k_2$，$\forall m > k_2$ 有 $\|K^m f_0\| < \frac{\varepsilon}{3}$。因此对上述 ε，取 $k=\max\{k_1, k_2\}$，则 $\forall n>m>k$ 有

$$\|f_n - f_m\| \leqslant \sum_{j=m}^{n} \|K^j u\| + \|K^n f_0\| + \|K^m f_0\| < \frac{\varepsilon}{3} + \frac{\varepsilon}{3} + \frac{\varepsilon}{3} = \varepsilon$$

故函数列 $\{f_n\}$ 是 Cauchy 列。如果 $\lim_{n\to\infty} f_n = f$，则 $f = \lim_{n\to\infty} f_{n+1} = u + K(\lim_{n\to\infty} f_n) = u + Kf$。故函数 f 为微分方程 $f''(x) + f(x) = \varphi(x) f(x)$ 的满足初始条件 $f(a)=1$ 和 $f'(a)=0$ 的解。

在上述积分方程的求解中，我们建立了线性空间，定义了向量的范数和线性空间之间的线性算子，研究了有界线性算子，使用了 Cauchy 列和 Banach 空间，给出了函数方程解的级数表示。这些概念和方法都是泛函分析的重要内容，需要在泛函分析中进一步学习和理解。

第1章 预备知识

19 世纪末，德国数学家 Cantor 创立的集合论是 20 世纪数学抽象化和形式化的基础。1899 年，德国数学家 Hilbert 在几何基础中所完善的现代公理化方法导致了实变函数、近世代数、拓扑学和泛函分析的崛起。现代的泛函分析产生于数学物理问题中，并且它还是现代几何、函数及代数观点的高度综合。因此泛函分析应该是建立在集合论、数学分析及高等代数等大学数学课程基础之上的。本章对相关知识给予简单的回顾，并给出本书需要的主要结果。大部分结论的证明可见相关参考文献。

★ **本章知识要点：**集合的表示；集合的运算；关系的性质；等价关系；群；商群；数域；线性空间；仿射流形；凸集线性变换；上确界；下确界；极限。

1.1 集合的基本概念

集合论是整个现代数学的逻辑基础。集合中悖论的存在导致了现代集合论的诞生，但是本书只涉及朴素的集合论。

集合(set)是由某些具有某种属性的全体个体构成的集体，这里个体和集体是两个没有定义的概念。例如“正在这里听课的全体学生的集合”“所有整数的集合”，等等。集合也称为集、族(family)或者类(collection)。集合中的每个个体称为该集合的元素(element)。元素也被称为元、点或者成员(member)。例如，正在听课的全体学生构成的集合以正在听课的每个学生为该集合的元素；所有整数的集合以每一个整数为该集合的元素。

众所周知，数 0 表示没有；所有元素都为 0 的矩阵是零矩阵，它们为数学运算提供了很大的方便。集合也可以没有元素。例如，平方等于 2 的有理数构成的集合；平方等于 -1 的实数构成的集合。没有元素的集合称为空集(empty set, null set)，用$\varnothing$表示。由一个元素构成的集合称为单点集(single point set)。

集合的表示方法很多，如列举法和描述法等。

(1) 将一个集合的所有元素一一列举，并括上花括号，称这种表示集合的方法为列举法。例如，集合$\{a_1, a_2, \cdots, a_n\}$表示由元素 $a_1, a_2, \cdots, a_n$ 构成的集合。

(2) 用$\{x \mid 关于 x 的一个命题P\}$表示使得花括号中竖线后面的命题 P 成立的所有元素 x 构成的集合，称这种表示集合的方法为描述法。例如，集合$\{x \mid x 为实数且 0<x<1\}$表示开区间$(0, 1)$。集合表示中的竖线也可以用冒号“：”来代替。

在不至于发生混淆的情况下，用列举法表示集合时允许某种省略。例如，用$\{2, 3, \cdots\}$表示全体大于 1 的整数构成的集合；用$\{3, 5, \cdots\}$表示全体大于 1 的奇数构成的集合。然而上述两个集合中，前者可能会被误解为全体正素数构成的集合；而后者也可能会被误解为全体正奇素数构成的集合。因此不鼓励这种表示方法，除非从上下文的陈述中得到不被误解的保证。

不论用哪种方法表示集合，最重要的是所定义集合的元素应当是完全确定的。

在本书中，一般用大写英文字母或花体字母表示集合，用小写英文字母表示集合的元素。本书经常采用以下集合记号：

$\mathbb{N}$表示全体正整数构成的集合，称为正整数集，或者自然数集；

$\mathbb{Z}$表示全体整数构成的集合，称为整数集；

$\mathbb{Q}$表示全体有理数构成的集合，称为有理数集；

$\mathbb{R}$表示全体实数构成的集合，称为实数集；

$\mathbb{C}$表示全体复数构成的集合，称为复数集；

$\mathbb{F}$表示一个数域，通常是实数域$\mathbb{R}$，或者复数域$\mathbb{C}$。

$$(a, b)=\{x \in \mathbb{R}: a<x<b\};\ [a, b]=\{x \in \mathbb{R}: a \leqslant x \leqslant b\}$$

本书经常用到以下函数集合的记号：

$$X(a<f<b)=\{x \in X: f: X \to \mathbb{R},\ a<f(x)<b\}$$

$$C[a, b]=\{f: [a, b] \to \mathbb{R} \mid f(x)\text{在}[a, b]\text{上连续}\}$$

$$C^1[a, b]=\{f: [a, b] \to \mathbb{R} \mid f'(x)\text{在}[a, b]\text{上连续}\}$$

设 A 是一个集合，a 是一个元素。如果 a 是 A 的一个元素，记为 $a \in A$，读作 a 属于(belongs to)A；如果 a 不是 A 的元素，记为 $a \notin A$，读作 a 不属于 A。对于任何一个集合 A 和任何一个元素 a，则 $a \in A$ 和 $a \notin A$ 有且仅有一个成立，这就是集合的确定性。

在以后的陈述或证明中，本书经常采用以下的逻辑符号：

“$\forall x\langle P(x)\rangle$”表示对一切变量 x，$P(x)$是真的，这个记号来源于“all”或者“any”；

“$\exists x\langle P(x)\rangle$”表示存在一个变量 x 使得 $P(x)$是真的，这个记号来源于“exist”；

“$\to$”表示“左边的命题蕴含右边的命题”；

“$\Rightarrow$”表示“左边的命题蕴含右边的命题是一个永真式”；

“$\Leftrightarrow$”表示“左边的命题等价于右边的命题是一个永真式”；

“$\wedge$”表示且(或合取运算)，即两个命题同时成立；

“$\vee$”表示或者(或析取运算)，即两个命题中至少有一个命题成立。

本书总用等号“=”表示逻辑上的同一个对象。设 A 和 B 是两个集合。$A=B$ 读作 A 等于 B，表示它们是由相同的元素构成的集合；$A \neq B$ 读作 A 不等于 B，表示 A 中至少存在一个元素不是 B 的元素，或者 B 中至少存在一个元素不是 A 的元素。

注意到下面的性质是自然的，因此略去证明。

定理 1.1.1　设 A、B 和 C 是三个集合，则它们具有以下性质：

(1) 自反性(reflexivity)：$A=A$；

(2) 对称性(symmetry)：如果 $A=B$，则 $B=A$；

(3) 传递性(transitivity)：如果 $A=B$ 且 $B=C$，则 $A=C$。

在定理 1.1.1 的基础上可抽象出集合中元素之间的等价关系。

定义 1.1.1　设 A 和 B 是两个集合。

(1) 若集合 A 的每一个元素都是集合 B 的元素，则称 A 是 B 的子集(subset)，记为 $A \subseteq B$，读作 A 包含于 B(is contained in)，或者 B 包含 A，即

$$(A \subseteq B) \Leftrightarrow \forall x\langle x \in A \to x \in B\rangle$$

(2) 若 $A\subseteq B$ 且 $A\neq B$，则称 A 是 B 的真子集(proper subset)，记为 $A\subset B$，读作 A 真包含于 B，或者 B 真包含 A，即 $(A\subset B)\Leftrightarrow((A\subseteq B)\wedge\exists x_0\langle x_0\in B\wedge x_0\notin A\rangle)$。

定理 1.1.2　设 A、B 和 C 是三个集合，则它们具有以下性质：

(1) 自反性(reflexivity)：$A\subseteq A$；

(2) 反对称性(anti-symmetry)：如果 $A\subseteq B$ 且 $B\subseteq A$，则 $B=A$；

(3) 传递性(transitivity)：如果 $A\subseteq B$ 且 $B\subseteq C$，则 $A\subseteq C$。

在定理 1.1.2 的基础上可抽象出集合中元素之间的偏序关系。

注记：在证明集合相等时经常用到反对称性，即 $A=B\Leftrightarrow(A\subseteq B)\wedge(B\subseteq A)$。

在泛函分析中常常需要讨论以集合作为元素的集合，为了强调，称这类集合为集族。

定义 1.1.2　设 X 是一个集合，称 X 的所有子集构成的集族为集合 X 的幂集(power set)，记为 $P(X)$或者 2^X，即 $P(X)=2^X=\{A\mid A\subseteq X\}$。

幂集的称呼源于事实：若集合 X 有 n 个元素，则 X 的幂集 $P(X)$有 2^n 个元素。

定义 1.1.3　设 Γ 是一个非空集合。如果 $\forall\gamma\in\Gamma$，存在唯一一个集合 A_γ 与 γ 对应，则称给定了一个有标集族 $\{A_\gamma\}_{\gamma\in\Gamma}$，称 Γ 为集族 $\{A_\gamma\}_{\gamma\in\Gamma}$ 的指标集(index set)。

特别地，如果指标集 $\Gamma=\mathbb{N}$，则称集族 $\{A_n\}_{n\in\mathbb{N}}$ 为集合序列，简称集列，记为 $\{A_n\}$。

定义 1.1.4　设 $\{A_n\}$ 是一个集列。

(1) 如果 $\forall n\in\mathbb{N}$ 有 $A_n\subseteq A_{n+1}$，则称集列 $\{A_n\}$ 为升列，或者称 $\{A_n\}$ 递增；

(2) 如果 $\forall n\in\mathbb{N}$ 有 $A_n\supseteq A_{n+1}$，则称集列 $\{A_n\}$ 为降列，或者称 $\{A_n\}$ 递减。

1.2　集合的基本运算

本节介绍集合的交、并、差和对称差等基本运算及性质。

定义 1.2.1　设 A 和 B 是两个集合。

(1) 称集合 $\{x\mid x\in A$ 且 $x\in B\}$ 为 A 与 B 的交集(intersection set)，记为 $A\cap B$，即

$$A\cap B=\{x\mid(x\in A)\wedge(x\in B)\}$$

(2) 如果 $A\cap B=\varnothing$，则称 A 与 B 不相交(disjoint)或者互斥。

(3) 称集合 $\{x\mid x\in A$ 或者 $x\in B\}$ 为 A 与 B 的并集(union set)，记为 $A\cup B$，即

$$A\cup B=\{x\mid(x\in A)\vee(x\in B)\}$$

(4) 称集合 $\{x\mid x\in A$ 且 $x\notin B\}$ 为 A 与 B 的差集(difference set)，记为 $A-B$，即

$$A-B=\{x\mid(x\in A)\wedge(x\notin B)\}$$

定义 1.2.2　设 X 是一个给定的集合，A、$B\subseteq X$。

(1) 称差集 $X-A$ 为 A 关于 X 的补集(complement set)，记为 A^c。

(2) 称集合 $(A-B)\cup(B-A)$ 为 A 与 B 的对称差(symmetric difference)，记为 $A\Delta B$。

显然，$A-B=A-(A\cap B)=A\cap B^c$。

定理 1.2.1　设 X 是一个给定的集合，A，B，$C\subseteq X$，则它们具有以下性质：

(1) 幂等律：$A\cup A=A$，$A\cap A=A$；

(2) 交换律：$A\cup B=B\cup A$，$A\cap B=B\cap A$；

(3) 结合律：$(A\cup B)\cup C=A\cup(B\cup C)$，$(A\cap B)\cap C=A\cap(B\cap C)$；

(4) 分配律：$(A\cup B)\cap C=(A\cap C)\cup(B\cap C)$，$(A\cap B)\cup C=(A\cup C)\cap(B\cup C)$；

(5) 德·摩根律：$(A\cup B)^c=A^c\cap B^c$，$(A\cap B)^c=A^c\cup B^c$。

下面介绍集合对称差的性质：

定理 1.2.2　设 A，B 和 C 是三个集合，则它们具有以下性质：

(1) $A\Delta B=(A\cup B)-(A\cap B)$；

(2) 结合律：$(A\Delta B)\Delta C=A\Delta(B\Delta C)$；

(3) 单位元：$A\Delta\varnothing=A$；

(4) 逆元：$A\Delta A=\varnothing$；

(5) 交换律：$A\Delta B=B\Delta A$。

证明：(3)，(4)和(5)的证明比较简单，因此略去。仅证明(1)和(2)。

(1)
$$\begin{aligned}A\Delta B&=\{x\mid(x\in A-B)\vee(x\in B-A)\}\\&=\{x\mid((x\in A)\wedge(x\notin B))\vee((x\in B)\wedge(x\notin A))\}\\&=\{x\mid(x\in A\cup B)\wedge(x\notin A\cap B)\}\\&=(A\cup B)-(A\cap B)\end{aligned}$$

(2) 由
$$\begin{aligned}(A\Delta B)-C&=((A-B)\cup(B-A))\cap C^c\\&=((A-B)\cap C^c)\cup((B-A)\cap C^c)\\&=(A-B-C)\cup(B-A-C)\end{aligned}$$

则
$$\begin{aligned}C-(A\Delta B)&=C\cap((A\cap B^c)\cup(B\cap A^c))^c=C\cap(A\cap B^c)^c\cap(B\cap A^c)^c\\&=C\cap(A^c\cup B)\cap(B^c\cup A)=((C\cap A^c)\cup(C\cap B))\cap(B^c\cup A)\\&=((C\cap A^c)\cap(B^c\cup A))\cup((C\cap B)\cap(B^c\cup A))\\&=(C\cap A^c\cap B^c)\cup(C\cap B\cap A)\\&=(C-A-B)\cup(C\cap B\cap A)\end{aligned}$$

故
$$\begin{aligned}(A\Delta B)\Delta C&=((A\Delta B)-C)\cup(C-(A\Delta B))\\&=(A-B-C)\cup(B-C-A)\cup(C-A-B)\cup(A\cap B\cap C)\end{aligned}$$

由于上述表达式关于 A、B 和 C 是对称的，则$(A\Delta B)\Delta C=(B\Delta C)\Delta A=A\Delta(B\Delta C)$。

例 1.2.1　求证：对任何集合 A 和 B，则 $A\Delta C=B$ 当且仅当 $C=A\Delta B$。

证明：充分性。由定理 1.2.2 可得，$A\Delta C=A\Delta(A\Delta B)=(A\Delta A)\Delta B=\varnothing\Delta B=B$。

必要性。由定理 1.2.2 可得，$C=\varnothing\Delta C=(A\Delta A)\Delta C=A\Delta(A\Delta C)=A\Delta B$。

定义 1.2.3　设$\{A_\gamma\}_{\gamma\in\Gamma}$是一个有标集族。

(1) 当 $\Gamma\neq\varnothing$时，称集合$\{x\mid\exists\gamma_0\langle(\gamma_0\in\Gamma)\wedge(x\in A_{\gamma_0})\rangle\}$为$\{A_\gamma\}_{\gamma\in\Gamma}$的并，记为$\bigcup\limits_{\gamma\in\Gamma}A_\gamma$；

(2) 当 $\Gamma\neq\varnothing$时，称集合$\{x\mid\forall\gamma\langle(\gamma\in\Gamma)\to(x\in A_\gamma)\rangle\}$为$\{A_\gamma\}_{\gamma\in\Gamma}$的交，记为$\bigcap\limits_{\gamma\in\Gamma}A_\gamma$；

(3) 当 $\Gamma=\varnothing$时，$\bigcup\limits_{\gamma\in\Gamma}A_\gamma=\varnothing$，$\bigcap\limits_{\gamma\in\Gamma}A_\gamma$ 无意义。

特别地，对于集列$\{A_n\}$，记$\bigcup\limits_{n\in\mathbb{N}}A_n$为$\bigcup\limits_{n=1}^{\infty}A_n$；记$\bigcap\limits_{n\in\mathbb{N}}A_n$为$\bigcap\limits_{n=1}^{\infty}A_n$。

类似于定理 1.2.1，对于集族有下面的性质：

定理 1.2.3　设 X 是一个非空集合，$A\subseteq X$，$A_\gamma\subseteq X$，$\forall\gamma\in\Gamma$，则它们具有以下性质：

(1) 分配律：$A\cap(\bigcup\limits_{\gamma\in\Gamma}A_\gamma)=\bigcup\limits_{\gamma\in\Gamma}(A\cap A_\gamma)$，$A\cup(\bigcap\limits_{\gamma\in\Gamma}A_\gamma)=\bigcap\limits_{\gamma\in\Gamma}(A\cup A_\gamma)$；

(2) 德·摩根律：$(\bigcup\limits_{\gamma\in\Gamma}A_\gamma)^c=\bigcap\limits_{\gamma\in\Gamma}A_\gamma^c$，$(\bigcap\limits_{\gamma\in\Gamma}A_\gamma)^c=\bigcup\limits_{\gamma\in\Gamma}A_\gamma^c$。

定义 1.2.4 设 A 和 B 是两个非空集合，则称集合$\{(x, y): (x\in A)\wedge(y\in B)\}$为 A 与 B 的积集，或者笛卡儿积(Cartesian product)，记为 $A\times B$，称(x, y)为一个二元有序对，即

$$A\times B=\{(x, y): (x\in A)\wedge(y\in B)\}=\{(x, y): x\in A, y\in B\}$$

设$n\in\mathbb{N}$，$\{A_1, A_2, \cdots, A_n\}$是一个集族，称集合$\{(a_1, a_2, \cdots, a_n): a_k\in A_k, k=1, 2, \cdots, n\}$为集合 $A_1, A_2, \cdots, A_n$ 的积集，记为 $A_1\times A_2\times\cdots\times A_n$，或者$\prod\limits_{k=1}^{n}A_k$。

特别地，如果 $A_k=X$，$k=1, 2, \cdots, n$，则称$\prod\limits_{k=1}^{n}A_k$ 为 X 的 n 重积，记为 X^n。

注记：$\mathbb{R}$，$\mathbb{R}^2$和$\mathbb{R}^3$分别表示一维实直线、二维平面和三维空间。

定理 1.2.4 设 X 和 Y 是两个集合，$A_1, A_2\subseteq X$，$B_1, B_2\subseteq Y$，则

(1) $(A_1\cap A_2)\times(B_1\cap B_2)=(A_1\times B_1)\cap(A_2\times B_2)=(A_1\times B_2)\cap(A_2\times B_1)$。

(2) $(A_1\cup A_2)\times(B_1\cup B_2)=(A_1\times B_1)\cup(A_1\times B_2)\cup(A_2\times B_1)\cup(A_2\times B_2)$。

证明：(1)

$$\begin{aligned}&(A_1\cap A_2)\times(B_1\cap B_2)\\&=\{(x, y): (x\in A_1\cap A_2)\wedge(y\in B_1\cap B_2)\}\\&=\{(x, y): (x\in A_1, y\in B_1)\wedge(x\in A_2, y\in B_2)\}\\&=\{(x, y): ((x, y)\in A_1\times B_1)\wedge((x, y)\in A_2\times B_2)\}\\&=(A_1\times B_1)\cap(A_2\times B_2)。\end{aligned}$$

类似地，$(A_1\cap A_2)\times(B_1\cap B_2)=(A_1\times B_2)\cap(A_2\times B_1)$。

(2)

$$\begin{aligned}&(A_1\cup A_2)\times(B_1\cup B_2)\\&=\{(x, y): (x\in A_1\cup A_2)\wedge(y\in B_1\cup B_2)\}\\&=\{(x, y): (x\in A_1\wedge y\in B_1)\vee(x\in A_1\wedge y\in B_2)\vee(x\in A_2\wedge y\in B_1)\\&\quad\vee(x\in A_2\wedge y\in B_2)\}\\&=(A_1\times B_1)\cup(A_1\times B_2)\cup(A_2\times B_1)\cup(A_2\times B_2)\end{aligned}$$

1.3 关系与映射

定义 1.3.1 若集合 R 是集合 X 与集合 Y 的积集的子集，即 $R\subseteq X\times Y$，则称集合 R 是一个从 X 到 Y 的二元关系(binary relation)，简称 R 是一个关系。若 $Y=X$ 且 $R\subseteq X\times X$，则称 R 是集合 X 上的一个关系。若 $R=\varnothing$，则称 R 是空关系。本书只研究非空关系。

例 1.3.1 设 $A=\{a, b, c\}$，$B=\{a, b, c, d\}$。求证：$S=\{(a, b), (a, c), (b, a), (b, c), (c, a)\}$和 $R=\{(b, b), (c, c), (b, d)\}$都是从 A 到 B 的关系。

证明略。

定义 1.3.2 设 R 是从集合 X 到集合 Y 的一个关系。

(1) 如果$(x, y)\in R$，则称 x 与 y 是 R 相关的，记为 xRy。

(2) 称集合$\{x\in X: \exists y_0\langle(y_0\in Y)\wedge(x, y_0)\in R\rangle\}$为关系 R 的前域，记为 $D(R)$。

(3) 设$A\subseteq X$且$A\neq\varnothing$，则称集合$\{y\in Y: \exists x_0\langle(x_0\in A)\wedge(x_0, y)\in R\rangle\}$为$A$在关系$R$下的像集(imagine set)，记为$R(A)$。

特别地，称$R(X)$为R的后域，即$R(X)=\{y\in Y: \exists x_0\langle(x_0\in X)\wedge(x_0, y)\in R\rangle\}$。

(4) 如果$S=\{(y, x)\in Y\times X: (x, y)\in R\}$，则称关系$S$为$R$的逆关系，记为$R^{-1}$。

(5) 设$B\subseteq Y$且$B\neq\varnothing$，则称B在关系R^{-1}下的像集$R^{-1}(B)$为B关系R下的逆像集，即$R^{-1}(B)=\{x\in X: \exists y_0\langle(y_0\in B)\wedge(x, y_0)\in R\rangle\}$。

定义 1.3.3 设R是X上的一个关系。若$R=\{(x, x): x\in X\}$，称R为对角线或恒等关系(identity relation)，记为$\Delta(X)$或I_X。对角线的名称暗示了它在$\times X$中的位置。

定义 1.3.4 设R是从集合X到集合Y的一个关系，S是从Y到集Z的一个关系。若$T=\{(x, z)\in X\times Z: \exists y_0\langle y_0\in Y\wedge(x, y_0)\in R\wedge(y_0, z)\in S\rangle\}$，则关系$T$是$R$与$S$的复合关系(composite relation)，记为$S\circ R$，简记为SR，即$T=SR$。

定理 1.3.1 设R是从集合X到集合Y的一个关系，S是从Y到集Z的一个关系，T是从Z到集合U的一个关系，则

$$(TS)R=T(SR),\ RI_X=I_YR=R,\ (SR)^{-1}=R^{-1}S^{-1},\ (R^{-1}=R$$

定义 1.3.5 设$n\in\mathbb{N}$，R是集合X上的一个关系。如果

(1) $R^0=I_X$；

(2) $R^1=R$；

(3) $R^{k+1}=R^kR$，$k=1, 2, \cdots, n-1$，

则称关系R^n为关系R的n次幂。

定理 1.3.2 设R是从集合X到集合Y的一个关系，S是从Y到集的一个关系。

(1) $R(\bigcup_{\gamma\in\Gamma}A_\gamma)=\bigcup_{\gamma\in\Gamma}R(A_\gamma)$，$R(\bigcap_{\gamma\in\Gamma}A_\gamma)\subseteq\bigcap_{\gamma\in\Gamma}R(A_\gamma)$，$A_\gamma\subseteq X$，$\forall\gamma\in$

(2) $R^{-1}(\bigcup_{\gamma\in\Gamma}B_\gamma)=\bigcup_{\gamma\in\Gamma}R^{-1}(B_\gamma)$，$R^{-1}(\bigcap_{\gamma\in\Gamma}B_\gamma)\subseteq\bigcap_{\gamma\in\Gamma}R^{-1}(B_\gamma)$，$B_\gamma\subseteq Y\in\Gamma$。

(3) $(SR)(A)=S(R(A))$，$(SR)^{-1}(C)=R^{-1}(S^{-1}(C))$，$A\subseteq X$，(

(4) 设A_1，$A_2\subseteq X$。如果$A_1\subseteq A_2$，则$R(A_1)\subseteq R(A_2)$。

(5) 设B_1，$B_2\subseteq Y$。如果$B_1\subseteq B_2$，则$R^{-1}(B_1)\subseteq R^{-1}(B_2)$。

定义 1.3.6 设R是集合X上的一个关系。

(1) 如果$I_X\subseteq R$，即$\forall x\langle x\in X\Rightarrow(x, x)\in R\rangle$，则称$R$具有自反性vity)；

(2) 如果$R^{-1}=R$，即$\forall x$，$\forall y\langle x\in X\wedge y\in X\wedge(x, y)\in R\Rightarrow(y R\rangle$，则称$R$具有对称性(symmetry)；

(3) 如果$R^{-1}\cap R=I_X$，即$\forall x$，$\forall y\langle x\in X\wedge y\in X\wedge(x, y)\in I\ x)\in R\Rightarrow(y=x)\rangle$，则称$R$具有反对称性(anti-symmetry)；

(4) 如果$R^2\subseteq R$，则称R具有传递性(transitivity)，即

$$\forall x,\ \forall y,\ \forall z\langle x\in X\wedge y\in X\wedge z\in X\wedge(x, y)\in R\wedge(y, z)\in R\Rightarrow \in R\rangle$$

定义 1.3.7 设R是集合X上的一个关系。如果R具有自反性、对递性，则称R为X上的一个等价关系(equivalent relation)，记为"$\sim_R$"，简记为~

(1) 如果$(x, y)\in R$，则称y与x是R等价的，记为$x\sim_R y$，简记为

(2) 设$x\in X$，称集合$\{y\in X: x\sim_R y\}$为x的R等价类，记为$[x]_R$ $x]$。

(3) $\forall y \in [x]_R$，则称 y 是 R 等价类$[x]_R$ 的一个代表元。

(4) 称集族$\{[\,]_R: x \in X\}$为 X 关于等价关系 R 的商集(quotient set)，记为 X/R。

例 1.3.2　设$X=\{a, b, c, d\}$，$R=\{(a, a), (a, d), (b, b), (b, c), (c, b), (c, c), (d, a), (d, d)\}$。

求证：R 是 X 上的一个等价关系。

证明： 由$(a,$ 、(b, b)、(c, c)、$(d, d) \in R$，则知 R 满足自反性。由(a, d)、(d, a)、(b, c)、$(c, b) \in R$ 则知 R 满足对称性。逐一验证可知 R 满足传递性。故 R 是 X 上的等价关系。

例 1.3.3　设$=\{(x, 0): x \in \mathbb{R}\}$，定义$\mathbb{R}^2$上的一个关系～为 $\alpha \sim \beta \Leftrightarrow \alpha-\beta \in A$。

求证：～是$\mathbb{R}$的一个等价关系，并求$\mathbb{R}^2$关于～的等价类和商集$\mathbb{R}^2/\sim$。

证明： $\forall \alpha =$ $y) \in \mathbb{R}^2$，则 $\alpha-\alpha=(0, 0) \in A$。故～满足自反性。

$\forall \alpha=(x_1,$ $\beta=(x_2, y_2) \in \mathbb{R}^2$ 且 $\alpha \sim \beta$，则 $\alpha-\beta \in A$，故 $y_1=y_2$。因此 $\beta-\alpha=(x_2-x_1, 0) \in A$ $\beta \sim \alpha$，～满足对称性。

$\forall \alpha=(x_1,$ $\beta=(x_2, y_2)$，$\gamma=(x_3, y_3) \in \mathbb{R}^2$ 且 $\alpha \sim \beta$，$\beta \sim \gamma$，则 $\alpha-\beta \in A$ 且 $\beta-\gamma \in A$，故 $y_1=y_2=y_3$。$\gamma=(x_1-x_3, 0) \in A$，得知 $\alpha \sim \gamma$。因此～满足传递性。

故～是$\mathbb{R}^2$ 上个等价关系。

设 $\alpha=(x_0,$ $\in \mathbb{R}^2$，$L(\alpha)=\{(x, y_0) \in \mathbb{R}^2: x \in \mathbb{R}\}$，则 α 的等价类 $L(\alpha)$ 是过$(0, y_0)$且平行于 x 轴的。$\mathbb{R}^2$关于～的商集为$\{L(\alpha): \alpha=(x, y) \in \mathbb{R}^2\}$，它是所有平行于 x 轴的直线构成的集

注记： 下述说明集合的一个等价关系对应于该集合的一个分类，它将这个集合分割成一些非空的不交的等价类，使得该集合的每一个元素在且仅在某一个等价类中。

定理 1.3.3 R 是集合 X 上的一个等价关系。

(1) 设 $x \in$ $x \in [x]_R$，即$[x]_R \neq \varnothing$。

(2) 设 $x,$ 则$[x]_R=[y]_R$ 和$[x]_R \cap [y]_R=\varnothing$有且仅有一个成立。

定义 1.3.8 是集合 X 上的一个关系。

(1) 若 R 反性、反对称性和传递性，则称 R 是 X 上的一个偏序关系(partial order)，记为"$\leqslant$具有偏序关系"$\leqslant$"的集合 X 为偏序集(partial order set)，记为$(X, \leqslant)$。

设$(X, \leqslant$ 偏序集。

(2) 若 $\forall x$ 有$(x \leqslant y) \vee (y \leqslant x)$，即 $x \leqslant y$ 和 $y \leqslant x$ 至少有一个成立，则称"$\leqslant$"为 X 上的全序关order)，称 X 为全序集(total order set)、套(nest)或者链(chain)。

(3) 设 A"$\leqslant$"为 A 上的一个全序关系，则称 A 为 X 的一个全序子集。

例 1.3.4 定义关系$\leqslant$为 $a \leqslant b \Leftrightarrow a \mid b$。求证：$\leqslant$是$\mathbb{N}$上的一个偏序关系。

证明： $\forall$ 由 $a=1\times a$，则 $a \mid a$ 且 $a \leqslant a$。故$\leqslant$满足自反性。$\forall (a, b) \in \mathbb{N}^2$，如果 $a \leqslant b$ 且 $b \leqslant a$，$d \in \mathbb{N}$使得 $b=ac$ 且 $a=bd$。因此 $cd=1$，进而 $a=b$。故$\leqslant$满足反对称性。$\forall (a,$ $) \in \mathbb{N}^2$，如果 $a \leqslant b$ 且 $b \leqslant c$，则 $\exists m, n \in \mathbb{N}$使得 $b=am$ 且 $c=bn$。由 $mn \in \mathbb{N}$ 且 $c=$则 $a \leqslant c$。因此$\leqslant$满足传递性。故$\leqslant$是$\mathbb{N}$上的偏序关系。

定义 1.3 $, \leqslant)$是一个偏序集，$A \subseteq X$，$a, b \in A$，$c, d \in X$。

(1) 若 $\forall$ $A) \wedge (a \leqslant x) \Rightarrow (x=a))$，则称 a 为 A 的一个极大元(majorant

element)。

(2) 若 $\forall x\langle((x\in A)\wedge(x\leqslant b)\Rightarrow(x=b))\rangle$，则称 b 为 A 的一个极小元(minorant element)。

(3) 若 $\forall x\in A$ 有 $x\leqslant c$，则称 c 为 A 的一个上界(upper bounded)。

(4) 若 $\forall x\in A$ 有 $d\leqslant x$，则称 d 为 A 的一个下界(lower bounded)。

(5) 若 $\exists\alpha\in A$ 使得 α 为 A 的一个上界，则称 α 为 A 的一个最大元(maxal element)。

(6) 若 $\exists\delta\in A$ 使得 δ 为 A 的一个下界，则称 δ 为 A 的一个最小元(nimal element)。

例 1.3.5　设 $X=\{a, b, c, d\}$，$A=\{a, b, c\}$，$R=\{(a, a), (a, b)(a, c), (a, d), (b, b), (b, c), (b, d), (c, c), (d, d)\}$。

求证：R 是 X 上的一个偏序关系。依偏序关系 R，a 是 A 的极小元也最小元。

证明： 当 $x=a$、b、c、d 时，由 $(x, x)\in R$，则 R 满足自反性。$(x, y)\in R$ 且 $(y, x)\in R$，则 $x=y$。因此 R 满足反对称性。$\forall(x, y)$、$(y, z)\in R$，则 $, z)\in R$。因此 R 满足传递性。故 R 是 X 上的偏序关系。

$\forall x\in A$ 且 $(x, a)\in R$，则 $x=a$。故 a 是 A 的极小元。$\forall x\in A$，由 $x)\in R$，则 a 是 A 的最小元。

引理 1.3.1　(Zorn，1935 年) 设 A 是一个非空偏序集。如果 A 的每一个全序子集都有上界，则 A 必有一个极大元。

定义 1.3.10　设 T 是从非空集合 X 到 Y 的一个非空关系。如果 $\forall X$，存在唯一 $y\in Y$ 使得 $(x, y)\in T$，则称 T 是从 X 到 Y 内的一个映射(mapping)，记 $T: X\to Y$。设 $x\in X$，记 $y=T(x)$ 或者 $y=Tx$。

称 X 为 T 的定义域(domain)，记为 $D(T)$；称集合 $R(T)=\{Tx\in Y\ D(T)\}$ 为 T 的值域(range)；称集合 $G(T)=\{(x, Tx): x\in D(T)\}$ 为映射 T 的图(grap $G(T)=T$。

如果 $Y=X$，则称 $T: X\to X$ 为 X 上的一个变换(transformation) 或 operator)。

如果 $Y=\mathbb{F}$，则称 $T: X\to\mathbb{F}$ 为 X 上的一个泛函(functional)。

如果 $X=\mathbb{N}$，则称 $T: \mathbb{N}\to Y$ 为集合 Y 中的一个点列(sequence)。

如果 $X=D\subseteq\mathbb{F}$，$Y=\mathbb{F}$，则称 $T: D\to\mathbb{F}$ 为一个函数(function)，通常 f。

注记： 恒等关系是一个映射，称为恒等映射(identity mapping)，即 $I_X($，$\forall x\in X$。

下面给出映射的几个具体例子。

例 1.3.6

(1) 设映射 $f: \mathbb{R}^2\to\mathbb{R}$ 为 $f(x, y)=xy$，则 $f(x, y)$ 是一个二元实函

(2) 设映射 $f: \mathbb{R}\to\mathbb{R}^3$ 为 $f(t)=(\cos t, \sin t, t)$，则 $f(t)$ 是一个向量。

(3) 设 $\mathbb{A}\subseteq P(X)$，映射 $\mu: \mathbb{A}\to\overline{\mathbb{R}}=[-\infty, +\infty]$ 为

$$\mu(B)=\begin{cases}0, & B=\varnothing\\ |B|, & B\text{ 为非空有限集}\\ +\infty, & B\text{ 为无限集}\end{cases}$$

其中 $|B|$ 表示有限集 B 的元素个数，则 $\mu(B)$ 是一个集函数。

(4) 设映射 $T: C[a, b]\to\mathbb{R}$ 为 $T(f)=\int_a^b f(x)\mathrm{d}x$，则 $T(f)$ 是 (上的一个泛函。

(5) 设 $f\in C[a,b]$，映射 $\phi:[a,b]\to\mathbb{R}$ 为 $\phi(x)=\int_a^x f(t)\mathrm{d}t$，则 $\phi(x)$ 是一个函数。

定义 1.3.11 设 $T: X\to Y$。

(1) 设 $x\in X$ 若 $y=Tx$，则称 y 为 x 在 T 下的像(imagine)。

(2) 设 $y\in Y$ 若 $\exists x_0\in X$ 使得 $y=Tx_0$，则称 x_0 是 y 在 T 下的一个原像(invese imagine)。

注记：一个素在某个映射下的原像不一定存在，即使存在也不一定唯一。

定义 1.3.12 设 $T: X\to Y$, $A\subseteq X$, $B\subseteq Y$，则称 $\{Tx: x\in A\}$ 为 A 在 T 下的像集，记为 $T(A)$；称 $\{x: Tx\in B\}$ 为 B 在 T 下的逆像集，记为 $T^{-1}(B)$。

定义 1.3.13 设 $T: X\to Y$。

(1) 如果 $R(T)=T(X)=Y$，则称 T 是一个 X 到 Y 上的满射(surjective)。

(2) 如果 $\forall x_1, x_2\in X$，只要 $Tx_1=Tx_2$ 就有 $x_1=x_2$，则称 T 是一个单射(injective)。

(3) 如果 T 是从 X 到 Y 上的满射，又是单射，则称 T 是一个双射(bijective)。

从映射方程 $T(x)=y$ 解的角度来看，T 为单射是指若方程有解则解必唯一；T 为满射是指方程一定有解；T 为双射是指方程一定有解且解必唯一。

常见的映射：

(1) 设 $F: X\to Y$, $y_0\in Y$。若 $\forall x\in X$ 有 $F(x)=y_0$，则称 F 为常值映射(constant mapping)。

(2) 设 $X=X_1\times X_2\times\cdots\times X_n$, $p_k: X\to X_k$, $k=1,2,\cdots,n$。若 $\forall(x_1,x_2,\cdots,x_n)\in X$ 有 $p_k(x_1,x_2,\cdots,x_n)=x_k$，则称 p_k 是 X 对它的第 k 个分量 X_k 的投影(projection)。

(3) 设 R 是 X 上的一个等价关系，$p: X\to X/R$。若 $\forall x\in X$ 有 $p(x)=[x]_R$，则称 p 是 X 到 X/R 的典型投影(canonical projection)。显然，典型投影是一个满射。

定义 1.3.14 设 $A\subseteq X$, $G: X\to Y$, $F: A\to Y$。若 $\forall x\in A$ 有 $G(x)=F(x)$，则称 G 为 F 在 X 上的延拓(extension)，F 为 G 在 A 上的限制(restriction)，记为 $F=G|_A$。

定理 1.3.1 设 $T: X\to Y$, $S: Y\to Z$。

(1) $T(\bigcup_{\alpha\in\Gamma}A_\alpha)=\bigcup_{\alpha\in\Gamma}T(A_\alpha)$, $T(\bigcap_{\alpha\in\Gamma}A_\alpha)\subseteq\bigcap_{\alpha\in\Gamma}T(A_\alpha)$, $A_\alpha\subseteq X$, $\forall\alpha\in\Gamma$。

(2) $T^{-1}(B^c)=(T^{-1}(B))^c$, $(ST)^{-1}(C)=T^{-1}(S^{-1}(C))$, $B\subseteq Y$, $C\subseteq Z$。

(3) $T^{-1}(\bigcup_{\alpha\in\Lambda}B_\alpha)=\bigcup_{\alpha\in\Lambda}T^{-1}(B_\alpha)$, $T^{-1}(\bigcap_{\alpha\in\Lambda}B_\alpha)=\bigcap_{\alpha\in\Lambda}T^{-1}(B_\alpha)$, $B_\alpha\subseteq Y$, $\forall\alpha\in\Lambda$。

(4) $A\subseteq T^{-1}(T(A))$, $T(T^{-1}(B))\subseteq B$, $A\subseteq X$, $B\subseteq Y$。

(5) $A_1\subseteq A_2\Rightarrow T(A_1)\subseteq T(A_2)$, $B_1\subseteq B_2\Rightarrow T^{-1}(B_1)\subseteq T^{-1}(B_2)$, A_1、$A_2\subseteq X$, B_1、$B_2\subseteq Y$。

证明：(1) $T(\bigcup_{\alpha\in\Gamma}A_\alpha)=\{y\in Y: \exists x_1\langle x_1\in\bigcup_{\alpha\in\Gamma}A_\alpha\wedge y=Tx_1\rangle\}$

$$=\{y\in Y: \exists\alpha_0, x_1\langle\alpha_0\in\Gamma\wedge x_1\in A_{\alpha_0}\wedge y=Tx_1\rangle\}$$

$$=\{y\in Y: \exists\alpha_0\langle\alpha_0\in\Gamma\wedge y=Tx_1\in T(A_{\alpha_0})\rangle\}=\bigcup_{\alpha\in\Gamma}T(A_\alpha)$$

$\forall y\in T(\bigcap_{\alpha\in\Gamma}A_\alpha)$ 则 $\exists x_2\in\bigcap_{\alpha\in\Gamma}A_\alpha$ 使得 $y=Tx_2$。故 $\forall\alpha\in\Gamma$ 有 $x_2\in A_\alpha$ 且 $y=Tx_2$。进而 $\forall\alpha\in\Gamma$, $y=Tx_2\in T(A_\alpha)$，即 $y\in\bigcap_{\alpha\in\Gamma}T(A_\alpha)$。因此 $T(\bigcap_{\alpha\in\Gamma}A_\alpha)\subseteq\bigcap_{\alpha\in\Gamma}T(A_\alpha)$。

下例说明包含关系可以取到。设 $A=\{1\}$, $B=\{2\}$, $f(1)=f(2)=1$，则

$$A\cap B=\varnothing,\ f(A)=\{1\},\ f(B)=\{1\}$$

因此 $f(A\cap B)=\varnothing\subset\{1\}=f(A)\cap f(B)$。

(2) 由定义 1.3.12，得

$$T^{-1}(B^c)=\{x\in X: Tx\in B^c\}=\{x\in X: x\notin T^{-1}(B)\}=(T^{-1}(B))^c$$

由定理 1.3.2，得 $(ST)^{-1}(C)=T^{-1}(S^{-1}(C))$。

(3) $T^{-1}(\bigcup\limits_{\alpha\in\Lambda}B_\alpha)=\{x\in X: Tx\in\bigcup\limits_{\alpha\in\Lambda}B_\alpha\}=\{x\in X: \exists\alpha_0\langle\alpha_0\in\Lambda\wedge Tx\in B_{\alpha_0}\rangle\}$

$$=\{x\in X: \exists\alpha_0\langle\alpha_0\in\Lambda\wedge x\in T^{-1}(B_{\alpha_0})\rangle\}=\bigcup_{\alpha\in\Lambda}T^{-1}(B_\alpha)$$

由德·摩根律及(2)可得

$$T^{-1}(\bigcap_{\alpha\in\Lambda}B_\alpha)=T^{-1}((\bigcup_{\alpha\in\Lambda}B_\alpha^c)^c)=(T^{-1}(\bigcup_{\alpha\in\Lambda}B_\alpha^c))^c=(\bigcup_{\alpha\in\Lambda}T^{-1}(B_\alpha^c))^c$$

$$=\bigcap_{\alpha\in\Lambda}(T^{-1}(B_\alpha^c))^c=\bigcap_{\alpha\in\Lambda}(T^{-1}(B_\alpha^{cc}))=\bigcap_{\alpha\in\Lambda}T^{-1}(B_\alpha)$$

(4) $\forall x\in A$，则 $Tx\in T(A)$，进而 $x\in T^{-1}(T(A))$，故 $A\subseteq T^{-1}(T(A))$。

$\forall y\in T(T^{-1}(B))$，则 $\exists x_0\in T^{-1}(B)$ 使得 $y=Tx_0$。由 $x_0\in T^{-1}(B)$，则 $y=Tx_0\in B$。故 $T(T^{-1}(B))\subseteq B$。

(5) $\forall y\in T(A_1)$，则 $\exists x_1\in A_1$ 使得 $y=Tx_1$。由 $A_1\subseteq A_2$，则 $x_1\in A_2$ 且 $y=Tx_1$。故 $y\in T(A_2)$。因此 $T(A_1)\subseteq T(A_2)$。

$\forall x\in T^{-1}(B_1)$ 且 $B_1\subseteq B_2$，则 $Tx\in B_1\subseteq B_2$。故 $x\in T^{-1}(B_2)$ 且 $T^{-1}(B_1)\subseteq T^{-1}(B_2)$。

由定理 1.3.1，映射具有以下性质：

性质 1.3.1 设 $T: X\to Y$，$S: Y\to Z$，$R: Z\to W$，则 $R(ST)=(RS)T$，$TI_X=I_YT=T$。

定理 1.3.5 设 $T: X\to Y$。

(1) T 是一个满射 $\Leftrightarrow B\subseteq T(T^{-1}(B))$，即 $T(T^{-1}(B))=B$，$\forall B\subseteq Y$。

(2) T 是一个单射 $\Leftrightarrow T(A_1)\cap T(A_2)\subseteq T(A_1\cap A_2)$，即

$$T(A_1\cap A_2)=T(A_1)\cap T(A_2),\ \forall A_1,\ A_2\subseteq X$$

(3) T 是一个单射 $\Leftrightarrow T^{-1}(T(A))\subseteq A$，即 $T^{-1}(T(A))=A$，$\forall A\subseteq X$。

证明：(1) 充分性。$\forall y\in Y$，令 $B=\{y\}$，则 $y\in B\subseteq T(T^{-1}(B))$，故 $T^{-1}(B)\neq\varnothing$。因此 $\exists x\in T^{-1}(B)$，即 $\exists x\in X$ 使得 $Tx=y$。故 T 是满射。

必要性。$\forall y\in B$，由 T 是满射，则 $\exists x_0\in X$ 使得 $Tx_0=y\in B$，故 $x_0\in T^{-1}(B)$，因此 $y=Tx_0\in T(T^{-1}(B))$。故 $B\subseteq T(T^{-1}(B))$。

(2) 充分性。设 $A_1=\{x_1\}$，$A_2=\{x_2\}$ 且 $T(A_1)=\{Tx_1\}=T(A_2)$。假设 $x_1\neq x_2$，故 $T(A_1\cap A_2)=\varnothing$ 且 $T(A_1\cap A_2)\supseteq T(A_1)\cap T(A_2)\neq\varnothing$，产生矛盾。因此 T 是单射。

必要性。$\forall y\in T(A_1)\cap T(A_2)$，则 $\exists x_1\in A_1$，$\exists x_2\in A_2$ 使得 $Tx_1=y=Tx_2$。由 T 是单射，得 $x_1=x_2\in A_1\cap A_2$，故 $y=T(x_1)\in T(A_1\cap A_2)$。因此

$$T(A_1)\cap T(A_2)\subseteq T(A_1\cap A_2)$$

(3) 充分性。设 $A_1=\{x_1\}$，$A_2=\{x_2\}$ 且 $T(A_1)=\{Tx_1\}=\{Tx_2\}=T(A_2)$，则

$$\{x_1\}=A_1=T^{-1}(T(A_1))=T^{-1}(T(A_2))=A_2=\{x_2\}$$

即 $x_1=x_2$。因此 T 是单射。

必要性。$\forall x\in T^{-1}(T(A))$，则 $\exists y_0\in T(A)$ 使得 $Tx=y_0$。由于 $y_0\in T(A)$，则 $\exists x_1\in A$ 使得 $Tx_1=y_0=Tx$。由于 T 是单射，则 $x=x_1\in A$。因此 $T^{-1}(T(A))\subseteq A$。

由双射的定义容易证明下面的结论。

定理 1.3.6　设 $S: X \to Y$ 和 $T: Y \to Z$ 是两个双射，则 $TS: X \to Z$ 是双射。

定义 1.3.15　设 $T: X \to Y$。如果存在 $S: Y \to X$ 使得 $ST = I_X$，$TS = I_Y$，则称映射 T 是可逆的，称映射 S 为 T 的逆映射(inverse mapping)。

注记：一个关系的逆关系一定存在，然而一个映射的逆映射不一定存在。

定理 1.3.7　设 $T: X \to Y$，则 T 是可逆的当且仅当 T 是双射。进而，如果映射 T 是可逆的，则 T 的逆映射是唯一的。此时，记映射 T 的逆映射为 T^{-1}。

证明：充分性。$\forall y \in Y$，由于 T 是双射，则存在唯一 $x \in X$ 使得 $y = T(x)$。

定义映射 $S: Y \to X$ 为 $x = S(y)$，其中 $y = T(x)$。

$\forall x \in X$，则 $(ST)(x) = S(T(x)) = S(y) = x = I_X(x)$，故 $ST = I_X$。

$\forall y \in Y$，则 $(TS)(y) = T(S(y)) = T(x) = y = I_Y(y)$，故 $TS = I_Y$。因此 T 是可逆的。

必要性。设 S 是 T 的逆映射。$\forall y \in Y$，取 $x = S(y) \in X$，则

$$T(x) = T(S(y)) = (TS)(y) = I_Y(y) = y$$

故 T 是满射。

$\forall x_1, x_2 \in X$，如果 $T(x_1) = T(x_2)$，则

$$x_1 = I_X(x_1) = S(Tx_1) = S(Tx_2) = I_X(x_2) = x_2$$

故 T 是单射。因此 T 是双射。

假设存在映射 $U, V: Y \to X$ 使得 $UT = I_X$，$TU = I_Y$，$VT = I_X$，$TV = I_Y$。由性质 1.3.1，得 $V = VI_Y = V(TU) = (VT)U = I_X U = U$。因此 T 的逆映射是唯一的。

由定理 1.3.1，映射具有以下性质：

性质 1.3.2　设 $T: X \to Y$，$S: Y \to Z$ 是可逆的，则 $(T^{-1})^{-1} = T$，$(ST)^{-1} = T^{-1}S^{-1}$。

定义 1.3.16　设 $T: X \to X$。如果存在 $S_k: X \to X$，$k = 1, 2, \cdots, n$，使得 $T = S_n \cdots S_2 S_1$，则称映射 T 是可分解的。

映射分解是映射复合的相反情形。它是微积分中将一个初等函数分解为几个基本初等函数的复合以及线性代数中矩阵的 LU 分解和 LDU 分解的推广。

1.4　代数运算及其运算律

设 A，B 和 D 是三个非空集合，称从 $A \times B$ 到 D 的一个映射为 $A \times B$ 到 D 的一个代数运算。从 $A \times B$ 到 D 的代数运算用得比较少，最常用的是从 $A \times A$ 到 A 的代数运算。在这个代数运算下，A 的任意两个元可以进行运算并且结果仍然在 A 中。称从 $A \times A$ 到 A 的一个代数运算 F 为 A 上的一个二元运算。设 $a, b \in A$，将 $F(a, b)$ 记为 $a \cdot b$，简记为 ab。

从前面的定义可以看出，一个代数运算的规定是相当任意的，并不一定有多大意义。因为任意取几个集合，任意规定几个代数运算，很难由此得到什么好的运算结果。因此以后遇到的代数运算都适合某些从实际中抽象出来的规律。常见的第一个规律是结合律。

定义 1.4.1　设 $\cdot$ 是集合 A 上的一个二元运算。如果 $\forall a, b, c \in A$ 有

$$(a \cdot b) \cdot c = a \cdot (b \cdot c)$$

则称 A 上的二元运算 $\cdot$ 满足结合律(associative law)。

下面说明结合律的作用。

设·是集合 A 上的一个二元运算。在 A 中任取3个元 a_1，a_2，a_3。因为代数运算只能对两个元进行，所以符号 $a_1 \cdot a_2 \cdot a_3$ 没有意义。可以通过加括号的计算步骤，先进行 $a_1 \cdot a_2 = b$，再进行 $b \cdot a_3$，即 $(a_1 \cdot a_2) \cdot a_3$。还可以有另外一种加括号的计算步骤，先进行 $a_2 \cdot a_3 = c$，再进行 $a_1 \cdot c$，即 $a_1 \cdot (a_2 \cdot a_3)$。一般情形下，这两个结果未必相同。如果 A 上的二元运算·满足结合律，则 $(a_1 \cdot a_2) \cdot a_3 = a_1 \cdot (a_2 \cdot a_3)$。之后可以随便使用符号 $a_1 \cdot a_2 \cdot a_3$，这就是结合律的作用。

代数运算常见的另一个规律是交换律。

定义 1.4.2 设∘是 $A \times A$ 到 D 的一个代数运算。如果 $\forall a, b \in A$ 有 $a \circ b = b \circ a$，则称 $A \times A$ 到 D 的代数运算∘满足交换律(commutative law)。

结合律和交换律都是同一种代数运算的性质。下面讨论两种代数运算之间的一个规律，分配律。分配律的重要性在于它能使同一个集合的两种代数运算产生联系。

定义 1.4.3 设⊕和⊗分别是集合 A 上的两个二元运算。如果 $\forall a_1, a_2, b \in A$ 有

$$b \otimes (a_1 \oplus a_2) = (b \otimes a_1) \oplus (b \otimes a_2) \text{且} (a_1 \oplus a_2) \otimes b = (a_1 \otimes b) \oplus (a_2 \otimes b)$$

则称 A 上的二元运算⊗对⊕满足左分配律和右分配律(left and right distributive laws)。

定义 1.4.4 设·是集合 A 上的一个二元运算，$B \subseteq A$，$B \neq \varnothing$，$a, b \in A$。

(1) 称 $\{x \cdot a : x \in B\}$ 为 B 关于 a 的右乘集，记为 Ba，即 $Ba = \{x \cdot a : x \in B\}$。

(2) 称 $\{a \cdot x : x \in B\}$ 为 B 关于 a 的左乘集，记为 aB，即 $aB = \{a \cdot x : x \in B\}$。

注记：

(1) 集合 $(aB)b$ 是 B 先关于 a 做左乘运算得集合 aB，集合 aB 再关于 b 做右乘运算得到的。

类似可得集合 $a(Bb)$。一般地，$(aB)b \neq a(Bb)$。

(2) 如果 A 上的二元运算·满足结合律，则 $(aB)b = a(Bb)$。此时简记 $(aB)b$ 为 aBb。

泛函分析很少单独考察集合，主要研究和讨论与代数运算有关的集合和映射。下面介绍与含有代数运算的集合有关的同态和同构等概念。

定义 1.4.5 设∘和$\bar{\circ}$分别是集合 A 和集合 $\bar{A}$ 上的二元运算，$\phi: A \to \bar{A}$。

(1) 如果 $\phi(a \circ b) = \phi(a) \bar{\circ} \phi(b)$，$\forall a, b \in A$，则称 ϕ 是 A 与 $\bar{A}$ 之间的同态(homomorphism)。

(2) 如果 ϕ 是 A 与 $\bar{A}$ 之间的一个同态且 ϕ 是满射，则称 ϕ 是一个同态满射。

(3) 如果 A 和 $\bar{A}$ 之间存在一个同态满射，则称集合 A 与 $\bar{A}$ 是同态的(homomorphic)。

定理 1.4.1 设∘和$\bar{\circ}$分别是集合 A 和集合 $\bar{A}$ 上的二元运算且 A 与 $\bar{A}$ 同态。

(1) 如果 A 上的运算∘满足结合律，则 $\bar{A}$ 上的运算$\bar{\circ}$也满足结合律。

(2) 如果 A 上的运算∘满足交换律，则 $\bar{A}$ 上的运算$\bar{\circ}$也满足交换律。

定理 1.4.2 设⊕和⊗是集合 A 上的两个二元运算，$\bar{\oplus}$和$\bar{\otimes}$是集合 $\bar{A}$ 上的两个二元运算，且存在 A 到 $\bar{A}$ 的一个满射使得 A 与 $\bar{A}$ 对⊕和$\bar{\oplus}$及⊗和$\bar{\otimes}$都是同态。如果 A 上的二元运算⊗对⊕满足左(右)分配律，则 $\bar{A}$ 上的二元运算$\bar{\otimes}$对$\bar{\oplus}$也满足左(右)分配律。

定义 1.4.6 设∘和$\bar{\circ}$分别是集合 A 和集合 $\bar{A}$ 上的二元运算。

(1) 设 $\phi: A \to \overline{A}$，如果映射 ϕ 是 A 与 $\overline{A}$ 的一个同态且 ϕ 是双射，则称 ϕ 是 A 到 $\overline{A}$ 的同构(isomorphism)，称 A 与 A 之间的同构为 A 的自同构(automorphism)。

(2) 如果 A 和 $\overline{A}$ 之间存在一个同构，则称 A 与 $\overline{A}$ 是同构的(isomorphic)，记为 $A \approx \overline{A}$。

抽象地看，同构的两个集合没有什么区别。若一个集合有一个只与它的代数运算有关的性质，则另一个集合也有完全类似的性质。

1.5 群 与 环

一个集合赋予满足某些特定性质的一个或者多个二元运算，便可以得到各种代数结构。泛函分析主要研究群(group)、环(ring)、线性空间(linear space) 和代数(algebra)等代数结构。

定义 1.5.1 设 G 是一个非空集合，$\cdot$ 是 G 上的一个二元运算。如果

(1) 运算 $\cdot$ 对 G 是闭的，即 $a \cdot b \in G$，$\forall a, b \in G$；

(2) 运算 $\cdot$ 对 G 满足结合律，即 $(a \cdot b) \cdot c = a \cdot (b \cdot c)$，$\forall a, b, c \in G$；

(3) 集合 G 存在单位元 e，即 $a \cdot e = e \cdot a = a$，$\forall a \in G$；

(4) 集合 G 的每个元 a 存在逆元 b，即 $a \cdot b = b \cdot a = e$，则称 $(G, \cdot)$ 是一个群，或者 G 关于 $\cdot$ 构成一个群，简称 G 是一个群。

如果 G 关于 $\cdot$ 构成一个群且运算 $\cdot$ 满足交换律，即 $a \cdot b = b \cdot a$，$\forall a, b \in G$，则称 G 是一个交换群，或者 Abel 群。对于交换群，将运算 $\cdot$ 记为“+”，以上条件改写为

(1) 运算 + 对 G 是闭的，即 $a + b \in G$，$\forall a, b \in G$；

(2) 运算 + 满足结合律，即 $(a+b)+c = a+(b+c)$，$\forall a, b, c \in G$；

(3) 集合 G 存在单位元 0，此时称 0 为 G 的零元，即 $a + 0 = a$，$\forall a \in G$；

(4) 集合 G 的每个元 a 存在逆元 b，此时称 b 为 a 的负元，即 $a + b = 0$；

(5) 运算 + 满足交换律，即 $a + b = b + a$，$\forall a, b \in G$。

设 $(G, +)$ 是一个交换群，$H \subseteq G$，$a \in G$，则 $a + H = H + a = \{a + h: h \in H\}$。

例 1.5.1 整数集 $\mathbb{Z}$、有理数集 $\mathbb{Q}$、实数集 $\mathbb{R}$ 和复数集 $\mathbb{C}$ 关于数的加法构成一个交换群。

例 1.5.2 n 阶可逆实矩阵全体构成的集合关于矩阵的乘法构成一个非交换群。

定理 1.5.1 群的单位元唯一；群中每个元的逆元唯一。

证明： 设 e 和 f 都是群 G 的单位元。由定义 1.5.1，则有 $e = ef = f$。故群的单位元唯一。

$\forall a \in G$，设 b 和 c 为 a 的逆元。由逆元的定义，则有 $ac = ca = e$，$ab = ba = e$。由单位元的定义，则有 $b = be = b(ac) = (ba)c = ec = c$。因此群中每个元的逆元唯一。

设 G 是一个群，$a \in G$，记 a 的逆元为 a^{-1}。当 G 是交换群时，记 a 的逆元为 $-a$。

定理 1.5.2 设 $\circ$ 和 $\bar{\circ}$ 分别是集合 G 和集合 $\overline{G}$ 上的二元运算。

(1) 如果 G 与 $\overline{G}$ 同态且 $(G, \circ)$ 是一个群，则 $(\overline{G}, \bar{\circ})$ 也是一个群。

(2) 设 e 和 $\bar{e}$ 分别是群 G 和 $\overline{G}$ 的单位元。如果 ϕ 是 G 与 $\overline{G}$ 之间的同态满射，则 $\bar{e} = \phi(e)$ 且 $\phi(a)^{-1} = \phi(a^{-1})$，$\forall a \in G$。

定义 1.5.2 设 $(G, \cdot)$ 是一个群，H 为 G 的一个非空子集。如果 $(H, \cdot|_{H \times H})$ 是一

个群，则称$(H, \cdot|_{H\times H})$是$(G, \cdot)$的一个子群，简称 H 为 G 的一个子群(subgroup)。

定理 1.5.3　设 H 为群 G 的一个非空子集，则 H 为 G 的子群当且仅当

$$\forall a, b\in H \Rightarrow ab^{-1}\in H$$

性质 1.5.1　设 H 为群 G 的一个子群。$\forall a, b\in G$，定义关系$\sim_r$为$a\sim_r b \Leftrightarrow ab^{-1}\in H$，则关系$\sim_r$是 G 上的一个等价关系。

证明： 自反性。$\forall a\in G$，由于 H 为 G 的子群，则 $aa^{-1}=e\in H$，进而 $a\sim_r a$。

对称性。$\forall a, b\in G$ 且 $a\sim_r b$，则 $ab^{-1}\in H$。由于 H 为 G 的子群，则$(ab^{-1})^{-1}\in H$ 且 $ba^{-1}=(ab^{-1})^{-1}$，故 $ba^{-1}\in H$，进而 $b\sim_r a$。

传递性。$\forall a, b, c\in G$ 且 $a\sim_r b$，$b\sim_r c$，则 $ab^{-1}\in H$ 且 $bc^{-1}\in H$。由 H 为 G 的子群且 $ac^{-1}=a(b^{-1}b)c^{-1}=(ab^{-1})(bc^{-1})$，则 $ac^{-1}\in H$，故 $a\sim_r c$。因此$\sim_r$是 G 上的等价关系。

定义 1.5.3　设 H 为群 G 的一个子群，$a\in G$，则称右乘集 Ha 为子群 H 关于 a 的右陪集(right coset)，称左乘集 aH 为子群 H 关于 a 的左陪集(left coset)。

定理 1.5.4　设 H 为 G 的一个子群，$a\in G$，则 a 关于$\sim_r$的等价类$[a]_r=Ha$。

证明： $\forall h\in H$，由于 H 为 G 的子群，则 $h^{-1}\in H$ 且

$$\begin{aligned}[a]_r &=\{b\in G: a\sim_r b\}=\{b\in G: \exists h_1(h_1\in H)\wedge(ab^{-1}=h_1)\}\\ &=\{b\in G: \exists h_1(h_1^{-1}\in H)\wedge(b=h_1^{-1}a)\}\\ &=\{h_1^{-1}a: h_1^{-1}\in H\}=\{ha: h\in H\}=Ha\end{aligned}$$

类似地，定义 $a\sim_l b\Leftrightarrow b^{-1}a\in H$，$\forall a, b\in G$。同理可证，关系$\sim_l$也是群 G 上的一个等价关系；G 的元素 a 关于等价关系$\sim_l$的等价类$[a]_l=aH$。

由于群的乘法不一定满足交换律，则子群 H 的右陪集 Ha 和左陪集 aH 不一定相同。

定义 1.5.4　设 N 为 G 的一个子群。

(1) 如果 $\forall a\in G$ 有 $Na=aN$，则称 N 为 G 的正规子群(normal subgroup)。

(2) 称正规子群 N 的一个右陪集或者左陪集为正规子群 N 的陪集。

注记： 正规子群的价值在于它的全体陪集之集在适当定义一个运算后构成一个群。

定理 1.5.5　设 N 为 G 的子群，则 N 为 G 的正规子群当且仅当 $aNa^{-1}=N$，$\forall a\in G$。

注记： 集合 aNa^{-1} 表示 N 关于 a 和 a^{-1} 的双边乘集 $aNa^{-1}=(aN)a^{-1}=a(Na^{-1})$。

例 1.5.3　设 G 是一个群，$N=\{n\in G: na=an, \forall a\in G\}$。求证：$N$ 是 G 的正规子群。

设 N 为群 G 的一个正规子群，N 的所有陪集构成集合 $S=\{aN: a\in G\}$。在 S 上定义一个乘法为：$(xN)(yN)=(xy)N$，$\forall x, y\in G$。

下证上述乘法是定义好的，即$(x_1N=x_2N)\wedge(y_1N=y_2N)\Rightarrow(x_1y_1)N=(x_2y_2)N$。

由定义 1.4.4 及 N 是 G 的正规子群，得

$$\begin{aligned}(x_1y_1)N &=\{(x_1y_1)h: h\in N\}=\{x_1(y_1h): h\in N\}\\ &=\{x_1g: g\in y_1N\}=x_1(y_1N)\end{aligned}$$

进而

$$\begin{aligned}(x_1y_1)N &=x_1(y_1N)=x_1(y_2N)=x_1(Ny_2)=(x_1N)y_2\\ &=(x_2N)y_2=x_2(y_2N)=(x_2y_2)N\end{aligned}$$

定理 1.5.6 设 N 为群 G 的一个正规子群，则集合 S 关于上述乘法构成一个群。

证明: 设 e 为 G 的单位元。$\forall a, b\in G$，则 $ab\in G$ 且 $(aN)(bN)=(ab)N\in S$，乘法封闭。

若 $\forall a, b, c\in G$，则

$$(aNbN)cN=(ab)NcN=((ab)c)N=(a(bc))N=aN(bNcN)$$

故结合律成立。

$\forall a\in G$，$aNeN=(ae)N=aN=(ea)N=eNaN$，则 $N=eN$ 为 S 的单位元，故存在单位元。

$\forall a\in G$，$(aN)(a^{-1}N)=(aa^{-1})N=eN=N=(a^{-1}a)N=(a^{-1}N)(aN)$，则 $(aN)^{-1}=a^{-1}N$。

因此集合 S 关于上述乘法构成一个群。

定义 1.5.5 设 N 为群 G 的一个正规子群，称集合 $S=\{aN: a\in G\}$关于乘法

$$(aN)(bN)=(ab)N, \quad \forall a, b\in G$$

构成的群为 G 关于 N 的商群(quotient group)，记为 G/N。

定义 1.5.6 设 G 和 H 是两个群，$\phi: G\to H$。

(1) 如果 $\forall a, b\in G$ 有 $\phi(ab)=\phi(a)\phi(b)$，则称 ϕ 是 G 到 H 的一个群同态，简称同态。

(2) 如果 ϕ 是 G 到 H 的一个群同态且 ϕ 是满射，则称 G 与 H 是同态的。

(3) 如果 ϕ 是 G 到 H 的一个群同态且 ϕ 是双射，则称 ϕ 是群同构，称 G 与 H 是同构的。

定理 1.5.7 群与它的任何一个商群同态。

定义 1.5.7 设 R 是一个非空集合，$+$和$\times$分别是 R 上的两个二元运算。如果

(1) R 关于运算$+$构成一个交换群；

(2) R 的运算$\times$满足结合律；

(3) R 的运算$\times$对于运算$+$满足左分配律和右分配律，则称$(R, +, \times)$是一个环(ring)，简称 R 是一个环。当 $a, b\in R$ 时，简记 $a\times b$ 为 ab。

定义 1.5.8 设 R 是一个环，0 是交换群 R 的零元。

(1) 如果 $\exists e\in R$ 使得 $ae=ea=a$，$\forall a\in R$，则称 e 为环 R 的单位元，通常记为 1。

(2) 设 $a\in R$，如果 $\exists b\in R$ 使得 $ab=ba=1$，则称 a 是可逆的，b 为 a 的逆元。

(3) 设 $a, b\in R-\{0\}$，如果 $ab=0$，则称 a 是 R 的左零因子，b 是 R 的右零因子。

(4) 如果 $\forall a, b\in R$ 有 $ab=ba$，则称 R 为交换环。

定义 1.5.9 设$(R, +, \times)$和$(\bar{R}, \oplus, \otimes)$是两个环，$f: R\to\bar{R}$。

(1) 如果 $\forall a, b\in R$ 有 $f(a+b)=f(a)\oplus f(b)$且 $f(a\times b)=f(a)\otimes f(b)$，则称映射 f 是环 R 到 $\bar{R}$ 的一个环同态；

(2) 如果 f 是 $R\to\bar{R}$ 的一个环同态且 f 是满射，则称环 R 与 $\bar{R}$ 是同态的；

(3) 如果 f 是 $R\to\bar{R}$ 的一个环同态且 f 是双射，则称映射 f 是 $R\to\bar{R}$ 的一个环同构，称环 R 与 $\bar{R}$ 是同构的。

定义 1.5.10 设 R 是一个环。如果

(1) R 至少包含一个不等于 0 的元素；

(2) R 含单位元 1;

(3) $R-\{0\}$中的每一个元都有逆元,

则称 R 是一个除环(division ring)。

如果 R 是一个交换环且是一个除环, 则称 R 是一个域(field)。

定义 1.5.11　设$\mathbb{F}$是$\mathbb{C}$的一个非空集合且 $0, 1\in\mathbb{F}$。如果$\mathbb{F}$中的任意两个元素的和、差、积、商(除数不为零)仍是$\mathbb{F}$中的元素, 则称集合$\mathbb{F}$为一个数域。

注记: 数域是抽象域的一个具体模型。

例 1.5.4　设 $A=\{0, 1\}$。在 A 上定义加法和乘法分别为:

加　法			乘　法		
+	0	1	×	0	1
0	0	1	0	0	0
1	1	0	1	0	1

求证: $(A, +, \times)$是一个域。通常称$(A, +, \times)$为二元域。

证明: 由加法的定义, 则$(A, +)$是一个交换群, 0 是零元。由乘法的定义, 则 A 对乘法封闭且满足结合律, 1 是乘法单位元。由于乘法对加法满足分配率, 则$(A, +, \times)$是一个环。由乘法的定义, 则$(A, +, \times)$是一个交换环。由于 A 的非零元只有 1, 则$(A, +, \times)$是一个域。

例 1.5.5　设$\mathbb{Q}(\sqrt{2})=\{a+b\sqrt{2}: a, b\in\mathbb{Q}\}$。求证: $\mathbb{Q}(\sqrt{2})$是一个数域。

1.6　线 性 空 间

定义 1.6.1　设 V 是一个非空集合, $\mathbb{F}$是一个数域。称映射$+: V\times V\to V$, $(\alpha, \beta)\mapsto\gamma$, 为 V 上的加法, 称 γ 为 α 与 β 的和, 记为 $\gamma=\alpha+\beta$; 称映射$\cdot: \mathbb{F}\times V\to V$, $(\lambda, \alpha)\mapsto\delta$, 为$\mathbb{F}$的元与 V 的元之间的数乘运算, δ 为 λ 与 α 的数乘, 记为 $\delta=\lambda\cdot\alpha$, 简记为 $\delta=\lambda\alpha$。

如果集合 V 上的加法与数乘运算满足:

(1) 加法交换律: $\alpha+\beta=\beta+\alpha$, $\forall\alpha, \beta\in V$;

(2) 加法结合律: $(\alpha+\beta)+\gamma=\alpha+(\beta+\gamma)$, $\forall\alpha, \beta, \gamma\in V$;

(3) 加法有零元: 即$\exists 0\in V$ 使得 $\alpha+0=0+\alpha=\alpha$, $\forall\alpha\in V$;

(4) 任意元有负元: $\forall\alpha\in V$, $\exists\beta\in V$ 使得 $\alpha+\beta=0$, 称 β 为 α 的负元;

(5) $1\alpha=\alpha$, $\forall\alpha\in V$;

(6) 数因子结合律: $\lambda(\mu\alpha)=(\lambda\mu)\alpha$, $\forall\alpha\in V$, $\forall\lambda, \mu\in\mathbb{F}$;

(7) 分配律: $(\lambda+\mu)\alpha=\lambda\alpha+\mu\alpha$, $\lambda(\alpha+\beta)=\lambda\alpha+\lambda\beta$, $\forall\alpha, \beta\in V$, $\forall\lambda, \mu\in\mathbb{F}$, 则称$(V, +, \cdot)$是数域$\mathbb{F}$上的一个线性空间, 简称 V 是$\mathbb{F}$上的一个线性空间, 称线性空间中的元素为向量(vector)。因此线性空间也称为向量空间(vector space)。

由定义 1.6.1, 则$(V, +)$是一个交换群。由定理 1.5.1 可得, 零元和负元均唯一。此时, 记 α 的负元为$-\alpha$。利用负元可以定义减法为: $\alpha-\beta=\alpha+(-\beta)$, $\forall\alpha, \beta\in V$。

由定义 1.6.1 可得以下基本性质:

(1) $0\alpha=0$, $\lambda 0=0$, $(-1)\alpha=-\alpha$, $\forall\alpha\in V$, $\forall\lambda\in\mathbb{F}$;

(2) 设 $\alpha\in V$, $\lambda\in\mathbb{F}$。如果 $\lambda\alpha=0$, 则 $\lambda=0$ 或者 $\alpha=0$。

例 1.6.1 设 S 是一个非空集合, $\mathbb{R}^S$ 表示定义在 S 上的全体实值泛函构成的集合。$\forall x$, $y\in\mathbb{R}^S$, $\forall\alpha\in\mathbb{R}$, $\forall t\in S$, 定义 $(x+y)(t)=x(t)+y(t)$, $(\alpha x)(t)=\alpha x(t)$, 则 $\mathbb{R}^S$ 是 $\mathbb{R}$ 上的线性空间, $\mathbb{R}^S$ 的零元是 $x(t)=0$, $\forall t\in S$; x 的负元是 $-x$, 其中 $(-x)(t)=-x(t)$, $\forall t\in S$。

(1) 当 $S=\mathbb{N}$ 时, $\mathbb{R}^{\mathbb{N}}$ 表示 $\mathbb{R}$ 上的全体实数列构成的实线性空间;

(2) 当 $S=\mathbb{R}$ 时, $\mathbb{R}^{\mathbb{R}}$ 表示 $\mathbb{R}$ 上的全体实函数构成的实线性空间;

(3) 当 $S=\{1, 2, \cdots, m\}\times\{1, 2, \cdots, n\}$ 时, $\mathbb{R}^S$ 表示全体 $m\times n$ 维实矩阵构成的实线性空间。

定义 1.6.2 设 V 是 $\mathbb{F}$ 上的一个线性空间, $r\in\mathbb{N}$, α_1, α_2, $\cdots$, $\alpha_r\in V$, λ_1, λ_2, $\cdots$, $\lambda_r\in\mathbb{F}$。如果 $\alpha=\lambda_1\alpha_1+\lambda_2\alpha_2+\cdots+\lambda_r\alpha_r$, 则称 α 为 α_1, α_2, $\cdots$, α_r 的线性组合(linear combination), 或者称 α 可以由 α_1, α_2, $\cdots$, α_r 线性表示(linear representation)。

定义 1.6.3 设 V 是 $\mathbb{F}$ 上的一个线性空间, $r\in\mathbb{N}$, α_1, α_2, $\cdots$, $\alpha_r\in V$。

(1) 如果方程 $x_1\alpha_1+x_2\alpha_2+\cdots+x_r\alpha_r=0$ 在 $\mathbb{F}$ 中有非零解, 则称向量组 α_1, α_2, $\cdots$, α_r 线性相关(linear dependent);

(2) 如果方程 $x_1\alpha_1+x_2\alpha_2+\cdots+x_r\alpha_r=0$ 在 $\mathbb{F}$ 中只有零解, 则称向量组 α_1, α_2, $\cdots$, α_r 线性无关(linear independent)。

定义 1.6.4 设 $(V, +, \cdot)$ 是 $\mathbb{F}$ 上的一个线性空间, W 是 V 的一个非空子集。

(1) 如果 W 的任何有限子集都是线性无关的, 则称 W 是线性无关集。

(2) 如果 $(W, +|_{W\times W}, \cdot|_{\mathbb{F}\times W})$ 是 $\mathbb{F}$ 上的一个线性空间, 则称 W 为 V 的一个代数子空间(algebraic subspace), 简称子空间, 或者称为线性流形(linear manifold)。

注记: V 和 $\{0\}$ 是 V 的子空间, 称它们为平凡子空间; 称其他子空间为非平凡子空间。

定理 1.6.1 设 V 是 $\mathbb{F}$ 上的一个线性空间, W 为 V 的一个非空子集, 则 W 为 V 的子空间当且仅当 $\forall\alpha$, $\beta\in W$, $\forall\lambda$, $\mu\in\mathbb{F}\Rightarrow\lambda\alpha+\mu\beta\in W$。

性质 1.6.1 设 A 是 $\mathbb{F}$ 上的线性空间 V 的一个非空子集, 则 $W=\{\sum_{k=1}^{n}\lambda_k\alpha_k: \lambda_k\in\mathbb{F}, \alpha_k\in A, k=1, 2, \cdots, n, n\in\mathbb{N}\}$ 是 V 的一个子空间。

证明: $\forall f$, $g\in W$, 则 $\exists n$, $m\in\mathbb{N}$, λ_k, $\mu_j\in\mathbb{F}$, α_k, $\beta_j\in A$, $k=1, 2, \cdots, n$, $j=1, 2, \cdots, m$, 使得 $f=\sum_{k=1}^{n}\lambda_k\alpha_k$, $g=\sum_{j=1}^{m}\mu_j\beta_j$。$\forall\lambda$, $\mu\in\mathbb{F}$, 则

$$\lambda f+\mu g=\sum_{k=1}^{n}(\lambda\lambda_k)\alpha_k+\sum_{j=1}^{m}(\mu\mu_j)\beta_j\in W$$

因此 W 是 V 的子空间。

定义 1.6.5 设 V 是 $\mathbb{F}$ 上的一个线性空间, A 是 V 的一个非空子集, 则称 V 的子空间 $\{\sum_{k=1}^{n}\lambda_k\alpha_k: \lambda_k\in\mathbb{F}, \alpha_k\in A, k=1, 2, \cdots, n, n\in\mathbb{N}\}$ 为集合 A 生成的子空间, 或者为 A 张成的子空间, 记为 $\mathrm{L}(A)$, 或者 $\mathrm{span}A$。

注记： $\alpha \in L(A)$当且仅当α可以由A中的有限个向量线性表示时。

定理 1.6.2　设A是$\mathbb{F}$上的线性空间V的一个非空子集，$\Gamma=\{\gamma：W_\gamma \supseteq A$ 且 W_γ 是 V 的子空间$\}$，则 span$A$ 是包含A的最小子空间，即

$$\text{span}A=\bigcap\{W_\gamma：\gamma\in\Gamma\}=\bigcap\{W_\gamma：W_\gamma\supseteq A \text{ 且 } W_\gamma \text{ 是 } V \text{ 的子空间}\}$$

证明： $\forall f \in \text{span}A$，则 $\exists n \in \mathbb{N}$，$\exists \lambda_k \in \mathbb{F}$，$\exists \alpha_k \in A$，$k=1, 2, \cdots, n$，使得 $f=\sum_{k=1}^{n}\lambda_k\alpha_k$。$\forall \gamma \in \Gamma$，则 $A \subseteq W_\gamma$，故 $\alpha_1, \cdots, \alpha_n \in W_\gamma$。由于 W_γ 是 V 的子空间，则 $f=\sum_{k=1}^{n}\lambda_k\alpha_k \in W_\gamma$。由$\gamma$的任意性，则 $f \in \bigcap\{W_\gamma：\gamma\in\Gamma\}$。由$f$的任意性，则

$$\text{span}A \subseteq \bigcap\{W_\gamma：\gamma\in\Gamma\}$$

由性质 1.6.1，则 span$A$ 是V的一个子空间且$A\subseteq \text{span}A$，则$\bigcap\{W_\gamma：\gamma\in\Gamma\}\subseteq\text{span}A$。因此 $\text{span}A=\bigcap\{W_\gamma：\gamma\in\Gamma\}=\bigcap\{W_\gamma：W_\gamma\supseteq A$ 且 W_γ 是 V 的子空间$\}$。

例 1.6.2　设A是一个n阶实方阵，$W=\{x\in\mathbb{R}^n：Ax=0\}$。求证：$W$是$\mathbb{R}^n$的子空间。

证明： $\forall \alpha, \beta\in W$，则 $A\alpha=0$，$A\beta=0$。$\forall \lambda, \mu\in\mathbb{R}$，则

$$A(\lambda\alpha+\mu\beta)=\lambda(A\alpha)+\mu(A\beta)=0$$

故 $\lambda\alpha+\mu\beta\in W$。因此$W$是$\mathbb{R}^n$的子空间。

定义 1.6.6　设V是$\mathbb{F}$上的一个线性空间。

(1) 如果$\exists n\in\mathbb{N}$使得V有n个线性无关的向量且V中任意$n+1$个或者多于$n+1$个向量线性相关，则称V为有限维线性空间，称n为V的维数，记为 $\dim V$。

(2) 如果 $\dim V=n$，则V中任意n个线性无关的向量都称为V的一个基。

设 $\varepsilon_1, \varepsilon_2, \cdots, \varepsilon_n$ 为V的一个基。$\forall \alpha \in V$，总存在唯一 $a_1, a_2, \cdots, a_n \in \mathbb{F}$，使得 $\alpha=\sum_{k=1}^{n}a_k\varepsilon_k$，则称$(a_1, a_2, \cdots, a_n)$为向量$\alpha$在基$\varepsilon_1, \varepsilon_2, \cdots, \varepsilon_n$下的坐标(coordinates)。

(3) 若 $\forall k \in \mathbb{N}$，线性空间V中总存在k个线性无关的向量，则称V为无限维线性空间。

(4) 若 B 是V的一个线性无关子集且 L(B)$=V$，则称 B 为V的一个 Hamel 基。

注记： 高等代数主要研究有限维线性空间，泛函分析主要研究无限维线性空间。

性质 1.6.2　设 B 是非零线性空间V的一个线性无关组，则 B 是V的 Hamel 基当且仅当 B 是V的极大线性无关组。

证明： 必要性。假设 B 不是V的极大线性无关组，故$\exists \alpha\in V$且$\alpha\notin$B 使得 B$\cup\{\alpha\}$是V的线性无关组。由于$\alpha\in V=$L(B)，则α可以由 B 中的有限个向量线性表示，这与 B$\cup\{\alpha\}$是V的线性无关组矛盾。故 B 是V的极大线性无关组。

充分性。假设 B 不是V的 Hamel 基。故 L(B)$\subset V$，即$\exists \beta\in V$且$\beta\notin$L(B)。故 B$\cup\{\beta\}$是V的线性无关组，这与 B 是V的极大线性无关组矛盾。故 B 是V的 Hamel 基。

定理 1.6.3　任何一个非零线性空间总存在一个 Hamel 基。

证明： 设 M 是非零线性空间V的所有线性无关组构成的集族。由于$V\neq\{0\}$，则$\exists \alpha\in V$且$\alpha\neq 0$。因此$\{\alpha\}\in M$。故 M$\neq\varnothing$。用集合的包含关系定义 M 上的一个偏序关系。设C是 M 的任何一个全序子集，$S=\bigcup\{A：A\in C\}$，则S是C的一个上界。由 Zorn 引理，

则 M 有一个极大元 B。由性质 1.6.2，则 B 是 V 的 Hamel 基。

注记：非零线性空间的 Hamel 基不唯一。

定义 1.6.7 设 V_1 和 V_2 是 V 的两个子空间，$W=\{\alpha_1+\alpha_2: \alpha_1\in V_1, \alpha_2\in V_2\}$，则称 W 为 V_1 与 V_2 的和(sum)，记为 $W=V_1+V_2$。

定理 1.6.4 设 V_1 和 V_2 是 V 的两个子空间，则 $V_1\cap V_2$ 和 V_1+V_2 都是 V 的子空间。

定理 1.6.5 设 V_1 和 V_2 是$\mathbb{F}$上的有限维线性空间 V 的子空间，则

$$\dim V_1+\dim V_2=\dim(V_1+V_2)+\dim(V_1\cap V_2)$$

定义 1.6.8 设 V_1 和 V_2 是 V 的子空间。如果 $\forall\alpha\in V_1+V_2$，存在唯一 $\alpha_k\in V_k$，$k=1, 2$，使得 $\alpha=\alpha_1+\alpha_2$，则称 V_1+V_2 为直和(direct sum)，记为 $V_1\oplus V_2$。

定理 1.6.6 设 V_1 和 V_2 是 V 的子空间，则 V_1+V_2 是直和当且仅当 V 的零元的分解式唯一。

定理 1.6.7 设 U 是有限维线性空间 V 的一个子空间，则存在 V 的一个子空间 W 使得 $V=U\oplus W$。

定义 1.6.9 设 V_1 和 V_2 是$\mathbb{F}$上的两个线性空间，$T: V_1\to V_2$。

(1) 如果 $\forall\alpha, \beta\in V_1$，$\forall\lambda, \mu\in\mathbb{F}$有 $T(\lambda\alpha+\mu\beta)=\lambda T(\alpha)+\mu T(\beta)$，则称映射 T 为 V_1 到 V_2 的一个同态；

(2) 如果 T 是 V_1 到 V_2 的一个同态且 T 是双射，则称映射 T 为 V_1 到 V_2 的一个同构，称线性空间 V_1 与 V_2 同构，记为 $V_1\approx V_2$。

定理 1.6.8 数域$\mathbb{F}$上的两个有限维线性空间同构当且仅当它们具有相同的维数，即

$$\dim V=n\Leftrightarrow V\approx\mathbb{F}^n,\quad \exists n\in\mathbb{N}$$

1.7 线性空间中的点集

本节介绍线性空间中的仿射流形和凸集，它们在最优化问题中具有广泛的应用。

定义 1.7.1 设 L 是$\mathbb{F}$上的线性空间 V 的一个非平凡子空间，$\alpha_0\in V-L$，M 是 V 的一个非空子集。如果 $M=\alpha_0+L$，则称 M 是线性空间 V 的一个仿射流形(affine manifold)。

$\forall\alpha, \beta\in V$，定义 $\alpha\sim\beta\Leftrightarrow\alpha-\beta\in L$。由性质 1.5.1，则$\sim$是 V 上的等价关系。由定理 1.5.5，则子空间 L 是 V 的正规子群。因此仿射流形本质上是子空间的一个陪集。

定理 1.7.1 设 M 是实线性空间 V 的一个非空子集，则 M 是 V 的仿射流形当且仅当

$$\forall\alpha, \beta\in M,\ \forall\lambda, \mu\in\mathbb{R},\ \lambda+\mu=1\Rightarrow\lambda\alpha+\mu\beta\in M$$

证明：充分性。任取 $\alpha_0\in M$，定义 $L=\{\alpha-\alpha_0: \alpha\in M\}$，则 $M=\alpha_0+L$。

$\forall\lambda_1, \lambda_2\in\mathbb{R}$，$\forall\beta_1, \beta_2\in L$，则 $\exists\alpha_1, \alpha_2\in M$ 使得 $\beta_1=\alpha_1-\alpha_0$，$\beta_2=\alpha_2-\alpha_0$。因此

$$\lambda_1\beta_1+\lambda_2\beta_2=\lambda_1\alpha_1+\lambda_2\alpha_2-\lambda_1\alpha_0-\lambda_2\alpha_0$$

分情况讨论如下：

当 $\lambda_1+\lambda_2\neq 0$ 时，则

$$\lambda_1\beta_1+\lambda_2\beta_2=(\lambda_1+\lambda_2)\left(\frac{\lambda_1}{\lambda_1+\lambda_2}\alpha_1+\frac{\lambda_2}{\lambda_1+\lambda_2}\alpha_2\right)+(1-\lambda_1-\lambda_2)\alpha_0-\alpha_0$$

由 α_1、$\alpha_2\in M$ 且 $\frac{\lambda_1}{\lambda_1+\lambda_2}+\frac{\lambda_2}{\lambda_1+\lambda_2}=1$，则 $\frac{\lambda_1}{\lambda_1+\lambda_2}\alpha_1+\frac{\lambda_2}{\lambda_1+\lambda_2}\alpha_2\in M$。

由 $\alpha_0 \in M$ 且 $(\lambda_1+\lambda_2)+(1-\lambda_1-\lambda_2)=1$，则

$$(\lambda_1+\lambda_2)\left(\frac{\lambda_1}{\lambda_1+\lambda_2}\alpha_1+\frac{\lambda_2}{\lambda_1+\lambda_2}\alpha_2\right)+(1-\lambda_1-\lambda_2)\alpha_0 \in M$$

故 $\lambda_1\beta_1+\lambda_2\beta_2 \in L$。

当 $\lambda_1=0$，$\lambda_2=0$ 时，则 $\lambda_1\beta_1+\lambda_2\beta_2=0=\alpha_0-\alpha_0$。由 $\alpha_0 \in M$，则 $\lambda_1\beta_1+\lambda_2\beta_2 \in L$。

当 $\lambda_1 \neq -1$，$\lambda_2=-\lambda_1$ 时，则

$$\lambda_1\beta_1+\lambda_2\beta_2=(\lambda_1+1)\left(\frac{\lambda_1}{\lambda_1+1}\alpha_1+\frac{1}{\lambda_1+1}\alpha_0\right)+(-\lambda_1)\alpha_2-\alpha_0$$

由 α_1，$\alpha_0 \in M$ 且 $\frac{\lambda_1}{\lambda_1+1}+\frac{1}{\lambda_1+1}=1$，则

$$\frac{\lambda_1}{\lambda_1+1}\alpha_1+\frac{1}{\lambda_1+1}\alpha_0 \in M$$

由 $\alpha_0 \in M$ 且 $(\lambda_1+1)+(-\lambda_1)=1$，则

$$(\lambda_1+1)\left(\frac{\lambda_1}{\lambda_1+1}\alpha_1+\frac{1}{\lambda_1+1}\alpha_0\right)+(-\lambda_1)\alpha_2 \in M$$

故 $\lambda_1\beta_1+\lambda_2\beta_2 \in L$。

当 $\lambda_1=-1$，$\lambda_2=-\lambda_1=1$ 时，则

$$-\beta_1+\beta_2=-\alpha_1+\alpha_2=(-1)\alpha_1+2\left(\frac{1}{2}\alpha_2+\frac{1}{2}\alpha_0\right)-\alpha_0$$

由 α_2，$\alpha_0 \in M$ 且 $\frac{1}{2}+\frac{1}{2}=1$，则

$$\frac{1}{2}\alpha_2+\frac{1}{2}\alpha_0 \in M$$

由 $\alpha_1 \in M$ 且 $(-1)+2=1$，则

$$2\left(\frac{1}{2}\alpha_2+\frac{1}{2}\alpha_0\right)+(-1)\alpha_1 \in M$$

故 $\lambda_1\beta_1+\lambda_2\beta_2 \in L$。

由定理 1.6.1，则 L 是 V 的子空间。由 $M=\alpha_0+L$，则 M 是 V 的仿射流形。

必要性。由 M 是 V 的仿射流形，则存在 V 的子空间 L 和 $\alpha_0 \in V$ 使得 $M=\alpha_0+L$。

$\forall x$，$y \in M$，$\forall \lambda$，$\mu \in \mathbb{R}$ 且 $\lambda+\mu=1$，则 $\exists y_0$，$z_0 \in L$ 使得 $x=\alpha_0+y_0$，$y=\alpha_0+z_0$，故

$$\lambda x+\mu y=\alpha_0+(\lambda y_0+\mu z_0)$$

由 L 是子空间，则 $\lambda y_0+\mu z_0 \in L$。因此 $\lambda x+\mu y \in M$。

注记： 在 $\mathbb{R}^2$ 或者 $\mathbb{R}^3$ 中，仿射流形包含过该集合中任意两点的直线。

例 1.7.1 设 A 是一个 n 阶实方阵，$b \in \mathbb{R}^n-\{0\}$，$M=\{x \in \mathbb{R}^n: Ax=b\} \neq \varnothing$。

求证：M 是 $\mathbb{R}^n$ 中的一个仿射流形。

证明： $\forall \alpha$，$\beta \in M$，$\forall \lambda$，$\mu \in \mathbb{R}$ 且 $\lambda+\mu=1$，则

$$A(\lambda\alpha+\mu\beta)=(\lambda+\mu)b=b$$

因此 $\lambda\alpha+\mu\beta \in M$。由定理 1.7.1 可得，$M$ 是 $\mathbb{R}^n$ 的仿射流形。

注意到：$M=x_0+L$，其中 $L=\{x \in \mathbb{R}^n: Ax=0\}$，$\forall x_0 \in M$。

凸集起源于 Minkowski 考察的有限维空间中的几何学。

定义 1.7.2 设 V 是$\mathbb{F}$上的一个线性空间，S 是 V 的一个非空子集。若 $\forall \alpha, \beta \in S$ 有 $\{\lambda\alpha+(1-\lambda)\beta: \lambda \in [0, 1]\} \subseteq S$，则称 S 是 V 中的一个凸集(convex set)。

在$\mathbb{R}^2$或者$\mathbb{R}^3$中，凸集包含以该集合中任意两点为端点的线段。进而，若 S 是凸集，$\forall m \in \mathbb{N}$，$\forall \alpha_k \in S$，$\forall \lambda_k \geqslant 0$ 且$\sum\limits_{k=1}^{m}\lambda_k=1$，则$\sum\limits_{k=1}^{m}\lambda_k\alpha_k \in S$，其中 $k=1, 2, \cdots, m$。

定义 1.7.3 设 V 是$\mathbb{F}$上的一个线性空间，S 是 V 的一个非空子集，称点集$\{\sum\limits_{k=1}^{n}\lambda_k\alpha_k: \alpha_k \in S, \lambda_k \geqslant 0, \sum\limits_{k=1}^{n}\lambda_k=1, n \in \mathbb{N}\}$为集合 S 的凸包(convex hull)，记为 CH(S)。

定理 1.7.2 设 V 是$\mathbb{F}$上的一个线性空间，S 是 V 的一个非空子集，$\Gamma=\{\gamma: S \subseteq W_\gamma$ 且 W_γ 是 V 的凸子集$\}$，则 CH(S) 是包含 S 的最小凸集，即

$$\mathrm{CH}(S)=\bigcap\{W_\gamma: \gamma \in \Gamma\}=\bigcap\{W_\gamma: S \subseteq W_\gamma \text{ 且 } W_\gamma \text{ 是 } V \text{ 的凸子集}\}$$

证明：$\forall \alpha$、$\beta \in \mathrm{CH}(S)$，则 $\exists n, m \in \mathbb{N}$，$\exists \lambda_k, \mu_j \geqslant 0$，$\exists \alpha_k, \beta_j \in S$，$k=1, 2, \cdots, n$，$j=1, 2, \cdots, m$ 且$\sum\limits_{k=1}^{n}\lambda_k=1$，$\sum\limits_{j=1}^{n}\mu_j=1$ 使得$\alpha=\sum\limits_{k=1}^{n}\lambda_k\alpha_k$，$\beta=\sum\limits_{j=1}^{m}\mu_j\beta_j$。$\forall \lambda \in [0, 1]$，则

$$\lambda\alpha+(1-\lambda)\beta=\sum_{k=1}^{n}(\lambda\lambda_k)\alpha_k+\sum_{j=1}^{m}((1-\lambda)\mu_j)\beta_j$$

由

$$\sum_{k=1}^{n}(\lambda\lambda_k)+\sum_{j=1}^{m}((1-\lambda)\mu_j)=1$$

则 CH(S) 为凸集。由定义 1.7.3，则 $S \subseteq \mathrm{CH}(S)$。故 $\bigcap\{W_\gamma: \gamma \in \Gamma\} \subseteq \mathrm{CH}(S)$。

$\forall \gamma \in \Gamma$，$\forall \alpha \in \mathrm{CH}(S)$，则 $\exists n \in \mathbb{N}$，$\exists \lambda_k \geqslant 0$，$\exists \alpha_k \in S$，$k=1, 2, \cdots, n$，且$\sum\limits_{k=1}^{n}\lambda_k=1$ 使得$\alpha=\sum\limits_{k=1}^{n}\lambda_k\alpha_k$。由 W_γ 是 V 的凸子集且 $S \subseteq W_\gamma$，则 $\alpha \in W_\gamma$。由 γ 的任意性，则 $\alpha \in \bigcap\{W_\gamma: \gamma \in \Gamma\}$。由 α 的任意性，则 $\mathrm{CH}(S) \subseteq \bigcap\{W_\gamma: \gamma \in \Gamma\}$，故

$$\mathrm{CH}(S)=\bigcap\{W_\gamma: \gamma \in \Gamma\}=\bigcap\{W_\gamma: S \subseteq W_\gamma \text{ 且 } W_\gamma \text{ 是 } V \text{ 的凸子集}\}$$

定理 1.7.3(Caratheodory) 设 S 是 n 维线性空间 V 的非空子集。若 $\alpha \in \mathrm{CH}(S)$，则 $\exists m \in \mathbb{N}$，$\exists \alpha_i \in S$，$\exists \lambda_i > 0$ 且$\sum\limits_{i=1}^{m}\lambda_i=1$ 使得 $\alpha=\sum\limits_{i=1}^{m}\lambda_i\alpha_i$ 且 $m \leqslant n+1$。

证明：由 $\alpha \in \mathrm{CH}(S)$，则 $\exists r \in \mathbb{N}$，$\exists \alpha_i \in S$，$\exists \lambda_i \geqslant 0$ 使得$\alpha=\sum\limits_{i=1}^{r}\lambda_i\alpha_i$ 且$\sum\limits_{i=1}^{r}\lambda_i=1$。设 m 为上述凸表示个数 r 的最小值，则 $\lambda_i>0$。由 $\alpha=\sum\limits_{i=1}^{m}\lambda_i\alpha_i$，则$\sum\limits_{i=1}^{m}\lambda_i(\alpha_i-\alpha)=0$。

假设 $m>n+1$，则 $m-1>n$。由 $\dim V=n$，则 $\alpha_2-\alpha, \cdots, \alpha_m-\alpha$ 线性相关。故存在 $\mu_i \in \mathbb{R}$且$\sum\limits_{i=2}^{n}|\mu_i| \neq 0$ 使得$\sum\limits_{i=2}^{m}\mu_i(\alpha_i-\alpha)=0$。取 $\mu_1=0$，$\forall \mu \in \mathbb{R}$，则

$$\sum_{i=1}^{m}(\lambda_i+\mu\mu_i)(\alpha-\alpha_i)=0$$

设

$$\frac{\lambda_j}{-\mu_j}=\min\left\{\frac{\lambda_i}{-\mu_i}: \mu_i<0,\ i=2,\ \cdots,\ m\right\}$$

取 $\mu_0=\frac{\lambda_j}{-\mu_j}>0$。当 $\mu_i<0$ 时，则 $\mu_0\leqslant\frac{\lambda_i}{-\mu_i}$ 且 $\lambda_i+\mu_0\mu_i\geqslant 0$；当 $\mu_i\geqslant 0$ 时，则 $\lambda_i+\mu_0\mu_i\geqslant\lambda_i>0$。因此

$$\sum_{j\neq k=1}^{m}(\lambda_k+\mu_0\mu_k)\geqslant\lambda_1>0$$

由 $\lambda_j+\mu_0\mu_j=0$ 且

$$\left(\sum_{j\neq i=1}^{m}(\lambda_i+\mu_0\mu_i)\right)\alpha-\sum_{j\neq i=1}^{m}(\lambda_i+\mu_0\mu_i)\alpha_i=\sum_{j\neq i=1}^{m}(\lambda_i+\mu_0\mu_i)(\alpha-\alpha_i)=0$$

则

$$\alpha=\sum_{j\neq i=1}^{m}\frac{\lambda_i+\mu_0\mu_i}{\sum_{j\neq k=1}^{m}(\lambda_k+\mu_0\mu_k)}\alpha_i$$

这与 m 为凸表示个数 r 的最小值矛盾。故 $m\leqslant n+1$。

注记： S 的凸包 CH(S)中的每个点都可以表示成 S 中不多于 $n+1$ 个点的凸组合。

设 W 是$\mathbb{F}$上的线性空间 V 的非平凡子空间。在 V/W 上定义数乘运算，则有：

定理 1.7.4　设 W 是$\mathbb{F}$上的线性空间 V 的非平凡子空间。若 $\forall x,\ z\in V$，$\forall\lambda\in\mathbb{F}$有

$$(x+W)+(z+W)=(x+z)+W,\quad \lambda(x+W)=(\lambda x)+W$$

则 V 关于 W 的商集 V/W 关于上述加法和数乘运算构成$\mathbb{F}$上的一个线性空间。

证明： 由定理 1.5.6，则 V/W 是一个商群且 $W=0+W$ 是 V/W 的零元，$x+W$ 的负元为$(-x)+W$，即$-(x+W)=(-x)+W$。下面证明数乘运算是定义好的。

$\forall x_1,\ x_2\in V$，$\forall\lambda\in\mathbb{F}$。由 $x_1+W=x_2+W$ 及定理 1.3.3，则 $x_1\sim x_2$ 且 $x_1-x_2\in W$。由于 W 是 V 的子空间，则 $\lambda x_1-\lambda x_2=\lambda(x_1-x_2)\in W$。故$(\lambda x_1)\sim(\lambda x_2)$且$(\lambda x_1)+W=(\lambda x_2)+W$。因此数乘运算是定义好的。

逐一验证其余关于线性空间的条件。因此 V/W 是$\mathbb{F}$上的线性空间。

定义 1.7.4　设 W 是$\mathbb{F}$上的线性空间 V 的一个非平凡子空间，称商集 V/W 关于上述加法运算和数乘运算构成的$\mathbb{F}$上的线性空间 V/W 为 V 模 W 的商空间(quotient space)，称商空间 V/W 的维数为 V 关于 W 的余维数，记为 $\mathrm{codim}W$，即 $\mathrm{codim}W=\dim(V/W)$。

定义 1.7.5　设 A 是数域$\mathbb{F}$上的一个线性空间，称映射$\circ$：$A\times A\to A$，$(a,\ b)\mapsto c$ 为 A 上的乘法，记为 $c=\circ(a,\ b)$，简记为 $c=ab$。

(1) 如果 $\forall a,\ b,\ c\in A$，$\forall\lambda,\ \mu\in\mathbb{F}$，有

$$(\lambda a+\mu b)c=\lambda(ac)+\mu(bc),\ a(\lambda b+\mu c)=\lambda(ab)+\mu(ac),\ a(bc)=(ab)c$$

则称 A 是数域$\mathbb{F}$上的一个代数，即乘法满足左右分配律、数因子结合律和乘法结合律。

设 A 是数域$\mathbb{F}$上的一个代数。

(2) 如果 $\exists e\in A$，$\forall a\in A$，有 $ae=ea=a$，则称 A 是一个含单位代数，通常记 e 为 1。

(3) 如果$\forall a, b\in A$，有$ab=ba$，则称A是一个交换代数。

1.8 线性算子

定义 1.8.1 设V和W是$\mathbb{F}$上的两个线性空间，$A: V\to W$。

(1) 如果$\forall \alpha, \beta\in V$，$\forall \lambda, \mu\in\mathbb{F}$，有$A(\lambda\alpha+\mu\beta)=\lambda(A\alpha)+\mu(A\beta)$，则称$A$为线性空间$V$到$W$内的一个线性算子(linear operator)。

用$L(V, W)$表示从线性空间V到W内的全体线性算子构成的集合，即

$$L(V, W)=\{A: V\to W \mid A(\lambda\alpha+\mu\beta)=\lambda A\alpha+\mu A\beta,\ \forall \alpha, \beta\in V,\ \forall \lambda, \mu\in\mathbb{F}\}$$

当$W=V$时，将$L(V, W)$简记为$L(V)$，称$L(V)$中的元为V上的一个线性变换(linear transformation)；当$W=\mathbb{F}$时，将$L(V, \mathbb{F})$简记为$V^{\#}$，称$V^{\#}$为V的代数对偶空间，称$V^{\#}$中的元为V上的一个线性泛函(linear functional)。

设$A, B\in L(V, W)$，$C: V\to W$，$S: V\to W$。

(2) 如果$\forall \alpha\in V$有$C\alpha=A\alpha+B\alpha$，则称C为A与B之和，记为$C=A+B$。

(3) 设$\lambda\in\mathbb{F}$，如果$\forall \alpha\in V$有$S\alpha=\lambda(A\alpha)$，则称S为λ与A的数乘，记为$S=\lambda A$。

例 1.8.1 常见的、重要的线性算子。

(1) 微分算子：定义$T: C^1[a, b]\to C[a, b]$为$(Tx)(t)=x'(t)$，$\forall t\in[a, b]$。

(2) 积分算子：定义$T: C[a, b]\to C[a, b]$为$(Tx)(t)=\int_a^t x(s)\mathrm{d}s$，$\forall t\in[a, b]$。

(3) 矩阵算子：定义$A: \mathbb{R}^n\to\mathbb{R}^m$为$y=Ax$，其中

$$y=\begin{pmatrix}\eta_1\\ \eta_2\\ \vdots\\ \eta_m\end{pmatrix}=\begin{pmatrix}a_{11} & a_{12} & \cdots & a_{1n}\\ a_{21} & a_{22} & \cdots & a_{2n}\\ \vdots & \vdots & & \vdots\\ a_{m2} & a_{m2} & \cdots & a_{mn}\end{pmatrix}x=\begin{pmatrix}a_{11} & a_{12} & \cdots & a_{1n}\\ a_{21} & a_{22} & \cdots & a_{2n}\\ \vdots & \vdots & & \vdots\\ a_{m2} & a_{m2} & \cdots & a_{mn}\end{pmatrix}\begin{pmatrix}\xi_1\\ \xi_2\\ \vdots\\ \xi_n\end{pmatrix}$$

(4) 数乘算子：定义$T: C[a, b]\to C[a, b]$为$(Tx)(t)=tx(t)$，$\forall t\in[a, b]$。

定义 1.8.2 设V、W和U是$\mathbb{F}$上的线性空间，$A\in L(V, W)$，$B\in L(W, U)$，$C: V\to U$。如果$\forall \alpha\in V$有$C\alpha=B(A\alpha)$，则称C为A与B之积，记为$C=BA$。

定义 1.8.3 设V和W是$\mathbb{F}$上的线性空间，$A: V\to W$。如果$\forall \alpha\in V$有$A\alpha=0$，其中0是W的零元，则称A为V到W的零算子，记为0。

定理 1.8.1 集合$L(V)$关于上述定义的加法运算与数乘运算构成$\mathbb{F}$上的一个线性空间。

证明：$\forall \alpha、\beta\in V$，$\forall \lambda、\mu、\rho\in\mathbb{F}$，$\forall A、B\in L(V)$。由

$$\begin{aligned}(A+B)(\lambda\alpha+\mu\beta)&=A(\lambda\alpha+\mu\beta)+B(\lambda\alpha+\mu\beta)=(\lambda A\alpha+\mu A\beta)+(\lambda B\alpha+\mu B\beta)\\ &=\lambda(A\alpha+B\alpha)+\mu(A\beta+B\beta)=\lambda((A+B)\alpha)+\mu((A+B)\beta)\end{aligned}$$

$$\begin{aligned}(\rho A)(\lambda\alpha+\mu\beta)&=\rho(A(\lambda\alpha+\mu\beta))=\rho(\lambda A\alpha+\mu A\beta)=\rho(\lambda A\alpha)+\rho(\mu A\beta)\\ &=(\rho\lambda)A\alpha+(\rho\mu)A\beta=\lambda(\rho A\alpha)+\mu(\rho A\beta)\\ &=\lambda((\rho A)\alpha)+\mu((\rho A)\beta)\end{aligned}$$

可得$A+B\in L(V)$，$\rho A\in L(V)$。由定义 1.8.1，则$L(V)$上的加法满足结合律和交换律。

由于

$$(A+0)\alpha=A\alpha+0(\alpha)=A\alpha+0=A\alpha$$

则 $A+0=A$。因此 0 是 $L(V)$的零元。由$(1A)\alpha=1(A\alpha)=A\alpha$，则 $1A=A$。

由于

$$(A+(-1)A)\alpha=1A\alpha+(-1)A\alpha=(1-1)A\alpha=0=0(\alpha)$$

则$(-1)A$ 是 A 的负元。由

$$(\lambda(\mu A))\alpha=\lambda((\mu A)\alpha)=\lambda(\mu(A\alpha)=(\lambda\mu)(A\alpha)=((\lambda\mu)A)\alpha$$

则 $\lambda(\mu A)=(\lambda\mu)A$。

由于

$$((\lambda+\mu)A)\alpha=(\lambda+\mu)(A\alpha)=\lambda(A\alpha)+\mu(A\alpha)=(\lambda A)\alpha+(\mu A)\alpha=(\lambda A+\mu A)\alpha$$

则$(\lambda+\mu)A=\lambda A+\mu A$。

由于

$$\begin{aligned}(\lambda(A+B))\alpha&=\lambda((A+B)\alpha)=\lambda(A\alpha+B\alpha)=\lambda(A\alpha)+\lambda(B\alpha)=(\lambda A)\alpha+(\lambda B)\alpha\\&=(\lambda A+\lambda B)(\alpha)\end{aligned}$$

则 $\lambda(A+B)=\lambda A+\lambda B$。因此 $L(V)$是$\mathbb{F}$上的线性空间。

类似地，$L(V, W)$是$\mathbb{F}$上的线性空间。进而，$V^{\#}$是$\mathbb{F}$上的线性空间。

设 $A\in L(V, W)$。如果 B 为 A 的逆映射，则称 B 为 A 的逆变换。

由定理 1.3.7，如果 A 是可逆的，则 A 的逆变换唯一。由性质 1.3.2，如果 A 和 B 是可逆的，则 AB 是可逆的且$(AB)^{-1}=B^{-1}A^{-1}$。

定理 1.8.2 设 $A, B\in L(V)$。

(1) $AB\in L(V)$。

(2) 如果 A 可逆，则 $A^{-1}\in L(V)$。

证明：(1) $\forall\alpha, \beta\in V$，$\forall\lambda, \mu\in\mathbb{F}$，则

$$\begin{aligned}(AB)(\lambda\alpha+\mu\beta)&=A(B(\lambda\alpha+\mu\beta))=A(\lambda B\alpha+\mu B\beta)\\&=\lambda A(B\alpha)+\mu A(B\beta)=\lambda(AB)\alpha+\mu(AB)\beta\end{aligned}$$

故 $AB\in L(V)$。

(2) $\forall\alpha, \beta\in V$，$\forall\lambda, \mu\in\mathbb{F}$，由定理 1.8.2 及

$$A(\lambda(A^{-1}\alpha)+\mu(A^{-1}\beta))=\lambda A(A^{-1}\alpha)+\mu A(A^{-1}\beta)=\lambda(AA^{-1})\alpha+\mu(AA^{-1})\beta=\lambda\alpha+\mu\beta$$

则 $A^{-1}(\lambda\alpha+\mu\beta)=\lambda(A^{-1}\alpha)+\mu(A^{-1}\beta)$，故 $A^{-1}\in L(V)$。

类似地，如果 $B\in L(V, W)$，$A\in L(W, U)$，则 $AB\in L(V, U)$。

定理 1.8.3 设 V 是$\mathbb{F}$上的一个线性空间。$\forall A, B, C\in L(V)$，$\forall\lambda, \mu\in\mathbb{F}$，则

$$(AB)C=A(BC),\ A(\lambda B+\mu C)=\lambda AB+\mu AC,\ (\lambda A+\mu B)C=\lambda AC+\mu BC$$

进而，线性空间 $L(V)$关于上述乘法构成一个含单位代数，其中 I 是单位元。

证明：由性质 1.3.1，则$(AB)C=A(BC)$。$\forall\alpha\in V$，由于

$$\begin{aligned}(A(\lambda B+\mu C))\alpha&=A(\lambda B\alpha+\mu C\alpha)=\lambda A(B\alpha)+\mu A(C\alpha)\\&=\lambda(AB)\alpha+\mu(AC)\alpha=(\lambda AB+\mu AC)\alpha\end{aligned}$$

则 $A(\lambda B+\mu C)=\lambda AB+\mu AC$。类似地，$(\lambda A+\mu B)C=\lambda AC+\mu BC$。

$\forall\alpha\in V$，由于

$$(AI)\alpha=A(I\alpha)=A\alpha=I(A\alpha)=(IA)\alpha$$

则 $AI=A=IA$。故 I 是 $L(V)$ 的单位元。由定义 1.7.5 得 $L(V)$ 关于上述乘法构成一个含单位代数。

注记：线性空间 $L(V)$ 上的乘法一般是不可交换的。下面给出一个反例。

例 1.8.2　在$\mathbb{R}$的线性空间$\mathbb{R}[x]$上分别定义线性算子 D 与 F 为 $(Df)(x)=f'(x)$，$(Ff)(x)=\int_0^x f(t)\mathrm{d}t$，$\forall f\in\mathbb{R}[x]$。求证：$DF\neq FD$。

定义 1.8.4　设 α_1，α_2，…，α_n 为数域$\mathbb{F}$上的 n 维线性空间 V 的一个基，$A\in L(V)$。如果

$$A(\alpha_1,\alpha_2,\cdots,\alpha_n)=(\alpha_1,\alpha_2,\cdots,\alpha_n)\begin{pmatrix}a_{11} & a_{12} & \cdots & a_{1n}\\ a_{21} & a_{22} & \cdots & a_{2n}\\ \vdots & \vdots & & \vdots\\ a_{n1} & a_{n2} & \cdots & a_{nn}\end{pmatrix}$$

其中 $a_{ij}\in\mathbb{F}$，则称 n 阶方阵 $(a_{ij})_n$ 为线性变换 A 在基 α_1，α_2，…，α_n 下的表示矩阵。

定义 1.8.5　设 A 为$\mathbb{F}$上的线性空间 V 的一个线性变换。如果存在 $\lambda\in\mathbb{F}$和一个非零向量 $\boldsymbol{\alpha}\in V$ 使得 $A\boldsymbol{\alpha}=\lambda\boldsymbol{\alpha}$，则称 λ 为 A 的一个特征值(eigenvalue)，称 $\boldsymbol{\alpha}$ 为 A 的从属于特征值 λ 的特征向量(eigenvector)，称 A 的全体特征值构成的集合为 A 的点谱，记为 $\sigma_p(A)$。

定理 1.8.4　设 A 是$\mathbb{F}$上的 n 维线性空间 V 的一个线性变换，则 A 在 V 的一个基下的表示矩阵为对角矩阵当且仅当 A 有 n 个线性无关的特征向量。

定义 1.8.6　设 A 为$\mathbb{F}$上的线性空间 V 的一个线性变换。

(1) 称集合 $\{A\alpha:\alpha\in V\}$ 为线性变换 A 的值域，记为 $R(A)$。

(2) 称集合 $\{\alpha\in V:A\alpha=0\}$ 为线性变换 A 的核，记为 $N(A)$。

定理 1.8.5　设 $A\in L(V)$，则 $R(A)$ 和 $N(A)$ 是 V 的子空间。

证明：$\forall\beta_1$，$\beta_2\in R(A)$，则 $\exists\alpha_1$，$\alpha_2\in V$ 使得 $\beta_1=A\alpha_1$，$\beta_2=A\alpha_2$。由于 V 为线性空间，$\forall\lambda_1$，$\lambda_2\in\mathbb{F}$，则 $\lambda_1\alpha_1+\lambda_2\alpha_2\in V$。由于 $A\in L(V)$，则

$$\lambda_1\beta_1+\lambda_2\beta_2=\lambda_1A\alpha_1+\lambda_2A\alpha_2=A(\lambda_1\alpha_1+\lambda_2\alpha_2)\in R(A)$$

因此 $R(A)$ 是 V 的子空间。

$\forall\alpha_1$，$\alpha_2\in N(A)$，则 $A\alpha_1=0$，$A\alpha_2=0$。由于 $A\in L(V)$，则 $\forall\lambda_1$，$\lambda_2\in\mathbb{F}$有

$$A(\lambda_1\alpha_1+\lambda_2\alpha_2)=\lambda_1A\alpha_1+\lambda_2A\alpha_2=0\text{，即 }\lambda_1\alpha_1+\lambda_2\alpha_2\in N(A)$$

故 $N(A)$ 是 V 的子空间。

注记：称 $R(A)$ 的维数为 A 的秩(rank)，称 $N(A)$ 的维数为 A 的零度(nullity)。

定理 1.8.6　设 A 是$\mathbb{F}$上的 n 维线性空间 V 上的一个线性变换，则

$$\dim R(A)+\dim N(A)=n=\dim V$$

定义 1.8.7　设 A 为$\mathbb{F}$上的线性空间 V 的一个线性变换，W 为 V 的一个子空间。

(1) 如果 $\forall\alpha\in W$ 有 $A\alpha\in W$，则称 W 为 A 的一个不变子空间(invariant subspace)。

(2) 称 V 和 $\{0\}$ 为 A 的平凡不变子空间；称其他不变子空间为非平凡不变子空间。

注记：设 $A\in L(V)$，则 $R(A)$ 和 $N(A)$ 都是 A 的不变子空间。

设 X 和 Y 是线性空间，D 是 X 的子空间，$T:D\to Y$，记为 $T:D(T)\to Y$。

定理 1.8.7　设 X 和 Y 是$\mathbb{F}$上的两个线性空间，$T:D(T)\to Y$ 是一个线性算子。如果

$\dim D(T)=n<+\infty$，则 $\dim R(T)\leqslant n$。

证明： 设 β_1，β_2，…，β_{n+1} 为 $R(T)$中的任意 $n+1$ 个向量，则 $\exists\,\alpha_1$，α_2，…，$\alpha_{n+1}\in D(T)$使得 $\beta_k=T\alpha_k$，$k=1,2,\cdots,n+1$。由 $\dim D(T)=n<+\infty$，则 α_1，α_2，…，α_{n+1} 线性相关。故存在不全为零的数 λ_1，λ_2，…，$\lambda_{n+1}\in\mathbb{F}$使得 $\lambda_1\alpha_1+\lambda_2\alpha_2+\cdots+\lambda_{n+1}\alpha_{n+1}=0$。由于 T 为线性算子，则

$$
\begin{aligned}
\lambda_1\beta_1+\lambda_2\beta_2+\cdots+\lambda_{n+1}\beta_{n+1}&=\lambda_1 T\alpha_1+\lambda_2\alpha_2+\cdots+\lambda_{n+1}T\alpha_{n+1}\\
&=T(\alpha_1x_1+\alpha_2x_2+\cdots+\alpha_{n+1}x_{n+1})\\
&=T(0)=0
\end{aligned}
$$

由于λ_1，λ_2，…，λ_{n+1} 是不全为零的数，则 β_1，β_2，…，β_{n+1} 线性相关。因此 $\dim R(T)\leqslant n$。

定义 1.8.8 设 V 是$\mathbb{F}$上的一个线性空间，Y 是 V 的一个子空间。如果 $\operatorname{codim}Y=1$，即 $\dim(V/Y)=1$，则称 Y 是 V 中的一个超平面(hyperplane)。

定理 1.8.8 设 Y 是$\mathbb{F}$上的线性空间 V 的一个非平凡子空间，则 Y 是 V 中的超平面当且仅当$\exists\, f\in V^{\#}-\{0\}$使得 $N(f)=Y$。

证明： 必要性。设 Y 是 V 的超平面，Q：$V\to V/Y$ 是典型投影。由 $\dim(V/Y)=1$，则 $V/Y\approx\mathbb{F}$。设 T 是 $V/Y\to\mathbb{F}$的同构映射。定义 $f=TQ$：$V\to\mathbb{F}$。由 Q 和 T 是线性算子及定理1.8.2，则 f 是 V 上的一个非零线性泛函，即 $f\in V^{\#}-\{0\}$。因此

$$
N(f)=\{x\in V\mid f(x)=0\}=\{x\in V\mid Q(x)=Y\}=\{x\in V\mid x+Y=Y\}=Y
$$

充分性。设 $f\in V^{\#}-\{0\}$，定义 T：$V/N(f)\to\mathbb{F}$为 $T(x+N(f))=f(x)$。

由 $x+N(f)=y+N(f)\Leftrightarrow x-y\in N(f)\Leftrightarrow f(x-y)=0\Leftrightarrow f(x)=f(y)$，则 T 是定义好的且 T 是单射。由于 f 是非零线性泛函，则$\exists\,\alpha\in V$ 使得 $f(\alpha)\neq 0$。$\forall\lambda\in\mathbb{F}$，取 $x=\dfrac{\lambda}{f(\alpha)}\alpha$，则 $\exists\, x+N(f)\in V/N(f)$且 $T(x+N(f))=f(x)=\lambda$。故 T 是满射。

$\forall\, x_1+N(f)$，$x_2+N(f)\in V/N(f)$，$\forall\lambda_1$，$\lambda_2\in\mathbb{F}$，由

$$
\begin{aligned}
T(\lambda_1(x_1+N(f))+\lambda_2(x_2+N(f)))&=T((\lambda_1x_1+\lambda_2x_2)+N(f))=f(\lambda_1x_1+\lambda_2x_2)\\
&=f(\lambda_1x_1+\lambda_2x_2)=\lambda_1f(x_1)+\lambda_2f(x_2)\\
&=\lambda_1T(x_1+N(f))+\lambda_2T(x_2+N(f))
\end{aligned}
$$

则 T 是线性双射。故 $\dim(V/N(f))=\dim\mathbb{F}=1$。因此 $N(f)$是 V 中的超平面。

定义 1.8.9 设 V 是一个线性空间，M 是 V 的一个非空子集。如果存在 V 的一个超平面 L 和点 $x_0\in V$ 使得$M=x_0+L$，则称 M 为 V 的一个仿射超平面(affine hyperplane)。

注记： 由定理1.8.8，则 M 为线性空间 V 的一个仿射超平面当且仅当$\exists\, f\in V^{\#}$，$\exists\, c\in\mathbb{F}$使得 $M=\{x\in V: f(x)=c\}$，记为 L_f^c，即 $L_f^c=\{x\in V: f(x)=c\}$。

1.9 实数集的完备性

定义 1.9.1 设 S 为$\mathbb{R}$的一个非空子集。

(1) 如果$\exists\, u\in\mathbb{R}$且$\forall\, x\in S$ 有 $x\leqslant u$，则称 u 为 S 的一个上界(upper bound)；

如果$\exists\, l\in\mathbb{R}$且$\forall\, x\in S$ 有 $x\geqslant l$，则称 l 为 S 的一个下界(lower bound)。

(2) 如果 S 既有上界又有下界，则称 S 为有界集(bounded set)。

(3) 如果$\forall m\in\mathbb{R}$且$\exists x_0\in S$使得$x_0>m$，则称S无上界；

如果$\forall l\in\mathbb{R}$且$\exists x_1\in S$使得$x_1<l$，则称S无下界。

(4) 如果S无上界或者无下界，则称S无界，即$\forall M>0$，$\exists x_0\in S$使得$|x_0|>M$。

注记： 由于$\mathbb{R}$是全序集，因此上述定义是定义1.3.9在全序集$\mathbb{R}$上的具体化。

定义 1.9.2 设S是$\mathbb{R}$的一个非空子集，$\xi\in\mathbb{R}$。如果

(1) $\forall x\in S$有$x\leqslant\xi$，即ξ为S的一个上界；

(2) $\forall\varepsilon>0$，$\exists x_0\in S$使得$x_0>\xi-\varepsilon$，即$\xi-\varepsilon$不是S的上界，则称ξ是S的上确界(supremum)，记为$\xi=\sup S$。

定义 1.9.3 设S是$\mathbb{R}$的一个非空子集，$\eta\in\mathbb{R}$。如果

(1) $\forall x\in S$有$x\geqslant\eta$，即η为S的一个下界；

(2) $\forall\varepsilon>0$，$\exists x_0\in S$使得$x_0<\eta+\varepsilon$，即$\eta+\varepsilon$不是S的下界，则称η是S的下确界(infimum)，记为$\eta=\inf S$。

上确界与下确界统称为确界。下述定理称为确界原理。

定理 1.9.1 设S是$\mathbb{R}$的一个非空子集。如果S有上(下)界，则S必有上(下)确界。

定义 1.9.4 设$\{a_n\}$是$\mathbb{R}$中的一个数列。

(1) 如果$\exists a\in\mathbb{R}$，$\forall\varepsilon>0$，$\exists m(a,\varepsilon)\in\mathbb{N}$，$\forall n>m(a,\varepsilon)$恒有$|a_n-a|<\varepsilon$，则称数列$\{a_n\}$收敛(convergent)于$a$，称实数$a$为数列$\{a_n\}$的极限(limit)，记为$\lim\limits_{n\to\infty}a_n=a$。

(2) 如果$\forall a\in\mathbb{R}$，$\exists\varepsilon_0(a)>0$，$\forall m\in\mathbb{N}$，$\exists n_0(\varepsilon_0,a)\in\mathbb{N}$，$n_0>m$使得$|a_{n_0}-a|\geqslant\varepsilon_0$，则称数列$\{a_n\}$发散(divergent)。

例 1.9.1 设$\sup S=a\notin S$。求证：存在严格递增数列$\{a_n\}\subseteq S$使得$\lim\limits_{n\to\infty}a_n=a$。

证明： 由$\sup S=a$，则$\forall\varepsilon>0$，$\exists a_\varepsilon\in S$使得$a-\varepsilon<a_\varepsilon<a<a+\varepsilon$。取$\varepsilon_1=1$，则$\exists a_1\in S$使得$a-\varepsilon_1<a_1<a+\varepsilon_1$。取$\varepsilon_2=\min\{2^{-1},a-a_1\}$，则$\exists a_2\in S$使得$a-\varepsilon_2<a_2<a+\varepsilon_2$。故$a_2>a-\varepsilon_2\geqslant a-(a-a_1)=a_1$且$|a_2-a|<\varepsilon_2\leqslant 2^{-1}$。故$\forall n\in\mathbb{N}$，$\exists a_n\in S$，$a_n>a_{n-1}$且$\varepsilon_n=\min\left\{\dfrac{1}{n},a-a_{n-1}\right\}$。由$|a_n-a|<\varepsilon_n\leqslant\dfrac{1}{n}$且$\lim\limits_{n\to\infty}\dfrac{1}{n}=0$，则$\lim\limits_{n\to\infty}a_n=a$且$\{a_n\}\subseteq S$是一个严格递增的数列。

定义 1.9.5 设$\{a_n\}$是$\mathbb{R}$中的一个数列。如果$\forall\varepsilon>0$，$\exists m(\varepsilon)$，$\forall n>m(\varepsilon)$，$\forall p\in\mathbb{N}$恒有$|a_{n+p}-a_n|<\varepsilon$，则称数列$\{a_n\}$是$\mathbb{R}$中的一个Cauchy列(Cauchy sequence)。

定理 1.9.2(Cauchy准则) $\mathbb{R}$中的数列$\{a_n\}$是收敛的当且仅当$\{a_n\}$是Cauchy列。

定义 1.9.6 设$\{[a_n,b_n]\}$是$\mathbb{R}$中的一个闭区间列。如果

(1) $[a_n,b_n]\supseteq[a_{n+1},b_{n+1}]$，$\forall n\in\mathbb{N}$；

(2) $\lim\limits_{n\to\infty}(b_n-a_n)=0$，

则称$\{[a_n,b_n]\}$为$\mathbb{R}$中的一个区间套(intervals nest)。

定理 1.9.3 (区间套定理)如果$\{[a_n,b_n]\}$是$\mathbb{R}$中的一个区间套，则存在唯一的$\xi\in[a_n,b_n]$，$\forall n\in\mathbb{N}$。

定义 1.9.7 设$x_0\in\mathbb{R}$，$\delta>0$。

(1) 称集合$\{x\in\mathbb{R}:|x-x_0|<\delta\}$为$x_0$的$\delta$邻域(neighborhood)，记为$S(x_0,\delta)$。

(2) 称集合$\{x\in\mathbb{R}:0<|x-x_0|<\delta\}$为$x_0$的空心$\delta$邻域，记为$S^\circ(x_0,\delta)$。

(3) 称集合$\{x\in\mathbb{R}: 0\leqslant x-x_0<\delta\}$为$x_0$的$\delta$右邻域，记为$S_+(x_0, \delta)$。

(4) 称集合$\{x\in\mathbb{R}: -\delta<x-x_0\leqslant 0\}$为$x_0$的$\delta$右邻域，记为$S_-(x_0, \delta)$。

当不需要强调邻域半径时，将上述邻域分别简记为$S(x_0)$，$S^\circ(x_0)$，$S_+(x_0)$，$S_-(x_0)$。

定义 1.9.8　设A是$\mathbb{R}$的一个非空子集，$\xi\in\mathbb{R}$。如果ξ的任何邻域内都含有A中无穷多个点，即$\forall\varepsilon>0$，$S^\circ(\xi, \varepsilon)\cap A\neq\varnothing$，则称$\xi$为$A$的一个聚点(accumulation point)。

注记：ξ为A的聚点当且仅当存在各项互异的数列$\{a_n\}\subseteq A-\{\xi\}$使得$\lim\limits_{n\to\infty}a_n=\xi$。

定理 1.9.4(Weierstrass 聚点定理)　$\mathbb{R}$的任何有界无限点集至少有一个聚点。

定义 1.9.9　设S是$\mathbb{R}$的一个非空子集，$H=\{(\alpha_i, \beta_i)\subseteq\mathbb{R}: i\in\Lambda\}$。

(1) 如果$S\subseteq\bigcup\{(\alpha_i, \beta_i): i\in\Lambda\}$，则称$H$为$S$的一个开覆盖(open cover)。

(2) 如果$T\subseteq H$且T为S的一个覆盖，则称T为H关于S的子覆盖(subcover)。

(3) 如果有限集T是H的子覆盖，则称T为H关于S的有限子覆盖(finite subcover)。

定理 1.9.5(Heine-Borel 有限覆盖原理)　$\mathbb{R}$中的闭区间的任何开覆盖存在有限子覆盖。

定义 1.9.10　设$\{a_n\}$是$\mathbb{R}$中的一个数列。若$\{n_k\}$为$\mathbb{N}$的无限子集且$n_k<n_{k+1}$，$\forall k\in\mathbb{N}$，则称数列$\{a_{n_k}\}$是数列$\{a_n\}$的一个子列(subsequence)。

定理 1.9.6(致密性定理)　$\mathbb{R}$中的有界数列一定有收敛子列。

定理 1.9.7(单调有界原理)　$\mathbb{R}$中的单调有界数列收敛。

注记：确界原理、Cauchy 准则、区间套定理、Weierstrass 聚点定理、Heine-Borel 有限覆盖原理，致密性定理和单调有界原理以不同的方式反映了实数集$\mathbb{R}$的一个重要特性，称它为实数集$\mathbb{R}$的完备性(completeness)。

1.10　函数的极限与积分

定义 1.10.1　设实函数$f(x)$在$S(x_0)$上有定义。

(1) 如果$\exists a\in\mathbb{R}$，$\forall\varepsilon>0$，$\exists\delta(x_0, \varepsilon)>0$，$\forall x\in S^\circ(x_0, \delta)\subseteq S(x_0)$恒有$|f(x)-a|<\varepsilon$，则称$a$为$x\to x_0$时函数$f(x)$的极限，记为$\lim\limits_{x\to x_0}f(x)=a$。

(2) 如果$\forall\varepsilon>0$，$\exists\delta(x_0, \varepsilon)>0$，$\forall x\in S(x_0, \delta)\subseteq S(x_0)$恒有$|f(x)-f(x_0)|<\varepsilon$，则称函数$f(x)$在$x_0$点连续(continous)，即$\lim\limits_{x\to x_0}f(x)=f(x_0)$。

(3) 如果$\forall\varepsilon>0$，$\exists\delta(x_0, \varepsilon)>0$，$\forall x\in S_+(x_0, \delta)\subseteq S(x_0)$恒有$|f(x)-f(x_0)|<\varepsilon$，则称函数$f(x)$在$x_0$点右连续(right continous)，即$\lim\limits_{x\to x_0+}f(x)=f(x_0)$。

类似地，可以给出函数在一点左连续的定义。

(4) 如果$\forall x_0\in(a, b)$有函数$f(x)$在x_0连续，则称$f(x)$在开区间(a, b)内连续。

(5) 如果f在(a, b)内连续且在a处右连续，b处左连续，则称f在$[a, b]$上连续。

定义 1.10.2　设f在区间I上有定义。如果$\forall\varepsilon>0$，$\exists\delta(\varepsilon)>0$，$\forall x_1, x_2\in I$且$|x_1-x_2|<\delta$恒有$|f(x_1)-f(x_2)|<\varepsilon$，则称$f$在$I$上一致连续(uniformly continuous)。

定理 1.10.1　如果$f(x)$在$[a, b]$上连续，则$f(x)$在$[a, b]$上有最值且一致连续。

定理 1.10.2(Hiene 定理，归结原理) 设函数 f 在 $U^{\circ}(x_0)$ 有定义，则 $\lim\limits_{x\to x_0}f(x)=A$ 当且仅当 $\forall\{x_n\}\subseteq U^{\circ}(x_0)$，只要 $\lim\limits_{n\to\infty}x_n=x_0$ 恒有 $\lim\limits_{n\to\infty}f(x_n)=A$。

推论 1.10.1 如果 $\lim\limits_{x\to x_0}f(x)=A$ 且 $\lim\limits_{n\to\infty}x_n=x_0$，$x_n\neq x_0$，则 $\lim\limits_{n\to\infty}f(x_n)=A$。

定义 1.10.3

(1) 在 $[a, b]$ 上任意插入 $n-1$ 个分点，记为 $x_1, x_2, \cdots, x_{n-1}$。记 $a=x_0$，$b=x_n$，这些分点将 $[a, b]$ 分割成 n 个小区间 $\Delta_i=[x_{i-1}, x_i]$，$i=1, 2, \cdots, n$，称这些分点构成 $[a, b]$ 的一个分割。设 $\Delta x_i=x_i-x_{i-1}$，$i=1, 2, \cdots, n$，称 $\max\{\Delta x_i: i=1, 2, \cdots, n\}$ 为 T 的模，记为 $\|T\|$。

(2) 设 $f(x)$ 在 $[a, b]$ 上有定义，$J\in\mathbb{R}$ 为常数。如果 $\forall\varepsilon>0$，$\exists\delta(\varepsilon)>0$，对于任意分割 T 及 $\forall\xi_i\in\Delta_i$，只要 $\|T\|<\delta$ 就有 $\left|\sum\limits_{i=1}^{n}f(\xi_i)\Delta x_i-J\right|<\varepsilon$，则称 f 在 $[a, b]$ 上 Riemann 可积，称 J 为 $f(x)$ 在 $[a, b]$ 上的 Riemann 积分，记为 $J=\int_a^b f(x)\mathrm{d}x$。

定理 1.10.3 如果 $f(x)$ 在闭区间 $[a, b]$ 上连续，则 $f(x)$ 在 $[a, b]$ 上 Riemann 可积。

习 题 一

1.1 求证：

(1) $(A_1-B_1)\cap(A_2-B_2)=(A_1\cap A_2)-(B_1\cup B_2)$。

(2) $(B-A)\cup A=B\Leftrightarrow A\subseteq B$。

(3) $(A\cup B)\cap B^{c}=A\Leftrightarrow A\cap B=\varnothing$。

(4) $(A-B)\cup B=(A\cup B)-B\Leftrightarrow B=\varnothing$。

(5) $(A-B)\cup(B-C)\cup(C-A)=(A\cup B\cup C)-(A\cap B\cap C)$。

1.2 设 X 和 Y 是给定集合，$A, B\subseteq X$，$C\subseteq Y$。求证：

(1) $(X\times Y)-(A\times C)=((X-A)\times Y)\cup(X\times(Y-C))$。

(2) $(A-B)\times C=(A\times C)-(B\times C)$。

1.3 设 R 是集合 X 到集合 Y 上的一个关系。求证：

$R(A\cap B)=R(A)\cap R(B)$，$\forall A, B\subseteq X\Leftrightarrow R(\{x\})\cap R(\{y\})=\varnothing$，$\forall x, y\in X$，$x\neq y$。

1.4 设 R_1, R_2 是集合 X 上的两个等价关系。

求证：R_1R_2 是 X 上的一个等价关系当且仅当 $R_1R_2=R_2R_1$。

1.5 设 $S=\{(x, y)\in\mathbb{R}^2: x-y\in\mathbb{Z}\}$。求证：$S$ 是 $\mathbb{R}$ 上的一个等价关系。

1.6 设 R 是集合 X 上的一个关系且具有对称性和传递性。

求证：R 是集合 X 上的一个等价关系当且仅当 $D(R)=X$。

1.7 设 X 和 Y 是两个集合，$T: X\to Y$。求证：

(1) 如果 $A\subseteq X$，则 $T(X)-T(A)\subseteq T(X-A)$。

(2) T 是单射当且仅当 $T(X-A)\subseteq T(X)-T(A)$，$\forall A\subseteq X$。

1.8 设 X 和 Y 是两个集合，$T: X\to Y$，$S: Y\to X$。

求证：如果 $TS=I_Y$，则 T 是满射，S 是单射。

1.9　设 $l^\infty(S)=\{x: S\to\mathbb{F}: \exists M>0, \wedge|x(t)|<M, \forall t\in S\}$，$\lambda\in\mathbb{F}$，$x, y\in l^\infty(S)$，定义 $(x+y)(t)=x(t)+y(t)$，$(\lambda x)(t)=\lambda x(t)$，$\forall t\in X$。

求证：$(l^\infty(S), +, \cdot)$是数域$\mathbb{F}$上的一个线性空间。

1.10　设 $p\in[1, +\infty)$，$l^p=\{x=\{x_n\}\subseteq\mathbb{F}: \sum\limits_{n=1}^{\infty}|x_n|^p<+\infty\}$。

求证：$(l^p, +, \cdot)$是数域$\mathbb{F}$上的一个线性空间。

1.11　定义 $T: C[a, b]\to C[a, b]$ 为 $(Tf)(x)=\int_a^x f(t)\mathrm{d}t$，$\forall x\in[a, b]$。

求证：T 是 $C[a, b]$ 上的一个线性算子。

1.12　设 $K(t, s)$ 在 $G=[a, b]\times[a, b]$ 上连续。定义 $T: C[a, b]\to C[a, b]$ 为 $(Tx)(t)=\int_a^b K(t, s)x(s)\mathrm{d}s$，$\forall t\in[a, b]$。求证：$T$ 是 $C[a, b]$ 上的一个线性算子。

1.13　设 $X=C[0, T]\times C[0, T]$。

求证：$M=\{(x, u)\in X: x(t)=x_0+\int_0^t u(s)\mathrm{d}s, \forall t\in[0, T]\}$ 是线性空间 X 中的一个仿射流形。

1.14　设 $A\subseteq\mathbb{R}$是一个非空有界集。求证：

(1) 如果 $\alpha=\sup A$，则 $\exists\{x_n\}\subseteq A$ 使得 $\lim\limits_{n\to\infty}x_n=\alpha$。

(2) 如果 $\beta=\inf A$，则 $\exists\{y_n\}\subseteq A$ 使得 $\lim\limits_{n\to\infty}y_n=\beta$。

1.15　设 $A\subseteq\mathbb{R}$是一个非空有界集，$\lambda>0$。

求证：$\sup\{\lambda x: x\in A\}=\lambda\sup\{x: x\in A\}$。

第2章 点集拓扑

拓扑学是几何的一个分支。简单地说，拓扑学是研究连续性和连通性的一个数学分支，最初称为形式分析学。拓扑一词起源于希腊语，表示地貌。1679 年，德国数学家 Leibinz 首先提出了拓扑学这个名词。19 世纪中期，德国数学家 Riemann 在复变函数的研究中强调，研究函数和积分时必须研究形式分析学。1934 年，苏联数学家 Kolmogorov 在研究 n 维 Euclid 空间、量子力学和概率论时引入拓扑空间的概念。泛函分析主要研究各种拓扑线性空间及其映射的收敛性和连续性等。本章介绍与泛函分析相关的点集拓扑的基本知识。

★ 本章知识要点： 拓扑；邻域；开集；闭集；收敛；连续；基；子基；子空间；积空间；商空间；紧集。

2.1 拓扑与邻域

定义 2.1.1 设 X 是一个非空集合，T 是 X 的一个非空子集族。如果 T 满足：

(1) $\varnothing$，$X\in$T；

(2) $\forall A$，$B\in$T$\Rightarrow A\cap B\in$T；

(3) $\forall$ $T_1\subseteq$T$\Rightarrow\bigcup\{A: A\in T_1\}\in$T，则称 T 是 X 的一个拓扑(topology)，$(X$，T$)$是 X 的一个拓扑空间(topology space)。$\forall A\in$T，则称 A 为 X 的一个开集(open set)。当拓扑 T 早已约定时，简称集合 X 为一个拓扑空间。

例 2.1.1 设 X 是一个集合。求证：T$=\{\varnothing, X\}$是一个拓扑，通常称它为平庸拓扑。

例 2.1.2 设 X 是一个集合。求证：T$=P(X)$是一个拓扑，通常称它为离散拓扑。

证明： 显然$\varnothing$，$X\in$T。由于 T$=P(X)$，则 T 中任意两个元素的交仍是 X 的子集，进而属于 T。由于 T 的任何一个子族中的元素是 X 的子集，则 T 的任何一个子族的并集仍是 X 的子集，即属于 T。因此$(X$，T$)$是拓扑空间。

例 2.1.3 设$X=\{a, b, c\}$，T$=\{\varnothing, \{a\}, \{a, b\}, X\}$。求证：$(X$，T$)$是一个拓扑空间。

证明： 由 T 的定义，则$\varnothing$，$X\in$T。$\forall A$，$B\in$T，由$\varnothing\subseteq\{a\}\subseteq\{a, b\}\subseteq X$，则 $A\subseteq B$ 或者 $B\subseteq A$。因此 $A\cap B=A$ 或者 $A\cap B=B$，故 $A\cap B\in$T，$\forall$ $T_1\subseteq$T，$\exists B\in T_1$，$\forall A\in T_1$，使得 $A\subseteq B$。因此$\bigcup\{A: A\in T_1\}=B\in T_1\subseteq$T。故$(X$，T$)$是拓扑空间。

例 2.1.4 设 X 是一个集合，T$=\{U\subseteq X: U^c=X-U$ 是有限集$\}\cup\{\varnothing\}$。

求证：$(X$，T$)$是一个拓扑空间。通常称 T 为有限补拓扑。

证明： 由 T 的定义可得，$\varnothing\in$T。由于 $X^c=\varnothing$，则 $X\in$T。设 A，$B\in$T，如果 $A=\varnothing$或者 $B=\varnothing$，则 $A\cap B=\varnothing\in$T。如果 $A\neq\varnothing$且 $B\neq\varnothing$，由 T 的定义，则 A^c 和 B^c 都是有限集。故$(A\cap B)^c=A^c\cup B^c$ 是有限集。由 T 的定义，则 $A\cap B\in$T。

任取 $T_1\subseteq$T，令 $T_2=T_1-\{\varnothing\}$。显然$\bigcup\{A: A\in T_1\}=\bigcup\{A: A\in T_2\}$。

如果 $T_2=\varnothing$，则 $\bigcup\{A: A\in T_1\}=\bigcup\{A: A\in T_2\}=\varnothing\in T$。

如果 $T_2\neq\varnothing$，则 $\exists A_0\in T_2-\{\varnothing\}\subseteq T$。由于 $(\bigcup\limits_{A\in T_1}A)^c=(\bigcup\limits_{A\in T_2}A)^c=\bigcap\limits_{A\in T_2}A^c\subseteq A_0^c$ 及 A_0^c 是有限集，则 $(\bigcup\limits_{A\in T_1}A)^c$ 是有限集。故 $\bigcup\limits_{A\in T_1}A\in T$。因此 (X, T) 是拓扑空间。

定义 2.1.2 设 (X, T) 和 (Y, Ω) 是拓扑空间，$f: X\to Y$。若 $\forall A\in\Omega$ 有 $f^{-1}(A)\in T$，则称 f 是从 X 到 Y 内的一个连续映射，简称 f 是连续的，或者 f 连续。

注记：映射 f 是连续的当且仅当 Y 中的任何一个开集的逆像集是 X 中的开集。

定理 2.1.1 设 X，Y 和 Z 是三个拓扑空间。

(1) 恒等映射 $I: X\to X$ 是一个连续映射。

(2) 如果 $f: X\to Y$ 和 $g: Y\to Z$ 是连续映射，则 $gf: X\to Z$ 是连续映射。

证明：(1) 设 A 为 X 中的任何一个开集，则 $I^{-1}(A)=A$ 是 X 中的开集。故 I 连续。

(2) 设 A 为 Z 中的任何一个开集。由于 $g: Y\to Z$ 是连续的，则 $g^{-1}(A)$ 是 Y 中的开集。由于 $f: X\to Y$ 是连续的，则 $f^{-1}(g^{-1}(A))$ 是 X 中的开集。由定理 1.3.4 可得，$(gf)^{-1}(A)=f^{-1}(g^{-1}(A))$ 是 X 中的开集。因此 gf 是连续的。

定义 2.1.3 设 X 和 Y 是两个拓扑空间，$f: X\to Y$。如果 f 是一个双射，f 和 f^{-1} 都是连续的，则称 f 是 X 到 Y 上的一个同胚映射，简称 f 是一个同胚(homeomorphism)。

定理 2.1.2 设 X，Y 和 Z 是三个拓扑空间。

(1) 恒等映射 $I: X\to X$ 是一个同胚。

(2) 如果 $f: X\to Y$ 是一个同胚，则 $f^{-1}: Y\to X$ 是一个同胚。

(3) 如果 $f: X\to Y$ 和 $g: Y\to Z$ 是同胚，则 $gf: X\to Z$ 是一个同胚。

证明：(1) 由于 $I^{-1}=I$ 及定理 2.1.1 可得，I 是一个同胚。

(2) 由于 $f: X\to Y$ 是同胚，则 f 是双射且 f 和 f^{-1} 都是连续的。由定理 1.3.1 可得，$(f^{-1})^{-1}=f$ 是连续的。由定理 1.3.1，则 f^{-1} 是双射。因此 f^{-1} 是一个同胚。

(3) 由 g 和 f 是同胚，则 g 和 f 是双射且 g，g^{-1}，f 和 f^{-1} 都是连续的。由定理 1.3.6，则 gf 是双射。由定理 2.1.1，则 gf 和 $f^{-1}g^{-1}$ 都是连续的。由定理 1.3.1，则 $(gf)^{-1}=f^{-1}g^{-1}$ 是连续的。故 gf 是同胚。

定义 2.1.4 设 X 和 Y 是两个拓扑空间。如果存在 X 到 Y 上的一个同胚映射，则称拓扑空间 X 与 Y 是同胚的(homeomorphic)，简称 X 与 Y 同胚，或者 X 同胚于 Y。

注记：由定理 2.1.2 可得，拓扑空间之间的同胚关系是一个等价关系。

定义 2.1.5 设 (X, T) 是一个拓扑空间，$x\in X$，$U\subseteq X$。

(1) 如果 $\exists V\in T$ 使得 $x\in V\subseteq U$，则称 U 是点 x 的一个邻域，称 V 是点 x 的开邻域。

(2) 称点 x 的所有邻域构成的集族为点 x 的邻域系(neighborhood system)，记为 $\mathfrak{U}_x$。

定理 2.1.3 设 (X, T) 是一个拓扑空间，$U\subseteq X$，则 $U\in T\Leftrightarrow U\in\mathfrak{U}_x$，$\forall x\in U$。

证明：必要性。$\forall x\in U$。由于 $U\in T$，则 $U\in\mathfrak{U}_x$。

充分性。$\forall x\in U$，则 $\exists A_x\in T$ 使得 $x\in A_x\subseteq U$，故 $U=\bigcup\limits_{x\in U}\{x\}\subseteq\bigcup\limits_{x\in U}A_x\subseteq U$。因此 $U=\bigcup\limits_{x\in U}A_x$。由 $A_x\in T$ 及定义 2.1.1，则 $U\in T$。

定理 2.1.4 设 (X, T) 是一个拓扑空间。

(1) 设 $x\in X$，则 $\mathfrak{U}_x\neq\varnothing$。

(2) 设$U\in\mathfrak{U}_x$，则$x\in U$。

(3) 设$U, V\in\mathfrak{U}_x$，则$U\cap V\in\mathfrak{U}_x$。

(4) 设$U\in\mathfrak{U}_x$。如果$A\supseteq U$，则$A\in\mathfrak{U}_x$。

证明：(1) $\forall x\in X$，由于$X\in\mathrm{T}$，则$X\in\mathfrak{U}_x$，故$\mathfrak{U}_x\neq\varnothing$。

(2) $\forall U\in\mathfrak{U}_x$ 及定义 2.1.5 可得，$\exists V\in\mathrm{T}$ 使得$x\in V\subseteq U$，即$x\in U$。

(3) $\forall U, V\in\mathfrak{U}_x$，则$\exists A, B\in\mathrm{T}$ 使得$x\in A\subseteq U$ 且$x\in B\subseteq V$，故$x\in A\cap B\subseteq U\cap V$。由定义 2.1.1，则$A\cap B\in\mathrm{T}$。由定义 2.1.5，则$U\cap V\in\mathfrak{U}_x$。

(4) $\forall U\in\mathfrak{U}_x$ 且$U\subseteq A$，则$\exists V\in\mathrm{T}$ 使得$x\in V\subseteq U\subseteq A$，故$A\in\mathfrak{U}_x$。

定义 2.1.6 设X和Y是两个拓扑空间，$x\in X$，$f: X\to Y$。如果$\forall U\in\mathfrak{U}_{f(x)}$有$f^{-1}(U)\in\mathfrak{U}_x$，则称$f$是一个在点$x$处连续的映射，简称$f$在点$x$处连续。

注记：f在点x处连续$\Leftrightarrow f(x)$的每一个邻域U的逆像集$f^{-1}(U)$是x的一个邻域。

定理 2.1.5 设X，Y和Z是三个拓扑空间，$x\in X$。

(1) 恒等映射$I: X\to X$在点x处连续。

(2) 若$f: X\to Y$在点x处连续和$g: Y\to Z$在点$f(x)$处连续，则$gf: X\to Z$在点x处连续。

证明：(1) $\forall U\in\mathfrak{U}_{I(x)}$，则$I^{-1}(U)=U\in\mathfrak{U}_{I(x)}=\mathfrak{U}_x$。因此$I$在$x$处连续。

(2) 设U是点$(gf)(x)=g(f(x))$的任何一个邻域。由g在点$f(x)$处连续，则$g^{-1}(U)$是$f(x)$的邻域。由f在点x处连续及定理 1.3.4(4)，则$f^{-1}(g^{-1}(U))$是x的邻域。由于$(gf)^{-1}(U)=f^{-1}(g^{-1}(U))$，则$(gf)^{-1}(U)$是$x$的邻域。故$gf$在点$x$处连续。

下述定理建立了拓扑空间中“整体”连续性概念与“局部”连续性概念之间的联系。

定理 2.1.6 设X和Y是两个拓扑空间，$f: X\to Y$，则f连续当且仅当f在X的任意点处连续。

证明：必要性。$\forall x\in X$，$\forall U\in\mathfrak{U}_{f(x)}$，则存在$Y$中的开集$V$使得$f(x)\in V\subseteq U$。由定理 1.3.4(3)，则$x\in f^{-1}(V)\subseteq f^{-1}(U)$。由$f$连续，则$f^{-1}(V)$是开集。故$f^{-1}(U)\in\mathfrak{U}_x$。因此$f$在点$x$处连续。

充分性。设U是Y中的任何一个开集。如果$f^{-1}(U)=\varnothing$，则$f^{-1}(U)$是X中的开集；如果$f^{-1}(U)\neq\varnothing$，则$\forall x\in f^{-1}(U)$有$f(x)\in U$，进而$U\in\mathfrak{U}_{f(x)}$。由于f在点x处连续，则$f^{-1}(U)$是x的邻域。由x的任意性及定理 2.1.3，则$f^{-1}(U)$是开集。故f连续。

2.2 拓扑空间中的点集

如果在一个拓扑空间中给定一个子集，那么拓扑空间中的每一个点相对于这个子集而言“处境”各自不同。因此需要对这些点进行分类处理。

定义 2.2.1 设X是一个拓扑空间，$A\subseteq X$，$x\in X$。

(1) 如果$\forall U\in\mathfrak{U}_x$有$U\cap(A-\{x\})\neq\varnothing$，则称点$x$为集合$A$的一个聚点，称$A$的全体聚点构成的集合为集合$A$的导集(derived set)，记为$A'$，即

$$A'=\{x\in X\mid \forall U\langle U\in\mathfrak{U}_x\to U\cap(A-\{x\})\neq\varnothing\rangle\}$$

(2) 如果$x\in A-A'$，则称点x为集合A的一个孤立点(isolated point)。

例 2.2.1　求平庸空间中的集合 A 的导集。

解： 设 $A\subseteq X$。$\forall x\in X$，$\forall U\in\mathfrak{U}_x$，由于 $T=\{\varnothing, X\}$，则 $U=X$。

当 $A=\varnothing$，则 $U\cap(A-\{x\})=\varnothing$，故 $x\notin A'$。由 x 的任意性，则 $A'=\varnothing$。

当 $A=\{a\}$，$a\in X$。当 $x\neq a$ 时，$U\cap(A-\{x\})=X\cap A=A\neq\varnothing$；当 $x=a$ 时，$U\cap(A-\{x\})=X\cap\varnothing=\varnothing$。故 $A'=X-\{a\}=X-A$。

当 A 的元素多于一个时，则 $U\cap(A-\{x\})=A-\{x\}\neq\varnothing$。故 $A'=X$。

例 2.2.2　求离散空间$(X, P(X))$中的集合 A 的导集。

解： $\forall x\in X$，取 $U_1=\{x\}$，由于 $T=P(X)$，则 $U_1\in U_x$。由 $U_1\cap(A-\{x\})=\varnothing$，则 $x\notin A'$。因此 $A'=\varnothing$。

下面给出导集的性质。

定理 2.2.1　设 X 是一个拓扑空间，A，$B\subseteq X$。

(1) $\varnothing'=\varnothing$。

(2) $A\subseteq B\Rightarrow A'\subseteq B'$。

(3) $(A\cup B)'=A'\cup B'$。

(4) $(A')'\subseteq A\cup A'$。

证明： (1) $\forall x\in X$，$\forall U\in\mathfrak{U}_x$，则 $U\cap(\varnothing-\{x\})=\varnothing$，故$\varnothing'=\varnothing$。

(2) $\forall x\in A'$，$\forall U\in\mathfrak{U}_x$，则 $U\cap(A-\{x\})\neq\varnothing$。由 $A\subseteq B$，则

$$U\cap(B-\{x\})\supseteq U\cap(A-\{x\})\neq\varnothing$$

故 $x\in B'$。由 x 的任意性，则 $A'\subseteq B'$。

(3) 由于 $A\subseteq A\cup B$ 及(2)可得，$A'\subseteq(A\cup B)'$。类似地，$B'\subseteq(A\cup B)'$。故 $A'\cup B'\subseteq(A\cup B)'$。$\forall x\in(A\cup B)'$，$\forall U\in\mathfrak{U}_x$，则 $U\cap((A\cup B)-\{x\})\neq\varnothing$。由于

$$\begin{aligned}(U\cap(A-\{x\}))\cup(U\cap(B-\{x\}))&=U\cap((A\cap\{x\}^c)\cup(B\cap\{x\}^c))\\&=U\cap((A\cup B)\cap\{x\}^c)\\&=U\cap((A\cup B)-\{x\})\neq\varnothing\end{aligned}$$

则 $U\cap(A-\{x\})\neq\varnothing$与 $U\cap(B-\{x\})\neq\varnothing$至少有一个成立，即 $x\in A'$或 $x\in B'$，故 $x\in A'\cup B'$且$(A\cup B)'\subseteq A'\cup B'$。因此$(A\cup B)'=A'\cup B'$。

(4) 设 $x\notin(A\cup A')$，则 $x\notin A$ 且 $x\notin A'$。当 $x\notin A'$时，则 $\exists U_1\in\mathfrak{U}_x$ 使得 $U_1\cap(A-\{x\})=\varnothing$；当 $x\notin A$ 时，则 $U_1\cap A=U_1\cap(A-\{x\})=\varnothing$。由 $U_1\in\mathfrak{U}_x$，则存在一个开集 V_1 且 $x\in V_1\subseteq U_1$，故 $V_1\cap A\subseteq U_1\cap A=\varnothing$。因此 $V_1\cap A=\varnothing$。

$\forall y\in V_1$，则 $V_1\cap(A-\{y\})\subseteq V_1\cap A=\varnothing$。故 $V_1\cap(A-\{y\})=\varnothing$且 $y\notin A'$。由 y 的任意性，则 $V_1\cap A'=\varnothing$。由 $V_1\cap(A'-\{x\})=V_1\cap A'=\varnothing$，则 $x\notin(A')'$，故

$$(A')'\subseteq A\cup A'$$

定义 2.2.2　设 X 是一个拓扑空间，$A\subseteq X$。若 A 的每一个聚点都属于 A，即 $A'\subseteq A$，则称集合 A 是拓扑空间 X 中的一个闭集(closed set)。

下述定理刻画了闭集与开集的关系。

定理 2.2.2　设 X 是一个拓扑空间，$A\subseteq X$，则 A 是闭集当且仅当 A^c 是开集。

证明： 必要性。设 A 是闭集。$\forall x\in A^c$，则 $x\notin A$。由 $A'\subseteq A$，则 $x\notin A'$。因此 $\exists U_1\in\mathfrak{U}_x$ 使得 $U_1\cap A=U_1\cap(A-\{x\})=\varnothing$，故 $U_1\subseteq A^c$。由 $U_1\in\mathfrak{U}_x$ 及定理 2.1.4，则 $A^c\in\mathfrak{U}_x$。由

x 的任意性及定理 2.1.3 可得，A^c 是开集。

充分性。$\forall x\in A'$。假设 $x\notin A$，则 $x\in A^c$。由 A^c 是开集，则 $A^c\in\mathfrak{U}_x$。由 $x\in A'$，则 $A^c\cap(A-\{x\})\neq\varnothing$，这与 $A^c\cap(A-\{x\})\subseteq A^c\cap A=\varnothing$矛盾，故 $x\in A$。由 x 的任意性，则 $A'\subseteq A$。由定义 2.2.2，则 A 是闭集。

例 2.2.3 求实数空间$\mathbb{R}$中是闭集的区间。

解： 实数空间$\mathbb{R}$中的拓扑是由这样的集合组成的集族，对集合内的每一点，存在一个包含该点的开区间。故开区间是$\mathbb{R}$中的开集。设 a，$b\in\mathbb{R}$且 $a<b$。由$(-\infty, a)$和$(b, +\infty)$是$\mathbb{R}$中的开集，则$[a, b]^c=(-\infty, a)\cup(b, +\infty)$是开集。因此闭区间$[a, b]$是$\mathbb{R}$中的闭集。

定义 2.2.3 设 X 是一个拓扑空间，$A\subseteq X$，则称集合 $A\cup A'$ 为集合 A 的闭包(closure)，记为 $\overline{A}$，即 $\overline{A}=A\cup A'$。

定理 2.2.3 设 X 是一个拓扑空间，$A\subseteq X$。

(1) $x\in\overline{A}\Leftrightarrow U\cap A\neq\varnothing$，$\forall U\in\mathfrak{U}_x$，即 $\overline{A}=\{x\in X\mid\forall U\langle U\in U_x\to U\cap A\neq\varnothing\rangle\}$。

(2) A 是闭集当且仅当 $\overline{A}=A$。

证明： (1) 必要性。设 $x\in\overline{A}$，则 $x\in A\cup A'$。$\forall U\in\mathfrak{U}_x$，当 $x\in A$，则 $x\in U\cap A$，故 $U\cap A\neq\varnothing$；当 $x\notin A$ 时，则 $x\in A'$，故 $U\cap(A-\{x\})\neq\varnothing$。由 $x\notin A$，则 $U\cap A=U\cap(A-\{x\})\neq\varnothing$。因此 $U\cap A\neq\varnothing$。

充分性。当 $x\in A$ 时，$x\in\overline{A}$；当 $x\notin A$ 时，$A-\{x\}=A$。$\forall U\in\mathfrak{U}_x$，则 $U\cap(A-\{x\})=U\cap A\neq\varnothing$，进而 $x\in A'$。因此 $x\in A\cup A'=\overline{A}$。

(2) A 是闭集当且仅当 $A'\subseteq A$，当且仅当 $\overline{A}=A\cup A'=A$。

下述定理给出闭包的性质。

定理 2.2.4 设 X 是一个拓扑空间，A，$B\subseteq X$。

(1) $\overline{\varnothing}=\varnothing$。

(2) $A\subseteq\overline{A}$。

(3) $A\subseteq B\Rightarrow\overline{A}\subseteq\overline{B}$。

(4) $\overline{A\cup B}=\overline{A}\cup\overline{B}$。

(5) $\overline{\overline{A}}=\overline{A}$。

证明： (1) 由定理 2.2.1(1)，则$\varnothing'=\varnothing$。因此$\overline{\varnothing}=\varnothing\cup\varnothing'=\varnothing$。

(2) 由定义 2.2.3，则 $A\subseteq A\cup A'=\overline{A}$。

(3) 由定理 2.2.1(3)及 $A\subseteq B$，则 $\overline{A}=A'\cup A\subseteq B'\cup B=\overline{B}$。

(4) 由定理 2.2.1(3)及定理 1.2.1(3)可得

$$\overline{A\cup B}=(A\cup B)'\cup(A\cup B)=(A'\cup B')\cup(A\cup B)=(A'\cup A)\cup(B'\cup B)=\overline{A}\cup\overline{B}$$

(5) 由定理 2.2.1，则$(A')'\subseteq A\cup A'=\overline{A}$。由 $A'\subseteq\overline{A}$，则 $\overline{A'}=A'\cup(A')'\subseteq\overline{A}$。由(3)，则 $\overline{\overline{A}}=\overline{A\cup A'}=\overline{A}\cup\overline{A'}=\overline{A}$。

推论 2.2.1

(1) 拓扑空间 X 中的一个集合的闭包是闭集。

(2) 设(X, T)是一个拓扑空间，$\Gamma=\{A^c\subseteq X: A\in\mathrm{T}\}$，即 Γ 是 X 中的全体闭集构成的集族，则 $\overline{A}=\cap\{B\in\Gamma: B\supseteq A\}$。因此集合的闭包是包含该集合的、最小的闭集。

如果从 $P(X)\to P(X)$的一个映射满足定理 2.2.4 的四个命题，即 Kuratovski 闭包公理，则称这个映射为闭包算子。Kuratovski 闭包公理与定义 2.1.1 定义的拓扑是等价的。早期的点集拓扑就是从闭包算子出发，建立拓扑空间。

定理 2.2.5 设 X 和 Y 是两个拓扑空间，$f: X\to Y$。下列命题等价：

(1) f 是连续的；

(2) Y 中的任何一个闭集 B 的逆像集 $f^{-1}(B)$ 是 X 中的一个闭集；

(3) $\forall A\subseteq X\Rightarrow f(\overline{A})\subseteq\overline{f(A)}$；

(4) $\forall B\subseteq Y\Rightarrow\overline{f^{-1}(B)}\subseteq f^{-1}(\overline{B})$。

证明：(1) ⇒(2)。设 B 是 Y 中的闭集。由定理 2.2.2，则 B^c 是 Y 中的开集。由(1)及定理 1.3.4，则 $f^{-1}(B)^c=f^{-1}(B^c)$ 是 X 中的开集。由定理 2.2.2，则 $f^{-1}(B)$ 是 X 中的闭集。

(2) ⇒(3)。$\forall A\subseteq X$，由 $f(A)\subseteq\overline{f(A)}$ 及定理 1.3.4，则

$$A\subseteq f^{-1}(f(A))\subseteq f^{-1}(\overline{f(A)})$$

由 $\overline{f(A)}$ 是闭集及(2)，则 $f^{-1}(\overline{f(A)})$ 是闭集。由定理 2.2.4，则

$$\overline{A}\subseteq\overline{f^{-1}(\overline{f(A)})}=f^{-1}(\overline{f(A)})$$

由定理 1.3.4，则

$$f(\overline{A})\subseteq f(f^{-1}(\overline{f(A)}))\subseteq\overline{f(A)}$$

(3) ⇒(4)。$\forall B\subseteq Y$，由 $B\subseteq\overline{B}$ 及定理 1.3.4 可得，$f^{-1}(B)\subseteq f^{-1}(\overline{B})$。

由定理 2.2.4，则 $\overline{f^{-1}(B)}\subseteq\overline{f^{-1}(\overline{B})}$。

由(3)，则 $f(\overline{f^{-1}(B)})\subseteq f(\overline{f^{-1}(\overline{B})})\subseteq\overline{f(f^{-1}(\overline{B}))}$。

由定理 1.3.4，则 $f(f^{-1}(\overline{B}))\subseteq\overline{B}$。

由定理 2.2.4，则 $f(\overline{f^{-1}(B)})\subseteq\overline{f(f^{-1}(\overline{B}))}\subseteq\overline{\overline{B}}=\overline{B}$。

再次由定理 1.3.4，则 $\overline{f^{-1}(B)}\subseteq f^{-1}(f(\overline{f^{-1}(B)}))\subseteq f^{-1}(\overline{B})$。

(4) ⇒(1)。设 B 是 Y 中的一个开集，则 B^c 是 Y 中的闭集。由(4)可得，

$$\overline{f^{-1}(B^c)}\subseteq f^{-1}(\overline{B^c})=f^{-1}(B^c)$$

由 $f^{-1}(B^c)\subseteq\overline{f^{-1}(B^c)}$，则 $f^{-1}(B^c)=\overline{f^{-1}(B^c)}$。由定理 2.2.3，则 $f^{-1}(B^c)$ 是 X 中的闭集。由定理 1.3.4，则 $f^{-1}(B)=(f^{-1}(B^c))^c$。故 $f^{-1}(B)$ 是 X 中的开集。由 B 的任意性及定义 2.1.2，则 f 是连续的。

定义 2.2.4 设(X, T)是一个拓扑空间，$A\subseteq X$，$x\in X$。如果 $A\in\mathfrak{U}_x$，即 $\exists V\in\mathrm{T}$ 使得 $x\in V\subseteq A$，则称 x 是 A 的一个内点(interior point)，称集合 A 的全体内点构成的集合为 A 的内部(interior)，记为 A°，即 $A^\circ=\{x\in X: \exists V\langle(V\in\mathrm{T})\wedge(x\in V\subseteq A)\rangle\}$。

定理 2.2.6 设(X, T)是一个拓扑空间，$A\subseteq X$，则 $A^\circ=\overline{A^c}^c$。

证明：$\forall x\in A^\circ$，则 $A\in\mathfrak{U}_x$，即 $\exists V\in\mathrm{T}$ 使得 $x\in V\subseteq A$。因此存在 $V\in\mathfrak{U}_x$ 使得

$$V\cap A^c\subseteq A\cap A^c=\varnothing$$

即 $V\cap A^c=\varnothing$。故 $x\notin\overline{A^c}$，即 $x\in\overline{A^c}^c$。因此 $A^\circ\subseteq\overline{A^c}^c$。

$\forall x\in\overline{A^c}^c$，则 $x\notin\overline{A^c}$，故 $\exists V\in\mathfrak{U}_x$ 使得 $V\cap A^c=\varnothing$。因此 $x\in V\subseteq A$。由定义 2.2.4，

则 $x\in A^\circ$。由 x 的任意性，则 $\overline{\overline{A^c}^c}\subseteq A^\circ$。因此 $A^\circ=\overline{\overline{A^c}}^c$。

定理 2.2.7 设 X 是一个拓扑空间，$A\subseteq X$，则 A 是开集当且仅当 $A^\circ=A$。

证明： 由定理 2.2.2，则 A 是开集当且仅当 A^c 是闭集。由定理 2.2.3(2)，则 A^c 是闭集当且仅当 $\overline{A^c}=A^c$。由定理 2.2.6，则 A 是开集当且仅当 $A^\circ=\overline{A^c}^c=(A^c)^c=A$。

下述定理给出内部的性质。

定理 2.2.8 设 X 是一个拓扑空间，A，$B\subseteq X$。

(1) $X^\circ=X$。

(2) $A^\circ\subseteq A$。

(3) $A\subseteq B\Rightarrow A^\circ\subseteq B^\circ$。

(4) $(A\cap B)^\circ=A^\circ\cap B^\circ$。

(5) $(A^\circ)^\circ=A^\circ$。

证明： (1) 由 X 是开集及定理 2.2.7 可得，$X^\circ=X$。

(2) $\forall x\in A^\circ$，则 $A\in\mathfrak{U}_x$，故 $x\in A$。由 x 的任意性，则 $A^\circ\subseteq A$。

(3) $\forall x\in A^\circ$，则 $A\in\mathfrak{U}_x$。由 $A\subseteq B$ 及定理 2.1.4，则 $B\in\mathfrak{U}_x$。由定义 2.2.4，则 $x\in B^\circ$。由 x 的任意性，则 $A^\circ\subseteq B^\circ$。

(4) $(A\cap B)^\circ=\overline{(A\cap B)^c}^c=\overline{A^c\cup B^c}^c=(\overline{A^c}\cup\overline{B^c})^c=\overline{A^c}^c\cap\overline{B^c}^c=A^\circ\cap B^\circ$。

(5) 由定理 2.2.4 及定理 2.2.6 可得，$(A^\circ)^\circ=\overline{(A^\circ)^c}^c=\overline{\overline{\overline{A^c}}}^c=\overline{A^c}^c=A^\circ$。

推论 2.2.2

(1) 拓扑空间 X 的一个集合的内部是开集。

(2) 设(X, T)是一个拓扑空间，则 $A^\circ=\bigcup\{B\in\mathrm{T}: B\subseteq A\}$。因此集合的内部是包含于这个集合的、最大的开集。

定义 2.2.5 设 X 是一个拓扑空间，$A\subseteq X$，$x\in X$。如果 x 的任何一个邻域 U 中既有 A 中的点又有 A^c 中的点，即 $\forall U\langle U\in\mathfrak{U}_x\rightarrow(U\cap A\neq\varnothing)\wedge(U\cap A^c\neq\varnothing)\rangle$，则称 x 是 A 的一个边界点(boundary point)，称集合 A 的全体边界点构成的集合为 A 的边界，记为∂A。

下述定理给出一个集合的边界、闭包和内部的关系。

定理 2.2.9 设 X 是一个拓扑空间，$A\subseteq X$。

(1) $\partial A=\overline{A}\cap\overline{A^c}$，进而$\partial(A^c)=\partial A$。

(2) $A^\circ=\overline{A}-\partial A$。

(3) $\overline{A}=A^\circ\cup\partial A$。

证明： (1)

$$
\begin{aligned}
\partial A&=\{x\in X:(U\cap A\neq\varnothing)\wedge(U\cap A^c\neq\varnothing),\ \forall U\in\mathfrak{U}_x\}\\
&=\{x\in X: U\cap A\neq\varnothing,\ \forall U\in\mathfrak{U}_x\}\cap\{x\in X: U\cap A^c\neq\varnothing,\ \forall U\in\mathfrak{U}_x\}\\
&=\overline{A}\cap\overline{A^c}
\end{aligned}
$$

由$(A^c)^c=A$，则$\partial(A^c)=\overline{A^c}\cap\overline{(A^c)^c}=\overline{A}\cap\overline{A^c}=\partial A$。

(2) 由定理 2.2.6 可得，$\overline{A^c}^c=A^\circ$。由(1)可得，$\partial A=\overline{A}\cap\overline{A^c}$，因此

$$\overline{A}-\partial A=\overline{A}\cap(\overline{A}\cap\overline{A^c})^c=\overline{A}\cap(\overline{A}^c\cup\overline{A^c}^c)=\overline{A}\cap(\overline{A}^c\cup A^\circ)=\overline{A}\cap A^\circ$$

由 $A^\circ\subseteq A\subseteq\overline{A}$，则 $\overline{A}\cap A^\circ=A^\circ$。因此 $\overline{A}-\partial A=\overline{A}\cap A^\circ=A^\circ$。

(3) 由于 $A^\circ\subseteq A\subseteq\overline{A}$，则 $\overline{A}\cup A^\circ=\overline{A}$。由定理 2.2.6 可得，$\overline{A^c}=(A^\circ)^c$。因此

$$\begin{aligned}A^\circ\cup\partial A&=A^\circ\cup(\overline{A}\cap\overline{A^c})=(A^\circ\cup\overline{A})\cap(A^\circ\cup\overline{A^c})\\&=\overline{A}\cap(A^\circ\cup(A^\circ)^c)=\overline{A}\cap X=\overline{A}\end{aligned}$$

2.3　基与序列

在线性代数中，非零线性空间的基可以表示空间中的每个向量。在拓扑空间中，空间中的每个开集都可以由某个开集族表示。因此在拓扑空间中也有基这个概念。

定义 2.3.1　设(X, T)是一个拓扑空间，$\mathrm{B}\subseteq\mathrm{T}$。如果 $\forall U\in\mathrm{T}$ 都是 B 中某些元素的并集，即 $\exists\,\mathrm{B}_1\subseteq\mathrm{B}$ 使得 $U=\bigcup\{A: A\in\mathrm{B}_1\}$，则称 B 是$(X, \mathrm{T})$的一个基，简称 B 是 T 的基。

下述定理为判断某一开集族是给定拓扑空间的一个基提供了条件。

定理 2.3.1　设(X, T)是一个拓扑空间，$\mathrm{B}\subseteq\mathrm{T}$，则 B 是拓扑 T 的一个基当且仅当 $\forall x\in X$，$\forall U\in\mathfrak{U}_x$，$\exists V_x\in\mathrm{B}\Rightarrow x\in V_x\subseteq U$。

证明： 必要性。设 B 是 T 的基。$\forall x\in X$，$\forall U\in\mathfrak{U}_x$，则 $\exists W_x\in\mathrm{T}$ 使得 $x\in W_x\subseteq U$。由定义 2.3.1，则 $\exists\,\mathrm{B}_1\subseteq\mathrm{B}$ 使得 $W_x=\bigcup\{A: A\in\mathrm{B}_1\}$。由 $x\in W_x$，则 $\exists V_x\in\mathrm{B}_1\subseteq\mathrm{B}$ 使得 $x\in V_x\subseteq W_x\subseteq U$。

充分性。$\forall A\in\mathrm{T}$，$\forall x\in A$，由定理 2.1.3，则 $A\in\mathfrak{U}_x$。因此 $\exists V_x\in\mathrm{B}$ 使得 $x\in V_x\subseteq A$。

故 $A=\bigcup\limits_{x\in A}\{x\}\subseteq\bigcup\limits_{x\in A}V_x\subseteq A$，进而 $A=\bigcup\limits_{x\in A}V_x$。因此 B 是拓扑 T 的基。

在线性代数中，有限维线性空间的任何一个线性无关子集都可以经过适当的扩充得到该空间的一个基。在拓扑空间中，是否拓扑的每一个子集族都可以扩充为该拓扑的一个基？

下述定理给出判断一个集族是某一个拓扑的基的方法。

定理 2.3.2　设 X 是一个非空集合，B 是 $P(X)$的一个非空子集。如果 B 满足：

(1) $\bigcup\{B: B\in\mathrm{B}\}=X$；

(2) $\forall B_1, B_2\in\mathrm{B}$，$\forall x\in B_1\cap B_2$，$\exists B\in\mathrm{B}$ 使得 $x\in B\subseteq B_1\cap B_2$，则 X 的子集族 $\mathrm{T}=\{U\subseteq X: \exists\,\mathrm{B}_U\langle(\mathrm{B}_U\subseteq\mathrm{B})\wedge(U=\bigcup\{B: B\in\mathrm{B}_U\})\rangle\}$是 X 上的唯一以 B 为基的拓扑；反之，如果 B 是 X 的某一个拓扑的基，则 B 满足上述条件。

定义 2.3.2　设(X, T)是一个拓扑空间，$\Gamma\subseteq\mathrm{T}$。如果 Γ 的全体非空有限子集族之交构成的集族 B，即 $\mathrm{B}=\{\bigcap\limits_{k=1}^{n}S_k\,|\,S_k\in\Gamma, n\in\mathbb{N}\}$，是拓扑空间$(X, \mathrm{T})$的一个基，则称集族 Γ 为拓扑空间(X, T)的一个子基(subasis)，简称 Γ 是拓扑 T 的子基。

例 2.3.1　求实数空间$\mathbb{R}$的一个子基。

解： 实数空间$\mathbb{R}$中的拓扑是由这样的集合组成的集族，对该集合内的每一点，存在一个包含该点的开区间。因此 $\mathrm{B}=\{(a, b): a, b\in\mathbb{R}, a<b\}\cup\{\varnothing\}$是$\mathbb{R}$的一个基。

设 $a, b\in\mathbb{R}$，$a<b$，$\Gamma=\{(a, +\infty): a\in\mathbb{R}\}\cup\{(-\infty, b): b\in\mathbb{R}\}$。

由$(a, b)=(a, +\infty)\cap(-\infty, b)$，则 Γ 是$\mathbb{R}$的一个子基。

定理 2.3.3　设 Γ 是拓扑空间(X, T)的一个子集族。

(1) 如果 $\bigcup\{S: S\in\Gamma\}=X$，则 X 存在唯一一个以 Γ 为基的拓扑。

(2) 如果 $\mathrm{B}=\{\bigcap\limits_{k=1}^{n}S_k\,|\,S_k\in\Gamma, k=1, 2, \cdots, n, n\in\mathbb{N}\}$，则 $\mathrm{T}=\{\bigcup\{B: B\in\mathrm{B}_1\}: \mathrm{B}_1\subseteq\mathrm{B}\}$。

下述定理说明：映射的连续性可以通过基或者子基来判断。

定理 2.3.4 设 X 和 Y 是两个拓扑空间，$f: X \to Y$，下列命题等价：

(1) f 是连续映射；

(2) 设 Γ 是 Y 的一个子基，则 $\forall S \in \Gamma$ 有 $f^{-1}(S)$ 是 X 中的开集；

(3) 设 B 是 Y 的一个基，则 $\forall B \in \mathrm{B}$ 有 $f^{-1}(B)$ 是 X 中的开集。

证明：(1) ⇒(2)。$\forall S \in \Gamma$，则 S 是 Y 中的开集。由(1)及定义 2.1.2，则 $f^{-1}(S)$是 X 中的开集。

(2) ⇒(3)。$\forall n \in \mathbb{N}$，设 Γ 是 Y 的一个子基，$\mathrm{B}=\{\bigcap_{k=1}^{n} S_k: S_k \in \Gamma, k=1, 2, \cdots, n\}$是 Y 的基。$\forall B \in \mathrm{B}$，$\exists S_k \in \Gamma$ 使得 $B=\bigcap_{k=1}^{n} S_k$，$k=1, 2, \cdots, n$。由(2)，则 $f^{-1}(S_k)$是开集。由定义 2.1.1，则$\bigcap_{k=1}^{n} f^{-1}(S_k)$是开集。由定理 1.3.4，则 $f^{-1}(B)=\bigcap_{k=1}^{n} f^{-1}(S_k)$是 X 中的开集。

(3) ⇒(1)。设 B 是 Y 的一个基，U 是 Y 中的开集。故 $\exists \tilde{\mathrm{B}} \subseteq \mathrm{B}$ 使得 $U=\bigcup\{B: B \in \tilde{\mathrm{B}}\}$。由(3)，则 $f^{-1}(B)$是 X 中的开集。故$\bigcup\{f^{-1}(B): B \in \tilde{\mathrm{B}}\}$是 X 中的开集。由定理1.3.4，则 $f^{-1}(U)=\bigcup\{f^{-1}(B): B \in \tilde{\mathrm{B}}\}$是 X 中的开集。由 U 的任意性，则 f 是连续映射。

在数学分析中，常用序列收敛来刻画集合的聚点及函数在某一点处的连续性。这个思想在一般的拓扑空间中并不可行，应对拓扑空间进行适当的限制才行。

定义 2.3.3 设 X 是一个拓扑空间。如果 $S: \mathbb{N} \to X$，$n \mapsto x_n$，则称映射 S 为 X 中的一个序列，记为$\{x_n\}_{n \in \mathbb{N}}$或者$\{x_1, x_2, \cdots, x_n, \cdots\}$，简记为$\{x_n\}$，即 $x_n=S(n)$。

拓扑空间中的序列实际上是该空间中按照自变量从小到大的次序排列的元素，这些点可以是重复的。因此$\{x_n\}$可以是有限集，即 $\exists x \in X$，$\exists m \in \mathbb{N}$ 使得 $x_n=x$，$\forall n>m$。

如果$\{x_n\}$是单点集，则称$\{x_n\}$是常值序列。

定义 2.3.4 设$\{x_n\}$是拓扑空间 X 中的一个序列，$x \in X$。

(1) 如果 $\forall U \in \mathfrak{U}_x$，$\exists m \in \mathbb{N}$，$\forall n>m$ 有 $x_n \in U$，则称 x 是序列$\{x_n\}$的一个极限点，称$\{x_n\}$收敛于 x，记为$\lim\limits_{n \to \infty} x_n=x$。

(2) 如果序列$\{x_n\}$至少有一个极限点，则称序列$\{x_n\}$是收敛的。

注记：拓扑空间中序列的收敛性与数学分析中有很大的差别。

例 2.3.2 求证：平庸拓扑空间中的任何一个序列都收敛。

证明：设$\{x_n\}$是 X 中的一个序列。$\forall x \in X$，$\forall U \in \mathfrak{U}_x$，由 $\mathrm{T}=\{\varnothing, X\}$，则 $U=X$。因此 $\forall n \in \mathbb{N}$ 有 $x_n \in X=U$，即 X 中的任何一个序列收敛于 X 中的任何一个点。

注记：例 2.3.2 说明在拓扑空间中收敛序列的极限不是唯一的。

定义 2.3.5 设 X 是一个拓扑空间，S 和 $M: \mathbb{N} \to X$ 是 X 中的两个序列。如果存在一个严格递增的函数 $T: \mathbb{N} \to \mathbb{N}$ 使得 $M=ST$，则称 M 为序列 S 的一个子列。

定理 2.3.5 设$\{x_n\}$是拓扑空间 X 中的一个序列。

(1) 如果$\{x_n\}$是一个常值序列，则$\{x_n\}$是收敛的。

(2) 如果$\{x_n\}$收敛于 x，则$\{x_n\}$的每一个子列也收敛于 x。

定理 2.3.6 设 X 是一个拓扑空间，$A \subseteq X$，$x \in A$。如果 $\exists \{x_n\} \subseteq A-\{x\}$且$\lim\limits_{n \to \infty} x_n=x$，则 $x \in A'$。

证明： 设$\{x_n\}\subseteq A-\{x\}$且$\lim\limits_{n\to\infty}x_n=x$。$\forall U\in\mathfrak{U}_x$，则$\exists m\in\mathbb{N}$，$\forall n>m$有$x_n\in U$，故$x_n\in(A-\{x\})\cap U$，即$U\cap(A-\{x\})\neq\varnothing$。由定义2.2.1，则$x\in A'$。

注记： 下例说明上述定理的逆命题不一定成立。

例 2.3.3　设X是一个不可数集，$\mathrm{T}=\{U\subseteq X: U^c$是$X$的可数子集$\}\cup\{\varnothing\}$。求证：T是一个拓扑，称T为可数补拓扑。设$x_0\in X$，$A=X-\{x_0\}$，则$A$中不存在收敛于$x_0$的序列。

由于这个例题需要用到可数集的知识，因此证明可以暂时略过不看。

证明： 类似于例2.1.4可以证明T是一个拓扑。$\forall x\in X$，$\forall U\in\mathfrak{U}_x$，则$U\cap(A-\{x\})\neq\varnothing$。假设$\exists U_0\in\mathfrak{U}_x$使得$U_0\cap(A-\{x\})=\varnothing$。由定义2.1.5，则$\exists B_0\in\mathrm{T}$使得$x\in B_0\subseteq U_0$且$(A-\{x\})\subseteq U_0^c\subseteq B_0^c$。由$B_0\neq\varnothing$，则$|B_0^c|=\omega$，故$|A-\{x\}|\leqslant\omega$，这与$|A-\{x\}|>\omega$矛盾，故$U\cap(A-\{x\})\neq\varnothing$。因此$x\in A'$，进而$A'=X$。

假设存在$\{x_n\}\subseteq A-\{x_0\}$使得$\{x_n\}$收敛于$x_0$。设$D=\{x_n: x_n\neq x_0\}$，则$|D|=\omega$且$D^c$是开集。由$x_0\in D^c$，则$D^c$是$x_0$的一个邻域。对于$D^c$，$\exists m\in\mathbb{N}$，$\forall n>m$有$x_n\in D^c=\{x_0\}$，即$x_n=x_0$，$\forall n>m$，这与$\{x_n\}\subseteq A-\{x_0\}$矛盾。故$A$中不存在收敛于$x_0$的序列。

注记： 在一般拓扑空间中不能像在数学分析中那样通过序列收敛来刻画聚点。

定理 2.3.7　设X和Y是两个拓扑空间，$f: X\to Y$，$x\in X$，$\{x_n\}\subseteq X$。如果f是连续的且$\lim\limits_{n\to\infty}x_n=x$，则$\lim\limits_{n\to\infty}f(x_n)=f(x)$。

证明： 由定理2.1.6，则f在点x处连续。$\forall U\in U_{f(x)}$，由定义2.1.6，则$f^{-1}(U)\in\mathfrak{U}_x$。由于$\lim\limits_{n\to\infty}x_n=x$，对于$f^{-1}(U)$，则$\exists m\in\mathbb{N}$，$\forall n>m$有$x_n\in f^{-1}(U)$，进而$f(x_n)\in U$，即$\forall U\in U_{f(x)}$，$\exists m\in\mathbb{N}$，$\forall n>m$有$f(x_n)\in U$。因此$\lim\limits_{n\to\infty}f(x_n)=f(x)$。

2.4　子　空　间

定义 2.4.1　设A是一个集族，Y是一个非空集合，称集族$\{A\cap Y: A\in \mathrm{A}\}$为集族A在集合$Y$上的限制，记为$\mathrm{A}|_Y$，即$\mathrm{A}|_Y=\{A\cap Y: A\in\mathrm{A}\}$。

引理 2.4.1　设(X,T)是一个拓扑空间，$Y\subseteq X$且$Y\neq\varnothing$，则$(Y,\mathrm{T}|_Y)$是拓扑空间。

证明： 由$X\in\mathrm{T}$且$Y\subseteq X$，则$Y=X\cap Y\in\mathrm{T}|_Y$。由$\varnothing\in\mathrm{T}$且$\varnothing=\varnothing\cap Y$，则$\varnothing\in\mathrm{T}|_Y$。

设A，$B\in\mathrm{T}|_Y$，则$\exists A_1$，$B_1\in\mathrm{T}$使得$A=A_1\cap Y$且$B=B_1\cap Y$。由定理1.2.1可得，

$$A\cap B=(A_1\cap Y)\cap(B_1\cap Y)=(A_1\cap B_1)\cap Y$$

由A_1，$B_1\in\mathrm{T}$且T是拓扑，则$A_1\cap B_1\in\mathrm{T}$。因此

$$A\cap B=(A_1\cap B_1)\cap Y\in\mathrm{T}|_Y$$

设$\mathrm{T}_1\subseteq\mathrm{T}|_Y$，$\forall A\in\mathrm{T}_1$，$\exists\widetilde{A}\in\mathrm{T}$使得$A=\widetilde{A}\cap Y$。由$\widetilde{A}\in\mathrm{T}$且T是拓扑，则

$$\bigcup\{\widetilde{A}: \widetilde{A}\in\mathrm{T}\}\in\mathrm{T}$$

故

$$\bigcup\{A: A\in\mathrm{T}_1\}=\bigcup\{\widetilde{A}\cap Y: \widetilde{A}\in\mathrm{T}_1\}=(\bigcup\{\widetilde{A}: \widetilde{A}\in\mathrm{T}_1\})\cap Y\in\mathrm{T}|_Y$$

因此$(Y,\mathrm{T}|_Y)$是拓扑空间。

定义 2.4.2　设(X,T)是一个拓扑空间，$Y\subseteq X$且$Y\neq\varnothing$，称拓扑$\mathrm{T}|_Y$为Y相对于T

的相对拓扑，称拓扑空间$(Y, \mathrm{T}|_Y)$为拓扑空间(X, T)的拓扑子空间，简称Y是X的子空间。

定理 2.4.1　设X，Y和Z是三个拓扑空间。如果Y是X的子空间，Z是Y的子空间，则Z是X的子空间。

证明： 由Y是X的子空间，Z是Y的子空间，则$Z\subseteq Y\subseteq X$。设T是X的拓扑，则

$$\begin{aligned}(\mathrm{T}|_Y)|_Z &= \{U\cap Y: U\in\mathrm{T}\}|_Z=\{(U\cap Y)\cap Z: U\in\mathrm{T}\}\\ &=\{U\cap(Y\cap Z): U\in\mathrm{T}\}=\{U\cap Z: U\in\mathrm{T}\}=\mathrm{T}|_Z\end{aligned}$$

由定义 2.4.2，则Z是X的子空间。

定理 2.4.2　设Y是拓扑空间X的一个子空间。

(1) 如果T和$\tilde{\mathrm{T}}$分别是X和Y的拓扑，则$\tilde{\mathrm{T}}=\mathrm{T}|_Y$。

(2) 如果Γ和$\tilde{\Gamma}$分别是X和Y的全体闭集构成的集族，则$\tilde{\Gamma}=\Gamma|_Y$。

(3) 设$y\in Y$。如果$\mathfrak{U}_y$和$\tilde{\mathfrak{U}}_y$分别是y在X和Y中的邻域系，则$\tilde{\mathfrak{U}}_y=\mathfrak{U}_y|_Y$。

证明： (1) 由定义 2.4.2 可证。

(2)
$$\begin{aligned}\Gamma|_Y &= \{(X-U)\cap Y: U\in\mathrm{T}\}=\{(X\cap U^c)\cap Y: U\in\mathrm{T}\}\\ &=\{Y\cap U^c: U\in\mathrm{T}\}=\{Y-(U\cap Y): U\in\mathrm{T}\}\\ &=\{Y-\tilde{U}: \tilde{U}\in\tilde{\mathrm{T}}\}=\tilde{\Gamma}\end{aligned}$$

(3) $\forall\tilde{U}\in\tilde{\mathfrak{U}}_y$，则$\exists\tilde{V}\in\tilde{\mathrm{T}}$使得$y\in\tilde{V}\subseteq\tilde{U}$。故$\exists V\in\mathrm{T}$使得$\tilde{V}=V\cap Y$。由于$y\in\tilde{V}=V\cap Y$，则$y\in V$。取$U=\tilde{U}\cup V$，则$y\in V\subseteq U$，故$U\in\mathfrak{U}_y$。由$U=\tilde{U}\cup V$，则

$$U\cap Y=(\tilde{U}\cap Y)\cup(V\cap Y)=\tilde{U}\cup\tilde{V}=\tilde{U}$$

故$\tilde{U}\in\mathfrak{U}_y|_Y$且$\tilde{\mathfrak{U}}_y\subseteq\mathfrak{U}_y|_Y$。

$\forall\tilde{U}\in\mathfrak{U}_y|_Y$，则$\exists U\in\mathfrak{U}_y$使得$\tilde{U}=U\cap Y$。由$U\in\mathfrak{U}_y$，则$\exists V\in\mathrm{T}$使得$y\in V\subseteq U$。取$\tilde{V}=V\cap Y$，则$\tilde{V}\in\tilde{\mathrm{T}}$。由$y\in V\subseteq U$且$y\in Y$，则$y\in V\cap Y\subseteq U\cap Y$，即$y\in\tilde{V}\subseteq\tilde{U}$。故$\tilde{U}\in\tilde{\mathfrak{U}}_y$，进而$\mathfrak{U}_y|_Y\subseteq\tilde{\mathfrak{U}}_y$。因此$\tilde{\mathfrak{U}}_y=\mathfrak{U}_y|_Y$。

定理 2.4.3　设Y是拓扑空间X的子空间，$A\subseteq Y$。

(1) A在Y中的导集A'_Y是A在X中的导集A'与Y的交，即$A'_Y=A'\cap Y$。

(2) A在Y中的闭包$\overline{A}_Y$是A在X中的闭包$\overline{A}$与Y的交，即$\overline{A}_Y=\overline{A}\cap Y$。

证明： (1) $\forall y\in A'_Y$。$\forall U\in\mathfrak{U}_y$，由定理 2.4.2(3)，则$U\cap Y\in\tilde{\mathfrak{U}}_y$。

由$y\in A'_Y$，则

$$(U\cap Y)\cap(A-\{y\})\neq\varnothing$$

由于$A\subseteq Y$，则

$$Y\cap(A-\{y\})=A-\{y\}$$

由

$$U\cap(A-\{y\})=U\cap(Y\cap(A-\{y\}))=(U\cap Y)\cap(A-\{y\})\neq\varnothing$$

则$y\in A'$。由$y\in Y$，则$y\in A'\cap Y$。因此$A'_Y\subseteq A'\cap Y$。

$\forall y\in A'\cap Y$，则$y\in Y$且$y\in A'$。$\forall\tilde{U}\in\tilde{\mathfrak{U}}_y$，由定理 2.4.2(3)，则$\exists U\in\mathfrak{U}_y$使得

$$\tilde{U}=U\cap Y$$

由 $y\in A'$，则 $U\cap(A-\{y\})\neq\varnothing$。

由 $\widetilde{U}\cap(A-\{y\})=U\cap(A-\{y\})\neq\varnothing$，则 $y\in A'_Y$，故 $A'\cap Y\subseteq A'_Y$。

因此 $A'_Y=A'\cap Y$。

(2) $\overline{A}_Y=A\cup A'_Y=A\cup(A'\cap Y)=(A\cup A')\cap(A\cup Y)=\overline{A}\cap Y$。

定理 2.4.4 设 Y 是拓扑空间 X 的子空间。如果 B 是 X 的一个基，则 $\mathrm{B}|_Y$ 是 Y 的基。

证明： 设 B 是 X 的基，$\widetilde{U}$ 是 Y 中的任何一个开集。由定理 2.4.2，则存在 X 中的一个开集 U 使得 $\widetilde{U}=U\cap Y$。由 B 是拓扑空间 X 的一个基，则 $\exists\,\mathrm{B}_1\subseteq\mathrm{B}$ 使得 $U=\bigcup\limits_{A\in\mathrm{B}_1}A$。因此

$$\widetilde{U}=U\cap Y=(\bigcup_{A\in\mathrm{B}_1}A)\cap Y=\bigcup_{A\in\mathrm{B}_1}(A\cap Y)$$

即对于 Y 中的任何一个开集 $\widetilde{U}$，存在 $\mathrm{B}|_Y$ 的一个子集 $\mathrm{B}_1|_Y$ 使得

$$\widetilde{U}=\bigcup_{A\in\mathrm{B}_1}(A\cap Y)=\bigcup_{\widetilde{A}\in\mathrm{B}_1|_Y}\widetilde{A}$$

其中 $\widetilde{A}=A\cap Y$。故 $\mathrm{B}|_Y$ 是 Y 的基。

定义 2.4.3 设 X 是一个拓扑空间，A，$B\subseteq X$。如果 $\overline{A}\cap B=\varnothing$ 且 $A\cap\overline{B}=\varnothing$，则称集合 A 与 B 是分离的(separated)。

定理 2.4.5 设 X 是一个拓扑空间，A，$B\subseteq X$。下列命题等价：

(1) A 与 B 是分离的；

(2) A 和 B 都是 $A\cup B$ 的相对拓扑中的闭集且 $A\cap B=\varnothing$；

(3) A 和 B 都是 $A\cup B$ 的相对拓扑中的开集且 $A\cap B=\varnothing$。

证明： 设 $\widetilde{A}$ 是 A 在 $A\cup B$ 的相对拓扑中的闭包。

(1) ⇒(2)。由(1)及定理 2.4.3 得

$$\widetilde{A}=(A\cup B)\cap\overline{A}=(A\cap\overline{A})\cup(B\cap\overline{A})=A\cup\varnothing=A$$

故 A 是 $A\cup B$ 的相对拓扑中的闭集。类似地，B 是 $A\cup B$ 的相对拓扑中的闭集。

由于 $A\cap B\subseteq\overline{A}\cap B=\varnothing$，则 $A\cap B=\varnothing$。

(2) ⇒(3)。由(2)，则 B 是 $A\cup B$ 的相对拓扑中的闭集。由定理 2.4.2(2)，则存在闭集 F 使得 $B=(A\cup B)\cap F$。由(2)，则 $A\cap B=\varnothing$，进而 $A\subseteq B^c$，故

$$A=A\cap B^c=(A\cup B)\cap B^c=(A\cup B)\cap((A\cup B)\cap F)^c=(A\cup B)\cap F^c$$

由 F 是闭集，则 F^c 是开集。因此 A 是 $A\cup B$ 的相对拓扑中的开集。

类似地，B 是 $A\cup B$ 的相对拓扑中的开集。

(3) ⇒(2)。由(3)，则 $A\cap B=\varnothing$，进而 $B\subseteq A^c$。由(3)，则 A 是 $A\cup B$ 的相对拓扑中的开集。由定理 2.4.2(1)，则存在开集 G 使得 $B=(A\cup B)\cap G$。由 $B\subseteq A^c$，则

$$B=(A\cup B)\cap A^c=(A\cup B)\cap((A\cup B)\cap G)^c=(A\cup B)\cap G^c$$

由 G 是开集，则 G^c 是闭集。因此 B 是 $A\cup B$ 的相对拓扑中的闭集。

类似地，A 是 $A\cup B$ 的相对拓扑中的闭集。

(2) ⇒(1)。由定理 2.4.3，则 $\widetilde{A}=(A\cup B)\cap\overline{A}$。由(2)，则 A 是 $A\cup B$ 的相对拓扑中的闭集。由

$$A\cup(B\cap\overline{A})=(A\cap\overline{A})\cup(B\cap\overline{A})=(A\cup B)\cap\overline{A}=\widetilde{A}=A$$

则 $A\cup(B\cap\overline{A})=A$。故 $B\cap\overline{A}\subseteq A$。由 $B\cap\overline{A}\subseteq B\cap A\subseteq B\cap\overline{A}$，则 $B\cap\overline{A}=B\cap A=\varnothing$。类

似地，$\bar{B}\cap A=\varnothing$。由定义 2.4.3，则 A 与 B 是分离的。

定理 2.4.6 设 X 是一个拓扑空间，$Y, Z\subseteq X$。如果 Y 和 Z 都是开集或者都是闭集，则 $Y-Z$ 和 $Z-Y$ 是分离的。

证明： 不妨设 Y 和 Z 都是闭集。由于 $Y=(Y\cup Z)\cap Y$，则 Y 是 $Y\cup Z$ 的相对拓扑中的闭集。类似地，Z 是 $Y\cup Z$ 的相对拓扑中的闭集。由于 $Y-Z=(Y\cup Z)\cap Z^c$，则 $Y-Z$ 是 $Y\cup Z$ 的相对拓扑中的开集。类似地，$Z-Y$ 是 $Y\cup Z$ 的相对拓扑中的开集。由定理 2.4.5(3) 及 $(Y-Z)\cap(Z-Y)=(Y\cap Z^c)\cap(Z\cap Y^c)=\varnothing$，则 $Y-Z$ 和 $Z-Y$ 是分离的。

定理 2.4.7 设 X 是一个拓扑空间，$Y\cup Z=X$ 且 $Y-Z$ 和 $Z-Y$ 是分离的。设 $A\subseteq X$，则 A 在 X 中的闭包 $\bar{A}$ 是 $A\cap Y$ 在 Y 中的闭包与 $A\cap Z$ 在 Z 中的闭包的并集。

证明： 由 $X=Y\cup Z$，则

$$A=A\cap X=A\cap(Y\cup(Z-Y))=(A\cap Y)\cup(A\cap(Z-Y))$$

且

$$\bar{A}=\overline{(A\cap Y)\cup(A\cap(Z-Y))}=\overline{A\cap Y}\cup\overline{A\cap(Z-Y)}$$

故

$$\bar{A}\cap Y=(\overline{A\cap Y}\cap Y)\cup(\overline{A\cap(Z-Y)}\cap Y)$$

由 $Y-Z$ 和 $Z-Y$ 是分离的及定义 2.4.3，则 $\overline{Z-Y}\cap(Y-Z)=\varnothing$，故

$$\overline{Z-Y}\subseteq(Y-Z)^c=Y^c\cup Z$$

由 $Y\cup Z=X$，则 $Y^c\subseteq Z$，故 $\overline{Z-Y}\subseteq Y^c\cup Z=Z$。

由 $\overline{A\cap(Z-Y)}\subseteq\overline{Z-Y}$，则 $\overline{A\cap(Z-Y)}\subseteq Z$。

由 $\overline{A\cap(Z-Y)}\subseteq\overline{A\cap Z}$，则 $\overline{A\cap(Z-Y)}\subseteq\overline{A\cap Z}\cap Z$。

因此

$$\bar{A}\cap Y\subseteq(\overline{A\cap Y}\cap Y)\cup(\overline{A\cap Z}\cap Z)$$

类似地，$\bar{A}\cap Z\subseteq(\overline{A\cap Z}\cap Z)\cup(\overline{A\cap Y}\cap Y)$。

由 $\bar{A}=\bar{A}\cap X=\bar{A}\cap(Y\cup Z)=(\bar{A}\cap Y)\cup(\bar{A}\cap Z)$，则

$$\bar{A}=(\bar{A}\cap Y)\cup(\bar{A}\cap Z)\subseteq(\overline{A\cap Y}\cap Y)\cup(\overline{A\cap Z}\cap Z)\subseteq(\bar{A}\cap Y)\cup(\bar{A}\cap Z)=\bar{A}$$

因此 $\bar{A}=(\overline{A\cap Y}\cap Y)\cup(\overline{A\cap Z}\cap Z)$。由定理 2.4.3，则结论成立。

推论 2.4.1 设 X 是一个拓扑空间，$Y\cup Z=X$ 且 $Y-Z$ 和 $Z-Y$ 是分离的，$A\subseteq X$。如果 $A\cap Y$ 是 Y 中的闭集且 $A\cap Z$ 是 Z 中的闭集，则 A 是 X 中的闭集。

证明： 由 $A\cap Y$ 在 Y 中是闭集，则 $\overline{A\cap Y}\cap Y=A\cap Y$。类似地，$\overline{A\cap Z}\cap Z=A\cap Z$。由定理 2.4.7，

$$\bar{A}=(\overline{A\cap Y}\cap Y)\cup(\overline{A\cap Z}\cap Z)=(A\cap Y)\cup(A\cap Z)=A\cap(Y\cup Z)=A$$

因此 A 在 X 中是闭集。

2.5 积空间和商空间

给定有限个拓扑空间，先通过这几个拓扑空间的凭借集的笛卡尔积得到一个新的集合。如何以一种自然的方式给这个新的集合赋予一个拓扑使之成为拓扑空间？

下述定理为积拓扑的引入提供了可能性。

定理 2.5.1　设 $n\in\mathbb{N}$，(X_1, T_1)，(X_2, T_2)，…，(X_n, T_n)是 n 个拓扑空间，则集合 $X_1\times X_2\times\cdots\times X_n$ 有唯一以 $\mathrm{B}=\{U_1\times U_2\times\cdots\times U_n: \forall U_i\in\mathrm{T}_i, i=1, 2, \cdots, n\}$为基的拓扑。

证明：$\forall i=1, 2, \cdots, n$，由 $X_i\in\mathrm{T}_i$，则 $X=X_1\times X_2\times\cdots\times X_n\in\mathrm{B}$。故 $\bigcup_{B\in\mathrm{B}}B=X$。$\forall U_1\times U_2\times\cdots\times U_n$，$V_1\times V_2\times\cdots\times V_n\in\mathrm{B}$，则 U_i，$V_i\in\mathrm{T}_i$，进而 $U_i\cap V_i\in\mathrm{T}_i$。由定理 1.2.4，则

$$(U_1\times U_2\times\cdots\times U_n)\cap(V_1\times V_2\times\cdots\times V_n)=(U_1\cap V_1)\times(U_2\cap V_2)\times\cdots\times(U_n\cap V_n)\in\mathrm{B}$$

由定理 2.3.2，则 X 有唯一的、以 B 为基的拓扑。

在定理 2.5.1 基础上，下面引入有限个拓扑空间的积空间的概念。

定义 2.5.1　设 $n\in\mathbb{N}$，(X_1, T_1)，(X_2, T_2)，…，(X_n, T_n)是 n 个拓扑空间，则称集合 $X=X_1\times X_2\times\cdots\times X_n$ 以 $\mathrm{B}=\{U_1\times U_2\times\cdots\times U_n: U_i\in\mathrm{T}_i, i=1, 2, \cdots, n\}$为基的拓扑 T 为拓扑 T_1，…，T_n 的积拓扑，称(X, T)为(X_1, T_1)，…，(X_n, T_n)的积空间(product space)。

特别地，作为拓扑空间，n 维 Euclid 空间$\mathbb{R}^n$是 n 个实数空间$\mathbb{R}$的积空间。

定理 2.5.2　设 X 是 n 个拓扑空间 X_1，X_2，…，X_n 的积空间。如果(X_k, T_k)有一个基 B_k，$k=1, 2, \cdots, n$，则 $\tilde{\mathrm{B}}=\{B_1\times B_2\times\cdots\times B_n: B_k\in\mathrm{B}_k, k=1, 2, \cdots, n\}$是积空间 X 的一个基。

证明：设 B_k 为 T_k 的一个基，B 是 X 的一个基。欲证 $\tilde{\mathrm{B}}$ 是 X 的一个基，只需证明 B 中的每一个元素均可以用 $\tilde{\mathrm{B}}$ 中某些元素的并表示。$\forall U_1\times U_2\times\cdots\times U_n\in\mathrm{B}$，则 $U_k\in\mathrm{B}_k$。由 B_k 为 T_k 的基，则 $\exists\tilde{\mathrm{B}}_k\subseteq\mathrm{B}_k$ 使得 $U_k=\bigcup\{B_k: B_k\in\tilde{\mathrm{B}}_k\}$。由定理 1.2.4 及数学归纳法可得

$$\begin{aligned}U_1\times U_2\times\cdots\times U_n&=\bigcup_{B_1\in\tilde{\mathrm{B}}_1}B_1\times\bigcup_{B_2\in\tilde{\mathrm{B}}_2}B_2\times\cdots\times\bigcup_{B_n\in\tilde{\mathrm{B}}_n}B_n\\&=\bigcup_{B_1\in\tilde{\mathrm{B}}_1, B_2\in\tilde{\mathrm{B}}_2, \cdots, B_n\in\tilde{\mathrm{B}}_n}B_1\times B_2\times\cdots\times B_n\\&=\bigcup_{B_1\times B_2\times\cdots\times B_n\in\tilde{\mathrm{B}}_1\times\tilde{\mathrm{B}}_2\times\cdots\times\tilde{\mathrm{B}}_n}B_1\times B_2\times\cdots\times B_n\end{aligned}$$

由$\tilde{\mathrm{B}}_1\times\tilde{\mathrm{B}}_2\times\cdots\times\tilde{\mathrm{B}}_n\subseteq\tilde{\mathrm{B}}$，则 $\tilde{\mathrm{B}}$ 是 X 的基。

注记：实数空间$\mathbb{R}$有一个由所有开区间构成的基。由定理 2.5.2，则 n 维 Euclid 空间$\mathbb{R}^n$中的所有开方体$(a_1, b_1)\times(a_2, b_2)\times\cdots\times(a_n, b_n)$构成$\mathbb{R}^n$的一个基。特别地，Euclid 平面$\mathbb{R}^2$有一个由所有开矩形$(a_1, b_1)\times(a_2, b_2)$构成的基。

定义 2.5.2　设 $n\in\mathbb{N}$，X 是 n 个拓扑空间 X_1，X_2，…，X_n 的积空间，$p_m: X\to X_m$，$m=1, 2, \cdots, n$。如果$\forall(x_1, \cdots, x_k, \cdots, x_n)\in X$ 有 $p_m(x_1, \cdots, x_k, \cdots, x_n)=x_m$，则称 p_m 是积空间 X 到它的第 m 个坐标 X_m 的投影。

定理 2.5.3　设 X 是 n 个拓扑空间 X_1，X_2，…，X_n 的积空间，T 为 X 的积拓扑。如果 T_k 为 X_k 的拓扑，$k=1, 2, \cdots, n$，则 $\Gamma=\{p_k^{-1}(U_k): U_k\in\mathrm{T}_k, k=1, 2, \cdots, n\}$是 X 的一个子基。

证明：仅证明 $n=2$ 的情形。

首先证明断言：$\forall A_1\subseteq X_1$，$\forall A_2\subseteq X_2$，则

$$p_1^{-1}(A_1)=A_1\times X_2,\quad p_2^{-1}(A_2)=X_1\times A_2$$

$\forall(x_1, x_2)\in p_1^{-1}(A_1)$，则 $x_1=p_1(x_1, x_2)\in A_1$，故 $(x_1, x_2)\in A_1\times X_2$。因此 $p_1^{-1}(A_1)\subseteq A_1\times X_2$。

$\forall(x_1, x_2)\in A_1\times X_2$，则 $x_1\in A_1$。由于 $p_1(x_1, x_2)=x_1\in A_1$，则 $(x_1, x_2)\in p_1^{-1}(A_1)$，故 $A_1\times X_2\subseteq p_1^{-1}(A_1)$。因此 $p_1^{-1}(A_1)=A_1\times X_2$。

类似地，$p_2^{-1}(A_2)=X_1\times A_2$。

由定义 2.5.1，则 $\mathrm{B}=\{U_1\times U_2: U_k\in \mathrm{T}_k, k=1, 2\}$ 是 $X_1\times X_2$ 的基。设 $\widetilde{\mathrm{B}}$ 为 Γ 的任意有限非空子族的交集的全体构成的集族，即 $\widetilde{\mathrm{B}}=\{\bigcap\limits_{k=1}^{m} S_k: S_k\in\Gamma, \forall m\in\mathbb{N}\}$。

其次证明结论。由断言及 $A_1\in \mathrm{T}_1$，$A_2\in \mathrm{T}_2$，则 $p_1^{-1}(A_1)$，$p_2^{-1}(A_2)\in \mathrm{T}$。由 $\Gamma\subseteq \mathrm{B}$，则 $\widetilde{\mathrm{B}}\subseteq \mathrm{T}$。由定理 1.2.4，则

$$U_1\times U_2=(U_1\times X_2)\cap(X_1\times U_2)=p_1^{-1}(U_1)\cap p_2^{-1}(U_2)$$

故 $\mathrm{B}\subseteq\widetilde{\mathrm{B}}$。因此 $\mathrm{B}\subseteq\widetilde{\mathrm{B}}\subseteq\Gamma$。由于 $\widetilde{\mathrm{B}}$ 是 $X_1\times X_2$ 的一个基，则 Γ 是积空间 $X_1\times X_2$ 的子基。

定义 2.5.3 设 X 和 Y 是两个拓扑空间，$T: X\to Y$。

(1) 如果 X 中每一个开集 G 的像集 $T(G)$ 是 Y 中的一个开集，则称 T 是一个开映射(open mapping)。

(2) 如果 X 中每一个闭集 F 的像集 $T(F)$ 是 Y 中的一个闭集，则称 T 是一个闭映射(closed mapping)。

定理 2.5.4 设 $n\in\mathbb{N}$，X 是 n 个拓扑空间 $X_1, X_2, \cdots, X_n$ 的积空间，则投影 p_k 是满的、连续的开映射，$k=1, 2, \cdots, n$。

证明： 由定义 2.5.2，则投影 p_k 是满射。

$\forall U_k\in \mathrm{T}_k$，由定理 2.5.3，则 $\Gamma=\{p_k^{-1}(U_k): U_k\in \mathrm{T}_k, k=1, 2, \cdots, n\}$ 是 X 的一个子基。因此 $p_k^{-1}(U_k)$ 是 X 中的开集。故投影 p_k 是连续的。

设 U 是 X 中的任何一个开集。由定义 2.5.1 及定理 2.5.1，则 $\exists \mathrm{B}_1\subseteq \mathrm{B}$ 使得 $U=\bigcup\limits_{U_1\times U_2\times\cdots\times U_n\in \mathrm{B}_1} U_1\times U_2\times\cdots\times U_n$。由定理 1.3.4 及 $U_k\in \mathrm{T}_k$ 可得

$$\begin{aligned}p_k(U)&=p_k\Big(\bigcup_{U_1\times U_2\times\cdots\times U_n\in \mathrm{B}_1} U_1\times U_2\times\cdots\times U_n\Big)=\bigcup_{U_1\times U_2\times\cdots\times U_n\in \mathrm{B}_1} p_k(U_1\times U_2\times\cdots\times U_n)\\&=\bigcup_{U_1\times U_2\times\cdots\times U_n\in \mathrm{B}_1} U_k\in \mathrm{T}_k\end{aligned}$$

故投影 p_k 是开映射。

下例说明：积空间到它的坐标空间的投影不一定是闭映射。

例 2.5.1 设 $p_1: \mathbb{R}^2\to\mathbb{R}$ 是一个典型投影，则 p_1 不是闭映射。

解： 设 $F=\{(x_1, x_2)\in\mathbb{R}^2: x_1x_2=1\}$，则 F 是 $\mathbb{R}^2$ 中的闭集。故 $p_1(F)=\mathbb{R}-\{0\}$ 是 $\mathbb{R}$ 中的开集。因此 p_1 不是闭映射。

定理 2.5.5 设 X 是 n 个拓扑空间 $X_1, X_2, \cdots, X_n$ 的积空间，Y 是一个拓扑空间，则 $f: Y\to X$ 连续当且仅当 $p_kf: Y\to X_k$ 连续，$k=1, 2, \cdots, n$。

证明： 由定理 2.5.4，则 p_k 连续。

必要性。由 f 连续及定理 2.1.5，则 $p_kf: Y\to X_k$ 连续。

充分性。设 T_k 为 X_k 的拓扑。由定理 2.5.3，则 $\Gamma=\{p_k^{-1}(U_k): U_k\in \mathrm{T}_k, k=1, 2, \cdots, n\}$ 为积空间 X 的子基。由 p_kf 连续，则 $(p_kf)^{-1}(U_k)$ 是 Y 中的开集。由定理 1.2.3，则

$f^{-1}(p_k^{-1}(U_k))=(p_k f)^{-1}(U_k)$是$Y$中的开集。由定理2.3.4，则$f: Y\to X$连续。

注记：上述定理是数学分析中一个定理的推广。这个定理是：从n维Euclid空间$\mathbb{R}^n$到m维Euclid空间$\mathbb{R}^m$的一个多元函数是连续的当且仅当它的每一个分量函数是连续的。

定理2.5.6 设X_1，X_2，…，X_n是n个拓扑空间，则积空间$X_1\times X_2\times\cdots\times X_{n-1}\times X_n$同胚于积空间$(X_1\times X_2\times\cdots\times X_{n-1})\times X_n$。

证明：设p_i为$X_1\times X_2\times\cdots\times X_{n-1}\times X_n\to X_i$的投影，$q_j$为$X_1\times X_2\times\cdots\times X_{n-1}\to X_j$的投影，$i=1, 2, \cdots, n$，$j=1, 2, \cdots, n-1$。设$r_1$为$(X_1\times X_2\times\cdots\times X_{n-1})\times X_n\to X_n$的投影，$r_2$为$(X_1\times X_2\times\cdots\times X_{n-1})\times X_n\to X_1\times X_2\times\cdots\times X_{n-1}$的投影。由定理2.5.4，则$r_1$和$r_2$都连续。定义映射$k: X_1\times X_2\times\cdots\times X_{n-1}\times X_n\to(X_1\times X_2\times\cdots\times X_{n-1})\times X_n$为$k(x_1, x_2, \cdots, x_{n-1}, x_n)=((x_1, x_2, \cdots, x_{n-1}), x_n)$。因此$k$是双射。

由定理2.5.4，则$q_j(r_2k)=p_j$连续。由定理2.5.5可得，r_2k连续。类似地，r_1k连续。由定理2.5.5，则k连续。类似地，k^{-1}连续。因此积空间$X_1\times X_2\times\cdots\times X_{n-1}\times X_n$同胚于$(X_1\times X_2\times\cdots\times X_{n-1})\times X_n$。

注记：若对同胚空间不区别，则有限个拓扑空间的积空间可以通过归纳的方式定义。

在生活中，将一个橡皮筋的两端黏合起来就得到一个橡皮圈；将一块正方形橡皮块一对对边上的点按同样的方向两两黏合在一起可以得到一个橡皮管。这种从一个给定图形出发构造新图形的方法可以一般化。

在第一章中讨论过等价关系和商集。所谓商集就是在定义了一个等价关系的集合中，将这个等价关系的所有等价类构成的集合。通俗地说，就是分别将每一个等价类中的所有点“黏合”为一个点后得到的集合。

设R是集合X上的一个等价关系，则典型投影$p: X\to X/R$是一个满射。注意到这一点，下面引入商拓扑和商空间的概念就显得顺理成章。

定义2.5.4 设(X, T)是一个拓扑空间，Y是一个集合。如果$f: X\to Y$是一个满射，则称$\Gamma=\{U\subseteq Y: f^{-1}(U)\in\mathrm{T}\}$为$Y$相对于满射$f$的商拓扑。

为了说明上述定义是合理的，下面证明$\Gamma=\{U\subseteq Y: f^{-1}(U)\in\mathrm{T}\}$是$Y$的一个拓扑。

由于$f: X\to Y$是满射，则$f^{-1}(Y)=X\in\mathrm{T}$，故$Y\in\Gamma$。

$\forall B, C\in\Gamma$，则$f^{-1}(B)$，$f^{-1}(C)\in\mathrm{T}$，进而$f^{-1}(B)\cap f^{-1}(C)\in\mathrm{T}$。由定理1.3.4(5)，则$f^{-1}(B\cap C)=f^{-1}(B)\cap f^{-1}(C)\in\mathrm{T}$，故$B\cap C\in\Gamma$。

$\forall\Lambda\subseteq\Gamma$，$B=\bigcup\limits_{B\in\Lambda}B$。由$B\in\Lambda\subseteq\Gamma$，则$f^{-1}(B)\in\mathrm{T}$，进而$\bigcup\limits_{B\in\Lambda}f^{-1}(B)\in\mathrm{T}$。由定理1.3.4(5)，则$f^{-1}(\bigcup\limits_{B\in\Lambda}B)=\bigcup\limits_{B\in\Gamma}f^{-1}(B)\in\mathrm{T}$，故$\bigcup\limits_{B\in\Gamma}B\in\Gamma$。因此$\Gamma$是$Y$的拓扑。

注记：由定义2.5.4，则Y的拓扑$\tilde{\mathrm{T}}$是Y的商拓扑当且仅当在$(Y, \tilde{\mathrm{T}})$中的任何一个闭集F的逆像集$f^{-1}(F)$是(X, T)中的闭集。

定理2.5.7 设(X, T)是一个拓扑空间，Y是一个非空集合，$f: X\to Y$是一个满射。

(1) 如果T_1是Y的商拓扑，则f是连续映射。

(2) 如果$\tilde{\mathrm{T}}_1$是Y的一个拓扑且f相对于$\tilde{\mathrm{T}}_1$是连续映射，则$\tilde{\mathrm{T}}_1\subseteq\mathrm{T}_1$。

证明：(1) $\forall U\in\mathrm{T}_1$，由定义2.5.4，则$f^{-1}(U)\in\mathrm{T}$。因此f是连续的。

(2) $\forall U\in\tilde{\mathrm{T}}_1$，由于$f: X\to Y$相对于$\tilde{\mathrm{T}}_1$是连续映射，则$f^{-1}(U)\in\mathrm{T}$。由定义2.5.4，

则 $U\in \mathrm{T}_1$。由 U 的任意性可得，$\widetilde{\mathrm{T}}_1\subseteq \mathrm{T}_1$。

注记： Y 上的商拓扑是保证 $f: X\to Y$ 连续的所有拓扑中最大的拓扑。

定义 2.5.5 设(X, T)是一个拓扑空间，$Y\neq\varnothing$，$f: X\to Y$。如果 f 是满射且 Y 的拓扑是相对于 f 的商拓扑 $\Gamma=\{U\subseteq Y: f^{-1}(U)\in \mathrm{T}\}$，则称 f 是商映射(quotient mapping)。

由定理 2.5.7，商映射连续。下述定理给出利用商映射判断映射连续性的方法。

定理 2.5.8 设 X，Y 和 Z 都是拓扑空间，$f: X\to Y$ 是商映射，则 $g: Y\to Z$ 连续当且仅当 $gf: X\to Z$ 连续。

证明： 必要性。由 $g: Y\to Z$ 连续及定理 2.1.1，则 $gf: X\to Z$ 连续。

充分性。设 $gf: X\to Z$ 连续，W 为 Z 的任何一个开集，则$(gf)^{-1}(W)$为 X 中的开集。由定理 1.3.4，则 $f^{-1}(g^{-1}(W))=(gf)^{-1}(W)$。由 f 是商映射及商拓扑的定义，则 $g^{-1}(W)$是 Y 中的开集。由 W 的任意性，则 g 连续。

如何判断一个空间的拓扑是相对从另一个拓扑空间到它的满射而言的商拓扑，这是一个有意思的问题。下面给出一个简单的必要条件。

定理 2.5.9 设 X 和 Y 是两个拓扑空间，$f: X\to Y$ 是一个满射。如果 f 是连续的闭映射(或者开映射)，则 Y 的拓扑恰好是相对于满射 f 的商拓扑。

证明： 仅证明 f 是闭映射的情形，开映射的情形可以类似证明。

设 U 为 Y 中的任何一个开集。由于 $f: X\to Y$ 是连续的，则 $f^{-1}(U)$是 X 中的开集。因此 U 相对于 f 的商拓扑是开集，故 Y 的拓扑是商拓扑的子集。设 V 为 Y 中相对于 f 的商拓扑的任何一个开集，则 $f^{-1}(V)$是 X 中的开集，故 $f^{-1}(V)^c$ 是 X 中的闭集。由于 f 是闭映射，则 $f(f^{-1}(V)^c)$是 Y 中相对于 f 的商拓扑的闭集。由 $f^{-1}(V)^c=f^{-1}(V^c)$且 f 是满射，则 $V^c=f(f^{-1}(V^c))=f(f^{-1}(V)^c)$是 Y 中的闭集。因此 V 是 Y 中的开集，商拓扑是 Y 的拓扑的子集。故 Y 的拓扑恰好是相对于满射 f 的商拓扑。

定义 2.5.6 设(X, T)是一个拓扑空间，R 是 X 上的一个等价关系。如果拓扑 T_R 是 X/R 相对于典型投影 $p: X\to X/R$ 的商拓扑，则称 T_R 为商集 X/R 相对于等价关系 R 的商拓扑，称拓扑空间$(X/R, \mathrm{T}_R)$为拓扑空间(X, T)相对于等价关系 R 的商空间。

设 R 是拓扑空间 X 上的一个等价关系，如果没有特殊说明，将商集 X/R 看成拓扑空间时，指的就是商空间。因此典型投影 $p: X\to X/R$ 是一个商映射。

通过等价关系的办法得到商空间是构造新拓扑空间的一个重要方法。数学中的许多重要对象如 Mobius 带、环面和 Clain 瓶等都可以作为商空间给出。

2.6 拓扑空间中的紧性

定义 2.6.1 设(X, T)是一个拓扑空间，$A\subseteq X$，$H\subseteq \mathrm{T}$ 且 $A\neq\varnothing$。

(1) 如果 $A\subseteq\bigcup\{U: U\in H\}$，则称 H 为 A 的一个开覆盖。

(2) 如果 $\Gamma\subseteq H$ 且 Γ 是 A 的一个开覆盖，则称 Γ 为 A 关于 H 的一个子覆盖。

(3) 如果有限集 B 是 A 关于 H 的一个子覆盖，则称 B 为 A 关于 H 的一个有限子覆盖。

定义 2.6.2 设(X, T)是一个拓扑空间，$A\subseteq X$。

(1) 如果 A 的任何一个开覆盖都存在有限子覆盖，则称 A 是一个紧集(compact set)。

(2) 如果 $\overline{A}$ 是一个紧集，则称 A 是一个相对紧集(relatively compact)。

(3) 如果 X 是一个紧集，则称(X, T)是紧空间(compact space)，简称 X 是紧空间。

(4) 如果 $\forall x \in X$ 存在 x 的一个邻域是紧集，则称(X, T)是局部紧空间(locally compact)。

定理 2.6.1 设 B 是拓扑空间 X 的一个基。如果由 B 中的元素构成的 X 的每一个开覆盖都存在有限子覆盖，则 X 是一个紧空间。

证明： 设 $H=\{A_i: i\in\Lambda\}$ 为 X 的任何一个开覆盖。$\forall A_i\in H$，由 B 是 X 的基，则 $\exists C_{ij}\in \mathrm{B}$ 使得 $A_i=\bigcup\{C_{ij}\in \mathrm{B}: j\in\Gamma\}$。由 $\bigcup\{C_{ij}\in \mathrm{B}: i\in\Lambda, j\in\Gamma\}=\bigcup\{A_i: i\in\Lambda\}=X$，则 $\{C_{ij}\in \mathrm{B}: i\in\Lambda, j\in\Gamma\}$ 是 B 中的元构成的 X 的一个开覆盖。由已知可得，$\{C_{11}, C_{12}, \cdots, C_{1i_1}, \cdots, C_{n1}, C_{n2}, \cdots, C_{ni_n}\}$ 是 X 的一个有限子覆盖，即 $\bigcup\limits_{k=1}^{n}\bigcup\limits_{j=1}^{i_k}C_{kj}=X$。在开覆盖中选取集合 A_k 使得 $A_k\supseteq\bigcup\limits_{j=1}^{i_k}C_{kj}$，则 $\bigcup\limits_{k=1}^{n}A_k\supseteq\bigcup\limits_{k=1}^{n}\bigcup\limits_{j=1}^{i_k}C_{kj}=X$。故 $\{A_1, A_2, \cdots, A_n\}$ 是 H 关于 X 的有限开覆盖。由 H 的任意性，则 X 是紧空间。

定理 2.6.2 设(X, T)和(Y, Γ)是两个拓扑空间，$f: X\to Y$ 是连续映射。如果 A 是 X 中的一个紧集，则 $f(A)$ 是 Y 中的一个紧集。

证明： 设 H 是 $f(A)$ 的任何一个开覆盖。$\forall C\in \mathrm{H}$，由于 f 连续，则 $f^{-1}(C)\in \mathrm{T}$。由 $\bigcup\limits_{C\in H}C\supseteq f(A)$，则

$$\bigcup_{C\in H}f^{-1}(C)=f^{-1}(\bigcup_{C\in H}C)\supseteq f^{-1}(f(A))\supseteq A$$

故 $\mathrm{A}=\{f^{-1}(C): C\in \mathrm{H}\}$ 是 A 的一个开覆盖。由 A 是紧集，则 A 存在有限子覆盖 $\{f^{-1}(C_1), f^{-1}(C_2), \cdots, f^{-1}(C_n)\}$。由 $f^{-1}(\bigcup\limits_{i=1}^{n}C_i)=\bigcup\limits_{i=1}^{n}f^{-1}(C_i)\supseteq A$ 及定理 1.3.4，则

$$\bigcup_{i=1}^{n}C_i\supseteq f(f^{-1}(\bigcup_{i=1}^{n}C_i))\supseteq f(A)$$

故 H 存在有限子覆盖 $\{C_1, C_2, \cdots, C_n\}$。因此 $f(A)$ 是 Y 中的紧集。

定理 2.6.3 紧空间中的闭子集是紧集。

证明： 设 A 是 X 中的一个闭子集。设 H 为 A 的任何一个开覆盖。由 A 是闭集，则 A^c 是开集。由 H 为 A 的开覆盖，则 $\mathrm{A}=\mathrm{H}\cup\{A^c\}$ 为 X 的开覆盖。由 X 为紧集，则 A 存在有限子覆盖 A_0。故 $\mathrm{A}_0-\{A^c\}$ 是 A 的有限开覆盖，即 H 存在有限子覆盖 A_0-A^c。故 A 是紧集。

定理 2.6.4 设 X_1 和 X_2 是紧空间，则 $X_1\times X_2$ 也是紧空间。

证明： 由积空间的定义，则 $\mathrm{B}=\{U\times V: U\in\Gamma_1, V\in\Gamma_2\}$ 是 $X_1\times X_2$ 的基，其中 Γ_1 和 Γ_2 分别是 X_1 和 X_2 上的拓扑。设 A 是 B 中的元构成的 $X_1\times X_2$ 的任何一个开覆盖。$\forall x\in X_1$，由 $\{x\}\times X_2$ 同胚于 X_2，则 $\{x\}\times X_2$ 是 $X_1\times X_2$ 的紧子集且 A 是 $\{x\}\times X_2$ 的开覆盖。因此 A 关于 $\{x\}\times X_2$ 存在有限子覆盖，不妨设为 $\mathrm{A}_x=\{U_{x1}\times V_{x1}, U_{x2}\times V_{x2}, \cdots, U_{xn(x)}\times V_{xn(x)}\}$。

如果 A_x 中的一些元与 $\{x\}\times X_2$ 的交集是空集，则去掉这些元后 A_x 中余下的元构成的集合仍然是 $\{x\}\times X_2$ 的开覆盖，仍记为 A_x。设 $M_x=U_{x1}\cap U_{x2}\cap\cdots\cap U_{xn(x)}$，则 M_x 是 X_1 中包含 x 的开集。由

$$\bigcup_{k=1}^{n(x)}(U_{xk}\times V_{xk})\supseteq\bigcup_{k=1}^{n(x)}(M_x\times V_{xk})=M_x\times(\bigcup_{k=1}^{n(x)}V_{xk})=M_x\times X_2$$

则 A_x 是 $M_x\times X_2$ 的一个开覆盖。由 $\{M_x: x\in X_1\}$ 是紧空间 X_1 的一个开覆盖，则它关于

X_1 存在有限子覆盖 $\{M_{x_1}, M_{x_2}, \cdots, M_{x_m}\}$。设 $\widetilde{\mathrm{A}}=\{M_{x_k}\times V_{x_kj}: k=1, 2, \cdots, m, j=1, 2, \cdots, n\}$，则

$$\bigcup_{k=1}^{m}\bigcup_{j=1}^{n}(M_{x_k}\times V_{x_kj})=\bigcup_{k=1}^{m}(M_{x_k}\times(\bigcup_{j=1}^{n}V_{xj}))\supseteq\bigcup_{k=1}^{m}(M_{x_k}\times X_2)=(\bigcup_{k=1}^{m}M_{x_k})\times X_2\supseteq X_1\times X_2$$

故 $\widetilde{\mathrm{A}}$ 是 $X_1\times X_2$ 的开覆盖 A 的一个有限子覆盖。由定理 2.6.1，则 $X_1\times X_2$ 是紧空间。

定义 2.6.3 设(X, T)是一个拓扑空间。如果 $\forall x, y\in X$ 且 $x\neq y$，存在 x 和 y 的开邻域$\mathfrak{U}_x$ 和 V_y，即 $x\in\mathfrak{U}_x\in\mathrm{T}$，$y\in V_y\in\mathrm{T}$，使得$\mathfrak{U}_x\cap V_y=\varnothing$，则称$(X, \mathrm{T})$是 Hausdorff 空间。

注记： 实直线$\mathbb{R}$是一个 Hausdorff 空间。

定理 2.6.5 Hausdorff 空间中的任何一个收敛序列只有一个极限。

证明： 设$\{x_n\}$是 Hausdorff 空间 X 中的一个序列且$\lim\limits_{n\to\infty}x_n=x$，$\lim\limits_{n\to\infty}x_n=y$。假设 $x\neq y$，由 X 是 Hausdorff 空间，则存在 x 和 y 的开邻域$\mathfrak{U}_x$ 和 V_y 使得$\mathfrak{U}_x\cap V_y=\varnothing$。对于$\mathfrak{U}_x$，$\exists m_1$，$\forall n>m_1$ 有 $x_n\in\mathfrak{U}_x$；对于 V_y，$\exists m_2$，$\forall n>m_2$ 有 $x_n\in V_y$。取 $m=\max\{m_1, m_2\}$，$\forall n>m$ 有 $x_n\in\mathfrak{U}_x\cap V_y=\varnothing$，产生矛盾。因此 $x=y$。

定理 2.6.6 任意个 Hausdorff 空间的积空间仍是 Hausdorff 空间。

证明： $\forall x, y\in\prod\limits_{a\in\Lambda}X_a$ 且 $x\neq y$，则 $\exists a_0\in\Lambda$ 使得 $x_{a_0}\neq y_{a_0}$。由 X_{a_0} 是 Hausdorff 空间，则存在 x_{a_0} 和 y_{a_0} 的开邻域 U 和 V 使得 $U\cap V=\varnothing$。由 p_{a_0} 连续，则 $p_{a_0}^{-1}(U)$ 和 $p_{a_0}^{-1}(V)$ 是 $\prod\limits_{a\in\Lambda}X_a$ 中的开集。因此 $p_{a_0}^{-1}(U)$ 和 $p_{a_0}^{-1}(V)$ 分别是 x 和 y 的开邻域且

$$p_{a_0}^{-1}(U)\cap p_{a_0}^{-1}(V)=p_{a_0}^{-1}(U\cap V)=p_{a_0}^{-1}(\varnothing)=\varnothing$$

故 $\prod\limits_{a\in\Lambda}X_a$ 是 Hausdorff 空间。

定理 2.6.7 设 X 是一个 Hausdorff 空间，$x\in X$，$x\notin A$。如果 A 是 X 中的一个紧集，则存在 x 和 A 的开邻域 U 和 V，即存在 X 中的开集 V 且 $A\subseteq V$ 使得 $U\cap V=\varnothing$。

证明： $\forall y\in A$，由 $x\in A^c$ 及 X 是 Hausdorff 空间，则存在 x 和 y 的开邻域 U_y 和 V_y 使得 $U_y\cap V_y=\varnothing$。故 $\mathrm{A}=\{V_y: y\in A\}$是紧集 A 的一个开覆盖。因此 A 存在有限子覆盖，不妨设为$\{V_{y_k}: y_k\in A, k=1, 2, \cdots, n\}$。令 $U=\bigcap\limits_{j=1}^{n}U_{y_j}$，$V=\bigcup\limits_{k=1}^{n}V_{y_k}\supseteq A$，则 U 和 V 是开集且

$$U\cap V=U\cap(\bigcup_{k=1}^{n}V_{y_k})=\bigcup_{k=1}^{n}(U\cap V_{y_k})\subseteq\bigcup_{k=1}^{n}(U_{y_k}\cap V_{y_k})=\bigcup_{k=1}^{n}\varnothing=\varnothing$$

故 $U\cap V=\varnothing$。

推论 2.6.1 Hausdorff 空间中的任何一个紧子集都是闭集。

证明： 设 A 是 Hausdorff 空间 X 的一个紧子集。$\forall x\notin A$，由定理 2.6.7，则存在 x 和 A 的开邻域$\mathfrak{U}_x$ 和 V_A 使得$\mathfrak{U}_x\cap V_A=\varnothing$。因此$\mathfrak{U}_x\cap(A-\{x\})=\mathfrak{U}_x\cap A\subseteq\mathfrak{U}_x\cap V_A=\varnothing$。故$\mathfrak{U}_x\cap(A-\{x\})=\varnothing$，进而 $x\notin A'$。因此 $A'\subseteq A$。由定义 2.2.2，则 A 是闭集。

由定理 2.6.3 及推论 2.6.1 可得：

推论 2.6.2 设 X 是一个紧 Hausdorff 空间，$A\subseteq X$，则 A 是紧集当且仅当 A 是闭集。

定理 2.6.8 设 X 是一个 Hausdorff 空间，$A, B\subseteq X$ 且 $A\cap B=\varnothing$。如果 A 和 B 是紧集，则存在 A 和 B 的开邻域 U 和 V 使得 $U\cap V=\varnothing$。

证明： $\forall x\in A$，则 $x\notin B$。由定理 2.6.7，则存在 x 和 B 的开邻域$\mathfrak{U}_x$ 和 V_x 使得

$\mathfrak{U}_x \cap V_x = \varnothing$。由 $\mathcal{A}=\{\mathfrak{U}_x: x \in A\}$ 是紧集 A 的一个开覆盖，则 $\mathcal{A}$ 存在有限子覆盖，设为 $\{U_{x_k}: x_k \in A, k=1, 2, \cdots, n\}$。令 $U=\bigcup\limits_{k=1}^{n} U_{x_k}$，$V=\bigcap\limits_{k=1}^{n} V_{x_k}$，则 U 和 V 分别是 A 和 B 的开邻域。由

$$U \cap V=(\bigcup_{k=1}^{n} U_{x_k}) \cap V=\bigcup_{k=1}^{n}(U_{x_k} \cap V) \subseteq \bigcup_{k=1}^{n}(U_{x_k} \cap V_{x_k})=\bigcup_{k=1}^{n} \varnothing=\varnothing$$

则 $U \cap V=\varnothing$。

定理 2.6.9 从紧空间到 Hausdorff 空间的任何一个连续映射都是闭映射。

证明： 设 X 是一个紧空间，Y 是一个 Hausdorff 空间，$f: X \to Y$ 连续，A 是 X 中的任何一个闭集，故 A 是 X 中的紧集。由 f 连续，则 $f(A)$ 是 Y 中的紧集。由 Y 是 Hausdorff 空间及推论 2.6.1，则 $f(A)$ 是 Y 中的闭集。由 A 的任意性，则 f 是闭映射。

由于一个双射的、闭的连续映射是同胚，则有下面的结论：

推论 2.6.3 从紧空间到 Hausdorff 空间的任何一个连续的双射都是同胚。

下面的定理表明，每一个拓扑空间都可以通过“单点紧化”成为一个紧空间。

定理 2.6.10 每个拓扑空间一定是某个紧空间的开子空间。

证明： 设 (X, T) 是一个拓扑空间，∞ 是任何不属于 X 的元素。定义 $X^*=X \cup\{\infty\}$，$\mathrm{T}^*=\mathrm{T} \cup \Gamma \cup\{X^*\}$，其中 $\Gamma=\{E \subseteq X^*: X^*-E$ 是 (X, T) 中的一个紧的闭子集$\}$。

首先证明 (X^*, T^*) 是一个拓扑空间。由 $\varnothing \in \Gamma$，则 $\varnothing \in \mathrm{T}^*$。显然 $X^* \in \mathrm{T}^*$。

$\forall A^*, B^* \in \mathrm{T}^*$。下面分情形讨论。

(1.1) 如果 A^* 或者 B^* 至少有一个是 X^*，不妨设 $B^*=X^*$，则

$$A^* \cap B^*=A^* \in \mathrm{T}^*$$

(1.2) 如果 $A^*, B^* \in \mathrm{T}$，则 $A^* \cap B^*=A \cap B \in \mathrm{T} \subseteq \mathrm{T}^*$。

(1.3) 如果 $A^*, B^* \in \Gamma$，则 X^*-A^* 和 X^*-B^* 是拓扑空间 (X, T) 中的紧的闭子集。由紧集和闭集的性质，则 $(X^*-A^*) \cup(X^*-B^*)$ 拓扑空间 (X, T) 中的两个紧的闭子集。由于

$$X^*-(A^* \cap B^*)=(X^*-A^*) \cup(X^*-B^*)$$

则 $A^* \cap B^* \in \Gamma \subseteq \mathrm{T}^*$。

(1.4) 如果(1.2)和(1.3)都不成立，不妨设 $A^* \in \mathrm{T}$，$B^* \in \Gamma$，则 $B^*=B \cup\{\infty\}$，其中 $B \in \mathrm{T}$。因此 $A^* \cap B^*=A \cap B \in \mathrm{T} \subseteq \mathrm{T}^*$。总之，只要 $A^*, B^* \in \mathrm{T}^*$，就有 $A^* \cap B^* \in \mathrm{T}^*$。

设 $\mathcal{A}$ 是 T^* 的一个子族。假定 $\bigcup\limits_{A \in \mathcal{A}} A \neq \varnothing$ 且 $\bigcup\limits_{A \in \mathcal{A}} A \neq X^*$。因此 $\mathcal{A} \neq \varnothing$ 且 $X^* \notin \mathcal{A}$。

下面分三种情形讨论。

(2.1) 如果 $\mathcal{A} \subseteq \mathrm{T}$，则 $\bigcup\limits_{A \in \mathcal{A}} A \in \mathrm{T} \subseteq \mathrm{T}^*$。

(2.2) 如果 $\mathcal{A} \subseteq \mathrm{T}^*$，则 $X^*-(\bigcup\limits_{A \in \mathcal{A}} A)=\bigcap\limits_{A \in \mathcal{A}}(X^*-A)$ 是 (X, T) 中的闭集。$\forall A_0 \in \mathcal{A}$，则 X^*-A_0 是 (X, T) 中的紧集。由

$$X^*-(\bigcup_{A \in \mathcal{A}} A)=\bigcap_{A \in \mathcal{A}}(X^*-A) \subseteq X^*-A_0$$

则 $X^*-(\bigcup\limits_{A \in \mathcal{A}} A)$ 是 (X, T) 中的紧集。故 $\bigcup\limits_{A \in \mathcal{A}} A \in \Gamma \subseteq \mathrm{T}^*$。

(2.3) 如果(2.1)和(2.2)都不成立，则 $\mathcal{A}_1=\mathcal{A} \cap \mathrm{T} \neq \varnothing$，$\mathcal{A}_2=\mathcal{A} \cap \Gamma \neq \varnothing$。设 $B_1=\bigcup\limits_{A \in \mathcal{A}_1} A$，$B_2=\bigcup\limits_{A \in \mathcal{A}_2} A$，则 $B_1 \in \mathrm{T}$，$B_2 \in \Gamma$ 且 $\bigcup\limits_{A \in \mathcal{A}} A=B_1 \cup B_2$。由于

$$X^*-(B_1\cup B_2)=(X^*-B_1)\cap(X^*-B_2)=(X-B_1)\cap(X^*-B_2)\subseteq X^*-B_2$$

则 $X^*-(B_1\cup B_2)$是(X, T)中的紧集 X^*-B_2 的闭子集，故 $\bigcup\limits_{A\in\mathrm{A}}A=B_1\cup B_2\in\Gamma\subseteq\mathrm{T}^*$。因此$(X^*, \mathrm{T}^*)$是一个拓扑空间。

其次证明(X^*, T^*)是一个紧空间。设 B 是 X^* 的一个开覆盖，则 $\exists G\in\mathrm{B}$ 使得$\infty\in G$。故 $G\in\Gamma$，进而 X^*-G 是(X, T)中的紧集。由 $\mathrm{B}-\{G\}$是它的开覆盖，则 $\mathrm{B}-\{G\}$有一个有限子覆盖 H，故 $\mathrm{H}\cup\{G\}$是 X^* 的有限子覆盖。因此 X^* 是紧集。

最后证明 X 是(X^*, T^*)中的一个开集。由 $\mathrm{T}=\mathrm{T}^*|_X$，则 X 是 T^* 中的开集。

注记： 称由拓扑空间(X, T)构造的紧空间(X^*, T^*)为拓扑空间(X, T)的单点紧化。

定义 2.6.4 设 X 是一个拓扑空间，$D\subseteq X$。如果 $\overline{D}=X$，则称 D 是 X 的一个稠密子集(dense subset)。

定理 2.6.11 设 D 是拓扑空间 X 的一个稠密子集，$f, g: X\to\mathbb{R}$都是连续的。如果 $f|_D=g|_D$，则 $f=g$。

证明： 假设 $f\neq g$，则 $\exists x_0\in X$ 使得 $f(x_0)\neq g(x_0)$。令 $\varepsilon_0=|f(x_0)-g(x_0)|$，则 $\varepsilon_0>0$。取

$$V_1=\left(f(x_0)-\frac{\varepsilon_0}{2}, f(x_0)+\frac{\varepsilon_0}{2}\right), V_2=\left(g(x_0)-\frac{\varepsilon_0}{2}, g(x_0)+\frac{\varepsilon_0}{2}\right)$$

则 $V_1\cap V_2=\varnothing$。由于 f, g 连续，则 $f^{-1}(V_1)$和 $g^{-1}(V_2)$都是 x_0 的邻域。取

$$U=f^{-1}(V_1)\cap g^{-1}(V_2)$$

则 U 是 x_0 的邻域。

由 D 是 X 的稠密子集，则 $U\cap D\neq\varnothing$。故 $\exists x_1\in U\cap D$，$x_1\in f^{-1}(V_1)\cap g^{-1}(V_2)$且 $f(x_1)=g(x_1)$。因此 $f(x_1)\in V_1$ 且 $f(x_1)=g(x_1)\in V_2$，这与 $V_1\cap V_2=\varnothing$矛盾，故 $f=g$。

习 题 二

2.1 设(X, T)是一个拓扑空间，$\{A_\gamma: \gamma\in\Gamma\}$是 X 中的一个子集，其中 Γ 是非空集合。求证：

(1) $\bigcup\limits_{\gamma\in\Gamma}\overline{A_\gamma}\subseteq\overline{\bigcup\limits_{\gamma\in\Gamma}A_\gamma}$。

(2) $\overline{\bigcap\limits_{\gamma\in\Gamma}A_\gamma}\subseteq\bigcap\limits_{\gamma\in\Gamma}\overline{A_\gamma}$。

(3) $\overline{A}-\overline{B}\subseteq\overline{A-B}$，$A, B\subseteq X$。

2.2 设(X, T)是一个拓扑空间，$A, B\subseteq X$。求证：

(1) $x\in A'$当且仅当 $x\in(A-\{x\})'$。

(2) 如果 $A'\subseteq B\subseteq A$，则 B 是闭集。

2.3 设(X, T)是一个拓扑空间，$A, B\subseteq X$。求证：

(1) $\partial A=\varnothing$当且仅当 A 既是开集又是闭集。

(2) $\partial(A\cup B)\subseteq\partial(A)\cup\partial(B)$。

(3) $A\cap B\cap\partial(A\cap B)=A\cap B\cap(\partial(A)\cup\partial(B))$。

2.4 设(X, T)和(Y, Ω)是两个拓扑空间，$T: X\to Y$ 是一个双射。

求证：如果 T 是连续映射，则 $(T(A))^{\circ}\subseteq T(A^{\circ})$，$\forall A\subseteq X$。

2.5　设 (X, T) 和 (Y, Ω) 是两个拓扑空间，$T: X\to Y$ 是一个双射。

求证：如果 $\forall A\subseteq X$ 有 $(T(A))^{\circ}\subseteq T(A^{\circ})$，则 T 是连续映射。

2.6　设 (X, T) 和 (Y, Ω) 是两个拓扑空间。

求证：如果 $T: X\to Y$ 是一个连续映射，则 $T(\overline{A})\subseteq\overline{T(A)}$，$\forall A\subseteq X$。

2.7　设 (X, T) 和 (Y, Ω) 是两个拓扑空间，$T: X\to Y$ 是一个双射。

求证：如果 $\forall A\subseteq X$ 有 $T(\overline{A})\subseteq\overline{T(A)}$，则 T 是一个连续映射。

2.8　求证：

(1) 从任何一个拓扑空间到平庸空间的任何映射都是连续映射。

(2) 从离散空间到任何一个拓扑空间的任何映射都是连续映射。

2.9　设 (X, T) 和 (Y, Ω) 是两个拓扑空间，$A\subseteq X$。求证：

(1) 如果 $T: X\to Y$ 连续，则 $T|_A: A\to Y$ 也连续。

(2) $T: X\to Y$ 连续当且仅当 $T: X\to T(X)$ 连续。

(3) 如果 $T: X\to Y$ 是一个同胚，则 $T|_A: A\to T(A)$ 也是一个同胚。

2.10　设 $X\times Y$ 是拓扑空间 X 和 Y 的积空间，$A\subseteq X$，$B\subseteq Y$。求证：

(1) $\overline{A\times B}=\overline{A}\times\overline{B}$。

(2) $(A\times B)^{\circ}=A^{\circ}\times B^{\circ}$。

(3) $\partial(A\times B)=(\partial(A)\times\overline{B})\cup(\overline{A}\times\partial(B))$。

2.11　设 X，Y 和 Z 是三个拓扑空间。

求证：如果 $f: X\to Y$ 和 $g: Y\to Z$ 都是商映射，则 $g^{\circ}f: X\to Z$ 也是商映射。

2.12　设 X 是一个拓扑空间，$f: X\to X$ 是商映射，

$$R=\{(x, y)\in X^2: f(x)=f(y)\}$$

求证：R 是 X 中的一个等价关系。

2.13　设 T 和 T_1 是集合 X 上的两个拓扑且 $\mathrm{T}_1\subseteq\mathrm{T}$。

求证：如果 (X, T) 是紧空间，则 (X, T_1) 是紧空间。

2.14　求证：拓扑空间中的任何一个集合的导集为闭集当且仅当该空间中的每一个单点集为闭集。

2.15　设 $f: \mathbb{R}\to\mathbb{R}$ 是连续映射且 $\forall x, y\in\mathbb{R}$ 有 $f(x+y)=f(x)+f(y)$。

求证：$\exists a\in\mathbb{R}$ 使得 $f(x)=ax$，$\forall x\in\mathbb{R}$。

第 3 章 Lebesgue 积分

经典微积分由 Newton 和 Leibniz 等人在 17 世纪 60 年代开创，后经 Riemann 和 Cauchy 等人改进，在 19 世纪后期已经成熟，并成为普遍应用的数学工具。但是经典微积分存在着一些重大的缺陷，为了解决这些问题，需要新的积分理论。经典微积分的缺点主要表现在积分学方面。首先，Riemann 积分基本适用于连续函数，有很大的局限性；其次，没有给出函数 Riemann 可积的充要条件；最后，Riemann 积分与极限交换的条件很强，应用时受到很大的限制。下面的例题说明 Lebesgue 积分在处理问题时具有巨大的优势。

例 求证：$\lim\limits_{n\to\infty}\int_0^1 \frac{x^n}{1+x}\mathrm{d}x=0$。

证明： 用 Riemann 积分。$\forall \varepsilon\in(0,1)$，由 $\lim\limits_{n\to\infty}\left(1-\frac{2}{3}\varepsilon\right)^n=0$，则 $\exists m$，$\forall n>m$ 有 $\left(1-\frac{2}{3}\varepsilon\right)^n<\frac{\varepsilon}{3}$。由

$$\int_0^1 \frac{x^n}{1+x}\mathrm{d}x=\int_0^{1-\frac{2}{3}\varepsilon} \frac{x^n}{1+x}\mathrm{d}x+\int_{1-\frac{2}{3}\varepsilon}^1 \frac{x^n}{1+x}\mathrm{d}x\leqslant\int_0^{1-\frac{2}{3}\varepsilon}\left(1-\frac{2}{3}\varepsilon\right)^n\mathrm{d}x+\int_{1-\frac{2}{3}\varepsilon}^1 1\mathrm{d}x$$

则
$$\left|\int_0^1 \frac{x^n}{1+x}\mathrm{d}x-0\right|\leqslant\int_0^{1-\frac{2}{3}\varepsilon}\frac{\varepsilon}{3}\mathrm{d}x+\int_{1-\frac{2}{3}\varepsilon}^1 1\mathrm{d}x=\frac{\varepsilon}{3}\left(1-\frac{2}{3}\varepsilon\right)+\frac{2}{3}\varepsilon<\varepsilon$$

故 $\lim\limits_{n\to\infty}\int_0^1 \frac{x^n}{1+x}\mathrm{d}x=0$。

用 Lebesgue 积分。 $\forall n\in\mathbb{N}$，设 $f_n(x)=\frac{x^n}{1+x}$，则 $|f_n(x)|\leqslant 1$ 且 $\lim\limits_{n\to\infty}f_n(x)=0$，a. e. 在$[0,1]$。 由 Lebesgue 控制收敛定理，则

$$\lim_{n\to\infty}\int_0^1 f_n(x)\mathrm{d}x=\int_0^1\lim_{n\to\infty}f_n(x)\mathrm{d}x=\int_0^1 0\mathrm{d}x=0$$

1883 年，Cantor 给出$\mathbb{R}^n$中任意集合测度的定义。Peano 在 1887 年，Jordan 在 1892 年分别对测度的定义作了改进，并将它与积分联系起来。Borel 进一步建立了 Borel 测度理论。1902 年，Lebesgue 引入测度的概念，定义了 Lebesgue 积分。Lebesgue 积分不但推广了 Riemann 积分，还克服了 Riemann 积分的缺点。Lebesgue 积分更深层次的价值在于它大大削弱了极限与积分的交换条件，构造了一个完备的可积函数空间。Lebesgue 积分现在已经成为现代分析必不可少的工具。

Lebesgue 曾对 Riemann 积分与 Lebesgue 积分的不同作过一个生动而有趣的描述：现在必须偿还一笔钱，如果从口袋中随意摸出不同面值的钞票，逐一地还给债主直到还清，这就是 Riemann 积分。不过还有另一种做法，首先拿出口袋中的全部钞票并把相同面值的放在一起，然后再一起付给债主应还的数目，这就是我的积分。

本章主要介绍与泛函分析和概率论等有关的 Lebesgue 积分的相关知识。

★ **本章知识要点**：集列；可数集；开集的构造定理；Lebesgue 测度；Lebesgue 可测集；可测函数；Lebesgue 积分；Lebesgue 控制收敛定理。

3.1　集列与映射

定义 3.1.1　设$\{a_n\}$是一个有界数列，$\overline{a_n}=\sup\limits_{k\geqslant n}a_k$，$\underline{a_n}=\inf\limits_{k\geqslant n}a_k$，则称$\lim\limits_{n\to\infty}\overline{a_n}$为$\{a_n\}$的上极限，记为$\overline{\lim\limits_{n\to\infty}}a_n$；称$\lim\limits_{n\to\infty}\underline{a_n}$为$\{a_n\}$的下极限，记为$\underline{\lim\limits_{n\to\infty}}a_n$。

注记：(1) 由于$\{a_n\}$是一个有界数列，则$\{\overline{a_n}\}$单调递减且有界。由单调有界定理可得，$\lim\limits_{n\to\infty}\overline{a_n}$存在且$\overline{\lim\limits_{n\to\infty}}a_n=\lim\limits_{n\to\infty}\overline{a_n}=\inf\limits_{n\in\mathbb{N}}\overline{a_n}=\inf\limits_{n\in\mathbb{N}}\sup\limits_{k\geqslant n}a_n$。

类似地，$\lim\limits_{n\to\infty}\underline{a_n}$存在且$\underline{\lim\limits_{n\to\infty}}a_n=\lim\limits_{n\to\infty}\underline{a_n}=\sup\limits_{n\in\mathbb{N}}\underline{a_n}=\sup\limits_{n\in\mathbb{N}}\inf\limits_{k\geqslant n}a_n$。

(2) 如果有界数列$\{a_n\}$单调递增，则$\overline{\lim\limits_{n\to\infty}}a_n=\sup\limits_{n\in\mathbb{N}}a_n=\lim\limits_{n\to\infty}a_n$。如果有界数列$\{a_n\}$单调递减，则$\underline{\lim\limits_{n\to\infty}}a_n=\inf\limits_{n\in\mathbb{N}}a_n=\lim\limits_{n\to\infty}a_n$。

(3) 有界数列$\{a_n\}$收敛当且仅当$\overline{\lim\limits_{n\to\infty}}a_n=\underline{\lim\limits_{n\to\infty}}a_n$。

类似于有界数列的上极限和下极限，可以定义集列的上极限和下极限。

定义 3.1.2　设$\{A_n\}$是一个集列。

(1) 称集合$\bigcap\limits_{n=1}^{\infty}\bigcup\limits_{k=n}^{\infty}A_k$为集列$\{A_n\}$的上极限，记为$\overline{\lim\limits_{n\to\infty}}A_n$，即$\overline{\lim\limits_{n\to\infty}}A_n=\bigcap\limits_{n=1}^{\infty}\bigcup\limits_{k=n}^{\infty}A_k$。

(2) 称集合$\bigcup\limits_{n=1}^{\infty}\bigcap\limits_{k=n}^{\infty}A_k$为集列$\{A_n\}$的下极限，记为$\underline{\lim\limits_{n\to\infty}}A_n$，即$\underline{\lim\limits_{n\to\infty}}A_n=\bigcup\limits_{n=1}^{\infty}\bigcap\limits_{k=n}^{\infty}A_k$。

(3) 如果$\overline{\lim\limits_{n\to\infty}}A_n=\underline{\lim\limits_{n\to\infty}}A_n$，则称$\{A_n\}$收敛，称$\overline{\lim\limits_{n\to\infty}}A_n$为$\{A_n\}$的极限，记为$\lim\limits_{n\to\infty}A_n$。

注记：

(1) 若$\{A_n\}$为降列，则$\{A_n\}$收敛且$\lim\limits_{n\to\infty}A_n=\bigcap\limits_{n=1}^{\infty}A_n$。

(2) 若$\{A_n\}$为升列，则$\{A_n\}$收敛且$\lim\limits_{n\to\infty}A_n=\bigcup\limits_{n=1}^{\infty}A_n$。类似于数列的单调有界原理。

定义 3.1.3　设 X 是一个集合且$A\subseteq X$，则称$\chi_A(x)=\begin{cases}1, & x\in A\\ 0, & x\in A^c\end{cases}$为 A 的特征函数。

定理 3.1.1　设 X，A，B，C，A_i，$\forall i\in I$，B_n，$\forall n\in\mathbb{N}$，都是集合。

(1) $A=\varnothing\Leftrightarrow\chi_A=0$；$A=X\Leftrightarrow\chi_A=1$。

(2) $A\subseteq B\Leftrightarrow\chi_A\leqslant\chi_B$；$A=B\Leftrightarrow\chi_A=\chi_B$。

(3) $A=B^c\Leftrightarrow\chi_A=1-\chi_B$；$\chi_{A\Delta B}=|\chi_A-\chi_B|$；$\chi_{A\cup B}=\chi_A+\chi_B-\chi_A\chi_B$。

(4) $A=\bigcup\limits_{i\in I}A_i\Leftrightarrow\chi_A=\max\limits_{i\in I}\chi_{A_i}$；$A=\bigcap\limits_{i\in I}A_i\Leftrightarrow\chi_A=\min\limits_{i\in I}\chi_{A_i}$。

(5) $B=\overline{\lim\limits_{n\to\infty}}B_n\Leftrightarrow\chi_B=\overline{\lim\limits_{n\to\infty}}\chi_{B_n}$；$C=\underline{\lim\limits_{n\to\infty}}B_n\Leftrightarrow\chi_C=\underline{\lim\limits_{n\to\infty}}\chi_{B_n}$。

证明：下面仅给出部分结论的证明。

(4) 当 $x\in A$，则 $\chi_A(x)=1$ 且 $\exists k$ 使得 $x\in A_k$，故 $\chi_{A_k}(x)=1$。由 $R(\chi_A)=\{0,1\}$，则 $(\max\limits_{i\in I}\chi_{A_i})(x)=\max\limits_{i\in I}\{\chi_{A_i}(x)\}=1=\chi_A(x)$。当 $x\notin A$，则 $\chi_A(x)=0$ 且 $\forall i\in I$，$x\notin A_i$，进而 $\chi_{A_i}(x)=0$。故 $(\max\limits_{i\in I}\chi_{A_i})(x)=0=\chi_A(x)$。因此 $\chi_A=\max\limits_{i\in I}\chi_{A_i}$。

反之，当 $\chi_A=\max\limits_{i\in I}\chi_{A_i}$，$\forall x\in A$，则 $\max\limits_{i\in I}\{\chi_{A_i}(x)\}=1$。故 $\exists m\in I$ 使得 $\chi_{A_m}(x)=1$，进而 $x\in A_m$。故 $x\in\bigcup\limits_{i\in I}A_i$ 且 $A\subseteq\bigcup\limits_{i\in I}A_i$。$\forall x\in\bigcup\limits_{i\in I}A_i$，则 $\exists n\in I$ 使得 $x\in A_n$ 且 $\chi_{A_n}(x)=1$。因此 $\chi_A(x)=(\max\limits_{i\in I}\chi_{A_i})(x)=1$ 且 $x\in A$。故 $A=\bigcup\limits_{i\in I}A_i$。

例 3.1.1 设 $(Tf)(x)=\int_0^x f(t)\mathrm{d}t$，$f\in C[0,1]$，$x\in[0,1]$。求证：

(1) T 是 $C[0,1]\to C^1[0,1]$ 内的单射。

(2) T 是 $C[0,1]\to C_0^1[0,1]$ 上的双射，其中 $C_0^1[0,1]=\{f\in C^1[0,1]: f(0)=0\}$。

证明：(1) 设 $T(f_1)=T(f_2)$，则 $\int_0^x f_1(t)\mathrm{d}t=\int_0^x f_2(t)\mathrm{d}t$。$\forall x\in[0,1]$ 有

$$f_1(x)=\frac{\mathrm{d}}{\mathrm{d}x}\int_0^x f_1(t)\mathrm{d}t=\frac{\mathrm{d}}{\mathrm{d}x}\int_0^x f_2(t)\mathrm{d}t=f_2(x)$$

即 $f_1=f_2$。故 T 是单射。

(2) $\forall f\in C_0^1[0,1]$，$\exists f'\in C[0,1]$ 使得 $(Tf')(x)=\int_0^x f'(t)\mathrm{d}t=f(t)\Big|_0^x=f(x)$，即 $T(f')=f$。故 T 是满射。由(1)，则 T 是双射。

例 3.1.2 求证：$X(f\neq 0)=\bigcup\limits_{n=1}^{\infty}X\left(|f|>\dfrac{1}{n}\right)$。

证明：$\forall x\in X(f\neq 0)$，则 $x\in X$ 且 $f(x)\neq 0$。

取 $k=\left[\dfrac{1}{|f(x)|}\right]+1$，则 $x\in X\left(|f|>\dfrac{1}{k}\right)$。故 $x\in\bigcup\limits_{n=1}^{\infty}X\left(|f|>\dfrac{1}{n}\right)$。

$\forall x\in\bigcup\limits_{n=1}^{\infty}X\left(|f|>\dfrac{1}{n}\right)$，则 $\exists m\in\mathbb{N}$ 且 $x\in X\left(|f|>\dfrac{1}{m}\right)$。故 $|f(x)|>\dfrac{1}{m}>0$ 且 $f(x)\neq 0$，进而 $x\in X(f\neq 0)$。因此

$$X(f\neq 0)=\bigcup_{n=1}^{\infty}X\left(|f|>\frac{1}{n}\right)$$

3.2 基数与可数性

定义 3.2.1 设 A 和 B 是两个集合。

(1) 如果存在一个从 A 到 B 的双射，则称集合 A 与 B 等势，记为 $A\sim B$。

注记：等势关系是一个等价关系。彼此对等的集合具有相同的基数。有限集的基数恰好等于该集合所含元素的个数。

用 $|A|$ 表示 A 的基数(cardinal number)。如果 $A\sim B$，则记为 $|A|=|B|$。

(2) 如果存在一个从 A 到 B 的单射，则称 A 的基数小于或等于 B 的基数，记为 $|A|\leqslant|B|$。

(3) 如果 $|A|\leqslant|B|$ 且 $|A|\neq|B|$，则称 A 的基数小于 B 的基数，记为 $|A|<|B|$。

(4) 如果 $A\cap B=\varnothing$，则称 $|A\cup B|$ 为 A 与 B 的基数之和，即 $|A|+|B|=|A\cup B|$。

(5) 称$|A\times B|$为 A 与 B 的基数之积，即$|A|\times|B|=|A\times B|$。

注记：当 A 是有限集时，$|P(A)|=2^{|A|}$。类似地，定义基数的方幂运算。

(6) 称$|P(A)|$为 A 的基数$|A|$的方幂，或者记为 $2^{|A|}$，即 $2^{|A|}=|2^A|$。

基数的性质：$A\subseteq B\Rightarrow|A|\leqslant|B|$；$(|A|\leqslant|B|)\wedge(|B|\leqslant|C|)\Rightarrow|A|\leqslant|C|$。

在某种意义上，基数可以看做是自然数的推广，基数不等式 $\alpha<\beta$ 是自然数集上偏序关系的推广。如同自然数一样，对基数的大小比较有以下基本结果。证明略去。

定理 3.2.1 设 α，β 是两个基数，则 $\alpha<\beta$，$\alpha=\beta$ 与 $\beta<\alpha$ 有且仅有一个成立。

定义 3.2.2 设 A 是一个集合，$|\mathbb{N}|=\omega$。

(1) 如果$|A|=\omega$，则称 A 为可数集(countable set)。

(2) 如果$|A|\leqslant\omega$，则称 A 为至多可数集。

注记：集合是可数集当且仅当它可以排成一个无穷序列$\{a_1, a_2, \cdots, a_n, \cdots\}$。

直观上看实数远比自然数多。下述定理说明事实的确如此。

定理 3.2.2 设$|\mathbb{R}|=c$，则 $\omega<c$。

证明：设 $A=(0, 1)$。

(1) 定义 f：$\mathbb{N}\to A$ 为 $f(n)=\dfrac{1}{n+1}$，则 f 是单射。由 $A\subseteq\mathbb{R}$，则 $\omega\leqslant|A|\leqslant|\mathbb{R}|=c$。

(2) $\forall a\in A$，则 a 可以唯一地表示为一个十进制的无穷小数 $a=0.a_1a_2a_3a_4\cdots$的形式，其中 a_n 是 0，1，…，9 中的一个数且不能全部取 0，也不能全部取 9。反之，每一个上述形式的十进制无穷小数都表示 A 中的一个实数。假设 A 是可数集，设 $A=\{a^1, a^2, \cdots, a^n, \cdots\}$，将 a^n 表示为 $a^n=0.a_1^na_2^na_3^n\cdots$。设 $x=0.a_1a_2a_3\cdots$，其中 $a_n=\begin{cases}1, & 当\ a_n^n\neq 1\\ 2, & 当\ a_n^n=1\end{cases}$，则 $x\in A$。由 x 的定义，则 $x\notin A$，产生矛盾。故$|A|\neq\omega$。因此 $\omega<|A|\leqslant c$。

注记：将自然数集的序关系延长为 $0<1<2<\cdots<n<\cdots<\omega<\cdots<c<\cdots$，那么 c 是否为最大的基数呢？ω 与 c 之间还有其他基数吗？集合论的创始人 Cantor 猜测：在 ω 与 c 之间不存在其他基数。现代数学研究表明：Cantor 猜想与公理体系有关。

注记：下述定理说明不存在最大的基数。

定理 3.2.3 对于任何基数 α 有 $\alpha<2^\alpha$。

证明：设$|A|=\alpha$。(1) 定义 f：$A\to 2^A$ 为 $a\to\{a\}$，则 f 是单射。故 $\alpha\leqslant 2^\alpha$。

(2) 假设存在双射 φ：$A\to 2^A$。令 $B=\{a\in A: a\notin\varphi(a)\}$，故 $B\subseteq A$，即 $B\in 2^A$。由 φ 是双射，则$\exists b\in A$ 使得 $B=\varphi(b)$。若 $b\in\varphi(b)$，则 $b\notin B=\varphi(b)$，矛盾；若 $b\notin\varphi(b)$，则 $b\in B=\varphi(b)$，矛盾。因此 $\alpha<2^\alpha$。

定理 3.2.4 设 f：$A\to B$。

(1) 如果 f 为单射且 B 为可数集，则 A 是至多可数集。

(2) 如果 f 为满射且 A 为可数集，则 B 是至多可数集。

定理 3.2.5 可数集具有以下性质：

(1) 可数集的子集是至多可数集。

(2) 可数集与有限集的并集是可数集，即 $n+\omega=\omega$，$\forall n\in\mathbb{N}$。

(3) 有限个或者可数个可数集的并集是可数集，即 $n\omega=\omega$，$\forall n\in\mathbb{N}$；$\omega\times\omega=\omega$。

(4) 每个无限集都有一个可数真子集。这是无限集的本质特征。

(5) 有限个可数集的积集是可数集，即 $\omega^n=\omega$，$\forall n\in\mathbb{N}$。

(6) 设 $n\in\mathbb{N}$。如果 A 中的每个元素可以由 n 个互相独立记号一对一确定且各个记号遍历一个可数集，即 $A=\{x_{i_1 i_2\cdots i_n}: i_k\in I_k, k=1,2,\cdots,n\}$，$|I_k|=\omega$，则 A 是可数集。

证明：下面仅证明(4)，(5)和(6)，其他省略。

(4) 设 A 为无限集，则 $\exists a_1\in A$ 且 $A-\{a_1\}\neq\varnothing$。故 $\exists a_2\in A-\{a_1\}$且 $A-\{a_1,a_2\}\neq\varnothing$。由 A 为无限集，则 $\forall n\in\mathbb{N}$，$\exists a_n\in A-\{a_1,\cdots,a_{n-1}\}$且 $A-\{a_1,\cdots,a_{n-1},a_n\}\neq\varnothing$。因此 A 有一个可数真子集 $B=\{a_1,a_2,\cdots,a_n,\cdots\}$。

(5) 仅证明两个可数集的积集是可数集。设 A 和 B 是可数集，$\forall a\in A$，定义 $C_a=\{(a,b): b\in B\}$，$f: C_a\to B$ 为 $f(a,b)=b$。由于 f 是双射且 B 是可数集，则 C_a 为可数集。由(3)及 A 是可数集，则 $A\times B=\bigcup\limits_{a\in A}C_a$ 为可数集。

(6) 当 $n=1$ 时，则 $|A|=|I_1|=\omega$，故 A 为可数集。假设 $n=m$ 时，结论成立，即 $\forall j\in\mathbb{N}$，$A_j=\{x_{i_1 i_2\cdots i_m i_{m+1}^{(j)}}: i_k\in I_k, k=1,2,\cdots,m\}$为可数集。当 $n=m+1$ 时，由 $A=\bigcup\limits_{j=1}^{\infty}A_j$，$A_j$ 是可数集及(3)，则 A 为可数集。由数学归纳法，则结论成立。

例 3.2.1 求证：$\mathbb{Z}$，$\mathbb{Q}$和有理系数多项式全体构成的集合$\mathbb{Q}[x]$是可数集。

定理 3.2.6 实直线$\mathbb{R}$上互不相交的开区间的全体构成的集合 $I(\mathbb{R})$是可数集。

证明：由$\mathbb{Q}$在$\mathbb{R}$中是稠密的，则 $\forall(a,b)\in I(\mathbb{R})$，$\exists r_a\in(a,b)\cap\mathbb{Q}$。建立 $f:\mathbb{Q}\to I(\mathbb{R})$ 为 $f(r_a)=(a,b)$。由于 $I(\mathbb{R})$中的区间互不相交，则 f 是定义好的。由$\mathbb{Q}$在$\mathbb{R}$中是稠密的，则 f 是满射。由$\mathbb{Q}$是可数集及定理 3.2.4，则 $I(\mathbb{R})$是可数集。

推论 3.2.1 $\mathbb{R}$上的单调函数 f 的全体间断点构成的集合 $D(f)$是至多可数集。

证明：不妨设 f 为单调递增。由单调有界准则可得，$\lim\limits_{x\to x_0+}f(x)$和 $\lim\limits_{x\to x_0-}f(x)$存在，即 $f(x_0-)=\lim\limits_{x\to x_0-}f(x)$，$f(x_0+)=\lim\limits_{x\to x_0+}f(x)$。故 $f(x_0-)\leqslant f(x_0)\leqslant f(x_0+)$。因此

$$x_0\in D(f)\Leftrightarrow f(x_0-)<f(x_0+)\Leftrightarrow(f(x_0-),f(x_0+))\in I(\mathbb{R})$$

故 x_0 是 f 的间断点当且仅当 x_0 是 f 的第一类间断点。设 $\delta(x_0)=(f(x_0-),f(x_0+))$。$\forall x_1,x_2\in D(f)$且 $x_1<x_2$，则

$$f(x_1-0)<f(x_1+0)\leqslant f(x_2-0)<f(x_2+0)$$

故 $\delta(x_1)\cap\delta(x_2)=\varnothing$。由定理 3.2.6，$I_f=\{\delta_x=(f(x-),f(x+)): x\in D(f)\}$是至多可数集。定义 $g: I_f\to D(f)$为 $g(I_f)=x$，则 g 是双射。因此 $D(f)$是至多可数集。

3.3 $\mathbb{R}^n$中的点集

定义 3.3.1 设 $n\in\mathbb{N}$，$\mathbb{R}^n=\{x=(x_1,x_2,\cdots,x_n): x_k\in\mathbb{R}, k=1,2,\cdots,n\}$，$A$，$B\subseteq\mathbb{R}^n$。

(1) 称$\sqrt{\sum\limits_{k=1}^{n}x_k^2}$ 为向量 x 的模，记为$|x|$。向量的模满足正定性、正齐性和三角不等式。

(2) 设 x，$y\in\mathbb{R}^n$，称$|x-y|$为向量 x 与 y 的距离(distance)，记为 $d(x,y)$。

(3) 称 $\inf_{x\in A,\, y\in B} d(x, y)$为集合 A 与 B 之间的距离，记为 $d(A, B)$。

(4) 如果$\{d(x, y): x, y\in A\}$有上界，则称 A 为$\mathbb{R}^n$中的有界集。

(5) 如果 A 为有界集，则称 $\sup\{d(x, y): x, y\in A\}$为集合 A 的直径(diameter)，记为 $\operatorname{diam}(A)$。

定义 3.3.2　设 $x\in\mathbb{R}^n$，$r>0$，$\{x^{(k)}\}\subseteq\mathbb{R}^n$。

(1) 称集合$\{y\in\mathbb{R}^n: d(x, y)<r\}$是以 x 为中心，r 为半径的球，记为 $S(x, r)$。

(2) 若$\forall\varepsilon>0$，$\exists m$，$\forall k>m$ 有 $x^{(k)}\in S(x, \varepsilon)$，则称$\{x^{(k)}\}$收敛于 x，记为$\lim\limits_{k\to\infty}x^{(k)}=x$。

定义 3.3.3　设 $A\subseteq\mathbb{R}^n$，x，$y\in\mathbb{R}^n$。

(1) 如果$\exists r>0$ 使得 $S(x, r)\subseteq A$，则称 x 为 A 的内点；称 A 的全体内点构成的集合为集合 A 的内部，记为 A°，即 $A^\circ=\{x\in\mathbb{R}^n: \exists r\langle(r>0)\wedge S(x, r)\subseteq A\rangle\}$。

(2) 如果$\forall r>0$ 有 $S(x, r)\cap(A-\{x\})\neq\varnothing$，则称 x 为 A 的聚点；称 A 的全体聚点构成的集合为 A 的导集，记为 A'，即

$$A'=\{x\in\mathbb{R}^n: \forall r\langle(r>0)\to S(x, r)\cap(A-\{x\})\neq\varnothing\rangle\}$$

(3) 称集合 $A\cup A'$为集合 A 的闭包，记为 $\overline{A}$，即 $\overline{A}=A\cup A'$。

(4) 称集合 $\overline{A}\cap\overline{A^c}$ 为集合 A 的边界，记为∂A；称集合 $A-A'$中的点为 A 的孤立点。

定理 3.3.1　设 A，$B\subseteq\mathbb{R}^n$。

(1) $A^\circ\subseteq A\subseteq\overline{A}$；$A^\circ=(\overline{A^c})^c$；$\overline{A}=((A^c)^\circ)^c$；$(A^\circ)^\circ=A^\circ$；$\overline{(\overline{A})}=\overline{A}$。

(2) $A\subseteq B\Rightarrow A^\circ\subseteq B^\circ$；$A\subseteq B\Rightarrow A'\subseteq B'$；$A\subseteq B\Rightarrow\overline{A}\subseteq\overline{B}$。

(3) $(A\cap B)^\circ=A^\circ\cap B^\circ$；$A^\circ\cup B^\circ\subseteq(A\cup B)^\circ$；$\overline{A\cup B}=\overline{A}\cup\overline{B}$；$\overline{A\cap B}\subseteq\overline{A}\cap\overline{B}$。

证明：下面仅给出部分证明。由定义 3.3.3，则 $A^\circ\subseteq A$ 和 $A^\circ\subseteq B^\circ$。

由 $A^\circ\subseteq A$，则$(A^\circ)^\circ\subseteq A^\circ$。$\forall x\in A^\circ$，$\exists r>0$ 使得 $S(x, r)\subseteq A$。$\forall y\in S(x, r)$，取 $\delta=\min\{d(x, y), r-d(x, y)\}$。故 $S(y, \delta)\subseteq S(x, r)\subseteq A$。因此 $y\in A^\circ$。由 y 的任意性，则 $S(x, r)\subseteq A^\circ$。因此 $x\in(A^\circ)^\circ$。由 x 的任意性，则 $A^\circ\subseteq(A^\circ)^\circ$。因此$(A^\circ)^\circ=A^\circ$。

注记：下面的例题说明定理 3.3.1(3)中真包含关系是存在的。

例 3.3.1　设 $A=(0, 1)$，$B=[1, 2]$。求证：$\overline{A\cap B}\subset\overline{A}\cap\overline{B}$。

定义 3.3.4　设 A，$B\subseteq\mathbb{R}^n$。

(1) 如果 $A^\circ=A$，即 $A\subseteq A^\circ$，则称 A 为开集。

(2) 如果 $\overline{A}=A$，即 $A'\subseteq A$，则称 A 为闭集。

(3) 如果 A 为有界闭集，则称 A 为紧集。

(4) 如果 $A'=A$，则称 A 为完全集(complete set)。

(5) 设 $A\subseteq B$。如果 $\overline{A}=B$，则称 A 在 B 中是稠密的。

(6) 如果$(\overline{A})^\circ=\varnothing$，则称 A 为无处稠密集(non-dense everywhere)或疏集。

注记：

(1) A 为开集$\Leftrightarrow A^c$ 为闭集。

(2) A 为闭集$\Leftrightarrow A$ 中任何收敛序列的极限均为 A 中的点。

(3) 在实直线$\mathbb{R}$上，开区间是开集，闭区间是闭集。

下述定理表明：实直线$\mathbb{R}$上的开集全体构成的集合是实直线$\mathbb{R}$上的一个拓扑。

定理 3.3.2 实直线$\mathbb{R}$中的开集具有以下性质：

(1) 空集$\varnothing$和$\mathbb{R}$都是开集；

(2) 开集的任意并是开集；

(3) 开集的有限交是开集。

证明：(1) 由$\varnothing^\circ=\varnothing$，$\mathbb{R}^\circ=\mathbb{R}$，则$\varnothing$和$\mathbb{R}$都是开集。

(2) 设$G=\bigcup\limits_{\alpha}G_\alpha$，其中$G_\alpha$为开集。$\forall x\in G$，$\exists\alpha_0$使得$x\in G_{\alpha_0}$，故$\exists(a, b)\subseteq\mathbb{R}$使得$x\in(a, b)\subseteq G_{\alpha_0}\subseteq G$。因此$x\in G^\circ$。由$x$的任意性，则$G\subseteq G^\circ$，故$G$是开集。

(3) 设$G_1, G_2, \cdots, G_n$是开集。设$G=\bigcap\limits_{i=1}^{n}G_i$。$\forall x\in G$，$\forall i\in\{1, 2, \cdots, n\}$有$x\in G_i$。由$G_i$是开集，则$\exists(a_i, b_i)$使得$x\in(a_i, b_i)\subseteq G_i$。取$a=\max\limits_{1\leqslant i\leqslant n}a_i$，$b=\min\limits_{1\leqslant i\leqslant n}b_i$，则$x\in(a, b)\subseteq G_i$。因此$x\in(a, b)\subseteq\bigcap\limits_{i=1}^{n}G_i=G$，故$x\in G^\circ$。由$x$的任意性，则$G\subseteq G^\circ$，故$G$是开集。

下例说明上述结论对于任意交运算不成立。

例 3.3.2 设$G_n=\left(-\dfrac{1}{n}, \dfrac{1}{n}\right)$，$\forall n\in\mathbb{N}$。求证：$\bigcap\limits_{n=1}^{\infty}G_n$不是开集而是闭集。

定义 3.3.5 称可数个开集的交集为G_δ型集；称可数个闭集的并集为F_σ型集。

定义 3.3.6 设G是开集。如果$(\alpha, \beta)\subseteq G$且$\alpha, \beta\notin G$，则称开区间$(\alpha, \beta)$为开集$G$的构成区间，即含在开集中长度最大的开区间。

下述定理表明：可以利用简单的开集——开区间构造复杂的开集。

定理 3.3.3(开集的构造定理) 实直线$\mathbb{R}$上的任意非空开集G一定可以唯一表示为至多可数个互不相交的构成区间的并集。

证明：(1) 构造构成区间(a, b)。由于G是开集，则$\forall x\in G$，$\exists(\alpha, \beta)$使得$(\alpha, \beta)\subseteq G$。令$A_x=\{(\alpha, \beta):\ x\in(\alpha, \beta)\subseteq G\}$，$a=\inf\limits_{(\alpha, \beta)\in A_x}\alpha$，$b=\sup\limits_{(\alpha, \beta)\in A_x}\beta$。$\forall(\alpha, \beta)\in A_x$，由$a$，$b$的定义，则$a\leqslant\alpha<x<\beta\leqslant b$且$x\in(\alpha, \beta)\subseteq(a, b)$。

(2) 证明$(a, b)\subseteq G$。$\forall c\in(a, b)$，当$c=x$，则$c\in(\alpha, \beta)\subseteq G$。否则$a<c<x$或者$x<c<b$。不妨设$c\in(a, x)$，由$a$的定义，$\exists\alpha'$使得$\alpha'<a+(c-a)=c$，故$\exists\beta'$使得$\alpha'<c<x<\beta'$。因此$c\in(\alpha', \beta')\subseteq G$。由$c$的任意性，则$(a, b)\subseteq G$。

(3) 证明(a, b)是G的构成区间。假设$a\in G$，由于G是开集，则$\exists\delta>0$使得$(a-\delta, a+\delta)\subseteq G$。因此$a\in(a-\delta, a+\delta)\cup(a, b)=(a-\delta, b)\subseteq G$，故$(a-\delta, b)\in A_x$。这与$a$的定义矛盾，因此$a\notin G$。类似地，$b\notin G$。

(4) 证明任何两个构成区间是互不相交的。假设两个区间相交，则其中一个开区间的端点一定在另一个构成区间的内部，进而属于G，这与构成区间的定义矛盾。

(5) 证明G可以表示为至多可数个构成区间的并集。$\forall x\in G$，则$\exists(a_x, b_x)\subseteq G$使得$x\in(a_x, b_x)$。因此$\bigcup\limits_{x\in G}(a_x, b_x)\subseteq G$。由于$G=\bigcup\limits_{x\in G}\{x\}\subseteq\bigcup\limits_{x\in G}(a_x, b_x)$，则$G=\bigcup\limits_{x\in G}(a_x, b_x)$。由于构成区间是互不相交的及定理 3.2.6，则$G=\bigcup\limits_{k=1}^{\infty}(a_k, b_k)$。

(6) 唯一性。假设$G=\bigcup\limits_{m=1}^{\infty}(c_m, d_m)$。$\forall x\in G$，则$\exists(a_k, b_k)\subseteq G$使得$x\in(a_k, b_k)$且

$\exists(c_m, d_m)\subseteq G$ 使得 $x\in(c_m, d_m)$，即 $x\in(a_k, b_k)\cap(c_m, d_m)$。故 $(a_k, b_k)\cap(c_m, d_m)\neq\varnothing$。如果 $(a_k, b_k)\neq(c_m, d_m)$，则一个开区间的端点一定在另一个构成区间的内部，进而属于 G，这与构成区间的定义矛盾，故 $(a_k, b_k)=(c_m, d_m)$。因此开集的表示唯一。

Cantor 三分集 P_0 的构造：将 $[0, 1]$ 三等分，挖去开区间 $\left(\frac{1}{3}, \frac{2}{3}\right)$。将剩下的两个闭区间 $\left[0, \frac{1}{3}\right]$ 和 $\left[\frac{2}{3}, 1\right]$ 分别三等分，再分别挖去 $\left(\frac{1}{9}, \frac{2}{9}\right)$ 和 $\left(\frac{7}{9}, \frac{8}{9}\right)$ 得到四个闭区间，继续上述操作。称 $[0, 1]$ 中余下的所有点构成的集合 P_0 为 Cantor 三分集。记第 n 次挖去的 2^{n-1} 个开区间分别为 $I_1^{(n)}=\left(\frac{1}{3^n}, \frac{2}{3^n}\right)$，$I_2^{(n)}=\left(\frac{7}{3^n}, \frac{8}{3^n}\right)$，…，$G_0=\bigcup\limits_{n=1}^{\infty}\bigcup\limits_{k=1}^{2^{n-1}} I_k^{(n)}$，则 $P_0=[0, 1]-G_0$。

定理 3.3.4　Cantor 三分集的性质：(1) 闭集；(2) 完全集；(3) $|P_0|=c$；(4) 疏集。

证明：(1) 由 $I_k^{(n)}$ 是开集及定理 3.3.2，则 $G_0=\bigcup\limits_{n=1}^{\infty}\bigcup\limits_{k=1}^{2^{n-1}} I_k^{(n)}$ 是开集。由于 $[0, 1]$ 是闭集及 $P_0=[0, 1]-G_0=[0, 1]\cap G_0^c$，则 P_0 是闭集。

(2) 用三进制表示 P_0 中的数。$\forall x_0\in P_0$，则 $x_0=0.a_1a_2a_3a_4\cdots$，其中 $a_i=0$ 或者 2，$i=1, 2, \cdots$。构造 $\{x_n\}$ 如下：$x_1=0.c_1a_2a_3a_4\cdots a_n\cdots$，…，$x_n=0.a_1a_2a_3a_4\cdots c_n\cdots$，…，其中 $c_n=\begin{cases}0, & \text{当 } a_n=2\\ 2, & \text{当 } a_n=0\end{cases}$。因此 $\{x_n\}$ 与 x_0 仅第 n 位不同且 $\{x_n\}\subseteq P_0-\{x_0\}$，故 $|x_n-x_0|=\frac{2}{3^n}$。因此 $\lim\limits_{n\to\infty}x_n=x_0$ 且 $x_0\in P_0'$。由 x_0 的任意性，则 $P_0\subseteq P_0'$。由于 P_0 是闭集，则 $P_0'\subseteq P_0$，故 $P_0=P_0'$。因此 P_0 是完备集。

(3) 用二进制表示 $[0, 1]$ 中的数，用三进制表示 P_0 中的数。设 $x\in[0, 1]$，则 $x=0.b_1b_2b_3b_4\cdots b_n\cdots$。建立 $[0, 1]\to P_0$ 的双射为 $b_n=1\to a_n=2$；$b_n=0\to a_n=0$，故 $|P_0|=|[0, 1]|=c$。因此 Cantor 三分集 P_0 有连续统势。

(4) 由 $G_0\subseteq[0, 1]$，则 $\overline{G_0}\subseteq\overline{[0, 1]}=[0, 1]$。$\forall x\in[0, 1]$，用三进制表示为 $x=0.a_1a_2a_3a_4\cdots$，其中 $a_n=0, 1, 2$。设 $x_1=0.1a_2a_3a_4\cdots$，…，$x_k=0.a_1a_2a_3a_4\cdots a_{k-1}1a_{k-1}\cdots$，则 $d(x_k, x)\leqslant\frac{1}{3^k}$。由 $\lim\limits_{k\to\infty}\frac{1}{3^k}=0$，则 $\lim\limits_{k\to\infty}x_k=x$。由 $x_k\in G_0$，则 $x\in\overline{G_0}$，故 $\overline{G_0}=[0, 1]$。由 $\overline{P_0^\circ}=P_0^\circ=(G_0^c)^\circ=(\overline{G_0})^c=[0, 1]^c=\varnothing$，则 P_0 是疏集。

定义 3.3.7　设 $f: X\subseteq\mathbb{R}^n\to\mathbb{R}$，$a\in X$。

(1) 如果 $\forall\varepsilon>0$，$\exists\delta>0$，$\forall x\in X\cap S(a, \delta)$ 有 $|f(x)-f(a)|<\varepsilon$，则称 f 在点 a 处连续。

(2) 如果 $\forall x\in X$ 有 f 在点 x 处连续，则称 f 在 X 上连续。

定义 3.3.8　设 $A\subseteq X\subseteq\mathbb{R}^n$，如果存在开集（或者闭集）$B\subseteq\mathbb{R}^n$ 使得 $A=X\cap B$，则称 A 相对于 X 是开集（或者闭集）。

例 3.3.3　求证：$[0, 1)$ 在 $\mathbb{R}$ 中相对于 $[0, +\infty)$ 是开集，相对于 $[-1, 1)$ 是闭集。

定理 3.3.5　设 $X\subseteq\mathbb{R}^n$，$f: X\to\mathbb{R}$。下列命题等价：

(1) $f\in C(X)$，其中 $C(X)$ 表示 X 上的连续函数全体构成的集合；

(2) $\forall a\in\mathbb{R}$ 有 $X(f<a)$ 与 $X(f>a)$ 相对于 X 是开集；

(3) $\forall a\in\mathbb{R}$有 $X(f\leqslant a)$与 $X(f\geqslant a)$相对于 X 是闭集。

证明：(1) ⇒(2)。$\forall x\in X$，由于 $f\in C(X)$，则 f 在 x 点连续。故 $\exists r_x>0$ 使得 f 在 $S(x, r_x)\cap X$ 上满足局部保号性。$\forall a\in\mathbb{R}$，设 $G=\bigcup\limits_{x\in X(f<a)} S(x, r_x)$，则 G 为开集。$\forall y\in X(f<a)$，$\exists r_y>0$ 使得 f 在 $S(y, r_y)\cap X$ 上满足局部保号性，故 $y\in X\cap G$。因此 $X(f<a)\subseteq X\cap G$。$\forall y\in X\cap G$，则 $y\in X$ 且 $y\in G$。进而 $\exists x_0\in X(f<a)$，$\exists r_0>0$ 使得 $y\in S(x_0, r_0)$。由 $x_0\in X(f<a)$，则 $x_0\in X$ 且 $f(x_0)<a$。由于 f 在 $S(x_0, r_0)\cap X$ 上满足局部保号性，则 $f(y)<a$，故 $y\in X(f<a)$。因此 $X\cap G\subseteq X(f<a)$ 且 $X(f<a)=X\cap G$。由 G 为开集，则 $X(f<a)$相对于 X 是开集。

(2) ⇒(1)。$\forall a\in\mathbb{R}$，$X(f<a)$相对于 X 是开集。$\forall x\in X$，取 $\beta=f(x)$。$\forall\varepsilon>0$，则 $X(f<\beta+\varepsilon)$相对于 X 是开集。故存在开集 B 使得 $X(f<\beta+\varepsilon)=X\cap B$。由 $x\in X$ 且 $f(x)<f(x)+\varepsilon=\beta+\varepsilon$，则 $x\in X(f<\beta+\varepsilon)$，故 $x\in B$，则 $\exists r>0$ 使得 $S(x, r)\subseteq B$。

$\forall y\in X\cap S(x, r)\subseteq X\cap B=X(f<\beta+\varepsilon)$，则 $f(y)<\beta+\varepsilon=f(x)+\varepsilon$。

同理，对上述 ε，$\exists s>0$，$\forall y\in X\cap S(x, s)$有 $f(y)>f(x)-\varepsilon$。取 $\delta=\min(r, s)$，则 $\forall y\in X\cap S(x, \delta)$有 $|f(x)-f(y)|<\varepsilon$，故 f 在 x 连续。由 x 的任意性，则 $f\in C(X)$。

(2) ⇒(3)。设 $X(f>a)=X\cap A$，$X(f<a)=X\cap B$，其中 A 和 B 是$\mathbb{R}$上的开集。因此 A^c 和 B^c 是$\mathbb{R}$上的闭集。由于

$$X(f\leqslant a)=X-X(f>a)=X\cap(X\cap A)^c=X\cap A^c$$
$$X(f\geqslant a)=X-X(f<a)=X\cap B^c$$

则 $X(f\leqslant a)$和 $X(f\geqslant a)$相对于 X 是闭集。

(3) ⇒(2)。类似可证。

3.4 Lebesgue 测度

勒贝格测度(Lebesgue measure)和勒贝格积分(Lebesgue integral)是由 Lebesgue 分别在 1901 年和 1902 年完成的，它们都来源于曲面的面积。引进测度有两个目的。其一，为定义勒贝格积分做准备；其二，为精确刻画函数做准备。

定理 3.4.1 存在集族 $L\subseteq P(\mathbb{R})$与集函数 $m: L\to[0, +\infty]$具有以下性质：

(P_1) $\varnothing\in L$；

(P_2) $\forall\{A_n\}\subseteq L\Rightarrow\bigcup\limits_{n=1}^{\infty}A_n\in L$；

(P_3) $\forall A\in L\Rightarrow A^c\in L$；

(P_4) 如果 G 是$\mathbb{R}$中的开集，则 $G\in L$；

(Q_1) $m(\varnothing)=0$，$m([0, 1])=1$；

(Q_2) σ-可加性：如果$\{A_n\}\subseteq L$ 且两两互斥，则 $m(\bigcup\limits_{n=1}^{\infty}A_n)=\sum\limits_{n=1}^{\infty}m(A_n)$；

(Q_3) 完备性：设 $m(A)=0$。如果 $B\subseteq A$，则 $B\in L$；

(Q_4) 平移不变性：如果 $A\in L$，$x\in\mathbb{R}$，则 $A+x\in L$ 且 $m(A+x)=m(A)$；

(Q_5) 逼近性质：$\forall A\in L$，$\forall\varepsilon>0$，$\exists$闭集 F 及开集 G 使得 $F\subseteq A\subseteq G$ 且 $m(G-F)<\varepsilon$。

定义 3.4.1

(1) 称定理 3.4.1 中的集族 L 中的集合为 Lebesgue 可测集(measurable set)。

(2) 称定理 3.4.1 中的集函数 m 为 1 维 Lebesgue 测度，简称 Lebesgue 测度。

性质(P_1)～(P_4)刻画了可测集族的构成；性质(Q_1)～(Q_5)给出了测度 m 的特征。

定理 3.4.2 如果$\{A_n\}\subseteq L$，则$\bigcap\limits_{n=1}^{\infty}A_n\in L$；如果 A，$B\in L$，则 $A-B\in L$。

定理 3.4.3 (Lebesgue 测度的性质)

(1) 单调性：设 A，$B\in L$。如果 $A\subseteq B$，则 $m(A)\leqslant m(B)$。

(2) 可减性：设 A，$B\in L$。如果 $A\subseteq B$ 且 $m(A)<+\infty$，则 $m(B-A)=m(B)-m(A)$。

(3) 次可加性：如果$\{A_n\}\subseteq L$，则 $m(\bigcup\limits_{n=1}^{\infty}A_n)\leqslant\sum\limits_{n=1}^{\infty}m(A_n)$。

(4) 下连续性：如果$\{A_n\}\subseteq L$ 是一个升列，则 $m(\lim\limits_{n\to\infty}A_n)=\lim\limits_{n\to\infty}m(A_n)$。

(5) 上连续性：如果$\{A_n\}\subseteq L$ 是一个降列且 $\exists k\in\mathbb{N}$使得 $m(A_k)<+\infty$，则

$$m(\lim_{n\to\infty}A_n)=\lim_{n\to\infty}m(A_n)$$

证明：(1) 由 $A\subseteq B$，则 $B=A\cup(B-A)$。由 $A\cap(B-A)=\varnothing$及 $m(B-A)\geqslant 0$，则

$$m(B)=m(A)+m(B-A)\geqslant m(A)$$

(2) 由 $m(A)<+\infty$及 $m(B)=m(A)+m(B-A)$，则 $m(B-A)=m(B)-m(A)$。

(3) 设 $B_1=A_1$，$\forall n\in\mathbb{N}$且 $n\geqslant 2$ 时，$B_n=A_n-\bigcup\limits_{k=1}^{n-1}A_k$。故 $\bigcup\limits_{n=1}^{\infty}B_n=\bigcup\limits_{n=1}^{\infty}A_n$ 且当 $i\neq j$ 时，$B_i\cap B_j=\varnothing$。$\forall n\in\mathbb{N}$，由 $B_n\subseteq A_n$，则 $m(B_n)\leqslant m(A_n)$。由 σ-可加性可得，

$$m(\bigcup_{n=1}^{\infty}A_n)=m(\bigcup_{n=1}^{\infty}B_n)=\sum_{n=1}^{\infty}m(B_n)\leqslant\sum_{n=1}^{\infty}m(A_n)$$

(4) 如果 $\exists A_k\in L$ 使得 $m(A_k)=+\infty$，则 $\forall n\geqslant k$ 有 $m(A_n)\geqslant m(A_k)=+\infty$。因此 $m(A_n)=+\infty$且$\lim\limits_{n\to\infty}m(A_n)=+\infty$。由(1)，则 $m(\bigcup\limits_{n=1}^{\infty}A_n)\geqslant m(A_k)=+\infty$，故

$$m(\bigcup_{n=1}^{\infty}A_n)=+\infty=\lim_{n\to\infty}m(A_n)$$

$\forall A_n\in L$，如果 $m(A_n)<+\infty$，设 $A_0=\varnothing$。$\forall n\in\mathbb{N}$且 $n\geqslant 2$，定义 $B_n=A_n-A_{n-1}$。由$\{A_n\}$是升列，则$\bigcup\limits_{n=1}^{\infty}B_n=\bigcup\limits_{n=1}^{\infty}A_n$ 且 $B_i\cap B_j=\varnothing$，$i\neq j$。由$\{A_n\}$是升列及(2)，则

$$m(\bigcup_{n=1}^{\infty}A_n)=m(\bigcup_{n=1}^{\infty}B_n)=\sum_{n=1}^{\infty}m(B_n)=\sum_{n=1}^{\infty}(m(A_n)-m(A_{n-1}))=\lim_{n\to\infty}m(A_n)$$

(5) 由$\{A_n\}\subseteq L$ 是降列，则$\bigcap\limits_{n=1}^{\infty}A_n=\bigcap\limits_{n=k}^{\infty}A_n$ 且$\{A_k-A_n:\forall n\geqslant k\}\subseteq L$ 是升列。

由 $m(A_k)<+\infty$及(2)，则

$$m(A_k-A_n)=m(A_k)-m(A_n)$$

由$\bigcup\limits_{n=k}^{\infty}(A_k-A_n)\subseteq A_k$ 及(2)，则

$$m(\bigcup_{n=k}^{\infty}(A_k-A_n))\leqslant m(A_k)<+\infty$$

由(4)，则

$$m\left(\bigcap_{n=1}^{\infty}A_n\right)=m\left(\bigcap_{n=k}^{\infty}A_n\right)=m\left(A_k-\bigcup_{n=k}^{\infty}(A_k-A_n)\right)=m(A_k)-m\left(\bigcup_{n=k}^{\infty}(A_k-A_n)\right)$$
$$=m(A_k)-\lim_{n\to\infty}m(A_k-A_n)=m(A_k)-\lim_{n\to\infty}(m(A_k)-m(A_n))$$
$$=\lim_{n\to\infty}m(A_n)$$

注记：定理 3.4.3(5)中条件：$\exists k\in\mathbb{N}$ 使得 $m(A_k)<+\infty$ 是充分的。反例如下：$\forall n\in\mathbb{N}$，$A_n=(n,+\infty)$，则 $\lim\limits_{n\to\infty}m(A_n)=+\infty$，但是 $m\left(\bigcap\limits_{n=1}^{\infty}A_n\right)=m(\varnothing)=0$。

定理 3.4.4

(1) 如果 A 是可数集，则 $A\in L$ 且 $m(A)=0$。

(2) 设 $-\infty<a<b<+\infty$。如果 A 是 $[a,b]$，$[a,b)$，$(a,b]$，(a,b) 中的任何一个，则 $m(A)=b-a$；如果 $-\infty<a<b=+\infty$，定义 $m(A)=+\infty$。其他区间有类似结论。

(3) 如果 $G=\bigcup\limits_{n=1}^{\infty}\delta_n$，$\delta_n$ 是 G 的构成区间，则 $m(G)=\sum\limits_{n=1}^{\infty}m(\delta_n)$。特别地，$m(P_0)=0$。

由上述定理，则 Cantor 三分集是一个测度为零的不可数集。

定理 3.4.5

(1) $A\in L$，则
$$m(A)=\inf\{m(G):G\text{ 是开集},G\supseteq A\}=\sup\{m(F):F\text{ 是闭集},F\subseteq A\}$$
$$=\sup\{m(C):C\text{ 是紧集},C\subseteq A\}。$$

(2) $A\in L\Leftrightarrow$ 存在 F_σ 型集 $F\subseteq A$ 使得 $m(A-F)=0$

$\Leftrightarrow$ 存在 G_δ 型集 $G\supseteq A$ 使得 $m(G-A)=0$。

证明：(1) 由测度的单调性，则 $m(F)\leqslant m(A)\leqslant m(G)$ 和 $m(C)\leqslant m(A)\leqslant m(G)$。由确界原理及确界的定义，则
$$\sup m(F)\leqslant m(A)\leqslant\inf m(G)\text{ 及 }\sup m(C)\leqslant m(A)\leqslant\inf m(G)$$
$\forall\varepsilon>0$，由定理 3.4.1，存在闭集 F_ε 及开集 G_ε 使得 $F_\varepsilon\subseteq A\subseteq G_\varepsilon$ 且 $m(G_\varepsilon-F_\varepsilon)<\varepsilon$，则
$$\inf m(G)\leqslant m(G_\varepsilon)=m(A)+m(G_\varepsilon-A)$$
由 $G_\varepsilon-A\subseteq G_\varepsilon-F_\varepsilon$，则
$$m(G_\varepsilon-A)\leqslant m(G_\varepsilon-F_\varepsilon)$$
故 $\inf m(G)\leqslant m(A)+m(G_\varepsilon-A)<m(A)+\varepsilon$。

由 ε 的任意性，则 $\inf m(G)\leqslant m(A)$。因此 $m(A)=\inf m(G)$。

由 $A-F_\varepsilon\subseteq G_\varepsilon-F_\varepsilon$，则 $m(A-F_\varepsilon)\leqslant m(G_\varepsilon-F_\varepsilon)<\varepsilon$，故
$$m(A)=m(F_\varepsilon)+m(A-F_\varepsilon)\leqslant m(F_\varepsilon)+m(G_\varepsilon-F_\varepsilon)<m(F_\varepsilon)+\varepsilon\leqslant\sup m(F)+\varepsilon$$
由 ε 的任意性，则 $m(A)\leqslant\sup m(F)$。因此 $m(A)=\sup m(F)$。

$\forall n\in\mathbb{N}$，设 $C_n=F_\varepsilon\cap[-n,n]$，则 C_n 是有界闭集，故 C_n 是 $\mathbb{R}$ 中的紧集。由于 $\{C_n\}$ 是升列且 $\bigcup\limits_{n=1}^{\infty}C_n=F_\varepsilon\subseteq A$，则 $m(F_\varepsilon)=m\left(\bigcup\limits_{n=1}^{\infty}C_n\right)=\lim\limits_{n\to\infty}m(C_n)$。由
$$m(A)=m(F_\varepsilon)+m(A-F_\varepsilon)\leqslant m(F_\varepsilon)+m(G_\varepsilon-F_\varepsilon)<m(F_\varepsilon)+\varepsilon$$
则
$$m(A)<m(F_\varepsilon)+\varepsilon=\lim_{n\to\infty}m(C_n)+\varepsilon\leqslant\sup m(C)+\varepsilon$$

由 ε 的任意性，则 $m(A)\leqslant\sup m(C)$。因此 $m(A)=\sup m(C)$。

(2) 必要性。$\forall n\in\mathbb{N}$，存在闭集 $F_n\subseteq A$ 使得 $m(A-F_n)\leqslant m(G_n-F_n)<\frac{1}{n}$。令 $F=\bigcup_{n=1}^{\infty}F_n$，则 $F\subseteq A$ 且

$$m(A-F)\leqslant\lim_{n\to\infty}m(A-F_n)\leqslant\lim_{n\to\infty}m(G_n-F_n)\leqslant\lim_{n\to\infty}\frac{1}{n}=0$$

故 F 是 F_σ 型集且 $m(A-F)=0$。类似地，构造 G_δ 型集 G 使得 $m(G-A)=0$。

充分性。由 $F\subseteq A$ 及 F，$A-F\in L$，则 $A=F\cup(A-F)\in L$。类似可证第二个结论。

3.5 测度空间

定义 3.5.1 设 X 是一个非空集合，$\mathrm{A}\subseteq P(X)$。

(1) 如果集族 A 满足：

(P_1) $\varnothing\in\mathrm{A}$；

(P_2) $\forall\{A_n\}\subseteq\mathrm{A}\Rightarrow\bigcup_{n=1}^{\infty}A_n\in\mathrm{A}$；

(P_3) $\forall A\in\mathrm{A}\Rightarrow A^c\in\mathrm{A}$，

则称(X，A)为一个可测空间(measurable space)，A 为 X 上的一个 σ-代数(σ-algebras)，称 A 中的集合为一个可测集。

(2) 设(X，A)为一个可测空间，μ：$\mathrm{A}\to[0, +\infty]$。如果集函数 μ 满足：

(Q_1) $\mu(\varnothing)=0$；

(Q_2) σ-可加性：$\forall\{A_n\}\subseteq\mathrm{A}$ 且两两互斥蕴涵 $\mu(\bigcup_{n=1}^{\infty}A_n)=\sum_{n=1}^{\infty}\mu(A_n)$，则称集函数 μ 为(X，A)上的一个测度，称(X，A，μ)为一个测度空间(measure space)。

设(X，A，μ)为一个测度空间。

(3) 设 $A\in\mathrm{A}$ 且 $\mu(A)=0$。如果 $\forall B\subseteq A$ 有 $B\in\mathrm{A}$，则称 μ 为完备测度(complete measure)。

(4) 设 $A\in\mathrm{A}$。如果 $\exists A_n\in\mathrm{A}$ 且 $\mu(A_n)<+\infty$，$\forall n\in\mathbb{N}$ 使得 $A=\bigcup_{n=1}^{\infty}A_n$，则称 A 有 σ-有限测度(σ-finite measure)。

(5) 如果 $\forall A\in\mathrm{A}$，A 有 σ-有限测度，则称 μ 为 σ-有限测度。

(6) 如果 $\mu(X)<+\infty$，则称 μ 为有限测度(finite measure)。

定理 3.5.1 设(X，A)为一个可测空间。

(1) 如果 $\{A_n\}\subseteq\mathrm{A}$，则 $\bigcap_{n=1}^{\infty}A_n\in\mathrm{A}$；特别地，如果 $\{A_1, A_2, \cdots, A_n\}\subseteq\mathrm{A}$，则 $\bigcap_{k=1}^{n}A_k\in\mathrm{A}$。

(2) 如果 A，$B\in\mathrm{A}$，则 $A-B\in\mathrm{A}$。

定理 3.5.2 设(X，A，μ)为一个测度空间。

(1) 单调性：设 A，$B\in\mathrm{A}$。如果 $A\subseteq B$，则 $\mu(A)\leqslant\mu(B)$。

(2) 可减性：设 A，$B\in\mathrm{A}$。如果 $A\subseteq B$ 且 $\mu(A)<+\infty$，则 $\mu(B-A)=\mu(B)-\mu(A)$。

(3) 次可加性：如果 $\{A_n\}\subseteq\mathrm{A}$，则 $\mu(\bigcup_{n=1}^{\infty}A_n)\leqslant\sum_{n=1}^{\infty}\mu(A_n)$。

(4) 下连续性：如果$\{A_n\}\subseteq \mathrm{A}$是一个升列，则$\mu(\lim\limits_{n\to\infty}A_n)=\lim\limits_{n\to\infty}\mu(A_n)$。

(5) 上连续性：如果$\{A_n\}\subseteq \mathrm{A}$是一个降列且$\exists k\in\mathbb{N}$使得$\mu(A_k)<+\infty$，则

$$\mu(\lim_{n\to\infty}A_n)=\lim_{n\to\infty}\mu(A_n)$$

定理 3.5.3 设(X, A, μ)为一个测度空间。如果$A, B, C\in\mathrm{A}$，则

$$|\mu(A\cap B)-\mu(C\cap B)|\leqslant\mu(A\Delta C)$$

证明： 首先证明$|\mu(A)-\mu(C)|\leqslant\mu(A\Delta C)$。由$(A\Delta C)\cup C=A\cup C$，则

$$\mu(A)\leqslant\mu(A\cup C)=\mu((A\Delta C)\cup C)\leqslant\mu(A\Delta C)+\mu(C)$$

则$\mu(A)-\mu(C)\leqslant\mu(A\Delta C)$。

类似地，$\mu(C)-\mu(A)\leqslant\mu(C\Delta A)$。由$A\Delta C=C\Delta A$，则$\mu(C)-\mu(A)\leqslant\mu(A\Delta C)$。

因此$-\mu(A\Delta C)\leqslant\mu(C)-\mu(A)\leqslant\mu(A\Delta C)$，即$|\mu(A)-\mu(C)|\leqslant\mu(A\Delta C)$。

其次证明结论。由

$$\begin{aligned}(A\cap B)\Delta(C\cap B)&=((A\cap B)-(C\cap B))\cup((C\cap B)-(A\cap B))\\&=((A-C)\cap B)\cup((C-A)\cap B)\\&=((A-C)\cup(C-A))\cap B=(A\Delta C)\cap B\end{aligned}$$

则$|\mu(A\cap B)-\mu(C\cap B)|\leqslant\mu((A\cap B)\Delta(C\cap B))=\mu((A\Delta C)\cap B)\leqslant\mu(A\Delta C)$。

定义 3.5.2 设(X, A, μ)是一个测度空间，P是一个与X中的点有关的命题。如果存在$N\in\mathrm{A}$且$\mu(N)=0$使得P在N^c上恒成立，则称P在X上几乎处处成立，记为P，μ—a. e. 。

定理 3.5.4 设(X, T)是一个拓扑空间。如果$\mathrm{B}(\mathrm{T})=\bigcap\{\mathrm{A}_\alpha: \mathrm{A}_\alpha\supseteq\mathrm{T}$且$\mathrm{A}_\alpha$是一个$\sigma$-代数$\}$，则$\mathrm{B}(\mathrm{T})$是最小的、包含$\mathrm{T}$的$\sigma$-代数。

证明： 设$\Omega=\{\mathrm{A}_\alpha: \mathrm{A}_\alpha\supseteq\mathrm{T}$且$\mathrm{A}_\alpha$是一个$\sigma$-代数$\}$，则$\bigcap\{\mathrm{A}_\alpha: \mathrm{A}_\alpha\in\Omega\}=\mathrm{B}(\mathrm{T})$。由$P(X)$是$\sigma$-代数且$P(X)\supseteq\mathrm{T}$，则$P(X)\in\Omega$。$\forall\mathrm{A}_\alpha\in\Omega$。由$\mathrm{A}_\alpha$是$\sigma$-代数，则$\varnothing\in\mathrm{A}_\alpha$，故

$$\varnothing\in\bigcap\{\mathrm{A}_\alpha: \mathrm{A}_\alpha\in\Omega\}=\mathrm{B}(\mathrm{T})$$

$\forall n\in\mathbb{N}$，$A_n\in\mathrm{B}(\mathrm{T})$，$\forall\mathrm{A}_\alpha\in\Omega$，则$A_n\in\mathrm{A}_\alpha$。由$\mathrm{A}_\alpha$是$\sigma$-代数，则$\bigcup\limits_{n=1}^{\infty}A_n\in\mathrm{A}_\alpha$，故

$$\bigcup_{n=1}^{\infty}A_n\in\bigcap\{\mathrm{A}_\alpha: \mathrm{A}_\alpha\in\Omega\}=\mathrm{B}(\mathrm{T})$$

如果$A\in\mathrm{B}(\mathrm{T})$，$\forall\mathrm{A}_\alpha\in\Omega$，则$A\in\mathrm{A}_\alpha$。由$\mathrm{A}_\alpha$是$\sigma$-代数，则$A^c\in\mathrm{A}_\alpha$，故

$$A^c\in\bigcap\{\mathrm{A}_\alpha: \mathrm{A}_\alpha\in\Omega\}=\mathrm{B}(\mathrm{T})$$

因此$\mathrm{B}(\mathrm{T})$是σ-代数。

设$\Gamma\supseteq\mathrm{T}$且$\Gamma$是一个$\sigma$-代数，则$\Gamma\in\Omega$，故

$$\mathrm{B}(\mathrm{T})=\bigcap\{\mathrm{A}_\alpha: \mathrm{A}_\alpha\in\Omega\}\subseteq\Gamma$$

因此$\mathrm{B}(\mathrm{T})$是最小的且包含T的σ-代数。

定义 3.5.3

(1) 设(X, T)是一个拓扑空间，称$\mathrm{B}(\mathrm{T})$为T生成的Borelσ-代数(Borel σ-algebras)，称$(X, \mathrm{B}(\mathrm{T}))$为一个Borel可测空间，称$\mathrm{B}(\mathrm{T})$中的集合为一个Borel集。

(2) 设$(\Omega, \mathrm{A}, \mathbb{P})$是一个测度空间。如果$\mathbb{P}(\Omega)=1$，称$\mathbb{P}$为概率测度(probability measure)，称$(\Omega, \mathrm{A}, \mathbb{P})$为标准概率空间(standard probability space)。

定义 3.5.4　设 X 是一个非空集合，(Y, Γ)是一个可测空间，$f: X \to Y$。

(1) 设(X, A)是一个可测空间。如果 $\forall B \in \Gamma$ 有 $f^{-1}(B) \in \mathrm{A}$，则称 f 是一个可测映射(measurable mapping)。

(2) 设$(X, \mathrm{B}(\mathrm{T}))$是一个 Borel 可测空间。如果 $\forall B \in \Gamma$ 有 $f^{-1}(B) \in \mathrm{B}(\mathrm{T})$，则称 f 是一个 Borel 可测映射。

定理 3.5.5　设(X, A)是一个可测空间，$(Y, \mathrm{B}(\mathrm{T}))$是一个 Borel 可测空间，$f: X \to Y$ 是一个可测映射。

(1) 如果 $\Omega = \{E \subseteq Y: f^{-1}(E) \in \mathrm{A}\}$，则$(Y, \Omega)$是一个可测空间。

(2) 如果 $E \in \mathrm{B}(\mathrm{T})$，则 $f^{-1}(E) \in \mathrm{A}$。

证明：(1) 由 $f^{-1}(\varnothing) = \varnothing \in \mathrm{A}$，则$\varnothing \in \Omega$。$\forall n \in \mathbb{N}$，$A_n \in \Omega$，则 $f^{-1}(A_n) \in \mathrm{A}$。由 A 是 σ-代数及定理 1.3.4，则 $f^{-1}(\bigcup_{n=1}^{\infty} A_n) = \bigcup_{n=1}^{\infty} f^{-1}(A_n) \in \mathrm{A}$，故 $\bigcup_{n=1}^{\infty} A_n \in \Omega$。由 $A \in \Omega$，则 $f^{-1}(A) \in \mathrm{A}$。由 A 是 σ-代数及定理 1.3.4，则 $f^{-1}(A^c) = f^{-1}(A)^c \in \mathrm{A}$，故 $A^c \in \Omega$。因此(Y, Ω)是可测空间。

(2) 设 $\Omega = \{E \subseteq Y: f^{-1}(E) \in \mathrm{A}\}$。由(1)，则 Ω 是 σ-代数。$\forall B \in \mathrm{T}$，由定义 3.5.4，则 $f^{-1}(B) \in \mathrm{A}$，故 $B \in \Omega$。由 B 的任意性，则 $\mathrm{T} \subseteq \Omega$。由 $\mathrm{B}(\mathrm{T})$是包含 T 的最小 σ-代数，则 $\mathrm{B}(\mathrm{T}) \subseteq \Omega$。由 $E \in \mathrm{B}(\mathrm{T})$，则 $E \in \Omega$。因此 $f^{-1}(E) \in \mathrm{A}$。

定理 3.5.6　设(X, A)是可测空间，(Y, T)和(Z, Γ)是拓扑空间，$f: X \to Y$ 是可测的，$g: Y \to Z$，$h: X \to Z$ 且 $h = gf$。如果 g 是连续的或者 Borel 可测的，则 h 是可测的。

3.6　可测函数

本节的基本思想是将函数的可测性转化为集合的可测性。微积分中先有 Riemann 积分，后有 Riemann 可积函数。本章与之相反，先定义可测函数，再定义 Lebesgue 积分。

设(X, A)是一个给定的可测空间，$E \in \mathrm{A}$，$\forall c \in \mathbb{R}$，$E(f > c) = \{x \in E \mid f(x) > c\}$。函数 f 及常数 c 唯一确定了集合 $E(f > c)$，它反映了函数 f 的性质。

称映射 $f: X \to \overline{\mathbb{R}} = [-\infty, +\infty]$为广义实函数。广义实函数的运算定义如下：

$\pm\infty + \pm\infty = \pm\infty - \mp\infty = \pm\infty$；$\pm\infty + a = a - \mp\infty = \pm\infty$，$a \in \mathbb{R}$；

$\pm\infty \circ a = \pm\infty$，$a > 0$；$\pm\infty \circ a = \mp\infty$，$a < 0$；$\pm\infty \circ 0 = 0$；$\pm\infty - \pm\infty$无意义。

定义 3.6.1　设 f 是定义在 X 上的一个广义实函数。如果 $\forall a \in \mathbb{R}$有 $X(f > a) \in \mathrm{A}$，即 $X(f > a)$是可测集，则称 f 是 X 上的一个可测函数(measure function)。

上述定义是定义 3.5.4 和定理 3.4.1 在实直线$\mathbb{R}$上的特殊情形。

用 $M(X)$和 $M^+(X)$分别表示 X 上的全体可测函数和非负可测函数构成的集合。

性质 3.6.1　设 f 是定义在 X 上的一个广义实函数。

(1) 设 $c \in \mathbb{R}$。如果 $f = c$，则 $f \in M(X)$。

(2) 如果 $E \in \mathrm{A}$，则 $\chi_E \in M^+(X)$。

(3) 设 $X \subseteq \mathbb{R}^n$，则 $C(X) \subseteq M(X)$。

性质 3.6.2　设 f 是定义在 X 上的一个广义实函数。下列命题等价：

(1) $f\in M(X)$；

(2) $\forall a\in\mathbb{R}$有 $X(f\leqslant a)$可测；

(3) $\forall a\in\mathbb{R}$有 $X(f<a)$可测；

(4) $\forall a\in\mathbb{R}$有 $X(f\geqslant a)$可测；

(5) $\forall a,b\in\mathbb{R}$有 $X(a<f<b)=\{x\in X\mid a<f(x)<b\}$与 $X(f=+\infty)$可测；

(6) 对$\mathbb{R}$中的任意开集 G 有 $f^{-1}(G)$与 $X(f=+\infty)$可测；

(7) 对$\mathbb{R}$中的任意闭集 F 有 $f^{-1}(F)$与 $X(f=+\infty)$可测。

证明：(1) ⇒(2)。$\forall a\in\mathbb{R}$。由(1)，则 $f\in M(X)$，则 $X(f>a)\in\mathrm{A}$。由 $X(f\leqslant a)=X(f>a)^{c}$，则 $X(f\leqslant a)\in\mathrm{A}$。

(2) ⇒(3)。首先证明 $\forall a\in\mathbb{R}$，

$$X(f<a)=\bigcup_{n=1}^{\infty}X\left(f\leqslant a-\frac{1}{n}\right)$$

$\forall x\in X(f<a)$，则$x\in X$ 且 $f(x)<a$。取 $k=\left[\dfrac{1}{a-f(x)}\right]+1\in\mathbb{N}$，则 $f(x)\leqslant a-\dfrac{1}{k}$，故

$$x\in X\left(f\leqslant a-\frac{1}{k}\right)\quad 且\quad x\in\bigcup_{n=1}^{\infty}X\left(f\leqslant a-\frac{1}{n}\right)$$

$\forall x\in\bigcup_{n=1}^{\infty}X\left(f\leqslant a-\frac{1}{n}\right)$，则 $\exists m\in\mathbb{N}$使得 $x\in X\left(f\leqslant a-\frac{1}{m}\right)$，进而

$$x\in X\quad 且\quad f(x)\leqslant a-\frac{1}{m}<a$$

故 $x\in X(f<a)$，因此

$$X(f<a)=\bigcup_{n=1}^{\infty}X\left(f\leqslant a-\frac{1}{n}\right)$$

其次证明结论。$\forall n\in\mathbb{N}$，由 $X\left(f\leqslant a-\frac{1}{n}\right)\in\mathrm{A}$，则

$$X(f<a)=\bigcup_{n=1}^{\infty}X\left(f\leqslant a-\frac{1}{n}\right)\in\mathrm{A}$$

(3) ⇒(4)。由(2)及 $X(f\geqslant a)=X(f<a)^{c}$，则 $X(f\geqslant a)\in\mathrm{A}$。

(4) ⇒(1)。$\forall a\in\mathbb{R}$。注意到：$X(f>a)=\bigcup_{n=1}^{\infty}X\left(f\geqslant a+\frac{1}{n}\right)$。由 $X\left(f\geqslant a+\frac{1}{n}\right)\in\mathrm{A}$，$\forall n\in\mathbb{N}$，则 $X(f>a)=\bigcup_{n=1}^{\infty}X\left(f\geqslant a+\frac{1}{n}\right)\in\mathrm{A}$。因此 $f\in M(X)$。

(1) ⇒(5)。$\forall a,b\in\mathbb{R}$。注意到：

$$X(f\geqslant b)=\bigcap_{n=1}^{\infty}X\left(f>b-\frac{1}{n}\right)$$

$\forall n\in\mathbb{N}$，由(1)，则

$$X(f>a),\ X\left(f>b-\frac{1}{n}\right)\in\mathrm{A}$$

故

$$X(f\geqslant b)=\bigcap_{n=1}^{\infty}X\left(f>b-\frac{1}{n}\right)\in\mathrm{A}$$

因此

$$X(f<b)=X-X(f\geqslant b)\in \mathrm{A}$$

由

$$X(a<f<b)=X(f>a)\cap X(f<b)$$

则

$$X(a<f<b)\in \mathrm{A}$$

$\forall n\in\mathbb{N}$，由 $X(f\geqslant n)\in \mathrm{A}$，则 $X(f=+\infty)=\bigcap\limits_{n=1}^{\infty}X(f\geqslant n)\in \mathrm{A}$。

(5) ⇒(6)。设 G 为$\mathbb{R}$中的任意开集。如果 $G=\varnothing$，则 $f^{-1}(G)=\varnothing\in \mathrm{A}$；如果 $G\neq\varnothing$，由开集构造定理，则 $G=\bigcup\limits_{n=1}^{\infty}(a_n, b_n)$。由定理 1.3.4，则

$$f^{-1}(G)=f^{-1}\left(\bigcup_{n=1}^{\infty}(a_n, b_n)\right)=\bigcup_{n=1}^{\infty}f^{-1}(a_n, b_n)=\bigcup_{n=1}^{\infty}X(a_n<f<b_n)$$

$\forall n\in\mathbb{N}$，由(5)，则 $X(a_n<f<b_n)\in \mathrm{A}$。因此 $f^{-1}(G)=\bigcup\limits_{n=1}^{\infty}X(a_n<f<b_n)\in \mathrm{A}$。

(6) ⇒(7)。设 F 为$\mathbb{R}$中的任意闭集，则 F^c 为开集。故 $F^c\in \mathrm{A}$。由定理 1.3.4 及(6)，则

$$f^{-1}(F)=(f^{-1}(F^c))^c\in \mathrm{A}$$

(7) ⇒(1)。注意到：$\forall a\in\mathbb{R}$，$X(f>a)=\left(\bigcup\limits_{n=1}^{\infty}f^{-1}\left(\left[a+\frac{1}{n}, +\infty\right)\right)\right)\cup X(f=+\infty)$。

由 $\left[a+\frac{1}{n}, +\infty\right)$ 为闭集，则

$$f^{-1}\left(\left[a+\frac{1}{n}, +\infty\right)\right)\in \mathrm{A},\ \forall n\in\mathbb{N}\quad 且\quad \bigcup_{n=1}^{\infty}f^{-1}\left(\left[a+\frac{1}{n}, +\infty\right)\right)\in \mathrm{A}$$

由 $X(f=+\infty)\in \mathrm{A}$，则

$$X(f>a)=\bigcup_{n=1}^{\infty}f^{-1}\left(\left[a+\frac{1}{n}, +\infty\right)\right)\cup X(f=+\infty)\in \mathrm{A}$$

故 $f\in M(X)$。

例 3.6.1 设 $E=\bigcup\limits_{n=1}^{\infty}E_n$ 且 f 在 E 上有定义。如果 $f\in M(E_n)$，$\forall n\in\mathbb{N}$，则 $f\in M(E)$。

下面给出从已有的可测函数构造新的可测函数的方法。

定义 3.6.2 设 f，g 和 f_n，$\forall n\in\mathbb{N}$，是定义在 X 上的广义实函数。

(1) $(f\vee g)(x)=\max\{f(x), g(x)\}$；$(f\wedge g)(x)=\min\{f(x), g(x)\}$，$\forall x\in X$。

(2) $(\sup f_n)(x)=\sup\{f_n(x): n\in\mathbb{N}\}$；$(\inf f_n)(x)=\inf\{f_n(x): n\in\mathbb{N}\}$，$\forall x\in X$。

(3) $(\overline{\lim\limits_{n\to\infty}}f_n)(x)=\overline{\lim\limits_{n\to\infty}}f_n(x)$；$(\underline{\lim\limits_{n\to\infty}}f_n)(x)=\underline{\lim\limits_{n\to\infty}}f_n(x)$，$\forall x\in X$。

(4) $f^+=\max\{f, 0\}$，$f^-=\max\{-f, 0\}$，称 f^+ 和 f^- 分别为 f 的正部和负部。

注记： $f=f^+-f^-$，$|f|=f^++f^-$。

性质 3.6.3 设 f，g，$f_n\in M(X)$，$n\in\mathbb{N}$，$\lambda\in\mathbb{R}$，则 λf，$f+g$，fg，$f\vee g$，$f\wedge g$，f^+，f^-，$|f|$，$\sup\limits_n f_n$，$\inf\limits_n f_n$，$\overline{\lim\limits_{n\to\infty}}f_n$，$\underline{\lim\limits_{n\to\infty}}f_n\in M(X)$；$f/g$，$\lim\limits_{n\to\infty}f_n$ 在有定义的集合上可测。

定理 3.6.1 设 $g\in C(\mathbb{R})$，$f\in M(X)$，则 $gf\in M(X)$。

证明: $\forall a\in\mathbb{R}$。由 $g\in C(\mathbb{R})$ 和 $(a, +\infty)$ 是 $\mathbb{R}$ 中的开集,则 $g^{-1}(a, +\infty)$ 是 $\mathbb{R}$ 中的开集。由开集构造定理,则 $g^{-1}(a, +\infty)=\bigcup_{n=1}^{\infty}(a_n, b_n)$。因此

$$\begin{aligned}X(gf>a)&=X(g(f(x))>a)=\{x\in X: f(x)\in g^{-1}(a, +\infty)\}\\&=\left\{x\in X: f(x)\in\bigcup_{n=1}^{\infty}(a_n, b_n)\right\}=\left\{x\in X: x\in f^{-1}\left(\bigcup_{n=1}^{\infty}(a_n, b_n)\right)\right\}\\&=X\cap f^{-1}\left(\bigcup_{n=1}^{\infty}(a_n, b_n)\right)=X\cap\left(\bigcup_{n=1}^{\infty}f^{-1}(a_n, b_n)\right)=\bigcup_{n=1}^{\infty}(X\cap f^{-1}(a_n, b_n))\\&=\bigcup_{n=1}^{\infty}\{x\in X: a_n<f(x)<b_n\}=\bigcup_{n=1}^{\infty}X(a_n<f<b_n)\end{aligned}$$

$\forall n\in\mathbb{N}$,由 $f\in M(X)$,则 $X(a_n<f<b_n)\in\mathrm{A}$。故 $X(gf>a)\in\mathrm{A}$ 且 $gf\in M(X)$。

定义 3.6.3 设 $\varphi\in M(X)$,如果 $\varphi(X)$ 是 $\mathbb{R}$ 的有限子集,则称 φ 为简单函数(simple function)。$S(X)$ 和 $S^+(X)$ 分别表示 X 上的全体简单函数和非负简单函数构成的集合。

设 $\varphi(X)=\{a_1, a_2, \cdots, a_n\}$ 且 $E_i=X(\varphi=a_i)$,则 $\varphi=\sum_{i=1}^{n}a_i\chi_{E_i}$。

设 $\varphi=\sum_{i=1}^{n}a_i\chi_{E_i}$,$\psi=\sum_{j=1}^{m}b_j\chi_{F_j}$。当 $E_i\cap F_j=\varnothing$ 时,$\chi(E_i\cap F_j)=0$;当 $E_i\cap F_j\neq\varnothing$ 时,则 $\chi(E_i\cap F_j)=1$。因此设不同简单函数具有相同的分割。

定义 3.6.4 设 f 和 f_n,$\forall n\in\mathbb{N}$,是 X 上几乎处处有限的可测函数。

(1) 如果 $\forall x\in X$,$\forall\varepsilon>0$,$\exists m(x, \varepsilon)>0$,$\forall n>m$ 恒有 $|f_n(x)-f(x)|<\varepsilon$,则称 $\{f_n\}$ 在 X 上逐点收敛于 f(pointwise convergent),记为 $f_n\to f$。

(2) 如果 $\forall\varepsilon>0$,$\exists m(\varepsilon)>0$,$\forall n\geqslant m$,$\forall x\in X$ 恒有 $|f_n(x)-f(x)|<\varepsilon$,则称 $\{f_n\}$ 在 X 上一致收敛于 f(uniformly convergent),记为 $f_n\rightrightarrows f$。

(3) 如果 $\forall\delta>0$,$\exists X_\delta\in\mathrm{A}$ 且 $\mu(X-X_\delta)<\delta$ 使得在 X_δ 上 $f_n\rightrightarrows f$,则称 $\{f_n\}$ 在 X 上几乎一致收敛于 f(almost uniformly convergent),记为 $f_n\to f$, a. u. 。

(4) 如果 $\forall\sigma>0$ 有 $\lim_{n\to\infty}\mu\{X(|f-f_n|\geqslant\sigma)\}=0$,则称 $\{f_n\}$ 在 X 上依测度 μ 收敛于 f(convergent by measure),记为 $f_n\to f, \mu$。

定理 3.6.2 设 $f\in M(X)$,则 $\exists\{\varphi_n\}\subseteq S(X)$ 使得 $\varphi_n\to f$ 且 $|\varphi_n|\leqslant|f|$。进而,若 $f\geqslant 0$,则存在递增函数列 $\{\varphi_n\}\subseteq S^+(X)$ 使得 $\varphi_n\to f$,即用非负简单函数列逼近非负可测函数。

证明:(1) 定义:

$$\psi_n(t)=\begin{cases}\dfrac{[2^n t]}{2^n}, & 0\leqslant t<n\\ n, & n\leqslant t\leqslant+\infty\end{cases}$$

当 $0\leqslant t<n$ 时,则 $\psi_n(t)=\dfrac{[2^n t]}{2^n}\leqslant\dfrac{2^n t}{2^n}=t$;当 $t\geqslant n$ 时,则 $\psi_n(t)=n\leqslant t$,故 $\psi_n(t)\leqslant t$。

当 $0\leqslant t<n$ 时,$2[t]\leqslant[2t]$,则 $\psi_n(t)=\dfrac{[2^n t]}{2^n}=\dfrac{2[2^n t]}{2^{n+1}}\leqslant\dfrac{[2^{n+1}t]}{2^{n+1}}=\psi_{n+1}(t)$;

当 $n\leqslant t<n+1$ 时,则 $\psi_n(t)=n=\dfrac{n2^{n+1}}{2^{n+1}}\leqslant\dfrac{[2^{n+1}t]}{2^{n+1}}=\psi_{n+1}(t)$;

当 $t\geqslant n+1>n$ 时,则 $\psi_n(t)=n<n+1=\psi_{n+1}(t)$,故 $\{\psi_n(t)\}$ 在 $[0, +\infty]$ 上递增。

当 $t=+\infty$ 时，$\lim\limits_{n\to\infty}\psi_n(t)=\lim\limits_{n\to\infty}n=+\infty=t$；

当 $0\leqslant t<+\infty$ 时，$\exists k>t$，$\forall n>k$ 有 $t<k<n$，故 $0\leqslant t-\psi_n(t)=\dfrac{2^n t-[2^n t]}{2^n}\leqslant\dfrac{1}{2^n}$。

因此在 $[0,+\infty)$ 上 $\psi_n(t)\rightrightarrows t$；在 $[0,+\infty]$ 上 $\psi_n(t)\to t$。

(2) 定义：

$$\varphi_n(x)=\psi_n(f(x))=\begin{cases}\dfrac{k-1}{2^n}, & x\in X\left(\dfrac{k-1}{2^n}\leqslant f<\dfrac{k}{2^n}\right), k=1,\cdots,n2^n\\ n, & x\in X(f\geqslant n)\end{cases}$$

由 $f\in M^+(X)$，则 $\varphi_n\in S(X)$ 且 $\varphi_n(x)\leqslant\varphi_{n+1}(x)$。当 $0\leqslant f(x)<n$ 时，则 $0\leqslant f(x)-\varphi_n(x)\leqslant\dfrac{1}{2^n}$，则 $\varphi_n\rightrightarrows f$。当 $f(x)=+\infty$ 时，则 $\varphi_n(x)=n$ 且 $\varphi_n(x)\to f(x)$。因此 $\varphi_n(x)\to f(x)$ 且 $\varphi_n(x)=\psi_n(f(x))\leqslant f(x)$，$\forall x\in X$。

(3) $\forall f\in M(X)$，则 $f^+,f^-\geqslant 0$。由(2)，则存在递增 $\{\phi_n\}$，$\{\psi_n\}\subseteq S(X)$ 使得 $\phi_n\to f^+$ 且 $\psi_n\to f^-$。取 $\varphi_n=\phi_n-\psi_n$，则 $\{\phi_n\}\subseteq S(X)$ 使得 $\varphi_n=\phi_n-\psi_n\to f^+-f^-=f$ 且

$$|\varphi_n(x)|\leqslant|\phi_n(x)|+|\psi_n(x)|\leqslant f^+(x)+f^-(x)=|f(x)|,\ \forall x\in X$$

推论 3.6.1　$f\in M(X)$ 当且仅当 $\exists\{\varphi_n\}\subseteq S(X)$ 使得 $\varphi_n\to f$。

下述定理给出函数列几种收敛方式之间的联系，证明略去。

定理 3.6.3　设 f 和 f_n，$\forall n\in\mathbb{N}$，是 X 上几乎处处有限的可测函数。

(1) 如果 $f_n\to f$，a. u.，则 $f_n\to f$，a. e.；

(Egoroff) 如果 $\mu(X)<+\infty$，$f_n\to f$，a. e.，则 $f_n\to f$，a. u.。

(2) 如果 $f_n\to f$，a. u.，则 $f_n\to f$，μ；

(F. Riesz) 如果 $f_n\to f$，μ，则存在 $\{f_n\}$ 的子列 $\{f_{n_k}\}$ 使得 $f_{n_k}\to f$，a. u.。

(3) 如果 $\mu(X)<+\infty$，$f_n\to f$，a. e.，则 $f_n\to f$，μ；

如果 $f_n\to f$，μ，则存在 $\{f_n\}$ 的子列 $\{f_{n_k}\}$ 使得 $f_{n_k}\to f$，a. e.。

3.7　Lebesgue 积分的定义和性质

本节依次给出非负简单函数，非负可测函数和一般可测函数的 Lebesgue 积分。非负简单函数的 Lebesgue 积分可类比 Riemann 积分表示平面图形的面积这个原始的思想。

定义 3.7.1　设 (X,A,μ) 是一个测度空间。

(1) 设 $\varphi\in S^+(X)$。如果 $\varphi(x)=\sum\limits_{i=1}^{n}a_i\chi_{E_i}(x)$，其中 $0\leqslant a_i\in\mathbb{R}$，$\bigcup\limits_{i=1}^{n}E_i=X$，$E_i$，$i=1,2,\cdots,n$，是 X 中两两互斥的可测集，则称广义实数 $\sum\limits_{i=1}^{n}a_i\mu(E_i)$ 为 φ 在 X 上的 Lebesgue 积分，记为 $\int_X\varphi\mathrm{d}\mu$，即 $\int_X\varphi\mathrm{d}\mu=\sum\limits_{i=1}^{n}a_i\mu(E_i)$。

下证非负简单函数的 Lebesgue 积分是定义好的。

证明：设 $\varphi=\sum\limits_{j=1}^{m}b_j\chi_{F_j}$，其中 $\bigcup\limits_{j=1}^{m}F_j=X$，$F_k\cap F_j=\varnothing$，$k\neq j$。$\forall x\in E_i\cap F_j$，则

$x \in F_j$ 且 $x \in E_i$，则 $b_j = \varphi(x) = a_i$。由于 $X = \bigcup_{i=1}^{n} E_i = \bigcup_{i=1}^{n}\bigcup_{j=1}^{m}(E_i \cap F_j)$，则

$$\begin{aligned}
\sum_{i=1}^{n} a_i m(E_i) &= \sum_{i=1}^{n} a_i m(E_i \cap X) = \sum_{i=1}^{n} a_i m\Big(E_i \cap \big(\bigcup_{j=1}^{m} F_j\big)\Big) \\
&= \sum_{i=1}^{n} a_i m\Big(\bigcup_{j=1}^{m}(E_i \cap F_j)\Big) = \sum_{i=1}^{n} a_i \Big(\sum_{j=1}^{m} m(E_i \cap F_j)\Big) \\
&= \sum_{i=1}^{n}\sum_{j=1}^{m} a_i m(E_i \cap F_j) = \sum_{i=1}^{n}\sum_{j=1}^{m} b_j m(E_i \cap F_j) \\
&= \sum_{j=1}^{m} b_j \Big(\sum_{i=1}^{n} m(F_j \cap E_i)\Big) = \sum_{j=1}^{m} b_j m\Big(\bigcup_{i=1}^{n}(F_j \cap E_i)\Big) \\
&= \sum_{j=1}^{m} b_j m\Big(F_j \cap \big(\bigcup_{i=1}^{n} E_i\big)\Big) \\
&= \sum_{j-1}^{m} b_j m(F_j \cap X) = \sum_{j-1}^{m} b_j m(F_j)
\end{aligned}$$

(2) 设 $f \in M^+(X)$。如果 $\{\varphi_n\} \subseteq S^+(X)$ 是递增列且 $\lim\limits_{n\to\infty}\varphi_n(x) = f(x)$，则称非负广义实数 $\lim\limits_{n\to\infty}\int_X \varphi_n \mathrm{d}\mu$ 为 f 在 X 上的Lebesgue积分，记为 $\int_X f \mathrm{d}\mu$，即

$$\int_X f \mathrm{d}\mu = \int_X \lim_{n\to\infty} \varphi_n(x) \mathrm{d}\mu = \lim_{n\to\infty}\int_X \varphi_n(x) \mathrm{d}\mu$$

下证非负函数的Lebesgue积分是定义好的。

证明： 第一步。设 $g, \varphi_n \in S^+(X)$，$\forall n \in \mathbb{N}$ 且 $\lim\limits_{n\to\infty}\varphi_n(x) = f(x)$。如果 $\{\varphi_n\}$ 递增且 $g \leqslant f$，则 $0 \leqslant \int_X g \mathrm{d}\mu \leqslant \lim\limits_{n\to\infty}\int_X \varphi_n \mathrm{d}\mu$。下面分两种情形讨论。

情形1：$\mu(X) < +\infty$。由 $0 \leqslant g \leqslant f$ 且 $f \in M^+(X)$，$g \in S^+(X)$，则 $f - g \in M^+(X)$。由定理3.6.2，则 $\exists \{g_n\} \subseteq S^+(X)$ 使得 $g_n \to f - g$。由 $\varphi_n \to f$ 及Egoroff定理，则 $\varphi_n \to f$，a. u.，$g_n \to f - g$，a. u.。$\forall n \in \mathbb{N}$，定义 $h_n = \varphi_n - g_n \in M(X)$，则 $h_n \to g$，a. u.。即 $\forall \varepsilon > 0$，$\exists E \in \mathrm{A}$ 使得 $\mu(X - E) < \varepsilon$ 且在 E 上 $h_n \rightrightarrows g$。对上述 ε，$\exists m$，$\forall n > m$，$\forall x \in E$ 有 $|h_n(x) - g(x)| < \varepsilon$。故 $g(x) \leqslant h_n(x) + \varepsilon \leqslant \varphi_n(x) + \varepsilon$。由简单函数Lebesgue积分的性质，则

$$\int_E g \mathrm{d}\mu \leqslant \int_E (\varphi_n + \varepsilon) \mathrm{d}\mu \leqslant \int_X (\varphi_n + \varepsilon) \mathrm{d}\mu = \int_X \varphi_n \mathrm{d}\mu + \mu(X)\varepsilon$$

另一方面，由

$$\int_{X-E} g \mathrm{d}\mu \leqslant \int_{X-E} \max_{x\in X} g(x) \mathrm{d}\mu = \max_{x\in X} g(x)\mu(X - E) < \max_{x\in X} g(x)\varepsilon$$

则

$$\int_X g \mathrm{d}\mu = \int_E g \mathrm{d}\mu + \int_{X-E} g \mathrm{d}\mu \leqslant \int_X \varphi_n \mathrm{d}\mu + (\mu(X) + \max_{x\in X} g(x))\varepsilon$$

对上式两边取极限可得，

$$\int_X g \mathrm{d}\mu \leqslant \lim_{n\to\infty}\int_X \varphi_n \mathrm{d}\mu + (\mu(X) + \max_{x\in X} g(x))\varepsilon$$

由 ε 的任意性，则$\int_X g\mathrm{d}\mu \leqslant \lim\limits_{n\to\infty}\int_X \varphi_n \mathrm{d}\mu$。

情形2：$\mu(X)=+\infty$。$\forall k\in\mathbb{N}$，定义 $X_k=X\cap[-k,k]$，则

$$\bigcup_{k=1}^{\infty}X_k=X \text{ 且 } \mu(X_k)\leqslant\mu([-k,k])=2k<+\infty$$

由情形1，则

$$\int_{X_k} g\mathrm{d}\mu \leqslant \lim_{n\to\infty}\int_{X_k}\varphi_n\mathrm{d}\mu \leqslant \lim_{n\to\infty}\int_X \varphi_n\mathrm{d}\mu$$

设 $g=\sum\limits_{j=1}^{m}b_j\chi_{F_j}$，则

$$\int_{X_k} g\mathrm{d}\mu=\sum_{j=1}^{m}b_j\mu(F_j\cap X_k)$$

由$\{X_k\}$递增收敛于 X，则

$$\lim_{k\to\infty}\mu(F_j\cap X_k)=\mu(\lim_{k\to\infty}(F_j\cap X_k))=\mu(\bigcup_{k=1}^{\infty}(F_j\cap X_k))=\mu(F_j\cap(\bigcup_{k=1}^{\infty}X_k))=\mu(F_j)$$

因此

$$\int_X g\mathrm{d}\mu=\sum_{j=1}^{m}b_j\mu(F_j)=\lim_{k\to\infty}\sum_{j=1}^{m}b_j\mu(F_j\cap X_k)=\lim_{k\to\infty}\int_{X_k}g\mathrm{d}\mu\leqslant\lim_{n\to\infty}\int_X\varphi_n\mathrm{d}\mu$$

第二步。设$\{\varphi_n\}$，$\{\psi_n\}\subseteq S^+(X)$且递增收敛于 f，则$\lim\limits_{n\to\infty}\int_X\varphi_n\mathrm{d}\mu=\lim\limits_{n\to\infty}\int_X\psi_n\mathrm{d}\mu$。

$\forall n\in\mathbb{N}$，$\forall x\in X$，则 $0\leqslant\psi_n(x)\leqslant\lim\limits_{k\to\infty}\psi_k(x)=\lim\limits_{k\to\infty}\varphi_k(x)$，故

$$\int_X\psi_n\mathrm{d}\mu\leqslant\lim_{k\to\infty}\int_X\varphi_k\mathrm{d}\mu$$

对上式两边取极限，则$\lim\limits_{n\to\infty}\int_X\psi_n\mathrm{d}\mu\leqslant\lim\limits_{k\to\infty}\int_X\varphi_k\mathrm{d}\mu$。

类似地，$\lim\limits_{k\to\infty}\int_X\varphi_k\mathrm{d}\mu\leqslant\lim\limits_{n\to\infty}\int_X\psi_n\mathrm{d}\mu$。

因此

$$\lim_{n\to\infty}\int_X\psi_n\mathrm{d}\mu=\lim_{k\to\infty}\int_X\varphi_k\mathrm{d}\mu=\lim_{n\to\infty}\int_X\varphi_n\mathrm{d}\mu$$

(3) 设 $f\in M(X)$。如果$\int_X f^+\mathrm{d}\mu$与$\int_X f^-\mathrm{d}\mu$中至少有一个不是$+\infty$，则称广义实数$\int_X f^+\mathrm{d}\mu-\int_X f^-\mathrm{d}\mu$是 f 在 X 上的 Lebesgue 积分，记为$\int_X f\mathrm{d}\mu$。

(4) 如果$\left|\int_X f\mathrm{d}\mu\right|<+\infty$，则称 f 在 X 上 Lebesgue 可积。

注记： Lebesgue 积分存在与 Lebesgue 可积是有联系，但是不同的两个概念。

用 $L^1(X,\mu)$ 表示 X 上 Lebesgue 可积函数全体构成的集合，简记为 L^1，即

$$L^1(X,\mu)=\left\{f:X\to\mathbb{R}:\left|\int_X f\mathrm{d}\mu\right|<+\infty\right\}$$

例 3.7.1 设 $D(x)$ 为 Dirichlet 函数。求证：$\int_{[0,1]}D\mathrm{d}m=0$。

性质 3.7.1 设 $f\in L^1(X,\mu)$ 且 A 可测，则 $f\in L^1(A,\mu)$ 且$\int_A f\mathrm{d}\mu=\int_X f\chi_A\mathrm{d}\mu$。

例 3.7.2　设 A 是一个可测集。求证：$\int_A 1\mathrm{d}\mu = \mu(A)$。

注记： 上例实现了测度与积分的转换，它是 Riemann 积分一个重要性质的推广。

定理 3.7.1　(Lebesgue 积分的性质)：

(1)(线性性) 如果 $f, g \in L^1$，$\alpha \in \mathbb{R}$，则 $\alpha f + g \in L^1$；或者 $f, g \in M^+(X)$，$\alpha \geqslant 0$，则

$$\alpha f + g \in M^+(X) \text{ 且} \int_X (\alpha f + g)\mathrm{d}\mu = \alpha \int_X f\mathrm{d}\mu + \int_X g\mathrm{d}\mu$$

(2)(σ-可加性) 如果 $X = \bigcup_{k=1}^{\infty} A_k$，$\{A_k\}$ 是两两互斥的可测集列且 $\int_X f\mathrm{d}\mu$ 存在，则

$$\int_X f\mathrm{d}\mu = \sum_{k=1}^{\infty} \int_{A_k} f\mathrm{d}\mu$$

(3)(单调性) 设 $\int_X f\mathrm{d}\mu$ 与 $\int_X g\mathrm{d}\mu$ 存在。如果 $f \leqslant g$，则 $\int_X f\mathrm{d}\mu \leqslant \int_X g\mathrm{d}\mu$。

(4) 设 $A \subseteq X$。如果 $\mu(A) = 0$，则 $\int_A f\mathrm{d}\mu = 0$。

证明： (1) 首先考虑 $f, g \in S^+(X)$。设 $f = \sum_{i=1}^{n} a_i \chi_{E_i}$，$g = \sum_{i=1}^{n} b_i \chi_{E_i}$。当 $\alpha > 0$ 时，

$$\alpha f + g = \sum_{i=1}^{n} (\alpha a_i + b_i)\chi_{E_i} \in S(X)^+$$

故

$$\begin{aligned}\int_X (\alpha f + g)\mathrm{d}\mu &= \sum_{i=1}^{n} (\alpha a_i + b_i)\mu(E_i) = \alpha \sum_{i=1}^{n} a_i \mu(E_i) + \sum_{i=1}^{n} b_i \mu(E_i) \\ &= \alpha \int_X f\mathrm{d}\mu + \int_X f\mathrm{d}\mu\end{aligned}$$

其次考虑 $f, g \in M^+(X)$，故存在递增函数列 $\{\varphi_n\}$，$\{\psi_n\} \subseteq S^+(X)$ 使得 $\varphi_n \to f$，$\psi_n \to g$。

当 $\alpha > 0$ 时，存在非负递增函数列 $\{\alpha\varphi_n + \psi_n\} \subseteq S(X)^+$ 使得 $\alpha\varphi_n + \psi_n \to \alpha f + g$，进而

$$\begin{aligned}\int_X (\alpha f + g)\mathrm{d}\mu &= \lim_{n\to\infty} \int_X (\alpha\varphi_n + \psi_n)\mathrm{d}\mu = \lim_{n\to\infty} (\alpha \int_X \varphi_n \mathrm{d}\mu + \int_X \psi_n \mathrm{d}\mu) \\ &= \alpha \lim_{n\to\infty} \int_X \varphi_n \mathrm{d}\mu + \lim_{n\to\infty} \int_X \psi_n \mathrm{d}\mu = \alpha \int_X \varphi \mathrm{d}\mu + \int_X \psi \mathrm{d}\mu\end{aligned}$$

设 $f, g \in L^1$，$\alpha > 0$，则 $\int_X f^- \mathrm{d}\mu$，$\int_X f^+ \mathrm{d}\mu$，$\int_X g^- \mathrm{d}\mu$ 和 $\int_X g^+ \mathrm{d}\mu$ 都是有限的。因此

$$(\alpha f + g)^+ = \frac{1}{2}(\alpha f + g) + \frac{1}{2}|\alpha f + g| \leqslant \alpha\frac{1}{2}(f + |f|) + \frac{1}{2}(g + |g|) = \alpha f^+ + g^+$$

由 Lebesgue 积分的单调性和线性性，则

$$\int_X (\alpha f + g)^+ \mathrm{d}\mu \leqslant \alpha \int_X f^+ \mathrm{d}\mu + \int_X g^+ \mathrm{d}\mu < +\infty$$

类似地，由 $(\alpha f + g)^- \leqslant \alpha f^- + g^-$，则

$$\int_X (\alpha f + g)^- \mathrm{d}\mu \leqslant \alpha \int_X f^- \mathrm{d}\mu + \int_X g^- \mathrm{d}\mu < +\infty$$

故 $\alpha f + g \in L^1$。由

$$(\alpha f+g)^+-(\alpha f+g)^-=\alpha f+g=\alpha f^+-\alpha f^-+g^+-g^-$$

则

$$(\alpha f+g)^++\alpha f^-+g^-=(\alpha f+g)^-+\alpha f^++g^+$$

故

$$\int_X(\alpha f+g)^+\,\mathrm{d}\mu+\alpha\int_X f^-\,\mathrm{d}\mu+\int_X g^-\,\mathrm{d}\mu=\int_X(\alpha f+g)^-\,\mathrm{d}\mu+\alpha\int_X f^+\,\mathrm{d}\mu+\int_X g^+\,\mathrm{d}\mu$$

由 Lebesgue 积分的定义可得

$$\begin{aligned}\int_X(\alpha f+g)\mathrm{d}\mu&=\int_X(\alpha f+g)^+\,\mathrm{d}\mu-\int_X(\alpha f+g)^-\,\mathrm{d}\mu\\&=\alpha\left(\int_X f^+\,\mathrm{d}\mu-\int_X f^-\,\mathrm{d}\mu\right)+\left(\int_X g^+\,\mathrm{d}\mu-\int_X g^-\,\mathrm{d}\mu\right)\\&=\alpha\int_X f\,\mathrm{d}\mu+\int_X g\,\mathrm{d}\mu\end{aligned}$$

由 $-f=f^--f^+$，则

$$\int_X(-f)\mathrm{d}\mu=\int_X f^-\,\mathrm{d}\mu-\int_X f^+\,\mathrm{d}\mu=-\int_X f\,\mathrm{d}\mu$$

当 $\alpha<0$，$\alpha f=-|\alpha|f$，则

$$\int_X(\alpha f)\mathrm{d}\mu=-\int_X(|\alpha|f)\mathrm{d}\mu=-|\alpha|\int_X f\,\mathrm{d}\mu=\alpha\int_X f\,\mathrm{d}\mu$$

(2) 首先考虑 $f\in S^+(X)$。设 $f=\sum_{i=1}^n a_i\chi_{E_i}$，$X=\bigcup_{m=1}^\infty A_m$，$\{A_m\}$ 是两两互斥的可测集列，则

$$\bigcup_{i=1}^n(E_i\cap A_m)=\left(\bigcup_{i=1}^n E_i\right)\cap A_m=X\cap A_m=A_m\text{ 且 }E_i=E_i\cap\left(\bigcup_{m=1}^\infty A_m\right)=\bigcup_{m=1}^\infty(E_i\cap A_m)$$

由 $\{E_i\cap A_m\}$ 是两两互斥的可测集列，则 $\mu(E_i)=\sum_{m=1}^\infty\mu(E_i\cap A_m)$ 且

$$\int_X f\,\mathrm{d}\mu=\sum_{i=1}^n a_i\mu(E_i)=\sum_{i=1}^n a_i\sum_{m=1}^\infty\mu(E_i\cap A_m)=\sum_{m=1}^\infty\sum_{i=1}^n a_i\mu(E_i\cap A_m)=\sum_{m=1}^\infty\int_{A_m}f\,\mathrm{d}\mu$$

其次考虑 $f\in M^+(X)$。由定理3.6.2，则存在递增函数列 $\{\varphi_k\}\subseteq S^+(X)$ 使得 $\varphi_n\to f$。因此

$$\int_X f\,\mathrm{d}\mu=\lim_{k\to\infty}\int_X\varphi_k\,\mathrm{d}\mu=\lim_{k\to\infty}\sum_{n=1}^\infty\int_{A_n}\varphi_k\,\mathrm{d}\mu=\lim_{k\to\infty}\int_{\mathbb{N}}\left(\int_{A_n}\varphi_k\,\mathrm{d}\mu\right)\mathrm{d}s$$

其中，s 为计数测度。$\forall n\in\mathbb{N}$，定义 $g_k(n)=\int_{A_n}\varphi_k\,\mathrm{d}\mu\geqslant 0$。故 $\{g_k\}$ 单调递增且

$$\lim_{k\to\infty}g_k=\int_{A_n}\lim_{k\to\infty}\varphi_k\,\mathrm{d}\mu=\int_{A_n}f\,\mathrm{d}\mu$$

由 Levi 定理，则 $\lim_{k\to\infty}\int_{\mathbb{N}}\left(\int_{A_n}\varphi_k\,\mathrm{d}\mu\right)\mathrm{d}s=\lim_{k\to\infty}\int_{\mathbb{N}}g_k\,\mathrm{d}s=\int_{\mathbb{N}}\lim_{k\to\infty}g_k\,\mathrm{d}s$。因此

$$\int_X f\,\mathrm{d}\mu=\lim_{k\to\infty}\int_{\mathbb{N}}\left(\int_{A_n}\varphi_k\,\mathrm{d}\mu\right)\mathrm{d}s=\int_{\mathbb{N}}\lim_{k\to\infty}g_k\,\mathrm{d}s=\int_{\mathbb{N}}\left(\int_{A_n}f\,\mathrm{d}\mu\right)\mathrm{d}s=\sum_{n=1}^\infty\int_{A_n}f\,\mathrm{d}\mu$$

最后考虑 $f\in M(X)$。因此

$$\int_X f\,\mathrm{d}\mu=\int_X f^+\,\mathrm{d}\mu-\int_X f^-\,\mathrm{d}\mu=\sum_{n=1}^\infty\int_{A_n}f^+\,\mathrm{d}\mu-\sum_{n=1}^\infty\int_{A_n}f^-\,\mathrm{d}\mu=\sum_{n=1}^\infty\int_{A_n}f\,\mathrm{d}\mu$$

(3) 首先考虑 $f, g \in S^+(X)$。设 $f=\sum_{i=1}^{n} a_i \chi_{E_i}$，$g=\sum_{i=1}^{n} b_i \chi_{E_i}$ 且 $a_i \leqslant b_i$，$i=1, 2, \cdots, n$。由 Lebesgue 积分的定义，则

$$\int_X f \mathrm{d}\mu=\sum_{i=1}^{n} a_i \mu(E_i) \leqslant \sum_{i=1}^{n} b_i \mu(E_i)=\int_X g \mathrm{d}\mu$$

其次考虑 $f, g \in M^+(X)$。由定理 3.6.2，则存在递增函数列 $\{\varphi_n\}$，$\{\psi_n\} \subseteq S^+(X)$ 使得 $\varphi_n \rightarrow f$，$\psi_n \rightarrow g$。由 $0 \leqslant f \leqslant g$ 及保号性，则 $\exists m$，$\forall n>m$，$\forall x \in X$ 有 $f(x) \leqslant \psi_n(x)$ 且 $\varphi_n(x) \leqslant \psi_n(x)$。因此

$$\int_X f \mathrm{d}\mu=\lim_{n \rightarrow \infty} \int_X \varphi_n \mathrm{d}\mu \leqslant \lim_{n \rightarrow \infty} \int_X \psi_n \mathrm{d}\mu=\int_X g \mathrm{d}\mu$$

最后考虑 $f, g \in M(X)$。由 $f \leqslant g$，则 $f^+ \leqslant g^+$ 且 $f^- \geqslant g^-$。因此

$$\int_X f^+ \mathrm{d}\mu \leqslant \int_X g^+ \mathrm{d}\mu \quad \text{且} \quad \int_X f^- \mathrm{d}\mu \geqslant \int_X g^- \mathrm{d}\mu$$

故

$$\int_X f \mathrm{d}\mu=\int_X f^+ \mathrm{d}\mu-\int_X f^- \mathrm{d}\mu \leqslant \int_X g \mathrm{d}\mu$$

(4) 首先考虑 $f \in S^+(X)$。设 $f=\sum_{i=1}^{n} a_i \chi_{E_i}$，则

$$\int_A f \mathrm{d}\mu=\sum_{i=1}^{n} a_i \mu(E_i)$$

由于 $0 \leqslant \mu(E_i) \leqslant \mu(A)=0$，$i=1, 2, \cdots, n$，则

$$\mu(E_i)=0 \quad \text{且} \quad \int_A f \mathrm{d}\mu=\sum_{i=1}^{n} a_i \mu(E_i)=0$$

其次考虑 $f \in M^+(X)$。由定理 3.6.2，则存在递增函数列 $\{\varphi_n\} \subseteq S^+(X)$ 使得 $\varphi_n \rightarrow f$。因此 $\int_A f \mathrm{d}\mu=\lim_{n \rightarrow \infty} \int_A \varphi_n \mathrm{d}\mu=0$。

最后考虑 $f \in M(X)$。由 $f^+, f^- \in M^+(X)$，则 $\int_A f \mathrm{d}\mu=\int_A f^+ \mathrm{d}\mu-\int_A f^- \mathrm{d}\mu=0$。

引理 3.7.1　设 $\sigma>0$，$f \in L^1$，则 $\mu(X(|f| \geqslant \sigma)) \leqslant \frac{1}{\sigma} \int_X |f| \mathrm{d}\mu$。

证明： 设 $A=X(|f| \geqslant \sigma)$，$B=A^c$。由 Lebesgue 积分的可加性，则

$$\int_X |f| \mathrm{d}\mu=\int_A |f| \mathrm{d}\mu+\int_B |f| \mathrm{d}\mu \geqslant \int_A |f| \mathrm{d}\mu \geqslant \sigma \mu(A)$$

故 $\mu(X(|f| \geqslant \sigma))=\mu(A) \leqslant \frac{1}{\sigma} \int_X |f| \mathrm{d}\mu$。

性质 3.7.2

(1) 设 $\alpha, \beta \in \mathbb{R}$，$f \in L^1$。若 $\alpha \leqslant f \leqslant \beta$ 且 $\mu(X)<+\infty$，则 $\alpha \mu(X) \leqslant \int_X f \mathrm{d}\mu \leqslant \beta \mu(X)$。

(2) 设 $f \in L^1$。若 $g=f$，a. e.，则 $g \in L^1$ 且 $\int_X g \mathrm{d}\mu=\int_X f \mathrm{d}\mu$。

(3) 设 $f, g \in L^1$。若 $f \leqslant g$，a. e. 且 $\int_X f \mathrm{d}\mu=\int_X g \mathrm{d}\mu$，则 $f=g$，a. e.。

特别地，若$\int_X |f| \mathrm{d}\mu = 0$，则 $f = 0$，a. e. 。

证明：(1) 由单调性及线性性，则 $\alpha\mu(X) = \int_X \alpha \mathrm{d}\mu \leqslant \int_X f \mathrm{d}\mu \leqslant \beta \int_X 1 \mathrm{d}\mu = \beta\mu(X)$。

(2) 设 $A = X(g = f)$，$B = A^c$，则 $\mu(B) = 0$。由$\int_A g^+ \mathrm{d}\mu = \int_A f^+ \mathrm{d}\mu$ 和$\int_A g^- \mathrm{d}\mu = \int_A f^- \mathrm{d}\mu$ 存在，则$\int_A g \mathrm{d}\mu$ 存在且$\int_A g \mathrm{d}\mu = \int_A f \mathrm{d}\mu$。由 $\mu(B) = 0$，则$\int_B f \mathrm{d}\mu = 0$ 且$\int_B g \mathrm{d}\mu = 0$。因此

$$\int_X g \mathrm{d}\mu = \int_A g \mathrm{d}\mu + \int_B g \mathrm{d}\mu = \int_A f \mathrm{d}\mu + \int_B f \mathrm{d}\mu = \int_X f \mathrm{d}\mu$$

(3) $\forall n \in \mathbb{N}$，由引理 3.7.1，则 $\mu\left(|f| > \dfrac{1}{n}\right) \leqslant n\int_X |f| \mathrm{d}\mu = 0$。

由 $X(f \neq 0) = \bigcup\limits_{n=1}^{\infty} X\left(|f| > \dfrac{1}{n}\right)$，则 $\mu(X(f \neq 0)) \leqslant \sum\limits_{n=1}^{\infty} \mu\left(X\left(|f| > \dfrac{1}{n}\right)\right) = 0$。故 $f = 0$，a. e. 。

由 $f \leqslant g$，a. e.，则 $g - f \geqslant 0$，a. e. 。故$\int_X (g - f) \mathrm{d}\mu = 0$。进而 $g - f = 0$，a. e.，即 $f = g$，a. e. 。

性质 3.7.3

(1) 充要条件：$f \in L^1 \Leftrightarrow |f| \in L^1 \Leftrightarrow f^+, f^- \in L^1$ 且 $\left|\int_X f \mathrm{d}\mu\right| \leqslant \int_X |f| \mathrm{d}\mu$。

(2) 必要条件：若 $f \in L^1$，则 f 几乎处处有限且 $X(f \neq 0)$ 有 σ-有限测度。

(3) 充分条件：若 $g \in L^1$ 且 $|f| \leqslant g$，则 $f \in L^1$；若 f 有界且 $\mu(X) < +\infty$，则 $f \in L^1$。

证明：(1) 必要性。由 $f \in L^1$，则 $\left|\int_X f \mathrm{d}\mu\right| < +\infty$。故$\int_X f^+ \mathrm{d}\mu < +\infty$ 且$\int_X f^- \mathrm{d}\mu < +\infty$。因此 $f^+, f^- \in L^1$。由$\int_X |f| \mathrm{d}\mu = \int_X f^+ \mathrm{d}\mu + \int_X f^- \mathrm{d}\mu < +\infty$，得 $|f| \in L^1$。

充分性。由 $f^+, f^- \in L^1$ 或者 $|f| \in L^1$，得$\int_X f^+ \mathrm{d}\mu < +\infty$ 且$\int_X f^- \mathrm{d}\mu < +\infty$。故 $f \in L^1$，从而有

$$\left|\int_X f \mathrm{d}\mu\right| = \left|\int_X f^+ \mathrm{d}\mu - \int_X f^- \mathrm{d}\mu\right| \leqslant \int_X f^+ \mathrm{d}\mu + \int_X f^- \mathrm{d}\mu = \int_X (f^+ + f^-) \mathrm{d}\mu = \int_X |f| \mathrm{d}\mu$$

(2) $\forall n \in \mathbb{N}$，$X(|f| = +\infty) \subseteq X(|f| > n)$。$\forall n \in \mathbb{N}$，由测度的单调性及引理 3.7.1，得

$$\mu(X(|f| = +\infty)) \leqslant \mu(X(|f| > n)) \leqslant \frac{1}{n}\int_X |f| \mathrm{d}\mu$$

由 $f \in L^1$，得$\int_X |f| \mathrm{d}\mu < +\infty$。由夹逼准则及$\lim\limits_{n \to \infty} \dfrac{1}{n}\int_X |f| \mathrm{d}\mu = 0$，得

$$\mu(X(|f| = +\infty)) = 0$$

$\forall n \in \mathbb{N}$，由引理 3.7.1，得 $\mu\left(X\left(|f| > \dfrac{1}{n}\right)\right) \leqslant n\int_X |f| \mathrm{d}\mu < +\infty$。由

$$X(f \neq 0) = \bigcup_{n=1}^{\infty} X\left(|f| > \frac{1}{n}\right)$$

得 $X(f \neq 0)$ 有 σ-有限测度。

(3) 若 $f \in M^{+}(X)$，则 $\int_X f \mathrm{d}\mu$ 一定存在。由积分的单调性及 $|f| \leqslant g$，得

$$\int_X |f| \mathrm{d}\mu \leqslant \int_X g \mathrm{d}\mu < +\infty$$

因此 $f \in L^1$。

由 f 有界，则 $\exists M > 0$ 使得 $|f| < M$ 且 $\int_X |f| \mathrm{d}\mu \leqslant M\mu(X) < +\infty$。故 $|f| \in L^1$。

性质 3.7.4　若 $f \in M^{+}(X)$，则集函数 $\nu(A) = \int_A f \mathrm{d}\mu$ 是一个测度。

由测度的单调性容易证明下面的推论。

推论 3.7.1　设 $f \in M^{+}(X)$，A 和 B 可测。若 $A \subseteq B$，则 $\int_A f \mathrm{d}\mu \leqslant \int_B f \mathrm{d}\mu$。

性质 3.7.5　设 $\{A_n\}$ 是一个可测集列且 $A = \lim\limits_{n\to\infty} A_n$。

(1) Lebesgue 积分的下连续性：

如果 $\{A_n\}$ 递增且 $f \in L^1$ 或 $f \in M^{+}(X)$，则 $\lim\limits_{n\to\infty} \int_{A_n} f \mathrm{d}\mu = \int_{\lim\limits_{n\to\infty} A_n} f \mathrm{d}\mu$。

(2) Lebesgue 积分的上连续性：

如果 $\{A_n\}$ 递减且 $f \in L^1$，则 $\lim\limits_{n\to\infty} \int_{A_n} f \mathrm{d}\mu = \int_{\lim\limits_{n\to\infty} A_n} f \mathrm{d}\mu$。

证明：设 $f \in M^{+}(X)$，定义 $\nu(A) = \int_A f \mathrm{d}\mu$。由性质 3.7.4，则 ν 是测度。

(1) 由 $f \in M^{+}(X)$ 及测度的下连续性，得

$$\int_A f \mathrm{d}\mu = \nu(A) = \lim_{n\to\infty} \nu(A_n) = \lim_{n\to\infty} \int_{A_n} f \mathrm{d}\mu$$

由 $f \in L^1$，得

$$\int_A f \mathrm{d}\mu = \int_A f^{+} \mathrm{d}\mu - \int_A f^{-} \mathrm{d}\mu = \lim_{n\to\infty} \int_{A_n} f^{+} \mathrm{d}\mu - \lim_{n\to\infty} \int_{A_n} f^{-} \mathrm{d}\mu = \lim_{n\to\infty} \int_{A_n} f \mathrm{d}\mu$$

(2) 由 $f \in L^1$ 且 $f \geqslant 0$，得 $\nu(A_1) = \int_{A_1} f \mathrm{d}\mu < +\infty$。由测度的上连续性，得

$$\int_A f \mathrm{d}\mu = \nu(A) = \lim_{n\to\infty} \nu(A_n) = \lim_{n\to\infty} \int_{A_n} f \mathrm{d}\mu$$

当 $f \in L^1$，则 $f^{+}, f^{-} \in L^1$ 且 $f^{+}, f^{-} \geqslant 0$。由前面的情形可得

$$\int_A f \mathrm{d}\mu = \int_A f^{+} \mathrm{d}\mu - \int_A f^{-} \mathrm{d}\mu = \lim_{n\to\infty} \int_{A_n} f^{+} \mathrm{d}\mu - \lim_{n\to\infty} \int_{A_n} f^{-} \mathrm{d}\mu = \lim_{n\to\infty} \int_{A_n} f \mathrm{d}\mu$$

性质 3.7.6(Lebesgue 积分的绝对连续性)　如果 $f \in L^1$，则 $\lim\limits_{\mu(E)\to 0+} \int_E f \mathrm{d}\mu = 0$，即 $\forall \varepsilon > 0$，$\exists \delta > 0$，$\forall E \in \mathrm{A}$，只要 $\mu(E) < \delta$ 就有 $\left|\int_E f \mathrm{d}\mu\right| < \varepsilon$。

证明：由于 $\left|\int_X f \mathrm{d}\mu\right| \leqslant \int_X |f| \mathrm{d}\mu$，不妨设 $f \geqslant 0$。

首先考虑 $f \in S^+(X)$。由 f 有界，则 $\exists M \geqslant 0$，$\forall x \in X$ 使得 $0 < f(x) < M$。$\forall \varepsilon > 0$，取 $\delta = \dfrac{\varepsilon}{M+1}$。当 $\mu(E) < \delta$ 时，由 Lebesgue 积分的单调性，得 $\int_E f(x)\mathrm{d}\mu < M\mu(E) < \varepsilon$。

其次考虑 $f \in M^+(X)$。故存在递增函数列 $\{\varphi_n\} \subseteq S^+(X)$ 使得 $\varphi_n \to f$。$\forall \varepsilon > 0$，$\exists k$，$\forall n > k$，$\forall x \in X$，则

$$\int_X f\mathrm{d}\mu - \int_X \varphi_n \mathrm{d}\mu < \frac{\varepsilon}{2}$$

取 $\varphi = \varphi_{k+1} \in S^+(X)$，则

$$\int_X f\mathrm{d}\mu - \int_X \varphi \mathrm{d}\mu < \frac{\varepsilon}{2}$$

对 $\varphi \in S^+(X)$，$\exists \delta > 0$，$\forall E \in \mathrm{A}$，只要 $\mu(E) < \delta$ 就有 $\int_E \varphi \mathrm{d}\mu < \dfrac{\varepsilon}{2}$。由

$$\int_E (f-\varphi)\mathrm{d}\mu \leqslant \int_X (f-\varphi)\mathrm{d}\mu < \frac{\varepsilon}{2}$$

则对上述 ε，取上述 δ，$\forall E \in \mathrm{A}$，只要 $\mu(E) < \delta$ 就有

$$\int_E f\mathrm{d}\mu = \int_E (f-\varphi)\mathrm{d}\mu + \int_E \varphi \mathrm{d}\mu \leqslant \int_X (f-\varphi)\mathrm{d}\mu + \frac{\varepsilon}{2} = \int_X f\mathrm{d}\mu - \int_X \varphi \mathrm{d}\mu + \frac{\varepsilon}{2} < \varepsilon$$

下面介绍与 Lebesgue 积分相关的一些概率论知识。

定义 3.7.2 设 $(\Omega, \mathrm{A}, \mathbb{P})$ 是概率空间，$n \in \mathbb{N}$，$(\mathbb{R}^n, B(\mathbb{R}^n))$ 是一个 Borel 可测空间。若 $\boldsymbol{X}: \Omega \to \mathbb{R}^n$ 是一个可测映射，则称 $\boldsymbol{X}$ 为一个 n 维随机向量(n-dimensional random vector)。特别地，当 $n=1$ 时，称 $\boldsymbol{X}$ 为一个随机变量(random variable)，简记为 X。

即如果 $\boldsymbol{X}$ 是一个 n 维随机向量，则 $\forall (x_1, x_2, \cdots, x_n) \in \mathbb{R}^n$ 有

$$\{\omega \in \Omega: \boldsymbol{X}(\omega) \in (-\infty, x_1) \times (-\infty, x_2) \times \cdots \times (-\infty, x_n)\} \in \mathrm{A}$$

定义 3.7.3 设 $(\Omega, \mathrm{A}, \mathbb{P})$ 是概率空间，$X: \Omega \to \mathbb{R}$ 是一个随机变量。

(1) 如果 $X \in L^1(\Omega, \mathbb{P})$，则称 $\int_\Omega X\mathrm{d}\,\mathbb{P}$ 为 X 的期望值(expected value)，记为 $E(X)$。

(2) 如果 $X^2 \in L^1(\Omega, \mathbb{P})$，则称 $E(X^2) - (EX)^2$ 为 X 的方差(variance)，记为 $V(X)$，称 $\sqrt{V(X)}$ 为 X 的标准差(standard variance)，记为 $SV(X)$，即 $SV(X) = \sqrt{V(X)}$。

下面给出概率论中的Chebyshev 不等式。

定理 3.7.2 设 $X^2 \in L^1(\Omega, \mathbb{P})$。$\forall \varepsilon > 0$，则 $\mathbb{P}\{|X - E(X)| \geqslant \varepsilon\} \leqslant \dfrac{1}{\varepsilon^2}V(X)$。

证明： 由 $|X - E(X)| \geqslant \varepsilon$，则 $(X - E(X))^2 \geqslant \varepsilon^2$。由 Lebesgue 积分的单调性，得

$$\mathbb{P}\{|X - E(X)| \geqslant \varepsilon\} = \int_{\{|X-E(X)| \geqslant \varepsilon\}} 1\mathrm{d}\,\mathbb{P} \leqslant \frac{1}{\varepsilon^2}\int_{\{|X-E(X)| \geqslant \varepsilon\}} (X - E(X))^2 \mathrm{d}\,\mathbb{P}$$

$$\leqslant \frac{1}{\varepsilon^2}\int_X (X - E(X))^2 \mathrm{d}\,\mathbb{P} = \frac{1}{\varepsilon^2}V(X)$$

下面用 $L(\mathbb{R}^n)$ 表示最小的、完备的且包含 $B(\mathbb{R}^n)$ 的 σ-代数。

定义 3.7.4 设 $(\Omega, \mathrm{A}, \mathbb{P})$ 是概率空间，$(\mathbb{R}^n, L(\mathbb{R}^n))$ 是可测空间，$\boldsymbol{X}: \Omega \to \mathbb{R}^n$ 是一个 n 维随机向量。

(1) 设 $F: \mathbb{R}^n \to \mathbb{R}$ 是一个 n 元函数。若 $\forall B \in L(\mathbb{R}^n)$ 有 $F(B) = \mathbb{P}(\{\omega \in \mathrm{A}: \boldsymbol{X}(\omega) \in B\})$，

则称 F 是 n 维随机向量 $\boldsymbol{X}$ 的分布函数。

特别地，设 $X: \Omega \to \mathbb{R}$是一个随机变量。若 $\forall x \in \mathbb{R}$有

$$F(x) = \mathbb{P}(\Omega(X \leqslant x)) = \mathbb{P}(\omega \in \mathrm{A}: X(\omega) \leqslant x)$$

则称 F 是随机变量 X 的分布函数。

(2) 设 $f: \mathbb{R}^n \to \mathbb{R}$是一个非负 n 元函数。若 $\forall B \in L(\mathbb{R}^n)$ 有

$$\mathbb{P}(\{\omega \in \mathrm{A}: \boldsymbol{X}(\omega) \in B\}) = \int_B f \mathrm{d}m$$

则称 f 为 n 维随机向量 $\boldsymbol{X}$ 的分布密度。

特别地，设 F 是随机变量 X 的分布函数。如果存在一个非负可测函数 $f: \Omega \to \mathbb{R}$使得

$$F(x) = \mathbb{P}(X \leqslant x) = \int_{(-\infty, x]} 1 \mathrm{d}\, \mathbb{P} = \int_{(-\infty, x]} f \mathrm{d}m = \int_{-\infty}^{x} f(t) \mathrm{d}m, \ \forall x \in \mathbb{R}$$

则称 $f(x)$ 是 $F(x)$ 关于 Lebesgue 测度 m 的分布密度。此时，$\mathrm{d}F = \mathrm{d}\,\mathbb{P} = f(t)\mathrm{d}m$。

注记： 如果 $f(t)$ 为随机变量 X 的分布密度，则 $E(X)$ 存在当且仅当 $tf(t) \in L^1(m)$ 且

$$E(X) = \int_\Omega X \mathrm{d}\,\mathbb{P} = \int_{-\infty}^{+\infty} tf(t) \mathrm{d}m(t) = \int_{-\infty}^{+\infty} tf(t) \mathrm{d}t$$

3.8 Lebesgue 积分收敛定理

本节研究 Lebesgue 积分与极限交换的条件，即$\int_X \lim\limits_{n\to\infty} f_n \mathrm{d}\mu = \lim\limits_{n\to\infty} \int_X f_n \mathrm{d}\mu$ 成立的条件。

定理 3.8.1(Levi) 如果$\{f_n\} \subseteq M^+(X)$ 是递增函数列且 $\lim\limits_{n\to\infty} f_n(x) = f(x)$，即 $\forall n \in \mathbb{N}$，$\forall x \in X$ 有 $0 \leqslant f_{n-1}(x) \leqslant f_n(x) \to f(x)$，则

$$\int_X \lim_{n\to\infty} f_n \mathrm{d}\mu = \int_X f \mathrm{d}\mu = \lim_{n\to\infty} \int_X f_n \mathrm{d}\mu$$

证明： 首先证明$\lim\limits_{n\to\infty} \int_X f_n \mathrm{d}\mu \leqslant \int_X \lim\limits_{n\to\infty} f_n \mathrm{d}\mu$。得 $f_n \in M^+(X)$，则 $f \in M^+(X)$。故 $\int_X f_n \mathrm{d}\mu$ 和$\int_X f \mathrm{d}\mu$ 存在。由积分的单调性，得$\left\{\int_X f_n \mathrm{d}\mu\right\}$递增且$\int_X f_n \mathrm{d}\mu \leqslant \int_X f \mathrm{d}\mu$。因此 $\lim\limits_{n\to\infty} \int_X f_n \mathrm{d}\mu \leqslant \int_X f \mathrm{d}\mu = \int_X \lim\limits_{n\to\infty} f_n \mathrm{d}\mu$。

其次证明 $X = \bigcup\limits_{n=1}^{\infty} A_n$。$\forall \beta \in (0, 1)$，由于 $f \in M^+(X)$，则 $\exists \varphi \in S^+(X)$ 使得 $\varphi \leqslant f$。进而 $\beta\varphi < \varphi \leqslant f$。设 $A_n = X(\beta\varphi < f_n)$，$\forall x \in X$，$\forall n \in \mathbb{N}$，假设$\beta\varphi(x) \geqslant f_n(x)$，则 $\beta\varphi(x) \geqslant \lim\limits_{n\to\infty} f_n(x) = f(x)$，产生矛盾。因此 $\exists k \in \mathbb{N}$ 使得$\beta\varphi(x) < f_k(x)$。故 $x \in A_k$ 且 $x \in \bigcup\limits_{n=1}^{\infty} A_n$，进而 $X \subseteq \bigcup\limits_{n=1}^{\infty} A_n$。故 $X = \bigcup\limits_{n=1}^{\infty} A_n$。由$\{f_n\}$递增，故$\{A_n\}$是升列。

最后证明$\int_X \lim\limits_{n\to\infty} f_n \mathrm{d}\mu \leqslant \lim\limits_{n\to\infty} \int_X f_n \mathrm{d}\mu$。由$\{A_n\}$为升列及 Lebesgue 积分的下连续性，得

$$\beta \int_X \varphi \mathrm{d}\mu = \int_X (\beta\varphi) \mathrm{d}\mu = \int_{\lim\limits_{n\to\infty} A_n} (\beta\varphi) \mathrm{d}\mu = \lim_{n\to\infty} \int_{A_n} (\beta\varphi) \mathrm{d}\mu$$

$\forall n \geqslant k$，由单调性及推论 3.7.1，则

$$\int_{A_n}(\beta\varphi)\mathrm{d}\mu \leqslant \int_{A_n} f_n \mathrm{d}\mu \leqslant \int_X f_n \mathrm{d}\mu$$

由函数极限的单调性，则

$$\beta\int_X \varphi \mathrm{d}\mu = \int_X (\beta\varphi)\mathrm{d}\mu = \lim_{n\to\infty}\int_{A_n}(\beta\varphi)\mathrm{d}\mu \leqslant \lim_{n\to\infty}\int_X f_n \mathrm{d}\mu$$

因此

$$\int_X \varphi \mathrm{d}\mu = \sup_{\beta\in(0,1)}\left(\beta\int_X \varphi \mathrm{d}\mu\right) \leqslant \lim_{n\to\infty}\int_X f_n \mathrm{d}\mu$$

由于 $f\in M^+(X)$，则存在递增函数列 $\{\varphi_m\}\subseteq S^+(X)$ 使得 $\varphi_m\to f$ 且 $\varphi_m\leqslant f$，故

$$\int_X f\mathrm{d}\mu = \lim_{m\to\infty}\int_X \varphi_m \mathrm{d}\mu \leqslant \lim_{n\to\infty}\int_X f_n \mathrm{d}\mu$$

因此

$$\int_X \lim_{n\to\infty} f_n \mathrm{d}\mu = \int_X f\mathrm{d}\mu = \lim_{n\to\infty}\int_X f_n \mathrm{d}\mu$$

推论 3.8.1 （Lebesgue 逐项积分定理） 设 $f_n\in M^+(X)$，有

$$\int_X\left(\sum_{n=1}^{\infty} f_n\right)\mathrm{d}\mu = \sum_{n=1}^{\infty}\left(\int_X f_n \mathrm{d}\mu\right)$$

例 3.8.1 求 $I=\int_0^{+\infty}\frac{x}{\mathrm{e}^x-1}\mathrm{d}x$。

解： 由 $\frac{x}{\mathrm{e}^x-1}=\sum_{n=1}^{\infty} x\mathrm{e}^{-nx}$，则

$$I=\int_0^{+\infty}\sum_{n=1}^{\infty} x\mathrm{e}^{-nx}\mathrm{d}x = \sum_{n=1}^{\infty}\int_0^{+\infty} x\mathrm{e}^{-nx}\mathrm{d}x = \sum_{n=1}^{\infty}\frac{1}{n^2}=\frac{\pi^2}{6}$$

引理 3.8.1(Fatou 引理) 如果 $\{f_n\}\subseteq M^+(X)$，则 $\int_X \underline{\lim}_{n\to\infty} f_n \mathrm{d}\mu \leqslant \underline{\lim}_{n\to\infty}\int_X f_n \mathrm{d}\mu$。

证明： $\forall n\in\mathbb{N}$，定义 $g_n=\inf_{k\geqslant n} f_k$，则 $\{g_n\}$ 单调递增且 $\lim_{n\to\infty} g_n = \underline{\lim}_{n\to\infty} f_n$。由 Levi 定理，得 $\int_X \underline{\lim}_{n\to\infty} f_n \mathrm{d}\mu = \lim_{n\to\infty}\int_X g_n \mathrm{d}\mu$。$\forall k\geqslant n$，由 $g_n=\inf_{k\geqslant n} f_k\leqslant f_k$ 及积分的单调性可得，$\int_X g_n \mathrm{d}\mu \leqslant \int_X f_k \mathrm{d}\mu$。由下确界的定义，得 $\int_X g_n \mathrm{d}\mu \leqslant \inf_{k\geqslant n}\int_X f_k \mathrm{d}\mu$。因此

$$\int_X \underline{\lim}_{n\to\infty} f_n \mathrm{d}\mu = \lim_{n\to\infty}\int_X g_n \mathrm{d}\mu \leqslant \lim_{n\to\infty}\inf_{k\geqslant n}\int_X f_k \mathrm{d}\mu = \underline{\lim}_{n\to\infty}\int_X f_n \mathrm{d}\mu$$

定理 3.8.2(Lebesgue 控制收敛定理) 设 $f_n\to f$, a.e. 或 $f_n\to f$, μ。若 $\exists g\in L^1$ 使得 $|f_n|\leqslant g$, a.e., $\forall n\in\mathbb{N}$，则 $f\in L^1$ 且 $\int_X \lim_{n\to\infty} f_n \mathrm{d}\mu = \int_X f\mathrm{d}\mu = \lim_{n\to\infty}\int_X f_n \mathrm{d}\mu$。

证明： $\forall n\in\mathbb{N}$，由 $|f_n|\leqslant g$ 且 $f_n\to f$, a.e.，则 $|f|\leqslant g$, a.e.。因此 $f\in L^1$。$\forall n\in\mathbb{N}$，设 $g_n=2g-|f_n-f|$。由 $|f_n-f|\leqslant|f_n|+|f|\leqslant 2g$，则 $g_n\in M^+(X)$。由 Fatou 引理，则 $\int_X \underline{\lim}_{n\to\infty} g_n \mathrm{d}\mu \leqslant \underline{\lim}_{n\to\infty}\int_X g_n \mathrm{d}\mu$。一方面，由 $\{g_n\}$ 收敛，得

$$\underline{\lim}_{n\to\infty} g_n = \lim_{n\to\infty} g_n = \lim_{n\to\infty}(2g-|f_n-f|)=2g$$

因此 $\int_X \underline{\lim}_{n\to\infty} g_n \mathrm{d}\mu = \int_X 2g\mathrm{d}\mu$。

另一方面，由$\int_X g_n \mathrm{d}\mu = \int_X 2g \mathrm{d}\mu - \int_X |f_n - f| \mathrm{d}\mu$，得

$$\varliminf_{n\to\infty} \int_X g_n \mathrm{d}\mu = \int_X 2g \mathrm{d}\mu - \varlimsup_{n\to\infty} \int_X |f_n - f| \mathrm{d}\mu$$

因此$\varlimsup_{n\to\infty} \int_X |f_n - f| \mathrm{d}\mu \leqslant 0$。

由 $0 \leqslant \varliminf_{n\to\infty} \int_X |f_n - f| \mathrm{d}\mu \leqslant \varlimsup_{n\to\infty} \int_X |f_n - f| \mathrm{d}\mu \leqslant 0$，则$\lim_{n\to\infty} \int_X |f_n - f| \mathrm{d}\mu = 0$。

$\forall \varepsilon > 0$，$\exists N$，$\forall n > N$，则

$$\left| \int_X f_n \mathrm{d}\mu - \int_X f \mathrm{d}\mu \right| = \left| \int_X (f_n - f) \mathrm{d}\mu \right| \leqslant \int_X |f_n - f| \mathrm{d}\mu < \varepsilon$$

因此

$$\lim_{n\to\infty} \int_X f_n \mathrm{d}\mu = \int_X f \mathrm{d}\mu = \int_X \lim_{n\to\infty} f_n \mathrm{d}\mu$$

推论 3.8.2　设$1 < p < +\infty$，$f_n \to f$，a. e. 或 $f_n \to f$，μ。如果 $\exists g \in L^p$ 使得 $|f_n| \leqslant g$，a. e.，$\forall n \in \mathbb{N}$，则$\lim_{n\to\infty} \int_X |f_n - f|^p \mathrm{d}\mu = 0$。

当 $\mu(X) < +\infty$，在 Lebesgue 控制收敛定理中，取 $g = M$ 可得下述定理：

定理 3.8.3(Lebesgue 一致有界收敛定理)　设$\mu(X) < +\infty$，$f_n \to f$，a. e. 或 $f_n \to f$，μ。若$\{f_n\}$一致有界，即 $\exists M > 0$ 使得 $|f_n(x)| \leqslant M$，$\forall x \in X$，$\forall n \in \mathbb{N}$，则 $f \in L^1$ 且

$$\int_X \lim_{n\to\infty} f_n \mathrm{d}\mu = \int_X f \mathrm{d}\mu = \lim_{n\to\infty} \int_X f_n \mathrm{d}\mu$$

例 3.8.2　求$\lim_{n\to\infty} \int_{(0,1)} \frac{nx}{1+n^2x^2} \sin(nx) \mathrm{d}x$。

解：$\forall n \in \mathbb{N}$，设 $f_n(x) = \frac{nx}{1+n^2x^2} \sin(nx)$。由$\lim_{n\to\infty} \frac{nx}{1+(nx)^2} = 0$ 且 $|\sin(nx)| \leqslant 1$，则 $\lim_{n\to\infty} f_n(x) = 0$。由于 $|f_n(x)| \leqslant \left| \frac{nx}{1+n^2x^2} \right| \leqslant \frac{1}{2}$ 及 Lebesgue 一致有界收敛定理，则

$$\lim_{n\to\infty} \int_{(0,1)} \frac{nx}{1+n^2x^2} \sin(nx) \mathrm{d}x = \lim_{n\to\infty} \int_{[0,1]} f_n(x) \mathrm{d}x = \int_{[0,1]} \lim_{n\to\infty} f_n(x) \mathrm{d}x = \int_{[0,1]} 0 \mathrm{d}x = 0$$

3.9　Lebesgue 积分与 Riemann 积分的关系

定义 3.9.1　设 $f(x)$ 在$[a, b]$上有界。

(1) $\forall x \in [a, b]$，$\delta > 0$，$\varphi_\delta(x) = \inf_{t \in S(x,\delta)} f(t)$，$\psi_\delta(x) = \sup_{t \in S(x,\delta)} f(t)$。

(2) $\forall x \in [a, b]$，$\varphi(x) = \lim_{\delta\to 0+} \varphi_\delta(x)$，$\psi(x) = \lim_{\delta\to 0+} \psi_\delta(x)$。

(3) $\forall x \in [a, b]$，$\omega(x) = \psi(x) - \varphi(x) = \lim_{\delta\to 0+} \left(\sup_{t \in S(x,\delta)} f(t) - \inf_{t \in S(x,\delta)} f(t) \right)$。

由 $\varphi_\delta(x) = \inf_{t \in S(x,\delta)} f(t) \leqslant f(x) \leqslant \sup_{t \in S(x,\delta)} f(t) = \psi_\delta(x)$，则 $\varphi(x) \leqslant f(x) \leqslant \psi(x)$。

引理 3.9.1　设 f 在$[a, b]$上有界，$x_0 \in [a, b]$，则 f 在 x_0 点连续当且仅当 $\omega(x_0) = 0$。

证明：必要性。设 f 在 x_0 连续。$\forall \varepsilon > 0$，$\exists \delta > 0$，$\forall x \in U(x_0, \delta)$ 有

$$f(x_0)-\varepsilon < f(x) < f(x_0)+\varepsilon$$

由 $\varphi_\delta(x_0)=\inf\limits_{x\in U(x_0,\delta)} f(x)\leqslant f(x)$，得

$$f(x_0)-\varepsilon\leqslant \inf_{x\in U(x_0,\delta)} f(x)=\varphi_\delta(x_0)\leqslant f(x)$$

因此 $f(x_0)-\varepsilon\leqslant\varphi(x_0)\leqslant f(x)$。

由 $f(x)\leqslant\sup\limits_{x\in U(x_0,\delta)} f(x)=\psi_\delta(x_0)\leqslant f(x_0)+\varepsilon$，则 $f(x)\leqslant\psi(x_0)\leqslant f(x_0)+\varepsilon$。即 $\forall\varepsilon>0$，$f(x_0)-\varepsilon\leqslant\varphi(x_0)\leqslant f(x)\leqslant\psi(x_0)\leqslant f(x_0)+\varepsilon$，故

$$0\leqslant\omega(x_0)=\psi(x_0)-\varphi(x_0)\leqslant 2\varepsilon$$

由 ε 的任意性可得，$\omega(x_0)=0$。

充分性。若 $\omega(x_0)=0$，则 $\psi(x_0)=\varphi(x_0)=f(x_0)$。因此 $\forall\varepsilon>0$，$\exists\delta_1>0$ 使得

$$\varphi(x_0)-\varepsilon<\varphi_{\delta_1}(x_0)\leqslant\varphi(x_0)$$

类似地，对上述 ε，$\exists\delta_2>0$ 使得

$$\psi(x_0)\leqslant\psi_{\delta_2}(x_0)\leqslant\psi(x_0)+\varepsilon$$

对上述 ε，取 $\delta=\min\{\delta_1,\delta_2\}$，$\forall x\in U(x_0,\delta)$ 有

$$f(x_0)-\varepsilon=\varphi(x_0)-\varepsilon<\varphi_\delta(x_0)\leqslant f(x)\leqslant\psi_\delta(x_0)<\psi(x_0)+\varepsilon=f(x_0)+\varepsilon$$

即 $|f(x)-f(x_0)|<\varepsilon$。因此 f 在 x_0 点连续。

设 f 为定义在$[a,b]$上的有界实函数。$n\in\mathbb{N}$，做$[a,b]$的分割为

$\Delta^{(n)}: a=x_0^{(n)}<x_1^{(n)}<\cdots<x_{k_n}^{(n)}=b$，$\|\Delta^{(n)}\|=\max\limits_{1\leqslant i\leqslant k_n}(x_i^{(n)}-x_{i-1}^{(n-1)})$，$\lim\limits_{n\to\infty}\|\Delta^{(n)}\|=0$

定义 $M_i^{(n)}=\sup\{f(x): x\in(x_{i-1}^{(n-1)},x_i^{(n)})\}$，$m_i^{(n)}=\inf\{f(x): x\in(x_{i-1}^{(n-1)},x_i^{(n)})\}$，则 Darboux 上积分和 Darboux 下积分分别为

$$\overline{\int_a^b} f(x)\mathrm{d}x=\inf_\Delta\left\{\sum_{i=1}^{k_n} M_i^{(n)}(x_i^{(n)}-x_{i-1}^{(n-1)}): \Delta\text{ 为}[a,b]\text{的任一分割}\right\}$$

$$\underline{\int_a^b} f(x)\mathrm{d}x=\sup_\Delta\left\{\sum_{i=1}^{k_n} m_i^{(n)}(x_i^{(n)}-x_{i-1}^{(n-1)}): \Delta\text{ 为}[a,b]\text{的任一分割}\right\}$$

引理 3.9.2　设 f 为$[a,b]$上的有界实函数，则$\int_{[a,b]}\omega(x)\mathrm{d}m=\overline{\int_a^b} f(x)\mathrm{d}x-\underline{\int_a^b} f(x)\mathrm{d}x$。

定理 3.9.1　设 $-\infty<a<b<+\infty$，f 是 $J=[a,b]$ 上的有界实函数。

(1) f 在 J 上 Riemann 可积当且仅当 f 在 J 上几乎处处连续。

(2) 如果 f 在 J 上 Riemann 可积，则 f 在 J 上 Lebesgue 可积且两个积分相等。

证明：(1) 由引理 3.9.3，则 f 在$[a,b]$上 Riemann 可积当且仅当$\overline{\int_a^b} f(x)\mathrm{d}x=\underline{\int_a^b} f(x)\mathrm{d}x$，当且仅当$\int_{[a,b]}\omega(x)\mathrm{d}m=\overline{\int_a^b} f(x)\mathrm{d}x-\underline{\int_a^b} f(x)\mathrm{d}x=0$，当且仅当 $\omega=0$，a.e. 在$[a,b]$上。由引理 3.9.1，则 f 在 J 上 Riemann 可积当且仅当 f 在 J 上几乎处处连续。

(2) 设 $E(f)$ 为 f 在 J 上全体间断点之集。由于 f 在 J 上 Riemann 可积，则 f 在 J 上有界。由(1)，则 f 在 J 上几乎处处连续。$\forall x\in J-E(f)$，$\forall c\in\mathbb{R}$，如果 $f(x)>c$，则 $\exists\delta_x>0$，$\forall t\in(x-\delta_x,x+\delta_x)$ 有 $f(x)>c$。由 $\bigcup\limits_{x\in J-E(f)}(x-\delta_x,x+\delta_x)$ 为开集，

则它是可测集。由于$\{x \in E(f) \cup \{a, b\}: f(x) > c\}$为零测度集，则$J(f > c) = \left(\bigcup_{x \in J - E(f)} (x - \delta_x, x + \delta_x)\right) \cup \{x \in E(f) \cup \{a, b\}: f(x) > c\}$为可测集。故$f \in M(J)$。因此$|f| \in M^+(J)$。由于$m(J) = b - a < +\infty$，则$f \in L(J)$。

由 Lebesgue 积分的单调性，得

$$m_i^{(n)}(x_i^{(n)} - x_{i-1}^{(n-1)}) \leqslant \int_{[x_{i-1}^{(n-1)}, x_i^{(n)}]} f(x)\mathrm{d}m \leqslant M_i^{(n)}(x_i^{(n)} - x_{i-1}^{(n-1)})$$

由 Lebesgue 积分的可加性，得

$$\sum_{i=1}^{k_n} m_i^{(n)}(x_i^{(n)} - x_{i-1}^{(n-1)}) \leqslant \sum_{i=1}^{k_n} \int_{[x_{i-1}^{(n-1)}, x_i^{(n)}]} f(x)\mathrm{d}m \leqslant \sum_{i=1}^{k_n} M_i^{(n)}(x_i^{(n)} - x_{i-1}^{(n-1)})$$

即

$$\sum_{i=1}^{k_n} m_i^{(n)}(x_i^{(n)} - x_{i-1}^{(n-1)}) \leqslant \int_{[a, b]} f(x)\mathrm{d}m \leqslant \sum_{i=1}^{k_n} M_i^{(n)}(x_i^{(n)} - x_{i-1}^{(n-1)})$$

由 Darboux 定理可得

$$\overline{\int_a^b} f(x)\mathrm{d}x = \lim_{n \to \infty} \sum_{i=1}^{k_n} M_i^{(n)}(x_i^{(n)} - x_{i-1}^{(n-1)}),$$

$$\underline{\int_a^b} f(x)\mathrm{d}x = \lim_{n \to \infty} \sum_{i=1}^{k_n} m_i^{(n)}(x_i^{(n)} - x_{i-1}^{(n-1)})$$

由于f是 Riemann 可积的，则

$$\overline{\int_a^b} f(x)\mathrm{d}x = \underline{\int_a^b} f(x)\mathrm{d}x = \int_a^b f(x)\mathrm{d}x$$

故

$$\int_{[a, b]} f(x)\mathrm{d}m = \lim_{n \to \infty} \sum_{i=1}^{k_n} M_i^{(n)}(x_i^{(n)} - x_{i-1}^{(n-1)}) = \overline{\int_a^b} f(x)\mathrm{d}x = \int_a^b f(x)\mathrm{d}x$$

例 3.9.1　求证：$f(x) = \begin{cases} 0, & x = 0 \\ \dfrac{1}{n}, & x \in \left(\dfrac{1}{n+1}, \dfrac{1}{n}\right] \end{cases}$在$[0, 1]$上 Riemann 可积，并求$\int_0^1 f(x)\mathrm{d}x$。

解：(1) 由于f在$[0, 1]$上的间断点构成的集合为$\left\{\dfrac{1}{n+1}: n \in \mathbb{N}\right\}$且它为可数集，则$m\left(\left\{\dfrac{1}{n+1}: n \in \mathbb{N}\right\}\right) = 0$。故$f$在$[0, 1]$上 Riemann 可积。因此$f$在$[0, 1]$上 Lebesgue 可积。

(2) $\displaystyle\int_0^1 f(x)\mathrm{d}x = \int_{[0, 1]} f(x)\mathrm{d}m = \sum_{n=1}^{\infty} \int_{(\frac{1}{n+1}, \frac{1}{n}]} f(x)\mathrm{d}m = \sum_{n=1}^{\infty} \frac{1}{n}\left(\frac{1}{n} - \frac{1}{n+1}\right) = \frac{\pi^2}{6} - 1$

例 3.9.2　求证：$\displaystyle\lim_{n \to \infty}\left(n\int_0^1 \frac{x}{1 + nx}\mathrm{d}x\right) = 1$。

证明：$\forall n \in \mathbb{N}$，设$f_n(x) = \dfrac{nx}{1 + nx}$，则在$(0, 1]$上$\displaystyle\lim_{n \to \infty} f_n(x) = \lim_{n \to \infty} \frac{nx}{1 + nx} = 1$。由

于 $|f_n(x)|\leqslant 1$ 且 $m([0,1])=1$ 及 Lebesgue 一致有界收敛定理可得

$$\lim_{n\to\infty}\left(n\int_0^1\frac{x}{1+nx}\mathrm{d}x\right)=\lim_{n\to\infty}\int_0^1 f_n(x)\mathrm{d}x=\int_0^1\lim_{n\to\infty}f_n(x)\mathrm{d}x=\int_0^1 1\mathrm{d}x=1$$

下面考虑广义 Riemann 积分与 Lebesgue 积分的关系。

定理 3.9.2　设 $-\infty<a<b<+\infty$，$\forall\beta\in(a,b)$，f 在$[a,\beta]$几乎处处连续且有界，则

$$\int_{[a,b]}|f|\mathrm{d}m=\int_a^b|f(x)|\mathrm{d}x$$

进而，$f\in L^1(a,b)$ 当且仅当广义积分$\int_a^b f(x)\mathrm{d}x$ 绝对收敛且$\int_{[a,b]}f\mathrm{d}m=\int_a^b f(x)\mathrm{d}x$。

证明：$\forall n\in\mathbb{N}$，设 $a\leqslant b_n$ 且$\{b_n\}$递增收敛于b，$f_n=f\chi_{[a,b_n]}$，则$\{|f_n|\}$递增收敛于$|f|$。由 Levi 定理及定理 3.9.1，有

$$\begin{aligned}\int_{[a,b]}|f|\mathrm{d}m&=\lim_{n\to\infty}\int_{[a,b]}|f_n|\mathrm{d}m=\lim_{n\to\infty}\int_{[a,b_n]}|f|\mathrm{d}m\\&=\lim_{n\to\infty}\int_a^{b_n}|f(x)|\mathrm{d}x=\int_a^b|f(x)|\mathrm{d}x\end{aligned}$$

$\forall n\in\mathbb{N}$，由 $|f_n|\leqslant|f|$ 及 Lebesgue 有界控制收敛定理，得

$$\int_{[a,b]}f\mathrm{d}m=\lim_{n\to\infty}\int_{[a,b]}f_n\mathrm{d}m=\lim_{n\to\infty}\int_{[a,b_n]}f\mathrm{d}m=\lim_{n\to\infty}\int_a^{b_n}f(x)\mathrm{d}x=\int_a^b f(x)\mathrm{d}x$$

例 3.9.3　设 $f(x)=\begin{cases}x^3, & x\in[0,1/3]\cap\mathbb{Q}^c\\ x^2, & x\in[1/3,1]\cap\mathbb{Q}^c\\ 0, & x\in[0,1]\cap\mathbb{Q}\end{cases}$，求$\int_{[0,1]}f\mathrm{d}m$。

解：由 $0\leqslant m\left(\left[0,\frac{1}{3}\right]\cap\mathbb{Q}\right)\leqslant m(\mathbb{Q})=0$，则

$$m\left(\left[0,\frac{1}{3}\right]\cap\mathbb{Q}\right)=0$$

故

$$m\left(\left(\frac{1}{3},1\right)\cap\mathbb{Q}\right)=0$$

因此在$\left[0,\frac{1}{3}\right]$上 $f(x)=x^3$，a.e.；在$\left[\frac{1}{3},1\right]$上 $f(x)=x^2$，a.e.。

故

$$\int_{[0,1]}f\mathrm{d}m=\int_0^1 f(x)\mathrm{d}x=\int_0^{\frac{1}{3}}x^3\mathrm{d}x+\int_{\frac{1}{3}}^1 x^2\mathrm{d}x=\frac{35}{108}$$

习　题　三

3.1　求证：$A-(B-C)=(A-B)\cup C\Leftrightarrow C\subseteq A$。

3.2　求证：$A^\circ\cap\overline{B}\subseteq\overline{A\cap B}$。

3.3　设 $A\subseteq\mathbb{R}$，求证：$A-A'$ 是可数集。

3.4　设 $A_n=\left\{\frac{m}{n}: m\in\mathbb{Z}\right\}$，求证：$\overline{\lim_{n\to\infty}}A_n=\mathbb{Q}$ 且 $\underline{\lim_{n\to\infty}}A_n=\mathbb{Z}$。

3.5　设 $0<a_n<1<b_n$ 且 $a_n\downarrow 0$，$b_n\downarrow 1$，求证：$\lim_{n\to\infty}[a_n, b_n]=(0, 1]$。

3.6　设 $A, G\subseteq\mathbb{R}$，$m(A)=0$，G 为开集，求证：$\bar{G}=\overline{G-A}$。

3.7　设 $\{A_n\}$ 是可测集，求证：

(1) $\mu(\underline{\lim_{n\to\infty}}A_n)\leqslant\underline{\lim_{n\to\infty}}\mu(A_n)$。

(2) 如果 $\mu(\bigcup_{n=1}^{\infty}A_n)<+\infty$，则 $\mu(\overline{\lim_{n\to\infty}}A_n)\geqslant\overline{\lim_{n\to\infty}}\mu(A_n)$。

3.8　求证：

(1) 如果 $\mu(X)=\mu(A_n)=1$，$A_n\subseteq X$，$\forall n\in\mathbb{N}$，则 $\mu(\bigcap_{n=1}^{\infty}A_n)=1$。

(2) 如果 $\mu(X)=1$，$\lim_{n\to\infty}\mu(A_n)=1$，则存在子列 $\{A_{n_k}\}$ 使得 $\mu(\bigcap_{k=1}^{\infty}A_{n_k})>0$。

(3) 如果 $\mu(X)=1$，$\sum_{k=1}^{n}\mu(A_k)>n-1$，则 $\mu(\bigcap_{k=1}^{n}A_k)>0$。

3.9　设 f^2 是 X 上的可测函数，$X(f>0)$ 是可测集。求证：f 是 X 上的可测函数。

3.10　设 f 在 $[a, b]$ 上可微。求证：f' 在 $[a, b]$ 上可测。

3.11　设 $f, g, g-f\in L^1(X)$，$\varphi\in M(X)$ 且 $f\leqslant\varphi\leqslant g$。求证：$\varphi\in L^1(X)$。

3.12　设 $f, g\in L^1(X)$。求证：$f=g$，a.e. 当且仅当对每个可测集 A 有 $\int_A f\mathrm{d}\mu=\int_A g\mathrm{d}\mu$。

3.13　设 $f\in L^1(X)$。求证：$\forall\varepsilon>0$，$\exists A\subseteq X$ 且 $\mu(A)<+\infty$ 使得 $\int_{A^c}|f|\mathrm{d}\mu<\varepsilon$。

3.14　设 $\mu(X)<+\infty$，$A_k\subseteq X$ 可测 $(1\leqslant k\leqslant n)$。

求证：如果 $\forall x\in X$ 至少属于 q 个 A_k，则存在 $A_m(1\leqslant m\leqslant n)$ 使得 $\mu(A_m)\geqslant\frac{q}{n}\mu(X)$。

3.15　设 $p\in[1, +\infty)$，$L^p(X)=\{x\in M(X): \int_X|x(t)|^p\mathrm{d}\mu<+\infty\}$。

求证：$(L^p(X), \|\cdot\|_p)$ 是一个线性空间。

第 4 章　距离空间

在数学分析中引入了实数数列的极限。在复变函数中引入了复数数列的极限。在实变函数中引入了函数列的极限。本章将极限的概念推广到更一般的研究对象。

在数学分析中，$\lim\limits_{n\to\infty} x_n = x \Leftrightarrow \lim\limits_{n\to\infty} |x_n - x| = 0$，这里通过绝对值，即实数之间的距离引入了极限。实数之间的距离满足正定性、对称性和三角不等式。通过研究发现这三条性质是本质的。因此将 Euclid 空间推广为距离空间时，以上述性质为基础。但是，所谓“本质”是指什么？要回答这个问题非常困难。

事实上，要选取一个合适的公理体系需要反复试验，并与实际问题进行类比，最后才能得到一个清晰而完整的概念。目前给出的距离空间的概念是经过六十多年的发展才得以完善的。

本章在距离空间中，基于距离的概念引入点列的极限，并研究与极限有关的各种问题，并介绍了几个经典的距离空间和 Banach 不动点定理及其应用。

★ **本章知识要点**：距离空间的定义；经典的距离空间；连续映射；距离空间的完备性；距离空间的紧性；Banach 不动点定理。

4.1　距离空间的基本概念

定义 4.1.1　设 X 是一个非空集合，$d: X\times X\to\mathbb{R}$。如果映射 d 满足：

(1) 正定性：$d(x, y)\geqslant 0$，$\forall x, y\in X$；$d(x, y)=0$ 当且仅当 $x=y$；

(2) 对称性：$d(y, x)=d(x, y)$，$\forall x, y\in X$；

(3) 三角不等式：$d(x, y)\leqslant d(x, z)+d(z, y)$，$\forall x, y, z\in X$，

则称映射 d 为集合 X 上的一个距离(metric)，称(X, d)为距离空间(metric space)，简称集合 X 为距离空间，称非负实数 $d(x, y)$为点 x 和 y 之间的距离。

为了引入一些经典距离空间的例子，下面先给出几个重要的不等式。

性质 4.1.1　设 $a\in\mathbb{R}$，则$\dfrac{a+|a|}{2}=\begin{cases}a, & a\geqslant 0\\ 0, & a<0\end{cases}$，$\dfrac{a-|a|}{2}=\begin{cases}0, & a\geqslant 0\\ a, & a<0\end{cases}$。

推论 4.1.1　设 $a, b\in\mathbb{R}$，则

$$\max\{a, b\}=\frac{a+b}{2}+\frac{|b-a|}{2},\quad \min\{a, b\}=\frac{a+b}{2}-\frac{|b-a|}{2}$$

性质 4.1.2　设 $x>0$，$0<\alpha<1$，则 $x^{\alpha}-\alpha x\leqslant 1-\alpha$。

推论 4.1.2　设 $a, b>0$ 且 $0<\alpha<1$，$0<\beta<1$，$\alpha+\beta=1$，则 $a^{\alpha}b^{\beta}\leqslant a\alpha+b\beta$。

推论 4.1.3　设 $a_i, q_i>0$，$i=1, 2, \cdots, n$，$n\in\mathbb{N}$，且 $\sum\limits_{i=1}^{n} q_i=1$，则 $\prod\limits_{i=1}^{n} a_i^{q_i}\leqslant\sum\limits_{i=1}^{n} q_i a_i$。

在上式中令 $q_i=\frac{1}{n}$，可得算术-几何均值不等式：$\sqrt[n]{\prod_{i=1}^{n}a_i}\leqslant\frac{1}{n}(\sum_{i=1}^{n}a_i)$。

性质 4.1.3(Young 不等式)　设 $a>0$，$b>0$，$p>1$，$q>1$ 且 $\frac{1}{p}+\frac{1}{q}=1$，则

$$ab\leqslant\frac{a^p}{p}+\frac{b^q}{q}$$

证明： 设 $s=p-1$，则 $y=x^s$ 在 $[0,+\infty)$ 是增函数且 $x=y^{\frac{1}{s}}$ 是它在 $[0,+\infty)$ 上的反函数。由于 $\frac{a^p}{p}=\int_0^a x^s\mathrm{d}x$ 表示曲线 $y=x^s$，$x=0$，$x=a$，$y=0$ 围成图形的面积，$\frac{b^q}{q}=\int_0^b y^{\frac{1}{s}}\mathrm{d}y$ 表示曲线 $x=y^{\frac{1}{s}}$，$y=0$，$y=b$，$x=0$ 围成图形的面积，则

$$\frac{a^p}{p}+\frac{b^q}{q}=\int_0^a x^s\mathrm{d}x+\int_0^b y^{\frac{1}{s}}\mathrm{d}y\geqslant ab$$

进而，上述不等式取等号当且仅当 $b=a^s$，即 $b=a^{p-1}$。

性质 4.1.4(Holder 不等式，1889 年)　设 $p>1$，$q>1$ 且 $\frac{1}{p}+\frac{1}{q}=1$。

如果 $a_i\geqslant 0$，$b_i\geqslant 0$，$i=1, 2, \cdots, n$，$n\in\mathbb{N}$，则

$$\sum_{i=1}^{n}a_ib_i\leqslant(\sum_{i=1}^{n}a_i^p)^{\frac{1}{p}}(\sum_{i=1}^{n}b_i^q)^{\frac{1}{q}}$$

当 $p=q=2$ 时，它退化为 Cauchy-Schwarz 不等式：

$$\sum_{i=1}^{n}a_ib_i\leqslant\sqrt{\sum_{i=1}^{n}a_i^2}\sqrt{\sum_{i=1}^{n}b_i^2}$$

证明： 如果 $(a_1, a_2, \cdots, a_n)^{\mathrm{T}}=0$ 或者 $(b_1, b_2, \cdots, b_n)^{\mathrm{T}}=0$，则不等式显然成立。下面考虑 $(a_1, a_2, \cdots, a_n)^{\mathrm{T}}\neq 0$ 且 $(b_1, b_2, \cdots, b_n)^{\mathrm{T}}\neq 0$ 的情形。

首先证明：当 $\sum_{i=1}^{n}a_i^p=1$，$\sum_{i=1}^{n}b_i^q=1$ 时，$\sum_{i=1}^{n}a_ib_i\leqslant 1$。由性质 4.1.3，得

$$a_ib_i\leqslant\frac{1}{p}a_i^p+\frac{1}{q}b_i^q$$

故

$$\sum_{i=1}^{n}a_ib_i\leqslant\frac{1}{p}\sum_{i=1}^{n}a_i^p+\frac{1}{q}\sum_{i=1}^{n}b_i^q=\frac{1}{p}+\frac{1}{q}=1$$

其次证明结论。令 $x_k=\frac{a_k}{(\sum_{i=1}^{n}a_i^p)^{\frac{1}{p}}}$，$y_k=\frac{b_k}{(\sum_{i=1}^{n}b_i^q)^{\frac{1}{q}}}$，则 $\sum_{k=1}^{n}x_k^p=\sum_{k=1}^{n}\frac{a_k^p}{\sum_{i=1}^{n}a_i^p}=1$，$\sum_{k=1}^{n}y_k^q=1$。故 $\sum_{k=1}^{n}x_ky_k\leqslant 1$。将 x_k 和 y_k 代入可得

$$\sum_{k=1}^{n}a_kb_k\leqslant(\sum_{k=1}^{n}a_k^p)^{\frac{1}{p}}(\sum_{k=1}^{n}b_k^q)^{\frac{1}{q}}$$

性质 4.1.5(Minkowski 不等式，1896 年)　设 $p>1$，$n\in\mathbb{N}$，$a_i\geqslant 0$，$b_i\geqslant 0$，$i=1, 2, \cdots, n$，则 $(\sum_{i=1}^{n}(a_i+b_i)^p)^{\frac{1}{p}}\leqslant(\sum_{i=1}^{n}a_i^p)^{\frac{1}{p}}+(\sum_{i=1}^{n}b_i^p)^{\frac{1}{p}}$。

证明：如果$(a_1, a_2, \cdots, a_n)^{\mathrm{T}}=0$或者$(b_1, b_2, \cdots, b_n)^{\mathrm{T}}=0$，则结论显然成立。

下面考虑$(a_1, a_2, \cdots, a_n)^{\mathrm{T}} \neq 0$且$(b_1, b_2, \cdots, b_n)^{\mathrm{T}} \neq 0$的情形。当$p=1$时，结论成立；当$p>1$时，设$q$满足$\dfrac{1}{p}+\dfrac{1}{q}=1$。由

$$\sum_{i=1}^{n}(a_i+b_i)^p=\sum_{i=1}^{n}a_i(a_i+b_i)^{p-1}+\sum_{i=1}^{n}b_i(a_i+b_i)^{p-1}$$

及性质 4.1.4 可得

$$\begin{aligned}\sum_{i=1}^{n}(a_i+b_i)^p &\leqslant \Big(\sum_{i=1}^{n}a_i^p\Big)^{\frac{1}{p}}\Big(\sum_{i=1}^{n}(a_i+b_i)^{(p-1)q}\Big)^{\frac{1}{q}}+\Big(\sum_{i=1}^{n}b_i^p\Big)^{\frac{1}{p}}\Big(\sum_{i=1}^{n}(a_i+b_i)^{(p-1)q}\Big)^{\frac{1}{q}} \\ &=\Big(\sum_{i=1}^{n}(a_i+b_i)^p\Big)^{\frac{1}{q}}\Big(\Big(\sum_{i=1}^{n}a_i^p\Big)^{\frac{1}{p}}+\Big(\sum_{i=1}^{n}b_i^p\Big)^{\frac{1}{p}}\Big)\end{aligned}$$

因此$\Big(\sum_{i=1}^{n}(a_i+b_i)^p\Big)^{\frac{1}{p}}=\Big(\sum_{i=1}^{n}(a_i+b_i)^p\Big)^{1-\frac{1}{q}}\leqslant\Big(\sum_{i=1}^{n}a_i^p\Big)^{\frac{1}{p}}+\Big(\sum_{i=1}^{n}b_i^p\Big)^{\frac{1}{p}}$。

类似性质 4.1.4 和性质 4.1.5，可得下面的结论。

推论 4.1.4

(1) Holder 不等式：设$p>1$，$q>1$，$\dfrac{1}{p}+\dfrac{1}{q}=1$，若$f\in L^p(E)$，$g\in L^q(E)$，则

$$\int_E |fg|\,\mathrm{d}\mu \leqslant \Big(\int_E |f|^p\,\mathrm{d}\mu\Big)^{\frac{1}{p}}\Big(\int_E |g|^q\,\mathrm{d}\mu\Big)^{\frac{1}{q}}$$

(2) Minkowski 不等式：设$p\geqslant 1$，若$f, g\in L^p(E)$，则

$$\Big(\int_E |f+g|^p\,\mathrm{d}\mu\Big)^{\frac{1}{p}} \leqslant \Big(\int_E |f|^p\,\mathrm{d}\mu\Big)^{\frac{1}{p}}+\Big(\int_E |g|^p\,\mathrm{d}\mu\Big)^{\frac{1}{p}}$$

证明：(1) 若$\int_E |g|^q\,\mathrm{d}\mu=0$，由性质 3.7.2，则$g=0$，a.e. E。因此结论成立。

下面考虑$\int_E |f|^p\,\mathrm{d}\mu>0$和$\int_E |g|^q\,\mathrm{d}\mu>0$的情形。由积分的线性性及推论 4.1.2，得

$$\begin{aligned}\frac{\int_E |fg|\,\mathrm{d}\mu}{\Big(\int_E |f|^p\,\mathrm{d}\mu\Big)^{\frac{1}{p}}\Big(\int_E |g|^q\,\mathrm{d}\mu\Big)^{\frac{1}{q}}} &= \int_E\left(\frac{|f|^p}{\int_E |f|^p\,\mathrm{d}\mu}\right)^{\frac{1}{p}}\left(\frac{|g|^q}{\int_E |g|^q\,\mathrm{d}\mu}\right)^{\frac{1}{q}}\mathrm{d}\mu \\ &\leqslant \int_E\left(\frac{1}{p}\,\frac{|f|^p}{\int_E |f|^p\,\mathrm{d}\mu}+\frac{1}{q}\,\frac{|g|^q}{\int_E |g|^q\,\mathrm{d}\mu}\right)\mathrm{d}\mu \\ &= \frac{1}{p}\,\frac{1}{\int_E |f|^p\,\mathrm{d}\mu}\int_E |f|^p\,\mathrm{d}\mu+\frac{1}{q}\,\frac{1}{\int_E |g|^q\,\mathrm{d}\mu}\int_E |g|^q\,\mathrm{d}\mu=1\end{aligned}$$

因此$\int_E |fg|\,\mathrm{d}\mu \leqslant \Big(\int_E |f|^p\,\mathrm{d}\mu\Big)^{\frac{1}{p}}\Big(\int_E |g|^q\,\mathrm{d}\mu\Big)^{\frac{1}{q}}$。

(2) 由$|f+g|\leqslant 2\max\{|f|, |g|\}$，则

$$|f+g|^p \leqslant 2^p(|f|^p+|g|^p)\text{ 且 }f+g\in L^p(E)$$

由$|f+g|^p\leqslant |f|\,|f+g|^{p-1}+|g|\,|f+g|^{p-1}$及(1)可得

$$\begin{aligned}\int_E |f+g|^p d\mu &\leqslant \int_E |f||f+g|^{p-1} d\mu + \int_E |g||f+g|^{p-1} d\mu \\ &\leqslant \left(\int_E |f|^p d\mu\right)^{\frac{1}{p}} \left(\int_E |f+g|^{(p-1)q} d\mu\right)^{\frac{1}{q}} + \\ &\quad \left(\int_E |g|^p d\mu\right)^{\frac{1}{p}} \left(\int_E |f+g|^{(p-1)q} d\mu\right)^{\frac{1}{q}} \\ &\leqslant \left(\int_E |f+g|^p d\mu\right)^{\frac{1}{q}} \left(\left(\int_E |f|^p d\mu\right)^{\frac{1}{p}} + \left(\int_E |g|^p d\mu\right)^{\frac{1}{p}}\right)\end{aligned}$$

因此$\left(\int_E |f+g|^p d\mu\right)^{\frac{1}{p}} \leqslant \left(\int_E |f|^p d\mu\right)^{\frac{1}{p}} + \left(\int_E |g|^p d\mu\right)^{\frac{1}{p}}$。

例 4.1.1　n 维 Euclid 空间$\mathbb{R}^n$。设$x=(x_1, x_2, \cdots, x_n)$, $y=(y_1, y_2, \cdots, y_n) \in \mathbb{R}^n$。

当 $p \geqslant 1$ 时，定义$d(x, y)=\left(\sum_{i=1}^n |x_i - y_i|^p\right)^{\frac{1}{p}}$，称为 Minkowski 距离；当 $p=+\infty$ 时，定义$d(x, y)=\max_{1\leqslant i\leqslant n} |x_i - y_i|$，称为 Chebyshev 距离。

求证：$(\mathbb{R}^n, d)$ 是一个距离空间。

证明： 容易证明映射 d 满足正定性和对称性。下面证明映射 d 满足三角不等式。$\forall x=(x_1, x_2, \cdots, x_n)$, $y=(y_1, y_2, \cdots, y_n)$, $z=(z_1, z_2, \cdots, z_n) \in \mathbb{R}^n$。由 Minkowski 不等式，则

$$\begin{aligned} d(x, y) &= \left(\sum_{i=1}^n |x_i - y_i|^p\right)^{\frac{1}{p}} = \left(\sum_{i=1}^n |(x_i - z_i)+(z_i - y_i)|^p\right)^{\frac{1}{p}} \\ &\leqslant \left(\sum_{i=1}^n (|x_i - z_i| + |z_i - y_i|)^p\right)^{\frac{1}{p}} \\ &\leqslant \left(\sum_{i=1}^n |x_i - z_i|^p\right)^{\frac{1}{p}} + \left(\sum_{i=1}^n |z_i - y_i|^p\right)^{\frac{1}{p}} \\ &= d(x, z) + d(z, y) \end{aligned}$$

例 4.1.2　设 $l^\infty(S)=\{x: S \to \mathbb{F}: \exists M>0 \wedge |x(t)|<M, \forall t \in S\}$。设 $x=x(t) \in l^\infty(S)$, $y=y(t) \in l^\infty(S)$，定义 $d(x, y)=\sup_{t\in S} |x(t)-y(t)|$。

求证：$(l^\infty(S), d)$ 是一个距离空间。

特别地，当 $S=\mathbb{N}$ 时，$l^\infty(\mathbb{N})$ 是所有有界数列之集，记为 l^∞。设 $x=\{x_n\}$, $y=\{y_n\} \in l^\infty$，此时 $d(x, y)=\sup_{n\in\mathbb{N}} |x_n - y_n|$；当 $S=[a, b]$ 时，$C[a, b]$ 是 $l^\infty([a, b])$ 的一个子集。设 $x=x(t)$, $y=y(t) \in C[a, b]$，此时 $d(x, y)=\max_{t\in[a, b]} |x(t)-y(t)|$。

证明： 容易证明映射 d 满足非负性和对称性。下面证明 d 满足正定性和三角不等式。

当 $d(x, y)=0$，则 $\forall t \in S$ 有 $|x(t)-y(t)| \leqslant \sup_{t\in S} |x(t)-y(t)| = d(x, y)=0$，进而 $|x(t)-y(t)|=0$。故 $\forall t \in S$ 有 $x(t)=y(t)$，即 $x=y$。$\forall x, y, z \in l^\infty(S)$，则 $\forall t \in S$ 有

$$\begin{aligned} |x(t)-y(t)| &\leqslant |x(t)-z(t)| + |z(t)-y(t)| \\ &\leqslant \sup_{t\in S} |x(t)-z(t)| + \sup_{t\in S} |z(t)-y(t)| \end{aligned}$$

故

$$d(x, y)=\sup_{t\in S}|x(t)-y(t)|\leqslant\sup_{t\in S}|x(t)-z(t)|+\sup_{t\in S}|z(t)-y(t)|$$
$$=d(x, z)+d(z, y)$$

例 4.1.3 l^p 空间。设 $p\geqslant 1$，$l^p=\{x=\{x_n\}: \sum_{n=1}^{\infty}|x_n|^p<+\infty\}$。设 $x=\{x_n\}$，$y=\{y_n\}\in l^p$，定义 $d(x, y)=(\sum_{n=1}^{\infty}|x_n-y_n|^p)^{\frac{1}{p}}$。求证：$(l^p, d)$ 是一个距离空间。

证明： 首先证明上述距离是定义好的，即等号右端的级数是收敛的。

$\forall x=\{x_n\}, y=\{y_n\}\in l^p$，则 $\sum_{n=1}^{\infty}|x_n|^p<+\infty$ 且 $\sum_{n=1}^{\infty}|y_n|^p<+\infty$。$\forall n\in\mathbb{N}$，由性质 4.1.5，则

$$(\sum_{m=1}^{n}|x_m-y_m|^p)^{\frac{1}{p}}\leqslant(\sum_{m=1}^{n}|x_m|^p)^{\frac{1}{p}}+(\sum_{m=1}^{n}|y_m|^p)^{\frac{1}{p}}$$

由 $\sum_{n=1}^{\infty}|x_n|^p$ 和 $\sum_{n=1}^{\infty}|y_n|^p$ 收敛，则数列 $\left\{(\sum_{m=1}^{n}|x_m|^p)^{\frac{1}{p}}+(\sum_{m=1}^{n}|y_m|^p)^{\frac{1}{p}}\right\}$ 有界。故 $\left\{(\sum_{m=1}^{n}|x_m-y_m|^p)^{\frac{1}{p}}\right\}$ 有界且收敛。

容易证明映射 d 满足正定性和对称性。下面证明映射 d 满足三角不等式。

$\forall x=\{x_n\}, y=\{y_n\}, z=\{z_n\}\in l^p$。$\forall n\in\mathbb{N}$，由例 4.1.1 可得

$$\left(\sum_{i=1}^{n}|x_i-y_i|^p\right)^{\frac{1}{p}}\leqslant\left(\sum_{i=1}^{n}|x_i-z_i|^p\right)^{\frac{1}{p}}+\left(\sum_{i=1}^{n}|z_i-y_i|^p\right)^{\frac{1}{p}}$$

对上式两边取极限可得

$$d(x, y)=\lim_{n\to\infty}\left(\sum_{i=1}^{n}|x_i-y_i|^p\right)^{\frac{1}{p}}$$
$$\leqslant\lim_{n\to\infty}\left(\sum_{i=1}^{n}|x_i-z_i|^p\right)^{\frac{1}{p}}+\lim_{n\to\infty}\left(\sum_{i=1}^{n}|z_i-y_i|^p\right)^{\frac{1}{p}}$$
$$=d(x, z)+d(z, y)$$

例 4.1.4 L^p 空间。设 $p\geqslant 1$，$L^p(E)=\{x: E\to\mathbb{F}: \int_E|x(t)|^p\mathrm{d}\mu<+\infty\}$。设 $x, y\in L^p(E)$，定义 $d(x, y)=\left(\int_E|x(t)-y(t)|^p\mathrm{d}\mu\right)^{\frac{1}{p}}$。规定：$x=y\Leftrightarrow x(t)=y(t)$，a. e. E。求证：$(L^p(E), d)$ 是一个距离空间。

证明： 首先证明上述距离是定义好的，即等号右端的积分是有限的。

$\forall x, y\in L^p(E)$，则 $\int_E|x(t)|^p\mathrm{d}\mu<+\infty$，$\int_E|y(t)|^p\mathrm{d}\mu<+\infty$。由推论 4.1.4，则

$$\left(\int_E|x(t)-y(t)|^p\mathrm{d}\mu\right)^{\frac{1}{p}}\leqslant\left(\int_E|x(t)|^p\mathrm{d}\mu\right)^{\frac{1}{p}}+\left(\int_E|y(t)|^p\mathrm{d}\mu\right)^{\frac{1}{p}}<+\infty$$

容易证明映射 d 满足非负性和对称性。下面证明映射 d 满足正定性和三角不等式。

当 $d(x, y)=0$，则 $\int_E|x(t)-y(t)|^p\mathrm{d}\mu=0$。由性质 3.7.2，则 $|x(t)-y(t)|^p=0$，

a. e. E，即 $x(t)=y(t)$，a. e. E，因此 $x=y$。 $\forall x, y, z \in L^p(E)$，由推论 4.1.4，则

$$\begin{aligned}d(x, y)&=\left(\int_E |x(t)-y(t)|^p \mathrm{d}\mu\right)^{\frac{1}{p}}\\&=\left(\int_E |(x(t)-z(t))+(z(t)-y(t))|^p \mathrm{d}\mu\right)^{\frac{1}{p}}\\&\leqslant\left(\int_E |x(t)-z(t)|^p \mathrm{d}\mu\right)^{\frac{1}{p}}+\left(\int_E |z(t)-y(t)|^p \mathrm{d}\mu\right)^{\frac{1}{p}}\\&=d(x, z)+d(z, y)\end{aligned}$$

例 4.1.5　设 $S(\mathbb{F})=\{\{x_n\}: x_n \in \mathbb{F}\}$ 是 $\mathbb{F}$ 上的所有数列之集。设 $x=\{x_n\}$，$y=\{y_n\}\in S(\mathbb{F})$，定义 $d(x, y)=\sum_{n=1}^{\infty}\frac{1}{2^n}\frac{|x_n-y_n|}{1+|x_n-y_n|}$。求证：$(S(\mathbb{F}), d)$ 是一个距离空间。

证明： 首先证明上述距离是定义好的，即等号右端的级数是收敛的。

由 $\frac{1}{2^n}\frac{|x_n-y_n|}{1+|x_n-y_n|}\leqslant\frac{1}{2^n}$，$\sum_{n=1}^{\infty}\frac{1}{2^n}$ 收敛及比较判别法，则 $\sum_{n=1}^{\infty}\frac{1}{2^n}\frac{|x_n-y_n|}{1+|x_n-y_n|}$ 收敛。

容易证明映射 d 满足正定性和对称性。下证映射 d 满足三角不等式。由 $f(t)=\frac{t}{t+1}$ 在 $[0, +\infty)$ 上是增函数，$\forall x=\{x_n\}$，$y=\{y_n\}$，$z=\{z_n\}\in S(\mathbb{F})$，则

$$\begin{aligned}\frac{|x_n-y_n|}{|x_n-y_n|+1}&=f(|(x_n-z_n)+(z_n-y_n)|)\leqslant f(|x_n-z_n|+|z_n-y_n|)\\&=\frac{|x_n-z_n|}{|x_n-z_n|+|z_n-y_n|+1}+\frac{|z_n-y_n|}{|x_n-z_n|+|z_n-y_n|+1}\\&\leqslant\frac{|x_n-z_n|}{|x_n-z_n|+1}+\frac{|z_n-y_n|}{|z_n-y_n|+1}\end{aligned}$$

因此

$$\sum_{n=1}^{\infty}\frac{1}{2^n}\frac{|x_n-y_n|}{|x_n-y_n|+1}\leqslant\sum_{n=1}^{\infty}\frac{1}{2^n}\frac{|x_n-z_n|}{|x_n-z_n|+1}+\sum_{n=1}^{\infty}\frac{1}{2^n}\frac{|z_n-y_n|}{|z_n-y_n|+1}$$

进而

$$d(x, y)\leqslant d(x, z)+d(z, y)$$

例 4.1.6　离散距离空间。设 X 是一个非空集合。设 $x, y\in X$，定义 $d(x, y)=\begin{cases}1, & x\neq y\\0, & x=y\end{cases}$，求证：$(X, d)$ 是一个距离空间。

证明： 由定义容易证明映射 d 满足正定性和对称性。下证映射 d 满足三角不等式。

$\forall x, y, z\in X$，当 $x=y=z$ 时，则 $d(x, y)=0$，$d(x, z)=0$，$d(z, y)=0$，进而 $d(x, y)=d(x, z)+d(z, y)$；当 x, y, z 中仅有一对相等时，不妨设 $x=y\neq z$，则 $d(x, y)=0$，$d(x, z)=1=d(z, y)$。故 $d(x, y)=0<2=d(x, z)+d(z, y)$。

当 x, y, z 全不相等，即 $x\neq y$，$y\neq z$，$z\neq x$，则

$$d(x, y)=1,\ d(x, z)=1,\ d(z, y)=1$$

故

$$d(x, y)=1<2=d(x, z)+d(z, y)$$

综上可得，$d(x, y)\leqslant d(x, z)+d(z, y)$。

注记： 上例说明任何非空集合都可以成为距离空间。

例 4.1.7　设(X, ρ)是一个距离空间，$x, y \in X$，定义$d(x, y)=\dfrac{\rho(x, y)}{1+\rho(x, y)}$。求证：$(X, d)$是一个距离空间。

证明： 由定义容易证明映射 d 满足正定性和对称性。下证映射 d 满足三角不等式。$\forall x, y, z \in X$，则$\rho(x, y) \leqslant \rho(x, z)+\rho(z, y)$。类似与例 4.1.5 可得

$$
\begin{aligned}
d(x, y) &= f(\rho(x, y)) \leqslant f(\rho(x, z)+\rho(z, y)) \\
&= \frac{\rho(x, z)}{1+\rho(x, z)+\rho(z, y)}+\frac{\rho(z, y)}{1+\rho(x, z)+\rho(z, y)} \\
&\leqslant \frac{\rho(x, z)}{1+\rho(x, z)}+\frac{\rho(z, y)}{1+\rho(z, y)}=d(x, z)+d(z, y)
\end{aligned}
$$

注记： 上例说明在同一个距离空间上可以定义多种距离。

泛函分析与微积分研究问题的方式不同。微积分主要研究一个或者几个函数的性质。在泛函分析中将函数看做空间中的点，主要研究无穷多个函数构成集合的性质。

定义 4.1.2　设(X, d)是一个距离空间，$\{x_n\} \subseteq X$。如果 $\exists x \in X$ 使得$\lim\limits_{n \to \infty} d(x_n, x)=0$，即 $\forall \varepsilon>0, \exists m, \forall n>m \Rightarrow d(x_n, x)<\varepsilon$，则称$\{x_n\}$依距离 d 收敛于x，记为$\lim\limits_{n \to \infty} x_n=x$。

定理 4.1.1　设(X, d)是一个距离空间。

(1) 收敛点列的极限是唯一的，即如果$\lim\limits_{n \to \infty} x_n=x$，$\lim\limits_{n \to \infty} x_n=y$，则 $y=x$。

(2) 收敛点列的任何一个子列都收敛且极限相等，即如果$\lim\limits_{n \to \infty} x_n=x$，则$\lim\limits_{k \to \infty} x_{n_k}=x$。

(3) 如果$\lim\limits_{n \to \infty} x_n=x$ 且$\lim\limits_{n \to \infty} y_n=y$，则$\lim\limits_{n \to \infty} d(x_n, y_n)=d(x, y)=d(\lim\limits_{n \to \infty} x_n, \lim\limits_{n \to \infty} y_n)$。

证明： (1) 设$\lim\limits_{n \to \infty} x_n=x$，$\lim\limits_{n \to \infty} x_n=y$，则 $\forall \varepsilon>0$，$\exists m_1, m_2 \in \mathbb{N}$，$\forall n>m_1$ 有

$$
d(x, x_n)=d(x_n, x)<\frac{\varepsilon}{2}
$$

$\forall n>m_2$ 有 $d(x_n, y)<\dfrac{\varepsilon}{2}$。取 $m=\max\{m_1, m_2\}$，$\forall n>m$，则

$$
d(x, y) \leqslant d(x, x_n)+d(x_n, y)<\frac{\varepsilon}{2}+\frac{\varepsilon}{2}=\varepsilon
$$

由 ε 的任意性，则 $d(x, y)=0$ 且 $y=x$。

(2) 由$\lim\limits_{n \to \infty} x_n=x$，则 $\forall \varepsilon>0$，$\exists m$，$\forall n>m$ 有$d(x_n, x)<\varepsilon$。对上述ε，取上述 m，$\forall k>m$，则 $n_k \geqslant k>m$，进而 $d(x_{n_k}, x)<\varepsilon$。故$\lim\limits_{k \to \infty} x_{n_k}=x$。

(3) 首先证明拟三角不等式。$\forall x, y, u, v \in X$，由三角不等式可得，

$$
d(x, y) \leqslant d(x, u)+d(u, y) \leqslant d(x, u)+d(u, v)+d(v, y)
$$

故

$$
d(x, y)-d(u, v) \leqslant d(x, u)+d(y, v)
$$

类似地，

$$
-(d(x, u)+d(y, v)) \leqslant d(x, y)-d(u, v)
$$

因此

$$|d(x, y)-d(u, v)| \leqslant d(x, u)+d(y, v)$$

由于$\lim\limits_{n\to\infty} x_n = x$，则 $\forall \varepsilon > 0$，$\exists m_1$，$\forall n > m_1$，$d(x_n, x) < \dfrac{\varepsilon}{2}$。类似地，对上述ε，$\exists m_2$，$\forall n > m_2$ 有 $d(y_n, y) < \dfrac{\varepsilon}{2}$。对上述ε，取 $m = m_1 + m_2$，$\forall n > m$ 有

$$|d(x_n, y_n)-d(x, y)| \leqslant d(x_n, x)+d(y_n, y) < \frac{\varepsilon}{2}+\frac{\varepsilon}{2}=\varepsilon$$

故

$$\lim_{n\to\infty} d(x_n, y_n)=d(x, y)$$

例 4.1.8 求证：在 Euclid 空间$\mathbb{R}^n$中，点列依距离收敛当且仅当点列依坐标收敛。

证明：(1) $\forall \{x^{(k)}\} \subseteq \mathbb{R}^n$且$\lim\limits_{k\to\infty} x^{(k)} = x \in \mathbb{R}^n$，其中 $x^{(k)}=(x_1^{(k)}, x_2^{(k)}, \cdots, x_n^{(k)})$，$x=(x_1, x_2, \cdots, x_n)$。$\forall \varepsilon > 0$，$\exists m$，$\forall k > m$ 有 $d(x^{(k)}, x) < \varepsilon$。对上述ε，取上述 m，$\forall k > m$ 恒有

$$|x_i^{(k)}-x_i|^p \leqslant \sum_{i=1}^{n}|x_i^{(k)}-x_i|^p = d(x^{(k)}, x)^p < \varepsilon^p$$

即

$$|x_i^{(k)}-x_i| < \varepsilon, \quad i=1, 2, \cdots, n$$

故$\lim\limits_{k\to\infty} x_i^{(k)} = x_i$，$i=1, 2, \cdots, n$。因此$\{x^{(k)}\}$依坐标收敛于 x。

(2) 对 $i=1, 2, \cdots, n$，设$\lim\limits_{k\to\infty} x_i^{(k)} = x_i$，则 $\forall \varepsilon > 0$，$\exists m_i$，$\forall k > m_i$，$|x_i^{(k)}-x_i| < \dfrac{\varepsilon}{\sqrt[p]{n}}$。对上述ε，取 $m=\max\{m_1, m_2, \cdots, m_n\}$，$x=(x_1, x_2, \cdots, x_n)$，$\forall k > m$ 恒有

$$d(x^{(k)}, x)^p = \sum_{i=1}^{n}|x_i^{(k)}-x_i|^p < \sum_{i=1}^{n}\frac{\varepsilon^p}{n}=\varepsilon^p$$

即 $d(x^{(k)}, x) < \varepsilon$。因此$\lim\limits_{k\to\infty} x^{(k)} = x$。

例 4.1.9 求证：在 $C[a, b]$ 中，函数列依距离收敛当且仅当函数列一致收敛。

证明：$\{x_n\}$依距离 d 收敛于x，当且仅当$\lim\limits_{n\to\infty} d(x_n, x)=0 \Leftrightarrow \forall \varepsilon > 0$，$\exists k$，$\forall n > k$ 有

$$\begin{aligned} d(x_n, x) < \varepsilon &\Leftrightarrow \max_{t\in[a, b]}|x_n(t)-x(t)| < \varepsilon \\ &\Leftrightarrow |x_n(t)-x(t)| < \varepsilon, \ \forall t \in [a, b] \end{aligned}$$

当且仅当 $x_n(t) \rightrightarrows x(t)$，即$\{x_n\}$ 在$[a, b]$上一致收敛于 x。

例 4.1.10 设 $E \subseteq \mathbb{R}^n$ 是一个 Lebesgue 可测集且 $m(E) < +\infty$，$M(E)$ 是 E 上所有几乎处处有限的 Lebesgue 可测函数构成的集合。规定：$f=g \Leftrightarrow f(t)=g(t)$，a.e. E。设 $f, g \in M(E)$，定义 $d(f, g)=\displaystyle\int_E \frac{|f(t)-g(t)|}{1+|f(t)-g(t)|}\mathrm{d}m$。求证：$(M(E), d)$ 是一个距离空间，进而函数列依距离 d 收敛当且仅当函数列依测度 m 收敛。

证明：易证 d 满足正定性和对称性。下证 d 满足三角不等式。$\forall f, g, h \in M(E)$，则 $|f(t)-g(t)| \leqslant |f(t)-h(t)|+|h(t)-g(t)|$。由 $x(t)=\dfrac{t}{t+1}$ 在$[0, +\infty)$ 上是

增函数，则

$$
\begin{aligned}
d(f,g)&=\int_E x(|f(t)-g(t)|)\mathrm{d}m\leqslant\int_E x(|f(t)-h(t)|+|h(t)-g(t)|)\mathrm{d}m\\
&=\int_E\frac{|f(t)-h(t)|+|h(t)-g(t)|}{1+|f(t)-h(t)|+|h(t)-g(t)|}\mathrm{d}m\\
&=\int_E\frac{|f(t)-h(t)|}{1+|f(t)-h(t)|+|h(t)-g(t)|}\mathrm{d}m+\int_E\frac{|h(t)-g(t)|}{1+|f(t)-h(t)|+|h(t)-g(t)|}\mathrm{d}m\\
&\leqslant\int_E\frac{|f(t)-h(t)|}{1+|f(t)-h(t)|}\mathrm{d}m+\int_E\frac{|h(t)-g(t)|}{1+|h(t)-g(t)|}\mathrm{d}m\\
&=d(f,h)+d(h,g)
\end{aligned}
$$

因此$(M(E),d)$是距离空间。

设$f_n,f\in M(E)$，$\forall n\in\mathbb{N}$。由$x(t)=\dfrac{t}{t+1}$在$[0,+\infty)$上是增函数，则$\forall\sigma>0$有

$$
\begin{aligned}
d(f_n,f)&=\int_E\frac{|f_n(t)-f(t)|}{1+|f_n(t)-f(t)|}\mathrm{d}m\geqslant\int_{E(|f_n-f|>\sigma)}\frac{|f_n(t)-f(t)|}{1+|f_n(t)-f(t)|}\mathrm{d}m\\
&=\int_{E(|f_n-f|>\sigma)}x(|f_n(t)-f(t)|)\mathrm{d}m\\
&\geqslant\int_{E(|f_n-f|>\sigma)}x(\sigma)\mathrm{d}m=\int_{E(|f_n-f|>\sigma)}\frac{\sigma}{1+\sigma}\mathrm{d}m\\
&=\frac{\sigma}{1+\sigma}m(E(|f_n-f|>\sigma))
\end{aligned}
$$

因此

$$0\leqslant m(E(|f_n-f|>\sigma))\leqslant\frac{1+\sigma}{\sigma}d(f_n,f)$$

当$\lim\limits_{n\to\infty}d(f_n,f)=0$时，由夹逼准则，得

$$\lim_{n\to\infty}m(E(|f_n-f|>\sigma))=0$$

故$\{f_n\}\to f,m$。

当$\{f_n\}\to f,m$时，$\forall\varepsilon\in(0,2m(E))$，取$\sigma=\dfrac{\varepsilon}{2m(E)-\varepsilon}$。对上述$\sigma$，则

$$\lim_{n\to\infty}m(E(|f_n-f|>\sigma))=0$$

对上述ε，$\exists k$，$\forall n>k$，则$m(E(|f_n-f|>\sigma))<\dfrac{\varepsilon}{2}$。由

$$
\begin{aligned}
d(f_n,f)&=\int_{E(|f_n-f|\geqslant\sigma)}\frac{|f_n(t)-f(t)|}{1+|f_n(t)-f(t)|}\mathrm{d}m+\int_{E(|f_n-f|<\sigma)}\frac{|f_n(t)-f(t)|}{1+|f_n(t)-f(t)|}\mathrm{d}m\\
&\leqslant\int_{E(|f_n-f|\geqslant\sigma)}1\mathrm{d}m+\int_{E(|f_n-f|<\sigma)}\frac{\sigma}{1+\sigma}\mathrm{d}m\\
&\leqslant m(E(|f_n-f|\geqslant\sigma))+\frac{\sigma}{1+\sigma}m(E)
\end{aligned}
$$

对上述ε，取上述k，$\forall n>k$，则

$$d(f_n,f)\leqslant m(E(|f_n-f|\geqslant\sigma))+\frac{\sigma}{1+\sigma}m(E)<\frac{\varepsilon}{2}+\frac{\varepsilon}{2}=\varepsilon$$

故$\lim\limits_{n\to\infty}d(f_n,f)=0$。

4.2 距离空间中的点集与连续映射

定义 4.2.1 设(X, d)是一个距离空间，$x_0\in X$，$\delta>0$。

(1) 称 $S(x_0, \delta)=\{x\in X: d(x_0, x)<\delta\}$为以 x_0 为中心、δ 为半径的开球(open ball)。

(2) 称 $\overline{S}(x_0, \delta)=\{x\in X: d(x_0, x)\leqslant\delta\}$为以 x_0 为中心、δ 为半径的闭球(closed ball)。

定义 4.2.2 设(X, d)是一个距离空间，$A\subseteq X$。

(1) 设 $x_0\in X$，如果$\exists\delta_0>0$ 使得 $S(x_0, \delta_0)\subseteq A$，则称 x_0 为集合 A 的一个内点。

(2) 称集合 A 的全体内点构成的集合为集合 A 的内部，记为 A°。

(3) 如果集合 A 的每一个点都是 A 的内点，即 $A^\circ=A$，则称 A 为开集。

定理 4.2.1 设(X, d)是距离空间，

$$T_d=\{A\subseteq X: \forall x\in A, \exists\delta_x>0\wedge S(x, \delta_x)\subseteq A\}\cup\{\varnothing\}$$

则(X, T_d)是一个拓扑空间，即 A 是(X, d)中的开集当且仅当 A 是(X, T_d)中的开集。

定义 4.2.3 设(X, d)是距离空间，

$$T_d=\{A\subseteq X\mid \forall x\in A, \exists\delta_x>0\wedge S(x, \delta_x)\subseteq A\}\cup\varnothing$$

则称(X, T_d)是由距离 d 诱导的拓扑空间。

注记： 以后距离空间上的拓扑就是上述拓扑；距离空间是最重要的拓扑空间之一。

性质 4.2.1 设(X, d)是一个距离空间。

(1) 距离空间中的开球是开集，即$\forall x_0\in X$，$\forall\delta>0$，$S(x_0, \delta)$是(X, d)中的开集。

(2) 距离空间是一个 Hausdorff 空间。

证明： (1) $\forall y\in S(x_0, \delta)$，则 $d(y, x_0)<\delta$。取 $\varepsilon=\min\{d(y, x_0), \delta-d(y, x_0)\}$，$\forall z\in S(y, \varepsilon)$，则 $d(z, y)<\varepsilon$。由三角不等式可得

$$d(z, x_0)\leqslant d(z, y)+d(y, x_0)<\varepsilon+d(y, x_0)\leqslant\delta$$

故 $z\in S(x_0, \delta)$。由 z 的任意性，则 $S(y, \varepsilon)\subseteq S(x_0, \delta)$。故 y 为$S(x_0, \delta)$的内点。由 y 的任意性，得 $S(x_0, \delta)$是开集。

(2) 由 $x\neq y$，则 $d(x, y)>0$。取 $\delta_0=\dfrac{1}{3}d(x, y)$。假设$\exists z\in S(x, \delta_0)\cap S(y, \delta_0)$，故 $d(x, z)<\delta_0$，$d(y, z)<\delta_0$。由三角不等式可得

$$d(x, y)\leqslant d(x, z)+d(y, z)<\delta_0+\delta_0=\frac{2}{3}d(x, y)$$

产生矛盾。故 $S(x, \delta_0)\cap S(y, \delta_0)=\varnothing$。

定义 4.2.4 设(X, d)是一个距离空间，$A\subseteq X$，$x_0\in X$。

(1) 如果$\forall\delta>0$ 有 $S(x_0, \delta)\cap(A-\{x_0\})\neq\varnothing$，则称 x_0 是集合 A 的聚点。

(2) 称集合 A 的全体聚点构成的集合为 A 的导集，记为 A'。

(3) 称 $A-A'$中的点为集合 A 的孤立点，记为 $\mathrm{iso}(A)$。

定义 4.2.5 设(X, d)是一个距离空间，$A\subseteq X$。

(1) 如果 A 的任何一个聚点都在 A 中，即 $A'\subseteq A$，则称集合 A 是闭集。

(2) 称集合 $A'\cup A$ 为 A 的闭包，记为 $\overline{A}$，即 $\overline{A}=A'\cup A$。

定理 4.2.2　设(X, d)是一个距离空间，$A\subseteq X$，$x_0\in X$。

(1) $x_0\in A'\Leftrightarrow \exists\{x_n\}\langle\{x_n\}\subseteq A-\{x_0\}\wedge \lim\limits_{n\to\infty}x_n=x_0\rangle$。

(2) $x_0\in \overline{A}\Leftrightarrow \exists\{x_n\}\langle\{x_n\}\subseteq A\wedge \lim\limits_{n\to\infty}x_n=x_0\rangle$。

证明：(1) 必要性。设 $x_0\in A'$，则 $\forall\delta>0$ 有 $S(x_0, \delta)\cap(A-\{x_0\})\neq\varnothing$。即对上述 δ，$\exists x_\delta\in S(x_0, \delta)$，$x_\delta\in A-\{x_0\}$。$\forall n\in\mathbb{N}$，取 $\delta=1/n$，$\exists x_n\in S(x_0, 1/n)$且$\{x_n\}\subseteq A-\{x_0\}$，则 $0<d(x_0, x_n)<1/n$。因此存在$\{x_n\}\subseteq A-\{x_0\}$使得$\lim\limits_{n\to\infty}x_n=x_0$。

充分性。设$\{x_n\}\subseteq A-\{x_0\}$且$\lim\limits_{n\to\infty}x_n=x_0$，则 $\forall\delta>0$，$\exists m$，$\forall n>m$ 有 $0<d(x_0, x_n)<\delta$，即 $x_n\in S^\circ(x_0, \delta)$。因此 $S(x_0, \delta)\cap(A-\{x_0\})\neq\varnothing$。故 $x_0\in A'$。

(2) 必要性。设 $x_0\in\overline{A}=A\cup A'$，当 $x_0\in A$ 时，取 $x_n=x_0$，$\forall n\in\mathbb{N}$，故$\{x_n\}\subseteq A$ 且 $\lim\limits_{n\to\infty}x_n=x_0$；当 $x_0\in A'$时，由(1)，则$\exists\{x_n\}\subseteq A-\{x_0\}\subseteq A$ 使得$\lim\limits_{n\to\infty}x_n=x_0$。故当 $x_0\in\overline{A}$ 时，总存在$\{x_n\}\subseteq A$ 使得$\lim\limits_{n\to\infty}x_n=x_0$。

充分性。设$\{x_n\}\subseteq A$ 且$\lim\limits_{n\to\infty}x_n=x_0$，若$\exists k\in\mathbb{N}$，$\forall n>k$ 有 $x_n=x_0$，则 $x_0=x_{k+1}\in A$；若 $\forall k\in\mathbb{N}$，$\exists n_k\in\mathbb{N}$使得 $x_{n_k}\neq x_0$ 且$\lim\limits_{k\to\infty}x_{n_k}=\lim\limits_{n\to\infty}x_n=x_0$，由(1)，则 $x_0\in A'$，故$x_0\in\overline{A}$。

定理 4.2.3　设(X, d)是一个距离空间，$A\subseteq X$。下列命题等价：

(1) A 是闭集；

(2) $\forall\{x_n\}\subseteq A$，若$\lim\limits_{n\to\infty}x_n=x_0$，则 $x_0\in A$；

(3) A^c 是开集。

证明：(1) $\Rightarrow$(2)。$\forall\{x_n\}\subseteq A$，设$\lim\limits_{n\to\infty}x_n=x_0$。若$\exists k\in\mathbb{N}$，$\forall n>k$ 有 $x_n=x_0$，则 $x_0=x_{k+1}\in A$；若 $\forall k\in\mathbb{N}$，$\exists n_k\geqslant k$ 使得 $x_{n_k}\neq x_0$ 且$\lim\limits_{k\to\infty}x_{n_k}=\lim\limits_{n\to\infty}x_n=x_0$，由定理4.2.2，则$x_0\in A'$。由(1)，则 $A'\subseteq A$。因此 $x_0\in A$。

(2) $\Rightarrow$(3)。$\forall x_0\in A^c$，假设 $\forall\delta>0$ 有 $S(x_0, \delta)\cap(A-\{x_0\})\neq\varnothing$，则 $x_0\in A'$。由定理 4.2.1，$\exists\{x_n\}\subseteq A-\{x_0\}$使得$\lim\limits_{n\to\infty}x_n=x_0$。由(2)，则 $x_0\in A$，这与 $x_0\in A^c$ 矛盾。故$\exists\delta_0>0$ 使得 $S(x_0, \delta_0)\cap A=S(x_0, \delta_0)\cap(A-\{x_0\})=\varnothing$，因此 $S(x_0, \delta_0)\subseteq A^c$。故 $x_0\in(A^c)^\circ$。由 x_0 的任意性，则 $A^c\subseteq(A^c)^\circ$。故 A^c 是开集。

(3) $\Rightarrow$(1)。$\forall x\in A^c$，由 A^c 是开集，则$\exists\delta_0>0$ 使得 $S(x, \delta_0)\subseteq A^c$。对上述 δ_0，则 $S(x, \delta_0)\cap(A-\{x\})=S(x, \delta_0)\cap A=\varnothing$。因此 $x\notin A'$，即 $x\in(A')^c$。由 x 的任意性，则 $A^c\subseteq(A')^c$，即 $A'\subseteq A$。因此 A 是闭集。

注记：类似于定理 3.3.1 可以证明下述结论：

设(X, d)是一个距离空间，$A\subseteq X$，则 A°是开集，$\overline{A}$ 是闭集。

下面将拓扑空间上的连续概念推广到距离空间上。

定义 4.2.6　设(X, d_1)和(Y, d_2)是两个距离空间，T：$X\to Y$。

(1) 设 $x_0\in X$。若$\lim\limits_{x\to x_0}Tx=Tx_0$，则称 T 在 x_0 点连续，即 $\forall\varepsilon>0$，$\exists\delta>0$，$\forall x\in$

$S(x_0, \delta)$有 $Tx \in S(Tx_0, \varepsilon)$，或者$\forall \varepsilon>0$，$\exists \delta>0 \Rightarrow T(S(x_0, \delta)) \subseteq S(Tx_0, \varepsilon)$。

(2) 若$\forall x \in X$ 有 T 在 x 点连续，则称 T 是 X 到 Y 内的连续映射，简称映射 T 连续。

定理 4.2.4 设(X, d_1)和(Y, d_2)是两个距离空间，$T: X \to Y$，$x_0 \in X$，则映射 T 在 x_0 点连续当且仅当$\forall \{x_n\} \subseteq X$，$\lim\limits_{n\to\infty} x_n = x_0 \Rightarrow \lim\limits_{n\to\infty} Tx_n = Tx_0$。

证明: 必要性。由 T 在 x_0 点连续，则$\forall \varepsilon>0$，$\exists \delta_0>0$，$\forall x \in S(x_0, \delta_0)$有 $Tx \in S(Tx_0, \varepsilon)$。由$\lim\limits_{n\to\infty} x_n = x_0$，则对上述 δ_0，$\exists m$，$\forall n>m$ 有 $d_1(x_0, x_n)<\delta_0$，即 $x_n \in S(x_0, \delta_0)$。对上述 ε，取上述 m，$\forall n>m$ 有 $Tx_n \in S(Tx_0, \varepsilon)$，即 $d_2(Tx_0, Tx_n)<\varepsilon$。因此$\lim\limits_{n\to\infty} Tx_n = Tx_0$。

充分性。假设映射 T 在 x_0 点不连续，故$\exists \varepsilon_0>0$，$\forall \delta>0$，$\exists x_\delta \in S(x_0, \delta)$，但是 $T(x_\delta) \notin S(T(x_0), \varepsilon_0)$。$\forall n \in \mathbb{N}$，取 $\delta = \dfrac{1}{n}$，$\exists x_n \in S\left(x_0, \dfrac{1}{n}\right)$且 $Tx_n \notin S(Tx_0, \varepsilon_0)$，即$\exists \{x_n\} \subseteq X$ 使得$\lim\limits_{n\to\infty} x_n = x_0$ 且 $d_2(Tx_n, Tx_0) \geqslant \varepsilon_0$ 与$\lim\limits_{n\to\infty} Tx_n = Tx_0$ 矛盾。故 T 在 x_0 点连续。

定理 4.2.5 设(X, d_1)和(Y, d_2)是两个距离空间，$T: X \to Y$。下列命题等价：

(1) $T: X \to Y$ 是连续的；

(2) (Y, d_2)中的每一个开集 G 的原像 $T^{-1}(G)$是(X, d_1)中的开集；

(3) (Y, d_2)中的每一个闭集 F 的原像 $T^{-1}(F)$是(X, d_1)中的闭集。

证明: (1) ⇒(2)。设 G 为 Y 中的一个开集。若 $T^{-1}(G)=\varnothing$，则 $T^{-1}(G)$是开集；若 $T^{-1}(G) \neq \varnothing$，$\forall x_0 \in T^{-1}(G)$，则 $Tx_0 \in G$。由 G 是开集，则 $Tx_0 \in G^\circ$，故$\exists \varepsilon>0$ 使得 $S(Tx_0, \varepsilon) \subseteq G$。由(1)，则 T 在 x_0 点连续，故$\exists \delta_0>0$ 使得

$$T(S(x_0, \delta_0)) \subseteq S(Tx_0, \varepsilon) \subseteq G$$

即 $S(x_0, \delta_0) \subseteq T^{-1}(G)$。由 x_0 的任意性，则 $T^{-1}(G)$是开集。因此(2)成立。

(2) ⇒(3)。设 F 是 Y 中的一个闭集，则 F^c 是 Y 中的开集。由(2)，则 $T^{-1}(F^c)$是 X 中的开集。由 $T^{-1}(F)=T^{-1}((F^c)^c)=(T^{-1}(F^c))^c$，则 $T^{-1}(F)$是 X 中的闭集。

(3) ⇒(2)。设 G 是 Y 中的一个开集，则 G^c 是 Y 中的闭集。由(3)，则 $T^{-1}(G^c)$是 X 中的闭集。由 $T^{-1}(G)=T^{-1}((G^c)^c)=(T^{-1}(G^c))^c$，则 $T^{-1}(G)$是 X 中的开集。

(2) ⇒(1)。$\forall x_0 \in X$，$\forall \varepsilon>0$，则 $G=S(Tx_0, \varepsilon)$是 Y 中的开集。由(2)，则 $T^{-1}(G)$是 X 中的开集。由 $Tx_0 \in G$，则 $x_0 \in T^{-1}(G)$，故$\exists \delta_0>0$ 使得 $S(x_0, \delta_0) \subseteq T^{-1}(G)$，即 $T(S(x_0, \delta_0)) \subseteq T(T^{-1}(G)) \subseteq G$。对上述 ε，取上述 δ_0 有 $T(S(x_0, \delta_0)) \subseteq G = S(Tx_0, \varepsilon)$。

由定义 4.2.6，则 T 在 x_0 点连续。由 x_0 的任意性，则 $T: X \to Y$ 是连续的。

定义 4.2.7 设(X, d_1)和(Y, d_2)是两个距离空间，$T: X \to Y$。

(1) 若 T 是双射且 T 和 T^{-1} 是连续的，则称距离空间 X 与 Y 是同胚的。

(2) 若$\forall x_1, x_2 \in X$ 有 $d_2(Tx_1, Tx_2)=d_1(x_1, x_2)$，则称 T 是 X 到 Y 内的一个等距(isometry)。

(3) 若 T 是 X 到 Y 内的一个等距且 T 是满射，则称 T 是 X 到 Y 上的一个等距同构，称距离空间 X 与 Y 等距同构。

(4) 若 $\forall \varepsilon>0$，$\exists \delta>0$，$\forall x_1, x_2 \in X$ 只要 $d_1(x_1, x_2)<\delta$ 就有 $d_2(Tx_1, Tx_2)<\varepsilon$，则称映射 T 是一致连续的。

定义 4.2.8　设 (X, d) 是一个距离空间。

(1) 设 $A \subseteq X$。如果 $\overline{A}=X$，则称集合 A 在距离空间 (X, d) 中是稠密的。

(2) 如果 X 有一个可数的稠密子集，则称距离空间 (X, d) 是可分的。

例 4.2.1　求证：

(1) Euclid 空间 $\mathbb{R}^n$ 和距离空间 $S(\mathbb{R})$ 是可分的。

(2) 距离空间 $C[a, b]$ 是可分的。

(3) 距离空间 l^p 是可分的，其中 $1 \leqslant p<+\infty$。

证明：

(1) 由 $\mathbb{Q}$ 在 $\mathbb{R}$ 中是稠密的且是可数集，则 $\mathbb{R}$ 是可分的。故 $\mathbb{R}^n$ 和 $S(\mathbb{R})$ 是可分的。

(2) 由 $\mathbb{Q}[x] \cap C[a, b]$ 是 $C[a, b]$ 的可数稠密子集，则 $C[a, b]$ 是可分的。

(3) 设 $M=\{x=(x_1, x_2, \cdots, x_n, 0, \cdots): x_i \in \mathbb{Q}, i=1, 2, \cdots, n, \forall n \in \mathbb{N}\}$，则 M 是可数集。

$\forall y \in l^p$，其中 $y=(y_1, y_2, \cdots, y_n, \cdots)$，则 $\sum_{n=1}^{\infty}|y_n|^p<+\infty$。$\forall \varepsilon>0$，$\exists n \in \mathbb{N}$，当 $i>n$ 时，$\sum_{i=n+1}^{\infty}|y_i|^p<\frac{\varepsilon^p}{2}$。对于任意 $i=1, 2, \cdots, n$。由于 $\mathbb{Q}$ 在 $\mathbb{R}$ 中是稠密的，则 $\forall y_i$，$\exists z_i \in \mathbb{Q}$ 使得 $|y_i-z_i|^p<\frac{\varepsilon^p}{2n}$，进而 $\sum_{i=1}^{n}|y_i-z_i|^p<\frac{\varepsilon^p}{2}$。取 $z=(z_1, z_2, \cdots, z_n, 0, \cdots)$，则 $z \in M$ 且

$$d(y, z)^p=\sum_{i=1}^{\infty}|y_i-z_i|^p=\sum_{i=1}^{n}|y_i-z_i|^p+\sum_{i=n+1}^{\infty}|y_i|^p<\varepsilon^p$$

即 $d(y, z)<\varepsilon$。故 M 在 l^p 中是稠密的。因此 l^p 是可分的。

例 4.2.2　求证：距离空间 l^{∞} 是不可分的。

证明： 设 $A=\{x=(x_1, x_2, \cdots, x_n, \cdots): x_i=0$ 或 $1, i=1, 2, \cdots\}$，则 $A \subseteq l^{\infty}$。$\forall x, y \in A$ 且 $x \neq y$，其中 $x=(x_1, x_2, \cdots, x_n, \cdots)$，$y=(y_1, y_2, \cdots, y_n, \cdots)$，则

$$d(x, y)=\sup_{n \in \mathbb{N}}|x_n-y_n|=1$$

由于 $|A|=|[0, 1]|$，则 A 是不可数集。假设 B 在 l^{∞} 中是稠密的。故 $\exists x_0 \in B$ 使得 $S\left(x_0, \frac{1}{2}\right)$ 中至少包含 A 中两个不同的点。设 $y_1, y_2 \in A$ 且 $y_1 \neq y_2$，则 $d(y_1, y_2)=1$。故

$$1=d(y_1, y_2) \leqslant d(y_1, x_0)+d(x_0, y_2)<1$$

产生矛盾。因此 l^{∞} 是不可分的。

例 4.2.3　设 $p \geqslant 1$。设 $BM[a, b]$ 表示 $[a, b]$ 上的所有有界可测函数构成的集合。求证：

(1) $BM[a, b]$ 在 $L^p[a, b]$ 中是稠密的。

(2) $C[a, b]$ 在 $L^p[a, b]$ 中是稠密的。

证明: (1) $\forall x \in L^p[a,b]$, $\forall n \in \mathbb{N}$, 设 $x_n(t)=\begin{cases} x(t), & |x(t)| \leqslant n \\ 0, & |x(t)| > n \end{cases}$, 则 $x_n \in BM[a,b]$。故

$$\int_a^b |x_n(t)-x(t)|^p \mathrm{d}m = \int_{[a,b](|n|>n)} |x(t)|^p \mathrm{d}m$$

由 $|x|^p \in L^1[a,b]$ 及 Lebesgue 积分的绝对连续性可得, $\forall \varepsilon>0$, $\exists \delta>0$, $\forall E_0 \subseteq [a,b]$ 且 $m(E_0)<\delta$ 有 $\int_{E_0} |x(t)|^p \mathrm{d}m < \varepsilon^p$。

由

$$n^p m([a,b](|x|>n)) \leqslant \int_{[a,b](|x|>n)} |x(t)|^p \mathrm{d}m \leqslant \int_a^b |x|^p \mathrm{d}m$$

取 $N=\left[\dfrac{d(x,0)}{\sqrt[p]{\delta}}\right]+1$, $\forall n>N$ 有

$$m([a,b](|x|>n)) \leqslant \frac{1}{n^p} d^p(x,0) < \delta$$

对上述 ε 和 N, $\forall n>N$, 取 $E_0=[a,b](|x|>n)$, 则

$$d(x_n,x)=\left(\int_a^b |x_n(t)-x(t)|^p \mathrm{d}m\right)^{\frac{1}{p}}=\left(\int_{[a,b](|x|>n)} |x(t)|^p \mathrm{d}m\right)^{\frac{1}{p}}<\varepsilon$$

因此 $\lim\limits_{n\to\infty} x_n = x$。故 $BM[a,b]$ 在 $L^p[a,b]$ 中是稠密的。

(2) $\forall x \in BM[a,b]$, 则 $\exists K>0$ 使得 $\max\limits_{t\in[a,b]} |x(t)|<K$。$\forall \varepsilon>0$, 取 $\delta=\left(\dfrac{\varepsilon}{2K}\right)^p$, 由 Lusin 定理, $\exists y \in C[a,b]$ 使得 $m(E)<\delta$, 其中 $E=[a,b](x \neq y)$。不妨设 $\max\limits_{t\in[a,b]} |y(t)|<K$, 故

$$d(x,y)^p=\int_{[a,b]} |x(t)-y(t)|^p \mathrm{d}m = \int_E |x(t)-y(t)|^p \mathrm{d}m \leqslant (2K)^p m(E) < \varepsilon^p$$

即 $d(x,y)<\varepsilon$。故 $C[a,b]$ 在 $BM[a,b]$ 中是稠密的。由(1)可得, $C[a,b]$ 在 $L^p[a,b]$ 中是稠密的。

4.3 距离空间的完备性和紧性

定义 4.3.1 设 (X,d) 是一个距离空间, $\{x_n\}\subseteq X$。若 $\forall \varepsilon>0$, $\exists m$, $\forall n>m$, $\forall k\in\mathbb{N}$ 有 $d(x_{n+k},x_n)<\varepsilon$, 则称 $\{x_n\}$ 为距离空间 (X,d) 中的一个 Cauchy 列。

借鉴数学分析中的 Cauchy 准则, 1906 年 Frechet 给出了距离空间中完备性的概念。

定义 4.3.2 设 (X,d) 是一个距离空间, $M\subseteq X$ 且 $M\neq\varnothing$。

(1) 如果 X 中的任何 Cauchy 列都收敛, 则称 (X,d) 为完备的距离空间。

(2) 称距离空间 $(M, d|_{M\times M})$ 是 (X,d) 的一个拓扑子空间, 简称子空间, 简记为 (M,d)。

(3) 如果 (M,d) 是一个完备的距离空间, 则称 M 是 X 的完备子空间。

定义 4.3.3 设 (X,d) 是一个距离空间, E, A, $B\subseteq X$, E, A, $B\neq\varnothing$。

(1) 如果 $\forall x_0\in X$, $\exists r_0>0$ 使得 $E\subseteq S(x_0,r_0)$, 则称 E 是 X 中的一个有界集。

(2) 称 $\inf\limits_{x\in A,\ y\in B} d(x, y)$为 A 与 B 之间的距离，记为 $d(A, B)$，即 $d(A, B)=\inf\limits_{x\in A,\ y\in B} d(x, y)$。特别地，当 $A=\{x_0\}$时，简记 $d(A, B)$为 $d(x_0, B)$。

定理 4.3.1

(1) 距离空间中的收敛列是有界集。

(2) 距离空间中的收敛列是 Cauchy 列。

证明： 设(X, d)是一个距离空间，$\lim\limits_{n\to\infty} x_n=x$。

(1) 对 $\varepsilon=1$，$\exists m\in\mathbb{N}$，$\forall n>m$ 有 $d(x_n, x)<1$。$\forall x_0\in X$，取 $M=\max\limits_{1\leqslant k\leqslant m}\{d(x_k, x)\}$，$r_0=M+1+d(x, x_0)$。$\forall n\in\mathbb{N}$，则

$$d(x_n, x_0)\leqslant d(x_n, x)+d(x, x_0)\leqslant M+1+d(x, x_0)=r_0$$

因此$\{x_n\}$是有界集。

(2) 由$\lim\limits_{n\to\infty} x_n=x$，则 $\forall\varepsilon>0$，$\exists m$，$\forall n>m$ 有 $d(x_n, x)<\frac{\varepsilon}{2}$。故对上述 ε，取上述 m，$\forall n>m$，$\forall k\in\mathbb{N}$有

$$d(x_{n+k}, x_n)\leqslant d(x_{n+k}, x)+d(x_n, x)<\varepsilon$$

故$\{x_n\}$是 Cauchy 列。

定理 4.3.2 完备距离空间 X 的一个子空间 M 是完备的当且仅当 M 是 X 中的闭集。

证明： 充分性。设$\{x_n\}$是 M 中的一个 Cauchy 列，则$\{x_n\}$是 X 中的 Cauchy 列。由于 X 是完备的，则$\{x_n\}$在 X 中收敛，即 $\exists x\in X$ 使得$\lim\limits_{n\to\infty} x_n=x$。由$\{x_n\}\subseteq M$ 及定理 4.2.3，则 $x\in\overline{M}$。由于 M 是闭集，则 $x\in M$。由$\{x_n\}$的任意性，则 M 是完备的。

必要性。$\forall\{x_n\}\subseteq M$，若$\lim\limits_{n\to\infty} x_n=x$，由定理 4.3.1，则$\{x_n\}$是 M 中的 Cauchy 列。由于 M 是完备的，则 $x\in M$。由定理 4.2.3，则 M 是 X 中的闭集。

由于$\mathbb{R}$是完备的，则区间套定理成立。在完备的距离空间中也有类似定理。

定理 4.3.3 设(X, d)是一个完备的距离空间。如果

(1) $F_n=\overline{S}(x_n, \varepsilon_n)$，$\varepsilon_n>0$，$x_n\in X$，$\forall n\in\mathbb{N}$；

(2) $F_n\supseteq F_{n+1}$，$\forall n\in\mathbb{N}$；

(3) $\lim\limits_{n\to\infty}\varepsilon_n=0$，

则存在唯一的点 $x\in F_n$，$\forall n\in\mathbb{N}$。

证明： 存在性。$\forall n, p\in\mathbb{N}$，由(2)，则 $x_{n+p}\in\overline{S}(x_{n+p}, \varepsilon_{n+p})\subseteq\overline{S}(x_n, \varepsilon_n)$。由(3)，$\forall\varepsilon>0$，则 $\exists m$，$\forall n>m$，$\forall p\in\mathbb{N}$有

$$d(x_{n+p}, x_n)\leqslant\varepsilon_n=|\varepsilon_n-0|<\varepsilon$$

故$\{x_n\}$是 X 中的 Cauchy 列。由 X 是完备的，则 $\exists x\in X$ 使得$\lim\limits_{n\to\infty} x_n=x$。$\forall n\in\mathbb{N}$，由定理 4.1.1(3)，则

$$d(x_n, x)=d(x_n, \lim_{p\to\infty} x_{n+p})=\lim_{p\to\infty} d(x_n, x_{n+p})\leqslant\varepsilon_n$$

即

$$x\in\overline{S}(x_n, \varepsilon_n)=F_n,\quad\forall n\in\mathbb{N}$$

唯一性。假设$\exists y\in X$使得$y\in F_n$，$\forall n\in\mathbb{N}$，则$d(y, x_n)\leqslant\varepsilon_n$。进而

$$0\leqslant d(y, x)=d(y, \lim_{n\to\infty}x_n)=\lim_{n\to\infty}d(y, x_n)\leqslant\lim_{n\to\infty}\varepsilon_n=0\text{，即 }d(y, x)=0$$

因此$y=x$。

对距离空间完备性的证明大致分为以下步骤：

(1) 利用距离空间中的 Cauchy 列构造$\mathbb{R}$中的 Cauchy 列；

(2) 利用$\mathbb{R}$的完备性，构造距离空间中的一个元素x；

(3) 证明元素x在距离空间中；

(4) 证明距离空间中的 Cauchy 列依距离收敛于元素x。

例 4.3.1 求证：

(1) Euclid 空间$\mathbb{R}^n$是完备的距离空间。

(2) $C[a, b]$依$d(x, y)$是完备的，但是依$\tilde{d}(x, y)=\int_a^b|x(t)-y(t)|\mathrm{d}t$是不完备的。

(3) l^∞是完备的距离空间。

(4) $L^p(E)(1\leqslant p<+\infty)$是完备的距离空间。

证明：(1) 注意：$\mathbb{R}$是完备的。容易证明$\mathbb{R}^n$是完备的。

(2) 设$\{x_n\}$是$(C[a, b], d)$中的任何一个 Cauchy 列。$\forall\varepsilon>0$，$\exists k$，$\forall n, m>k$，$\forall t\in[a, b]$有

$$|x_n(t)-x_m(t)|\leqslant\max_{t\in[a, b]}|x_n(t)-x_m(t)|=d(x_n, x_m)<\varepsilon$$

$\forall t\in[a, b]$，则$\{x_n(t)\}$是$\mathbb{R}$中的 Cauchy 列。由于$\mathbb{R}$是完备的，则$\exists x_0(t)\in\mathbb{R}$使得$x_0(t)=\lim_{n\to\infty}x_n(t)$。因此建立一个函数$x_0$：$[a, b]\to\mathbb{R}$。$\forall t\in[a, b]$，在上述不等式中固定$n$，对$m$取极限可得，

$$|x_n(t)-x_0(t)|=|x_n(t)-\lim_{m\to\infty}x_m(t)|\leqslant\varepsilon$$

由$x_k\in C[a, b]$，对上述ε，$\exists\delta>0$，$\forall t_1, t_2\in[a, b]$且$|t_1-t_2|<\delta$时，

$$|x_k(t_1)-x_k(t_2)|<\varepsilon$$

故对上述ε，取上述δ，$\forall t_1, t_2\in[a, b]$且$|t_1-t_2|<\delta$时，

$$\begin{aligned}|x_0(t_1)-x_0(t_2)|&\leqslant|x_0(t_1)-x_k(t_1)|+|x_k(t_1)-x_n(t_2)|+|x_k(t_2)-x_0(t_2)|\\&<3\varepsilon\end{aligned}$$

故x_0在$[a, b]$上一致连续，进而$x_0\in C[a, b]$。对上述ε，取上述k，$\forall n>k$有

$$d(x_n, x_0)=\max_{t\in[a, b]}|x_n(t)-x_0(t)|\leqslant\varepsilon$$

因此$\lim_{n\to\infty}x_n=x_0$。故$(C[a, b], d)$是完备的。

下面说明$(C[a, b], \tilde{d})$不是完备的距离空间。设$c=\frac{1}{2}(a+b)$，$f_n(t)=\arctan(n(t-c))$，则$f_n\in C[a, b]$，$\forall n\in\mathbb{N}$且

$$f(t)=\lim_{n\to\infty}f_n(t)=\begin{cases}-\frac{\pi}{2}, & t\in[a, c)\\0, & t=c\\\frac{\pi}{2}, & t\in(c, b]\end{cases}$$

取 $g(t)=\pi/2$，则 $|f_n|\leqslant g$。由 $g\in L^1[a,b]$ 及有界收敛定理，则

$$\lim_{n\to\infty}\int_a^b |f_n(t)-f(t)|\,\mathrm{d}t=0$$

即 $\lim\limits_{n\to\infty}d(f_n,f)=0$。故 $\{f_n\}$ 是 $(C[a,b],\tilde{d})$ 中的一个 Cauchy 列。由于 $f\notin C[a,b]$，则 $(C[a,b],\tilde{d})$ 不是完备的。

(3) 设 $\{x^{(m)}\}$ 是 l^∞ 中的任何一个 Cauchy 列。$\forall n\in\mathbb{N}$，$\forall\varepsilon>0$，$\exists k$，$\forall m>k$，$\forall p\in\mathbb{N}$ 有

$$|x_n^{(m)}-x_n^{(m+p)}|\leqslant\sup_{n\in\mathbb{N}}|x_n^{(m)}-x_n^{(m+p)}|=d(x^{(m)},x^{(m+p)})<\frac{\varepsilon}{2}$$

故 $\{x_n^{(m)}\}$ 是 $\mathbb{R}$ 中的 Cauchy 列。由于 $\mathbb{R}$ 是完备的，则 $\exists x_n^{(0)}\in\mathbb{R}$ 使得 $x_n^{(0)}=\lim\limits_{m\to\infty}x_n^{(m)}$。

令 $x^{(0)}=\{x_n^{(0)}\}$，则 $\forall n\in\mathbb{N}$，$\varepsilon=1$，$\exists k_1\in\mathbb{N}$，$\forall m>k_1$ 有 $|x_n^{(0)}-x_n^{(m)}|<1$。

由 $\{x^{(2k_1)}\}\in l^\infty$，则 $\exists M>0$，$\forall n\in\mathbb{N}$ 有 $|x_n^{(2k_1)}|<M$。进而 $\forall n\in\mathbb{N}$ 有

$$|x_n^{(0)}|\leqslant|x_n^{(0)}-x_n^{(2k_1)}|+|x_n^{(2k_1)}|<1+M$$

故 $x^{(0)}\in l^\infty$。由于 $\forall n\in\mathbb{N}$ 有 $|x_n^{(m)}-x_n^{(m+p)}|<\varepsilon/2$，则对 p 取极限可得

$$|x_n^{(m)}-x_n^{(0)}|=|x_n^{(m)}-\lim_{p\to\infty}x_n^{(m+p)}|\leqslant\frac{\varepsilon}{2}$$

因此对上述 ε，取上述 k，$\forall m>k$ 有

$$d(x^{(m)},x^{(0)})=\sup_{n\in\mathbb{N}}|x_n^{(m)}-x_n^{(0)}|<\varepsilon$$

故 $\lim\limits_{m\to\infty}x^{(m)}=x^{(0)}$。由 $\{x^{(m)}\}$ 的任意性，则 l^∞ 是完备的。

(4) 设 $\{f_n\}$ 是 $L^p(E)$ 中的任何一个 Cauchy 列，则 $\forall\varepsilon>0$，$\exists N$，$\forall m,n>N$ 有

$$\left(\int_E|f_n-f_m|^p\,\mathrm{d}\mu\right)^{\frac{1}{p}}=d(f_n,f_m)<\varepsilon$$

对于 $\varepsilon_1=1/2$，$\exists n_1\in\mathbb{N}$，$\forall n\geqslant n_1$ 有

$$\left(\int_E|f_n-f_{n_1}|^p\,\mathrm{d}\mu\right)^{\frac{1}{p}}<\frac{1}{2}$$

对于 $\varepsilon_2=1/2^2$，$\exists n_2\in\mathbb{N}$ 且 $n_2>n_1$，$\forall n\geqslant n_2$ 有

$$\left(\int_E|f_n-f_{n_2}|^p\,\mathrm{d}\mu\right)^{\frac{1}{p}}<\frac{1}{2^2}$$

如此继续构造 $\{n_k\}$ 使得 $1\leqslant n_1<n_2<n_3<\cdots<n_k$ 且 $\forall n\geqslant n_k$ 有

$$\left(\int_E|f_n-f_{n_k}|^p\,\mathrm{d}\mu\right)^{\frac{1}{p}}<\frac{1}{2^k},\ \forall k\in\mathbb{N}$$

特别地，$\left(\int_E|f_{n_{k+1}}-f_{n_k}|^p\,\mathrm{d}\mu\right)^{\frac{1}{p}}<\frac{1}{2^k}$，$\forall k\in\mathbb{N}$。

定义 $g_k=|f_{n_{k+1}}-f_{n_k}|$，$g=\sum\limits_{k=1}^{\infty}g_k$，则 $g\in M^+(E)$。由 Levi 定理及 Minkowski 不等式可得

$$\left(\int_E |g|^p \mathrm{d}\mu\right)^{\frac{1}{p}}=\left(\int_E \left|\lim_{n\to\infty}\sum_{k=1}^{n} g_k\right|^p \mathrm{d}\mu\right)^{\frac{1}{p}}=\left(\int_E \lim_{n\to\infty}\left|\sum_{k=1}^{n} g_k\right|^p \mathrm{d}\mu\right)^{\frac{1}{p}}$$

$$=\lim_{n\to\infty}\left(\int_E \left|\sum_{k=1}^{n} g_k\right|^p \mathrm{d}\mu\right)^{\frac{1}{p}}\leqslant\lim_{n\to\infty}\sum_{k=1}^{n}\left(\int_E |g_k|^p \mathrm{d}\mu\right)^{\frac{1}{p}}$$

$$=\lim_{n\to\infty}\sum_{k=1}^{n}\left(\int_E |f_{n_{k+1}}-f_{n_k}|^p \mathrm{d}\mu\right)^{\frac{1}{p}}\leqslant\sum_{k=1}^{\infty}\frac{1}{2^k}=1$$

故 $g\in L^p(E)$。由性质 3.7.3，则 $g<+\infty$，a.e.，E。$\forall k, p\in\mathbb{N}$，$\forall n_k\in\mathbb{N}$ 有

$$\left|f_{n_{k+p}}(x)-f_{n_k}(x)\right|\leqslant\sum_{j=1}^{p}\left|f_{n_{k+j}}(x)-f_{n_{k+j-1}}(x)\right|=\sum_{j=k}^{k+p} g_j(x)$$

故存在一个零测度集 A 使得 $\{f_{n_k}(x)\}$ 在 $E-A$ 上是$\mathbb{R}$中的 Cauchy 列。故 $\exists f\in M(E)$ 使得 $f_{n_k}\to f$，a.e. E。对上述 ε，取上述 N，$\forall n, n_k>N$ 有 $\left(\int_E |f_n-f_{n_k}|^p \mathrm{d}\mu\right)^{1/p}<\varepsilon$。

由 Fatou 引理，则 $\forall n>N$ 有

$$\int_E |f_n-f|^p \mathrm{d}\mu=\int_E \lim_{k\to\infty}|f_n-f_{n_k}|^p \mathrm{d}\mu\leqslant\varliminf_{k\to\infty}\int_E |f_n-f_{n_k}|^p \mathrm{d}\mu$$

$$=\varliminf_{k\to\infty} d(f_n, f_{n_k})^p\leqslant\varepsilon^p$$

由于 $L^p(E)$ 是线性空间且 $f_n, f_n-f\in L^p(E)$，则 $f\in L^p(E)$。对上述 ε，取上述 N，$\forall n>N$ 有

$$d(f_n, f)=\left(\int_E |f_n-f|^p \mathrm{d}\mu\right)^{\frac{1}{p}}\leqslant\varepsilon$$

则 $\lim\limits_{n\to\infty} d(f_n, f)=0$。故 $L^p(E)$ 是完备的。

例 4.3.2 设 $P[0, 1]$ 是 $[0, 1]$ 上所有多项式构成的集合，定义

$$d(x, y)=\max_{0\leqslant t\leqslant 1}|x(t)-y(t)|$$

求证：$P[0, 1]$ 按照距离 $d(x, y)$ 是 $C[0, 1]$ 的子空间，但不是闭子空间。

证明： 由定理 4.3.2，只需证明 $P[0, 1]$ 不是完备的。设 $p_n(t)=1+t+\dfrac{1}{2!}t^2+\cdots+\dfrac{1}{n!}t^n$，则 $p_n\in P[0, 1]$。$\forall m>n$ 有

$$d(p_m, p_n)=\max_{0\leqslant t\leqslant 1}|p_m(t)-p_n(t)|=\max_{0\leqslant t\leqslant 1}\left|\sum_{k=n+1}^{m}\frac{t^k}{k!}\right|\leqslant\sum_{k=n+1}^{m}\frac{1}{k!}$$

由 $\sum\limits_{k=0}^{\infty}\dfrac{1}{k!}$ 收敛，则 $\{p_n\}$ 是 $P[0, 1]$ 中的柯西列。由

$$d(p_n, \mathrm{e}^t)=\max_{0\leqslant t\leqslant 1}\left|\sum_{k=n+1}^{\infty}\frac{t^k}{k!}\right|\leqslant\sum_{k=n+1}^{\infty}\frac{1}{k!}$$

则 $\lim\limits_{n\to\infty} d(p_n, \mathrm{e}^t)=0$。由于 $\mathrm{e}^t\notin P[0, 1]$，则 $P[0, 1]$ 不是完备的。

注记： 实直线$\mathbb{R}$依距离 $d(x, y)=|x-y|$ 是完备的，有理数集$\mathbb{Q}$依这个距离是不完备的。由于$\mathbb{Q}$在$\mathbb{R}$中是稠密的，因此可以把$\mathbb{R}$看做$\mathbb{Q}$在完备性条件下的扩充。事实上，任何一个不完备的距离空间，都可以用类似的方式扩充成完备的距离空间。

下述定理的证明比较复杂，因此略去。

定理 4.3.4 设(X, d)是一个距离空间，则存在一个完备距离空间$(\widetilde{X}, \tilde{d})$使得$X$与$\widetilde{X}$的稠密子空间等距同构，且在等距同构意义下$(\widetilde{X}, \tilde{d})$是包含$(X, d)$的最小完备空间。

如果对两个等距同构的距离空间不加区分，视为同一空间。上述定理可以改述如下：

对距离空间(X, d)，存在唯一的完备距离空间$(\widetilde{X}, \tilde{d})$使得$X$是$\widetilde{X}$的稠密子空间。

在数学分析中，Bolzano-Weierstrass 紧性定理，Heine-Borel 有限覆盖定理和实数$\mathbb{R}$的完备性是等价的。那么在一般的距离空间中这两个定理是否等价？它们的关系又如何？

例 4.3.3 设$x_n(t)=t^n$，$\forall n\in\mathbb{N}$。求证：$\{x_n\}$是$C[0, 1]$中的有界点列，但没有收敛子列。

证明： $\exists x_0=0$，$\exists r=2$，$\forall n\in\mathbb{N}$，$d(x_n, x_0)=\max\limits_{t\in[0, 1]}|x_n(t)-x_0(t)|=1<2$。故$\{x_n\}$有界。

假设$\{x_n\}$存在收敛子列$\{x_{n_k}\}$，不妨设$\lim\limits_{k\to\infty}x_{n_k}=x$，故$\{x_{n_k}\}$一致收敛于$x$。由于

$$x(t)=\lim_{k\to\infty}x_{n_k}(t)=\lim_{k\to\infty}t^{n_k}=\begin{cases}1, & t=1\\ 0, & t\in[0, 1)\end{cases}$$

则函数x在$t=1$处间断，与$x\in C[0, 1]$矛盾。

定义 4.3.4 设(X, d)是一个距离空间，$A\subseteq X$。

(1) 如果A中的任何点列都存在一个收敛子列，则称A为列紧集(sequential compact set)。

(2) 如果A是一个列紧集且是闭集，则称A为自列紧集。

(3) 如果X是一个列紧集，则称距离空间X为列紧空间。

注记： A为列紧集当且仅当A的任何无穷点列都在X中存在一个收敛子列。

定理 4.3.5

(1) 有限点集是列紧集；列紧集的子集是列紧集。

(2) 列紧集的有限并是列紧集；列紧集的任意交是列紧集。

(3) 距离空间中的列紧集的闭包为列紧集。

(4) 距离空间中的列紧空间是完备的。

证明： (1) 设$A=\{a_1, a_2, \cdots, a_m\}$，$\forall\{x_n\}\subseteq A$，则$\exists j\in\{1, 2, \cdots, m\}$，$\forall k\in\mathbb{N}$，$\exists n_k\in\mathbb{N}$使得$x_{n_k}=a_j$，故存在$\{x_n\}$的子列$\{x_{n_k}\}$使得$\lim\limits_{k\to\infty}x_{n_k}=a_j$。故$A$为列紧集。其余证明略去。

(2) 设$A_1, A_2, \cdots, A_m$是m个列紧集，$B=\bigcup\limits_{i=1}^{m}A_i$。$\forall\{x_n\}\subseteq B$，则$\exists j\in\{1, 2, \cdots, m\}$，$\forall k\in\mathbb{N}$，$\exists n_k\in\mathbb{N}$使得$x_{n_k}\in A_j$。由$A_j$是列紧集，则$\{x_{n_k}\}$有一个收敛子列，进而它也是$\{x_n\}$的收敛子列。因此$B$是列紧集。其余证明略去。

(3) $\forall\{x_n\}\subseteq\overline{A}$，则$\forall n\in\mathbb{N}$，$\exists y_n\in A$使得$d(x_n, y_n)<\dfrac{1}{n}$。由$A$为列紧集，则存在$\{y_n\}$的子列$\{y_{n_k}\}$使得$\lim\limits_{k\to\infty}y_{n_k}=y$。由于

$$d(x_{n_k}, y) \leqslant d(x_{n_k}, y_{n_k}) + d(y_{n_k}, y) < \frac{1}{n_k} + d(y_{n_k}, y)$$

则$\lim\limits_{k\to\infty} x_{n_k} = y$。因此$\{x_n\}$存在收敛的子列$\{x_{n_k}\}$。由$\{x_n\}$的任意性，则$\overline{A}$为列紧集。

(4) 设$\{x_n\}$是X中的任何一个Cauchy列。由X是列紧空间，则$\{x_n\}$存在收敛子列$\{x_{n_k}\}$且$\lim\limits_{k\to\infty} x_{n_k} = x$。由$d(x_n, x) \leqslant d(x_n, x_{n_k}) + d(x_{n_k}, x)$，则$\lim\limits_{k\to\infty} x_n = x$。故$X$是完备空间。

定义 4.3.5　设(X, d)是一个距离空间，$A \subseteq X$。

(1) 设$\varepsilon > 0$，如果$\exists B \subseteq X$使得$A \subseteq \bigcup\limits_{x\in B} S(x, \varepsilon)$，即以$B$中的点为球心，$\varepsilon$为半径的所有开球构成的集合是$A$的一个开覆盖，则称集合$B$为集合$A$的一个$\varepsilon$-网($\varepsilon$-net)。

(2) 如果$\forall \varepsilon > 0$恒有A存在有限ε-网，即存在$\{x_1, x_2, \cdots, x_n\} \subseteq X$使得$A \subseteq \bigcup\limits_{i=1}^{n} S(x_i, \varepsilon)$，则称集合$A$是$X$中的一个全有界集(totally bounded set)。

定理 4.3.6

(1) 距离空间中的全有界集是有界集。

(2) 距离空间中的列紧集是全有界集。

(3) 完备的距离空间中的全有界集是列紧集。

证明：设(X, d)是一个距离空间，$A \subseteq X$。

(1) 设A是一个全有界集，则对$\varepsilon = 1$，$\exists x_1, x_2, \cdots, x_n$使得$A \subseteq \bigcup\limits_{i=1}^{n} S(x_i, 1)$。$\forall x_0 \in X$，令$a = \max\limits_{1\leqslant i\leqslant n} d(x_0, x_i)$，$M = 1 + a$。$\forall x \in A$，由于$A$为全有界集，则$\exists k \in \{1, 2, \cdots, n\}$使得$x \in S(x_k, 1)$。故$d(x_0, x) \leqslant d(x_0, x_k) + d(x_k, x) < a + 1 = M$。因此$A$为有界集。

(2) 设A是列紧集。假设A不是全有界集。由定义4.3.5，则$\exists \varepsilon_0 > 0$使得$A$不存在有限$\varepsilon_0$-网。$\forall x_1 \in A$，由$A \not\subset S(x_1, \varepsilon_0)$，则$\exists x_2 \in A - S(x_1, \varepsilon_0)$。因此$d(x_2, x_1) \geqslant \varepsilon_0$。类似地，由于$A \not\subset S(x_1, \varepsilon_0) \cup S(x_2, \varepsilon_0)$，则$\exists x_3 \in A - (S(x_1, \varepsilon_0) \cup S(x_2, \varepsilon_0))$。故$d(x_3, x_1) \geqslant \varepsilon_0$，$d(x_3, x_2) \geqslant \varepsilon_0$。因此构造$(X, d)$中的序列$\{x_n\} \subseteq A$且$d(x_m, x_k) \geqslant \varepsilon_0$ $(\forall m, k \in \mathbb{N}, m \neq k)$。故$\{x_n\}$不存在收敛子列，这与$A$为列紧集矛盾。因此$A$是全有界集。

(3) 设A是全有界集，$\forall \{x_n\} \subseteq A$，$\forall \varepsilon > 0$，$A$总存在有限$\varepsilon$-网。$\forall n \in \mathbb{N}$，取$\varepsilon = 1/n$，则$A$存在有限$1/n$-网$B_n$。因此以$B_1$中的点为球心，1为半径的有限个球覆盖$A$，进而覆盖$\{x_n\}$。故至少有一个球含有$\{x_n\}$的一个子列$\{x_n^{(1)}\}$。类似地，以$B_2$中的点为球心，1/2为半径的有限个球覆盖$A$，进而覆盖$\{x_n\}$的子列$\{x_n^{(1)}\}$。因此至少有一个球含有$\{x_n^{(1)}\}$的一个子列$\{x_n^{(2)}\}$。如此继续得到可数个点列：

$$\begin{array}{l} x_1^{(1)}, x_2^{(1)}, x_3^{(1)}, \cdots, x_n^{(1)}, \cdots \\ x_1^{(2)}, x_2^{(2)}, x_3^{(2)}, \cdots, x_n^{(2)}, \cdots \\ \cdots\cdots \quad \cdots\cdots \\ x_1^{(k)}, x_2^{(k)}, x_3^{(k)}, \cdots, x_n^{(k)}, \cdots \\ \cdots\cdots \quad \cdots\cdots \end{array}$$

取对角线的元素构成一个新的点列$\{x_k^{(k)}\}$，它是$\{x_n\}$的一个子列。因此$\forall p\in\mathbb{N}$有点列$\{x_{k+p}^{(k+p)}\}$为$\{x_k^{(k)}\}$的子列且同包含于半径为 $1/k$ 的球。故 $d(x_{k+p}^{(k+p)}, x_k^{(k)})<2/k$，进而$\{x_k^{(k)}\}$是 X 中的 Cauchy 列。由于 X 是完备的，则$\{x_k^{(k)}\}$收敛，即 A 中的点列$\{x_n\}$存在一个在 X 中收敛子列$\{x_k^{(k)}\}$。由$\{x_n\}$的任意性，则 A 是列紧集。

定理 4.3.7　设(X, d)是一个距离空间，$A\subseteq X$，则 A 是 X 中的紧集当且仅当 A 中的任何无穷点列都在 A 中存在一个收敛的子列。

证明： 必要性。设 A 是紧集，$\forall\{x_n\}\subseteq A$。假设$\{x_n\}$的任何一个子列$\{x_{n_k}\}$都不收敛于 A 中的元素，即$\forall x\in A$，$\exists\varepsilon_x>0$，$\exists n_x\in\mathbb{N}$使得 $S(x, \varepsilon_x)\cap\{x_n: n\geqslant n_x\}=\varnothing$。由 A 是紧集且$\bigcup\limits_{x\in A}S(x, \varepsilon_x)\supseteq\bigcup\limits_{x\in A}\{x\}=A$，则$\exists k\in\mathbb{N}$使得 $y_1, y_2, \cdots, y_k\in A$ 且$\bigcup\limits_{j=1}^{k}S(y_j, \varepsilon_{y_j'})\supseteq A$。取 $m=\max\{n_{y_1}, n_{y_2}, \cdots, n_{y_k}\}$。$\forall j\in\{1, 2, \cdots, k\}$，则 $S(y_j, \varepsilon_{y_j})\cap\{x_n: n\geqslant m\}=\varnothing$。因此

$$\begin{aligned}\{x_n: n\geqslant m\}&=A\cap\{x_n: n\geqslant m\}\\&\subseteq\Big(\bigcup_{j=1}^{k}S(y_j, \varepsilon_{y_j})\Big)\cap\{x_n: n\geqslant m\}\\&=\bigcup_{j=1}^{k}(S(y_j, \varepsilon_{y_j})\cap\{x_n: n\geqslant m\})=\bigcup_{j=1}^{k}\varnothing=\varnothing\end{aligned}$$

产生矛盾。因此 A 中的点列$\{x_n\}$在 A 中存在一个收敛的子列$\{x_{n_k}\}$。

充分性。由于 A 中的任何无穷点列都存在一个收敛子列，则 A 是列紧集。由定理 4.3.6，则 A 是有界集。

设$\{B_\lambda: \lambda\in\Lambda\}$是 A 的一个开覆盖。$\forall x\in A$，$\exists B_{\lambda(x)}$使得 $x\in B_{\lambda(x)}$。由 $B_{\lambda(x)}$是开集，则$\exists\delta_{\lambda(x)}>0$ 使得 $S(x, \delta_{\lambda(x)})\subseteq B_{\lambda(x)}$。由确界原理，$\sup\{\delta_{\lambda(x)}: S(x, \delta_{\lambda(x)})\subseteq B_{\lambda(x)}, \lambda(x)\in\Lambda\}$存在。设 $r_x=\sup\{\delta_{\lambda(x)}: S(x, \delta_{\lambda(x)})\subseteq B_{\lambda(x)}, \lambda(x)\in\Lambda\}$，则 $r_x\geqslant\delta_{\lambda(x)}>0$。由确界原理，定义 $r_0=\inf\{r_x: x\in A\}$，则 $r_0\geqslant 0$。故$\exists\{x_n\}\subseteq A$ 使得$\lim\limits_{n\to\infty}r_{x_n}=r_0$。设$\{x_{n_k}\}$是$\{x_n\}$的一个收敛子列且$\lim\limits_{k\to\infty}x_{n_k}=x_0\in A$。对 $\varepsilon_0=\dfrac{1}{4}r_{x_0}$，$\exists k_0\in\mathbb{N}$，$\forall k\geqslant k_0$ 有 $d(x_{n_k}, x_0)<\varepsilon_0$。由 r_{x_0} 的定义，则对 $\varepsilon_1=\dfrac{1}{2}r_{x_0}>0$，$\exists\delta_{\lambda(x_0)}^{(0)}>0$ 使得 $\dfrac{1}{2}r_{x_0}=r_{x_0}-\varepsilon_1<\delta_{\lambda(x_0)}^{(0)}$。$\forall y\in S(x_{n_k}, \varepsilon_0)$，则

$$d(y, x_0)\leqslant d(y, x_{n_k})+d(x_0, x_{n_k})<\frac{1}{2}r_{x_0}<\delta_{\lambda(x_0)}^{(0)}$$

故 $y\in S(x_0, \delta_{\lambda(x_0)}^{(0)})$。

由 $x_{n_k}\in S(x_{n_k}, \varepsilon_0)\subseteq S(x_0, \varepsilon_1)\subseteq S(x_0, \delta_{\lambda(x_0)}^{(0)})\subseteq B_{\lambda(x_0)}$，则

$$r_{x_{n_k}}\geqslant\varepsilon_0,\ r_0=\lim_{n\to\infty}r_{x_n}\geqslant\varepsilon_0>0$$

设 $s_0=\dfrac{1}{2}r_0$，则 $s_0>0$ 且 $s_0=\dfrac{1}{2}r_0\leqslant\dfrac{1}{2}r_{x_0}<\delta_{\lambda(x_0)}^{(0)}$。故 $S(x_0, s_0)\subseteq S(x_0, \varepsilon_0)\subseteq B_{\lambda(x_0)}$。

若$\forall x_1\in A$ 有 $A\not\subset S(x_1, s_0)$，则$\exists x_2\in A-S(x_1, s_0)$。若 $A\not\subset S(x_1, s_0)\cup S(x_2, s_0)$，则$\exists x_3\in A-S(x_1, s_0)\cup S(x_2, s_0)$。如果这个过程可以无限进行下去，则可以构造一个无穷序列$\{x_n\}\subseteq A$ 且 $d(x_n, x_m)\geqslant s_0$，$\forall n, m\in\mathbb{N}$，$n\neq m$。故序列$\{x_n\}$不可能存在一个收

敛子列，与已知矛盾。故 $\exists k_0\in\mathbb{N}$，$\exists x_k\in A$，使得 $A\subseteq\bigcup_{k=1}^{k_0}S(x_k, s_0)$。

类似可得，$S(x_k, s_0)\subseteq S(x_k, \varepsilon_{x_k})\subseteq B_{\lambda(x_k)}$，则 $A\subseteq\bigcup_{k=1}^{k_0}S(x_k, s_0)\subseteq\bigcup_{k=1}^{k_0}B_{\lambda(x_k)}$。

故 $\{B_{\lambda(x_k)}: k=1, 2, \cdots, k_0\}$ 是 A 的有限子覆盖，A 是紧集。

推论 4.3.1 距离空间中的紧集是全有界集。

推论 4.3.2

(1) 距离空间中的集合是紧集当且仅当它是自列紧集。

(2) 距离空间中的紧集是有界闭集。

定理 4.3.8 设 A 是 $\mathbb{R}^n$ 的一个非空子集。

(1) A 是列紧集当且仅当 A 是有界集。

(2) A 是紧集当且仅当 A 是有界闭集。

证明：(1) 必要性。由定理 4.3.6，则 A 是全有界集。由定理 4.3.6，则 A 是有界集。

充分性。$\forall\{x_m\}\subseteq A$，其中 $x_m=(x_1^{(m)}, x_2^{(m)}, \cdots, x_n^{(m)})$，则 $\{x_1^{(m)}\}$ 是 $\mathbb{R}$ 中的有界数列。

由 Bolzano-Weierstrass 定理，则 $\{x_1^{(m)}\}$ 存在收敛子列 $\{x_1^{(m_k^1)}\}$。由 $\{x_2^{(m_k^1)}\}$ 是 $\mathbb{R}$ 中的有界数列，则 $\{x_2^{(m_k^1)}\}$ 存在收敛子列 $\{x_2^{(m_k^2)}\}$。故 $\{x_n^{(m_k^{n-1})}\}$ 存在一个收敛子列 $\{x_n^{(m_k^n)}\}$。$\forall k\in\mathbb{N}$，设 $x_{m_k}=(x_1^{(m_k^n)}, x_2^{(m_k^n)}, \cdots, x_n^{(m_k^n)})$，则 $\{x_m\}$ 存在收敛子列 $\{x_{m_k}\}$。故 A 是列紧集。

(2) 充分性。设 A 是有界闭集，则 A^c 是开集且存在闭区间 I 使得 $I\supseteq A$。设 $M=\{U_i: i\in\Lambda\}$ 是 A 的一个开覆盖。设 $D=\{U_i: i\in\Lambda\}\cup A^c$，则 D 覆盖 $\mathbb{R}^n$，进而 D 覆盖 I。$\forall P\in I$，$\exists W_P\in D$ 使得 $P\in W_P$。故存在开区间 I_P 使得 $P\in I_P\subseteq W_P$。故 $\{I_P: P\in I\}$ 覆盖 I。由于 I 是 $\mathbb{R}^n$ 中的紧集及定理 1.8.5，则 I 存在有限子覆盖 $\{I_{P_1}, I_{P_2}, \cdots, I_{P_m}\}$。由 $I\supseteq A$ 且 $I_{P_i}\subseteq W_{P_i}\in D$，$i=1, 2, \cdots, m$，则 $\{W_{P_1}, W_{P_2}, \cdots, W_{P_m}\}-\{A^c\}$ 覆盖 A。因此它是 M 关于 A 的一个有限子覆盖。由 M 的任意性，则 A 是紧集。

必要性。设 A 是紧集。$\forall x\in A^c$，$\forall m\in\mathbb{N}$，记 $A_m(x)=\left\{y\in\mathbb{R}^n: d(x, y)>\dfrac{1}{m}\right\}$。从而 $\bigcup_{m=1}^{\infty}A_m(x)=\mathbb{R}^n-\{x\}\supseteq\mathbb{R}^n-A^c=A$，故 $\{A_m(x)\}$ 是 A 的一个开覆盖。由于 A 是紧集，则 A 存在一个有限子覆盖 $\{A_{m_i}(x): i=1, \cdots, k\}$。由 $A_m\subseteq A_{m+1}$，$\forall m\in\mathbb{N}$，则 $A\subseteq A_{m_k}(x)$。由 $S\left(x, \dfrac{1}{m_k}\right)\subseteq(A_{m_k}(x))^c\subseteq A^c$，则 A^c 是开集。因此 A 是闭集。

$\forall\varepsilon>0$，设 $B=\{S(x, \varepsilon): x\in A\}$，则 B 是 A 的开覆盖。由 A 是紧集，则 A 存在一个有限子覆盖 $B_0=\{S(x_k, \varepsilon): k=1, 2, \cdots, m\}$，即 $A\subseteq\bigcup_{k=1}^{m}S(x_k, \varepsilon)$。故 A 存在有限 ε-网。由 ε 的任意性，则 A 是全有界集。由定理 4.3.6，则 A 是有界集。

定义 4.3.6 设 A 是 $C[a, b]$ 的一个非空子集。

(1) 如果 $\exists K>0$，$\forall x\in A$，$\forall t\in[a, b]$ 有 $|x(t)|\leqslant K$，则称函数集合 A 是一致有界的(uniformly bounded)。

(2) 如果$\forall \varepsilon>0$，$\exists \delta(\varepsilon)>0$，$\forall x\in A$，$\forall t_1, t_2\in[a, b]$有

$$|t_1-t_2|<\delta \Rightarrow |x(t_1)-x(t_2)|<\varepsilon$$

则称函数集合A是等度连续的(equicontinuous)。

定理 4.3.9(Arzela-Ascoli 定理)　设A是$C[a, b]$的一个非空子集，则A是列紧集当且仅当A是一致有界且等度连续的。

证明：必要性。设A是列紧集。由定理4.3.6，则A是有界集，即$\exists K>0$，$\forall x\in A$有$d(x, 0)\leqslant K$。对上述K，$\forall x\in A$，$\forall t\in[a, b]$有$|x(t)|\leqslant \max\limits_{t\in[a, b]}|x(t)-0|=d(x, 0)\leqslant K$，即$A$是一致有界的。

下证A是等度连续的。由定理4.3.6，则A是全有界集。故$\forall \varepsilon>0$，A存在有限ε-网$\{x_1, x_2, \cdots, x_n\}$。因此$\forall x\in A$，$\exists x_i(1\leqslant i\leqslant n)$使得$d(x, x_i)<\dfrac{\varepsilon}{3}$。$\forall t\in[a, b]$，则

$$|x(t)-x_i(t)|\leqslant d(x, x_i)<\frac{\varepsilon}{3}$$

由$x_i\in C[a, b]$，则x_i在$[a, b]$上一致连续。故对上述ε，$\exists \delta_i(\varepsilon)>0$，只要$|t_1-t_2|<\delta_i(\varepsilon)$恒有

$$|x_i(t_1)-x_i(t_2)|<\frac{\varepsilon}{3}$$

取$\delta=\min\limits_{1\leqslant i\leqslant n}\delta_i(\varepsilon)$，只要$|t_1-t_2|<\delta\leqslant\delta_i(\varepsilon)$恒有$|x_i(t_1)-x_i(t_2)|<\dfrac{\varepsilon}{3}$。故对上述$\varepsilon$，取上述$\delta$，只要$|t_1-t_2|<\delta$恒有

$$|x(t_1)-x(t_2)|\leqslant|x(t_1)-x_i(t_1)|+|x_i(t_1)-x_i(t_2)|+|x_i(t_2)-x(t_2)|<\varepsilon$$

故A是等度连续的。

充分性。设$[a, b]\cap\mathbb{Q}=\{r_1, r_2, \cdots\}$，$\{x_n\}$是$A$的任何一个点列。由$A$是一致有界的，则$\exists K>0$，$\forall x\in A$，$\forall t\in[a, b]$有$|x(t)|\leqslant K$，进而$|x_n(r_1)|\leqslant K$。故$\{x_n(r_1)\}$是$\mathbb{R}$中的有界数列。由 Bolzano-Weierstrass 定理，则$\{x_n(r_1)\}$存在收敛子列$\{x_1^{(n)}(r_1)\}$。由$\{x_1^{(n)}(r_2)\}$是$\mathbb{R}$中的有界数列，则$\{x_1^{(n)}(r_2)\}$存在收敛子列$\{x_2^{(n)}(r_2)\}$。如此继续，构造点列如下：

$$x_1^{(1)}(t), x_1^{(2)}(t), x_1^{(3)}(t), \cdots, x_1^{(n)}(t), \cdots$$
$$x_2^{(1)}(t), x_2^{(2)}(t), x_2^{(3)}(t), \cdots, x_2^{(n)}(t), \cdots$$
$$\cdots$$
$$x_n^{(1)}(t), x_n^{(2)}(t), x_n^{(3)}(t), \cdots, x_n^{(n)}(t), \cdots$$
$$\cdots$$

其中$\{x_k^{(n)}(t)\}$在$t=r_1, \cdots, r_k$处收敛。因此得到一个点列$\{x_n^{(n)}(t)\}$在$\{r_1, r_2, \cdots\}$上收敛。由A是等度连续的，则$\forall \varepsilon>0$，$\exists \delta(\varepsilon)>0$，$\forall x\in A$，$\forall t_1, t_2\in[a, b]$，只要$|t_1-t_2|<\delta$恒有$|x(t_1)-x(t_2)|<\dfrac{\varepsilon}{3}$。将$[a, b]$等分为$k$个子区间$I_i$使得$m(I_i)<\delta$，$1\leqslant i\leqslant k$。$\forall I_i$，$\exists \tilde{r}_i\in I_i\cap\mathbb{Q}$。由$\{x_n^{(n)}(\tilde{r}_i)\}$收敛，则$\exists j$，$\forall n, m>j$，$\forall i\in\{1, \cdots, k\}$有$|x_n^{(n)}(\tilde{r}_i)-x_m^{(m)}(\tilde{r}_i)|<\dfrac{\varepsilon}{3}$。$\forall t\in[a, b]$，$\exists i$使得$t\in I_i$且$|t-\tilde{r}_i|\leqslant m(I_i)<\delta$。

对上述 ε，取上述 j，$\forall n, m>j$，$\forall t\in[a, b]$有

$$|x_n^{(n)}(t)-x_m^{(m)}(t)|\leqslant|x_n^{(n)}(t)-x_n^{(n)}(\tilde{r}_i)|+|x_n^{(n)}(\tilde{r}_i)-x_m^{(m)}(\tilde{r}_i)|+$$
$$|x_m^{(m)}(t)-x_m^{(m)}(\tilde{r}_i)|<\varepsilon$$

对上述 ε，取上述 j，$\forall n, m>j$ 有 $d(x_n^{(n)}, x_m^{(m)})=\max\limits_{t\in[a, b]}|x_n^{(n)}(t)-x_m^{(m)}(t)|\leqslant\varepsilon$。故 $\{x_n^{(n)}\}$是$C[a, b]$中的 Cauchy 列。由于 $C[a, b]$是完备的，则$\{x_n^{(n)}\}$收敛，即 A 的点列 $\{x_n\}$存在一个收敛子列$\{x_n^{(n)}\}$。由$\{x_n\}$的任意性，则 A 是列紧集。

定理 4.3.10 设(X, d)是距离空间，$A\subseteq X$，则 A 是 X 中的相对紧集当且仅当 A 中的任何无穷点列都在 X 中存在一个收敛的子列。即 A 是相对紧集当且仅当 A 是列紧集。

证明： 必要性。$\forall\{x_n\}\subseteq A$ 是一个无穷点列。由 $A\subseteq\overline{A}$，则$\{x_n\}$是 $\overline{A}$ 的一个无穷点列。由 $\overline{A}$ 是紧集及定理 4.3.8，则$\{x_n\}$存在一个收敛子列$\{x_{n_k}\}$且$\lim\limits_{k\to\infty}x_{n_k}=x\in\overline{A}\subseteq X$。

充分性。设$\forall\{x_n\}\subseteq\overline{A}$ 是一个无穷序列。定义

$$y_n=\begin{cases}x_n, & x_n\in A\\ x_n', & x_n\in\overline{A}-A,\ d(x_n', x_n)<\dfrac{1}{n}\end{cases}$$

其中 $x_n'\in A$，$\forall n\in\mathbb{N}$，则$\{y_n\}\subseteq A$ 且 $d(x_n, y_n)<\dfrac{1}{n}$。由$\lim\limits_{k\to\infty}\dfrac{1}{k}=0$，则$\forall\varepsilon>0$，$\exists k_1$，$\forall k>k_1$ 有$\dfrac{1}{k}<\dfrac{\varepsilon}{2}$。故$\{y_n\}$存在一个收敛子列$\{y_{n_k}\}$。不妨设$\lim\limits_{k\to\infty}y_{n_k}=y\in\overline{A}$。对上述 ε，$\exists k_2$，$\forall k>k_2$ 有 $d(y_{n_k}, y)<\dfrac{\varepsilon}{2}$。构造$\{x_n\}$的一个子列$\{x_{n_k}\}$。对上述 ε，取 $k_0=\max\{k_1, k_2\}$，$\forall k>k_0$ 有

$$d(x_{n_k}, y)\leqslant d(x_{n_k}, y_{n_k})+d(y_{n_k}, y)<\varepsilon$$

故$\lim\limits_{k\to\infty}x_{n_k}=y\in\overline{A}$。由定理 4.3.8，则 $\overline{A}$ 是紧集。因此 A 是相对紧集。

定理 4.3.11 设(X, d)是一个距离空间，$A\subseteq X$，则 A 是 X 中的全有界集当且仅当 A 中的任何无穷序列都存在一个子列是 Cauchy 列。

证明： 必要性。$\forall\{x_n\}\subseteq A$ 是一个无穷序列，由 A 是全有界集，$\forall\varepsilon>0$，则$\{x_n\}$存在有限 ε-网。由$\{x_n\}$是无穷序列，则至少有一个半径为$\dfrac{1}{2}$的球含有$\{x_n\}$的无穷项，记为$\{x_i^{(1)}\}$且 $d(x_i^{(1)}, x_j^{(1)})<1$，$\forall i, j\in\mathbb{N}$，$i\neq j$。由$\{x_n\}$存在有限$\dfrac{1}{2^2}$-网，则至少有一个半径为$\dfrac{1}{2^2}$的球含有$\{x_i^{(1)}\}$的无穷项，记为$\{x_i^{(2)}\}$且 $d(x_i^{(2)}, x_j^{(2)})<1/2$，$\forall i, j\in\mathbb{N}$，$i\neq j$。如此继续，构造可数个无穷序列，后一个序列是前一个序列的子列。利用对角线法得到$\{x_n\}$的一个子列$\{x_n^{(n)}\}$。由$\lim\limits_{n\to\infty}\dfrac{1}{2^n}=0$，则$\forall\varepsilon>0$，$\exists k$，$\forall n>k$ 有$\dfrac{1}{2^n}<\dfrac{\varepsilon}{2}$。对上述 ε，取上述 k，$\forall n>k$，$\forall p\in\mathbb{N}$有

$$d(x_{n+p}^{(n+p)}, x_n^{(n)})<\frac{1}{2^n}+\frac{1}{2^n}<\varepsilon$$

故$\{x_n\}$存在一个子列$\{x_n^{(n)}\}$且$\{x_n^{(n)}\}$是 Cauchy 列。

充分性。假设 A 不是全有界集。故$\exists \varepsilon_0>0$ 使得$\forall x_1\in A$ 有 $A\not\subset S(x_1, \varepsilon_0)$。因此$\exists x_2\in A-S(x_1, \varepsilon_0)$且$d(x_2, x_1)\geqslant r_0$。由 $A\not\subset S(x_1, \varepsilon_0)\cup S(x_2, \varepsilon_0)$，则$\exists x_3\in A-S(x_1, r_0)\cup S(x_2, r_0)$且$d(x_2, x_1)\geqslant r_0$，$d(x_3, x_1)\geqslant r_0$，$d(x_2, x_3)\geqslant r_0$。如此继续，构造一个序列$\{x_n\}\subseteq A$ 且$d(x_n, x_m)\geqslant r_0$，$\forall n, m\in\mathbb{N}$，$n\neq m$。故$\{x_n\}$不可能存在一个子列是 Cauchy 列，与题设产生矛盾。因此 A 是全有界集。

推论 4.3.3　列紧空间是可分的。

证明：设(X, d)是一个列紧空间。由定理 4.3.6，则 X 是全有界集。故$\forall \varepsilon>0$，X 存在有限ε-网。$\forall n\in\mathbb{N}$，取$\varepsilon=\frac{1}{n}$，则 X 存在有限$\frac{1}{n}$-网 A_n。设 $A_n=\{x_1^{(n)}, x_2^{(n)}, \cdots, x_{k(n)}^{(n)}\}$，其中 $k(n)$是集合 A_n 的元素个数，$A=\bigcup_{n=1}^{\infty}A_n$，则 A 是可数集。

$\forall x\in X$，由于 X 存在有限$\frac{1}{n}$-网 A_n，则$\exists x_{j(n)}^{(n)}\in A_n\subseteq A$ 使得 $x\in S\left(x_{j(n)}^{(n)}, \frac{1}{n}\right)$，其中$1\leqslant j(n)\leqslant k(n)$，即 $d(x_{j(n)}^{(n)}, x)<\frac{1}{n}$。因此$\exists\{x_{j(n)}^{(n)}\}\subseteq A$ 使得$\lim\limits_{n\to\infty}x_{j(n)}^{(n)}=x$。故$\overline{A}=X$，即 A 在 X 中是稠密的。由于 A 是可数集，则 X 是可分的。

注记：紧性之所以重要是因为实直线$\mathbb{R}$的有界闭区间(紧集)上的连续函数的许多重要性质都可以推广到距离空间的紧集上。

定理 4.3.12　设 A 是距离空间 X 中的一个紧集，$f: A\to\mathbb{R}$是一个连续泛函。

(1) f 在 A 上有界。

(2) f 在 A 上取得最小值和最大值。

(3) f 在 A 上一致连续。

证明：(1) 假设 f 在 A 上无界。故$\forall n\in\mathbb{N}$，$\exists x_n\in A$ 使得$|f(x_n)|>n$。由 A 是紧集及定理 4.3.8，则$\{x_n\}$在 A 中存在收敛子列$\{x_{n_k}\}$。不妨设$\lim\limits_{k\to\infty}x_{n_k}=x_0$ 且 $x_0\in A$。由 f 在 x_0 点连续，则

$$\lim_{k\to\infty}\left|f(x_{n_k})\right|=\left|\lim_{k\to\infty}f(x_{n_k})\right|=\left|f(\lim_{k\to\infty}x_{n_k})\right|=|f(x_0)|$$

由$|f(x_{n_k})|>n_k\geqslant k$，则$\lim\limits_{k\to\infty}|f(x_{n_k})|=+\infty$，产生矛盾。故 f 在 A 上有界。

(2) 由(1) 及确界原理可得，$\sup\limits_{x\in A}f(x)$和$\inf\limits_{x\in A}f(x)$存在。设$\beta=\sup\limits_{x\in A}f(x)$。由确界的性质，则$\exists\{x_n\}\subseteq A$ 使得$\lim\limits_{n\to\infty}f(x_n)=\beta$。由 A 是紧集及定理 4.3.8，则$\{x_n\}$在 A 中存在收敛子列$\{x_{n_k}\}$。不妨设$\lim\limits_{k\to\infty}x_{n_k}=x_0$。由 $f(x)$在 x_0 连续，则 $f(x_0)=\lim\limits_{k\to\infty}f(x_{n_k})$。$\forall k\in\mathbb{N}$，由于$\beta-\frac{1}{k}\leqslant\beta-\frac{1}{n_k}<f(x_{n_k})\leqslant\beta$，则$\lim\limits_{k\to\infty}f(x_{n_k})=\beta$。故 $f(x_0)=\lim\limits_{k\to\infty}f(x_{n_k})=\beta$。因此 f 在 A 上取得最大值。类似地，f 在 A 上取得最小值。

(3) 假设 f 在 A 上不一致连续。因此$\exists\varepsilon_0>0$，$\forall n\in\mathbb{N}$，$\exists x_n, y_n\in A$ 使得 $d(x_n, y_n)<\frac{1}{n}$，但是$|f(x_n)-f(y_n)|\geqslant\varepsilon_0$。由于 A 是紧集，则$\{x_n\}$和$\{y_n\}$存在收敛子列

$\{x_{n_k}\}$和$\{y_{n_k}\}$。不妨设$\lim\limits_{k\to\infty}x_{n_k}=x_0$，$\lim\limits_{k\to\infty}y_{n_k}=y_0$ 且 x_0，$y_0\in A$。

$\forall k\in\mathbb{N}$，由于$d(x_{n_k}, y_{n_k})<\dfrac{1}{n_k}\leqslant\dfrac{1}{k}$，则

$$\lim_{k\to\infty}d(x_{n_k}, y_{n_k})=0$$

由于

$$d(y_0, x_0)\leqslant d(y_0, y_{n_k})+d(y_{n_k}, x_{n_k})+d(x_{n_k}, x_0)$$

则 $y_0=x_0$。由于 f 在 A 上连续，则 f 在 x_0 处连续，故

$$\lim_{k\to\infty}f(y_{n_k})=f(x_0)=\lim_{k\to\infty}f(x_{n_k})$$

$\forall k\in\mathbb{N}$有$|f(x_{n_k})-f(y_{n_k})|\geqslant\varepsilon_0$，则

$$0=|\lim_{k\to\infty}f(x_{n_k})-\lim_{k\to\infty}f(y_{n_k})|=\lim_{k\to\infty}|f(x_{n_k})-f(y_{n_k})|\geqslant\varepsilon_0$$

产生矛盾。因此 f 在 A 上一致连续。

注记：距离空间中集合的紧性、自列紧性、列紧性、全有界性和有界性的关系如下：

紧性⇔自列紧性⇔相对紧性⇔列紧性$\xLeftarrow[\text{全空间完备}]{}$全有界性⇒有界性。

在 Euclid 空间$\mathbb{R}^n$中它们的关系如下：

紧性⇔自列紧性⇔相对紧性⇔列紧性⇔全有界性⇔有界性。

4.4　Banach 不动点定理及其应用

将求解代数方程、微分方程及积分方程等问题转化为某一映射的不动点，并用迭代法求方程的近似解是数值分析中的一个重要方法。下面通过例题说明该方法的基本思想。

例 4.4.1　设 $g(x)$是一个连续函数，$f(x)=x-g(x)$。定义 $x_{n+1}=g(x_n)$，$\forall n\in\mathbb{N}$。如果$\lim\limits_{n\to\infty}x_n=x_0$，则 x_0 为函数 g 的不动点，即 x_0 是方程 $f(x)=0$ 的解。

解：任取 x_1，由于 g 连续，$x_{n+1}=g(x_n)$且$\lim\limits_{n\to\infty}x_n=x_0$，则

$$x_0=\lim_{n\to\infty}x_{n+1}=\lim_{n\to\infty}g(x_n)=g(\lim_{n\to\infty}x_n)=g(x_0)$$

因此 x_0 为 g 的不动点。

1922 年，波兰数学家 Banach 将这个方法加以抽象，得到著名的 Banach 不动点定理。

定义 4.4.1　设(X, d)是一个距离空间，T：$X\to X$。

(1) 设常数$\alpha\in(0, 1)$，如果$\forall x$，$y\in X$ 有 $d(Tx, Ty)\leqslant\alpha d(x, y)$，则称 T 是 X 上的一个压缩映射(contrative mapping)，称常数 α 为映射 T 的压缩系数。

(2) 设 $x_0\in X$，如果 $Tx_0=x_0$，则称 x_0 为映射 T 的一个不动点(stable point)。

定理 4.4.1(Banach 不动点定理)　如果(X, d)是一个完备的距离空间且 T 是 X 上的一个压缩映射，则映射 T 在 X 中存在唯一的不动点。

证明：首先证明 T 连续。$\forall x\in X$，设$\lim\limits_{n\to\infty}y_n=x$，则$\lim\limits_{n\to\infty}d(y_n, x)=0$。由于 T 是压缩映射，则 $0\leqslant d(Ty_n, Tx)\leqslant\alpha d(y_n, x)$，$\forall n\in\mathbb{N}$。故$\lim\limits_{n\to\infty}d(Ty_n, Tx)=0$。因此 T 在 x 点连续。由 x 的任意性，则 T 是 X 上的连续映射。

其次证明 T 在 X 中存在不动点 x_0。$\forall x_1\in X$，$\forall n\in\mathbb{N}$，定义 $x_{n+1}=T(x_n)$。由数学归纳法，则 $d(x_{n+2}, x_{n+1})\leqslant\alpha^n d(x_2, x_1)$。$\forall p\in\mathbb{N}$，则

$$d(x_{n+p}, x_n)\leqslant\sum_{k=0}^{p-1}d(x_{n+k+1}, x_{n+k})\leqslant\sum_{k=0}^{p-1}\alpha^{n+k-1}d(x_2, x_1)$$
$$=\frac{\alpha^{n-1}(1-\alpha^p)}{1-\alpha}d(x_2, x_1)<\frac{\alpha^{n-1}}{1-\alpha}d(x_2, x_1)$$

由 $0<\alpha<1$，则 $\lim\limits_{n\to\infty}\left(\frac{\alpha^{n-1}}{1-\alpha}d(x_2, x_1)\right)=0$。因此 $\forall p\in\mathbb{N}$ 有 $\lim\limits_{n\to\infty}d(x_{n+P}, x_n)=0$。故 $\{x_n\}$ 是 X 中的 Cauchy 列。由于 (X, d) 是完备的，则 $\{x_n\}$ 收敛。不妨设 $\lim\limits_{n\to\infty}x_n=x_0$。由 T 连续可得，$x_0=\lim\limits_{n\to\infty}x_{n+1}=\lim\limits_{n\to\infty}T(x_n)=T(\lim\limits_{n\to\infty}x_n)=T(x_0)$，即 x_0 为 T 的不动点。

最后证明不动点的唯一性。假设 y_1 和 y_2 都是 T 的不动点且 $y_1\neq y_2$，则 $d(y_1, y_2)\neq 0$ 且 $d(y_1, y_2)=d(Ty_1, Ty_2)\leqslant\alpha d(y_1, y_2)<d(y_1, y_2)$，矛盾。故 T 存在唯一的不动点。

注记：Banach 不动点定理的优点如下：

(1) 保证了不动点的存在性和唯一性；

(2) 给出了不动点的求解方法。任取 $x_1\in X$，$x_{n+1}=T(x_n)$，$\forall n\in\mathbb{N}$；

(3) 给出的误差界为 $d(x_n, x_0)\leqslant\frac{\alpha^{n-1}}{1-\alpha}d(x_2, x_1)$，$\forall n\in\mathbb{N}$。

推论 4.4.1　设 (X, d) 是一个完备的距离空间，$T: X\to X$。

(1) 设 $x_0\in X$，α 是压缩映射 T 的压缩系数，r 为正常数。若 $d(Tx_0, x_0)\leqslant(1-\alpha)r$，则映射 T 在 $\bar{S}(x_0, r)$ 中存在唯一的不动点。

(2) 设常数 $p\in\mathbb{N}$。若 $T^p: X\to X$ 是一个压缩映射，则 T 在 X 中存在唯一的不动点。

证明：(1) $\forall x\in\bar{S}(x_0, r)$，则 $d(x, x_0)\leqslant r$。进而

$$d(Tx, x_0)\leqslant d(Tx, Tx_0)+d(Tx_0, x_0)<\alpha d(x, x_0)+(1-\alpha)r\leqslant\alpha r+(1-\alpha)r=r$$

故 $Tx\in\bar{S}(x_0, r)$。因此 $T: \bar{S}(x, r)\to\bar{S}(x, r)$ 是一个压缩映射。由 $\bar{S}(x_0, r)$ 是闭集且 X 是完备的，则 $\bar{S}(x_0, r)$ 是完备的。由定理 4.4.1，则 T 在 $\bar{S}(x_0, r)$ 中存在唯一的不动点。

(2) 由定理 4.4.1，则映射 T^p 存在唯一的不动点 x_0，即 $T^p x_0=x_0$。由于

$$T^p(Tx_0)=T^{p+1}(x_0)=T(T^p(x_0))=Tx_0$$

则 Tx_0 是映射 T^p 的不动点。由不动点的唯一性可得，$Tx_0=x_0$。因此 x_0 是 T 的不动点。

假设 y_1 和 y_2 均为 T 的不动点。由于 $Ty_1=y_1$，则 $T^2y_1=T(Ty_1)=T(y_1)=y_1$。故 y_1 也是 T^p 的不动点。类似地，y_2 也是 T^p 的不动点。由 T^p 的不动点是唯一的，则 $y_1=Tx_0=y_2$。因此 T 存在唯一的不动点。

下面给出 Banach 不动点定理求解线性代数方程组方面的应用。求解线性方程组最常见的方法是 Gauss 消去法。然而迭代法对特殊的方程组可能更为有效。例如方程组是稀疏的。用直接法求解大约要进行 $n^3/3$ 次算术运算，其中 n 是方程的个数也是未知数的个数。当 n 很大时，舍入误差变得很大，然而在迭代法中舍入误差或者因疏忽造成的误差可以加以遏制。

例 4.4.2(线性方程组解的存在性和唯一性) 设 $\alpha \in (0, 1)$是一个常数。$\forall i=1, 2, \cdots, n$，如果 $\sum_{j=1}^{n} |a_{ij}| \leqslant \alpha < 1$，则实系数线性方程组 $x_i - \sum_{j=1}^{n} a_{ij}x_j = b_i$ 有唯一解。

解：在$\mathbb{R}^n$中定义$d(x, y)=\max\limits_{1\leqslant i\leqslant n}|x_i-y_i|$，$x=(x_1, x_2, \cdots, x_n)^{\mathrm{T}}$，$y=(y_1, y_2, \cdots, y_n)^{\mathrm{T}}$。故$(\mathbb{R}^n, d)$是一个完备的距离空间。定义 $T: \mathbb{R}^n \to \mathbb{R}^n$为$Tx=Kx+b$，其中$K=(a_{ij})_{n\times n}$，$b=(b_1, b_2, .., b_n)^{\mathrm{T}}$。因此映射 T 的不动点是上述方程组的解。

$\forall x=(x_1, x_2, \cdots, x_n)^{\mathrm{T}}$，$y=(y_1, y_2, \cdots, y_n)^{\mathrm{T}} \in \mathbb{R}^n$，则 $Tx-Ty=K(x-y)$。因此

$$\begin{aligned} d(Tx, Ty) &= \max_{1\leqslant i\leqslant n} \left| \sum_{j=1}^{n} a_{ij}(x_j-y_j) \right| \leqslant \max_{1\leqslant i\leqslant n} \left(\sum_{j=1}^{n} |a_{ij}| |x_j-y_j| \right) \\ &\leqslant \max_{1\leqslant i\leqslant n} \left(\sum_{j=1}^{n} |a_{ij}| (\max_{1\leqslant j\leqslant n} |x_j-y_j|) \right) \\ &= \left(\max_{1\leqslant j\leqslant n} |x_j-y_j| \right) \left(\max_{1\leqslant i\leqslant n} \sum_{j=1}^{n} |a_{ij}| \right) \leqslant \alpha d(x, y) \end{aligned}$$

由于 $0<\alpha<1$，则 T 是压缩映射。由 Banach 不动点定理，则 T 有唯一的不动点 $x^{(0)}$。故 $x_i - \sum_{j=1}^{n} a_{ij}x_j = b_i$ 有唯一解 $x^{(0)}$。使用迭代法求解方程组的方法如下：

任取 $x^{(1)}=(x_1^{(1)}, x_2^{(1)}, \cdots, x_n^{(1)})^{\mathrm{T}}$，定义 $x^{(k+1)}=Tx^{(k)}=Kx^{(k)}+b$，$\forall k\in\mathbb{N}$。故方程组的解为 $x^{(0)}=\lim\limits_{k\to\infty}x^{(k)}$，且误差界为 $d(x^{(k)}, x^{(0)}) \leqslant \dfrac{\alpha^k}{1-\alpha} d(x^{(1)}, x^{(0)})$，$\forall k\in\mathbb{N}$。

设 A 为 n 阶可逆方阵，$c\in\mathbb{R}^n$，则线性方程组为 $Ax=c$ 的求解方法如下：

设 $A=B-G$，其中 B 是一个适当的可逆矩阵，则 $Ax=c$ 等价于 $Bx=Gx+c$。进而 $x=(B^{-1}G)x+(B^{-1}c)$。取 $K=B^{-1}G$，$b=B^{-1}c$，则原方程组成为例 4.18 的方程组。

下面证明 Picard 定理，该定理在常微分方程理论中有着不可忽视的作用。

例 4.4.3(微分方程解的存在性与唯一性) 设 $f(x, y)$在$\mathbb{R}^2$上连续且 $f(x, y)$关于 y 满足 Lipschitz 条件，即$|f(x, y_1)-f(x, y_2)|\leqslant K|y_1-y_2|$，其中 $K>0$ 是常数。

求证：微分方程$\dfrac{\mathrm{d}y}{\mathrm{d}x}=f(x, y)$，$y(x_0)=y_0$ 存在唯一通过(x_0, y_0)的积分曲线。

证明：微分方程$\dfrac{\mathrm{d}y}{\mathrm{d}x}=f(x, y)$，$y(x_0)=y_0$ 等价于积分方程 $y(x)=y_0+\int_{x_0}^{x} f(t, y(t))\mathrm{d}t$。

取 $b=\dfrac{1}{K+1}$，$\alpha=Kb$，则$0<\alpha<1$。$\forall y_1, y_2 \in C[x_0-b, x_0+b]$，定义 $d(y_1, y_2)=\max\limits_{|t-x_0|\leqslant b} |y_1(t)-y_2(t)|$，映射 T 为$(Ty)x=y_0+\int_{x_0}^{x} f(t, y(t))\mathrm{d}t$。

$\forall y\in C[x_0-b, x_0+b]$，由于 $f(x, y)$在$\mathbb{R}^2$上连续，则 $f(t, y(t))$在$[x_0-b, x_0+b]$上连续。因此$\exists M>0$ 使得$|f(t, y(t))|\leqslant M$，$\forall t\in[x_0-b, x_0+b]$。

$\forall \varepsilon>0$，取 $\delta=\dfrac{\varepsilon}{M}$，$\forall x_1, x_2\in[x_0-b, x_0+b]$，只要$|x_1-x_2|<\delta$ 就有

$$|(Ty)x_1-(Ty)x_2| = \left| \int_{x_2}^{x_1} f(t, y(t))\mathrm{d}t \right| \leqslant M|x_1-x_2| < M\delta = \varepsilon$$

因此 $Ty \in C[x_0-b, x_0+b]$。故 T 是 $C[x_0-b, x_0+b]$ 到 $C[x_0-b, x_0+b]$ 的映射。注意到：$C[x_0-b, x_0+b]$ 是完备的距离空间。$\forall y_1, y_2 \in C[x_0-b, x_0+b]$，则

$$\begin{aligned}d(Ty_1, Ty_2) &= \max_{|x-x_0|\leqslant b}\left|\int_{x_0}^{x} |f(t, y_1(t))-f(t, y_2(t))|\,\mathrm{d}t\right| \\ &\leqslant \max_{|x-x_0|\leqslant b}\left|\int_{x_0}^{x} K|y_1(t)-y_2(t)|\,\mathrm{d}t\right| \\ &\leqslant K\max_{|x-x_0|\leqslant b}|x-x_0|\max_{|t-x_0|\leqslant b}|y_1(t)-y_2(t)| < Kbd(y_2, y_1) \\ &= \alpha d(y_2, y_1)\end{aligned}$$

由定义 4.4.1，则 T 是压缩映射。由 Banach 不动点定理，则 T 存在唯一的不动点 $\tilde{y}$ 使得 $T\tilde{y}=\tilde{y}$，即存在唯一 $\tilde{y}(x) \in C[x_0-b, x_0-b]$ 使得

$$\tilde{y}(x)=(T\tilde{y})(x)=y_0+\int_{x_0}^{x} f(t, \tilde{y}(t))\mathrm{d}t$$

因此微分方程 $\dfrac{\mathrm{d}y}{\mathrm{d}x}=f(x, y)$ 存在唯一通过 (x_0, y_0) 的积分曲线 $\tilde{y}$。

迭代格式为

$$y_{n+1}(x)=(Ty_n)(x)=y_0+\int_{x_0}^{x} f(t, y_n(t))\mathrm{d}t, \ \forall n \in \mathbb{N}$$

因此 $\dfrac{\mathrm{d}y}{\mathrm{d}x}=f(x, y)$ 存在唯一通过 (x_0, y_0) 的积分曲线 $\tilde{y}=\lim\limits_{n\to\infty} y_n$。

例 4.4.4（第二类 Fredholm 积分方程解的存在性与唯一性）　设 $v \in C[a, b]$ 是已知函数，C 为连续二元函数 $|K(t, s)|$ 在 $G=[a, b]\times[a, b]$ 上的一个上界。如果 $0<|\mu|<\dfrac{1}{C(b-a)}$，则第二类 Fredholm 积分方程 $x(t)=\mu\int_a^b K(t, s)x(s)\mathrm{d}s+v(t)$ 在 $C[a, b]$ 上存在唯一解。

证明：在 $(C[a, b], d)$ 上定义映射 T 为 $(Tx)(t)=\mu\int_a^b K(t, s)x(s)\mathrm{d}s+v(t)$，$\forall t \in [a, b]$，其中积分变量是 s，算子 T 的变量是函数 x，函数 x 的变量是 t。由于 $K(t, s)$ 在 G 上连续，则 $K(t, s)$ 在 G 上一致连续。设 $x\in C[a, b]$，$m=\max\{|x(t)|: t\in[a, b]\}$。由 $v\in C[a, b]$，$\forall \varepsilon>0$，$\exists \delta_1>0$，只要 $|t_1-t_2|<\delta_1$ 就有 $|v(t_1)-v(t_2)|<\varepsilon/2$。

对上述 ε，$\exists \delta_2>0$，$\forall (t_1, s_1), (t_2, s_2)\in G$，只要 $|t_1-t_2|<\delta_2$，$|s_1-s_2|<\delta_2$ 就有

$$|K(t_1, s_1)-K(t_2, s_2)|<\frac{\varepsilon}{2|\mu|(m+1)(b-a)}$$

对上述 ε，取 $\delta=\min\{\delta_1, \delta_2\}$，$\forall t_1, t_2\in[a, b]$，只要 $|t_1-t_2|<\delta$ 就有

$$\begin{aligned}|(Tx)(t_1)-(Tx)(t_2)| &= \left|\mu\int_a^b (K(t_1, s)-K(t_2, s))x(s)\mathrm{d}s+(v(t_1)-v(t_2))\right| \\ &\leqslant |\mu|\left|\int_a^b |K(t_1, s)-K(t_2, s)||x(s)|\,\mathrm{d}s\right|+|v(t_1)-v(t_2)| \\ &\leqslant |\mu| m\int_a^b \frac{\varepsilon}{2|\mu|(m+1)(b-a)}\mathrm{d}s+\frac{\varepsilon}{2} \\ &= \frac{m}{2(m+1)}\varepsilon+\frac{\varepsilon}{2}<\varepsilon\end{aligned}$$

因此 Tx 在$[a,b]$上一致连续。故 $Tx\in C[a,b]$，T 是$C[a,b]$到$C[a,b]$的映射。注意到：$C[a,b]$是完备的距离空间。$\forall x_1, x_2\in C[a,b]$，则

$$\begin{aligned}
d(Tx_2, Tx_1) &= \max_{t\in[a,b]}|(Tx_2)(t)-(Tx_1)(t)| \\
&= \max_{t\in[a,b]}\left|\mu\int_a^b K(t,s)(x_2(s)-x_1(s))\mathrm{d}s\right| \\
&\leqslant \max_{t\in[a,b]}\left(|\mu|\int_a^b |K(t,s)||x_2(s)-x_1(s)|\mathrm{d}s\right) \\
&\leqslant |\mu|\max_{t\in[a,b]}\left(\int_a \max_{(t,s)\in G}|K(t,s)|\max_{s\in[a,b]}|x_2(s)-x_1(s)|\mathrm{d}s\right) \\
&= |\mu|C(b-a)d(x_2,x_1)
\end{aligned}$$

取$\alpha=|\mu|C(b-a)$。由$|\mu|<\dfrac{1}{C(b-a)}$，则$0<\alpha<1$且$d(Tx_2,Tx_1)\leqslant\alpha d(x_2,x_1)$。因此$T$是压缩映射。由Banach不动点定理，则映射$T$存在唯一的不动点$x_0\in C[a,b]$使得$\tilde{x}(t)=(T\tilde{x})(t)=\mu\int_a^b K(t,s)\tilde{x}(s)\mathrm{d}s+v(t)$。故第二类Fredholm积分方程存在唯一解$x_0$。

例 4.4.5(Volterra积分方程解的存在性与唯一性)　设$K(t,s)$在$G=[a,b]\times[a,b]$上连续，$f(t)\in C[a,b]$，λ 为非零常数。

求证：Volterra积分方程 $x(t)=\lambda\int_a^t K(t,s)x(s)\mathrm{d}s+f(t)$ 在 $C[a,b]$ 上有唯一解。

证明： 在$(C[a,b],d)$上定义映射 T 为$(Tx)(t)=\lambda\int_a^t K(t,s)x(s)\mathrm{d}s+f(t)$。由$K(t,s)$在紧集$G$上连续，则$K(t,s)$在$G$上一致连续且有界。设$M=\max\{|K(t,s)|:(t,s)\in G\}$，$x\in C[a,b]$，$c=\max\{|x(t)|:t\in[a,b]\}$。由$f\in C[a,b]$，$\forall\varepsilon>0$，$\exists\delta_1>0$，只要$|t_1-t_2|<\delta_1$就有$|f(t_1)-f(t_2)|<\varepsilon/3$。对上述$\varepsilon$，$\exists\delta_2>0$，$\forall(t_1,s_1)$，$(t_2,s_2)\in G$，只要$|t_1-t_2|<\delta_2$，$|s_1-s_2|<\delta_2$，就有

$$|K(t_1,s_1)-K(t_2,s_2)|<\frac{\varepsilon}{3|\lambda|(c+1)(b-a)}$$

对上述ε，取$\delta=\min\left\{\delta_1,\delta_2,\dfrac{\varepsilon}{3|\lambda|(c+1)M}\right\}$，$\forall t_1,t_2\in[a,b]$，只要$|t_1-t_2|<\delta$就有

$$\begin{aligned}
&|(Tx)(t_1)-(Tx)(t_2)| \\
&= \left|(\lambda\int_a^{t_1}(K(t_1,s)x(s)\mathrm{d}s+f(t_1))-\left(\lambda\int_a^{t_2}(K(t_2,s)x(s)\mathrm{d}s+f(t_2)\right)\right| \\
&\leqslant|\lambda|\left|\int_a^{t_1}(K(t_1,s)-K(t_2,s))x(s)\mathrm{d}s\right|+|\lambda|\left|\int_{t_1}^{t_2}K(t_2,s)x(s)\mathrm{d}s\right|+|f(t_1)-f(t_2)| \\
&\leqslant|\lambda|\int_a^b|K(t_1,s)-K(t_2,s)||x(s)|\mathrm{d}s+|\lambda|\left|\int_{t_1}^{t_2}|K(t_2,s)|\right|x(s)|\mathrm{d}s|+|f(t_1)-f(t_2)| \\
&\leqslant|\lambda|c\int_a^b\frac{\varepsilon}{3|\lambda|(c+1)(b-a)}\mathrm{d}s+|\lambda|c\int_{t_1}^{t_2}M\mathrm{d}s|+|f(t_1)-f(t_2)| \\
&\leqslant\frac{c\varepsilon}{3(c+1)}+|\lambda|cM|t_1-t_2|+\frac{\varepsilon}{3}\leqslant\frac{2}{3}\varepsilon+\frac{|\lambda|cM}{3|\lambda|(c+1)M}\varepsilon<\varepsilon
\end{aligned}$$

因此 Tx 在$[a,b]$上一致连续。故 $Tx\in C[a,b]$，T 是$C[a,b]$到$C[a,b]$的映射。注意到：$C[a,b]$是完备的距离空间。$\forall x_1$、$x_2\in C[a,b]$，$\forall t\in[a,b]$，则

$$
\begin{aligned}
|(Tx_2)(t)-(Tx_1)(t)| &= \left|\lambda\int_a^t K(t,s)(x_2(s)-x_1(s))\mathrm{d}s\right| \\
&\leqslant |\lambda|\int_a^t |K(t,s)||x_2(s)-x_1(s)|\mathrm{d}s \\
&\leqslant |\lambda|\int_a^t M\max_{u\in[a,b]}|x_2(u)-x_1(u)|\mathrm{d}s \\
&= |\lambda| Md(x_2,x_1)(t-a)
\end{aligned}
$$

假设 $n=k$ 时，$|(T^k x_2)(t)-(T^k x_1)(t)|\leqslant|\lambda|^k M^k\dfrac{(t-a)^k}{k!}d(x_2,x_1)$。当 $n=k+1$ 时，

$$
\begin{aligned}
|(T^{k+1}x_2)(t)-(T^{k+1}x_1)(t)| &= \left|\lambda\int_a^t K(t,s)((T^k x_2)(s)-(T^k x_1)(s))\mathrm{d}s\right| \\
&\leqslant |\lambda| M\int_a^t |(T^k x_2)(s)-(T^k x_1)(s))|\mathrm{d}s \\
&\leqslant |\lambda| M\int_a^t \left(|\lambda|^k M^k\frac{(s-a)^k}{k!}d(x_2,x_1)\right)\mathrm{d}s \\
&= |\lambda|^{k+1}M^{k+1}\frac{(t-a)^{k+1}}{(k+1)!}d(x_2,x_1)
\end{aligned}
$$

由数学归纳法可得

$$
|(T^n x_2)(t)-(T^n x_1)(t)|\leqslant|\lambda|^n M^n\frac{(t-a)^n}{n!}d(x_2,x_1),\ \forall n\in\mathbb{N}
$$

$\forall n\in\mathbb{N}$，$\forall x_1, x_2\in C[a,b]$，则

$$
d(T^n x_2, T^n x_1)=\max_{t\in[a,b]}|(T^n x_2)(t)-(T^n x_1)(t)|\leqslant|\lambda|^n M^n\frac{(b-a)^n}{n!}d(x_2,x_1)
$$

由于 $\lim\limits_{n\to\infty}\dfrac{|\lambda|^n M^n(b-a)^n}{n!}=0$，则 $\exists m\in\mathbb{N}$，$\forall n>m$ 有 $\dfrac{|\lambda|^n M^n(b-a)^n}{n!}<1$。取 $p=m+1$，$\alpha=\dfrac{|\lambda|^p M^p(b-a)^p}{p!}$，则 $0<\alpha<1$ 且

$$
d(T^p x_1, T^p x_2)\leqslant\alpha d(x_1,x_2),\ \forall x_1, x_2\in C[a,b]
$$

由推论 4.4.1(2) 可得，映射 T 存在唯一的不动点 $x_0\in C[a,b]$，即

$$
x_0(t)=(Tx_0)(t)=\lambda\int_a^t K(t,s)x_0(s)\mathrm{d}s+f(t)
$$

因此 Volterra 积分方程有唯一解 $x_0\in C[a,b]$。

4.5 拓扑线性空间初步

一般来说，距离空间中可以没有元素之间的代数运算。然而，在实际问题中，最常用的空间不但是距离空间，而且是线性空间。因此为了确切地、全面地描述状态空间的性质，必须在距离空间中引入代数运算。最简单的代数运算是加法与数乘。泛函分析中最重要的贡献都是在研究既有代数结构又有距离结构的空间中得到的。因此只有将代数结构与距离结构相结合，才能更好地处理从实践中提炼出来的问题。为了使线性空间与距离空间很好的

联系，一般要求数域$\mathbb{F}$上的线性空间 X 上的距离 d 满足以下基本性质：

(1) 平移不变性：$d(x+z, y+z)=d(x, y)$，$\forall x, y, z\in X$；

(2) 正齐性：$d(\alpha x, \alpha y)=|\alpha|d(x, y)$，$\forall x$、$y\in X$，$\forall \alpha\in\mathbb{F}$；

(3) 加法连续性：$\lim\limits_{n\to\infty}d(x_n, x)=0$，$\lim\limits_{n\to\infty}d(y_n, y)=0\Rightarrow\lim\limits_{n\to\infty}d(x_n+y_n, x+y)=0$；

(4) 数乘连续性：$\lim\limits_{n\to\infty}d(x_n, x)=0$，$\lim\limits_{n\to\infty}\alpha_n=\alpha\Rightarrow\lim\limits_{n\to\infty}d(\alpha_n x_n, \alpha x)=0$。

拓扑线性空间既是拓扑空间又是线性空间，它使得拓扑结构和线性结构有机联系。

定义 4.5.1 设 X 是数域$\mathbb{F}$上的一个线性空间，T 是 X 上的一个拓扑。如果线性空间 X 上的加法映射 $X\times X\to X$，$(x, y)\mapsto x+y$ 和数乘映射$\mathbb{F}\times X\to X$，$(\lambda, x)\mapsto\lambda x$ 关于拓扑 T 是连续的，则称 X 是数域$\mathbb{F}$上的一个拓扑线性空间。

定义 4.5.2 设 X 是$\mathbb{F}$上的一个线性空间，$p: X\to\mathbb{R}$。如果映射 p 满足：

(1) 非负性：$p(x)\geqslant 0$，$\forall x\in X$；

(2) 正齐性：$p(\lambda x)=|\lambda|p(x)$，$\forall x\in X$，$\forall\lambda\in\mathbb{F}$；

(3) 次可加性：$p(x+y)\leqslant p(x)+p(y)$，$\forall x, y\in X$，

则称 p 是线性空间 X 上的一个半范数。

设 P 是$\mathbb{F}$上的线性空间 X 上的一族半范数，$\{x\in X: p(x-x_0)<\varepsilon\}$是拓扑 T 的一个子基，其中 $p\in P$，$x_0\in X$，$\varepsilon>0$。故 X 的一个子集 U 是开集当且仅当存在 $p_1, p_2, \cdots, p_n\in P$ 和 $\varepsilon_1, \varepsilon_2, \cdots, \varepsilon_n>0$ 使得$\bigcap\limits_{k=1}^{n}\{x\in X: p_k(x-x_0)<\varepsilon_k\}\subseteq U$。

注记：线性空间 X 关于这个拓扑 T 是拓扑线性空间。

定义 4.5.3 设 X 是$\mathbb{F}$上的一个拓扑线性空间。如果 X 的拓扑是由一族半范数 P 诱导的且$\bigcap\limits_{p\in P}N(p)=\{0\}$，则称 X 是一个局部凸空间。

定义 4.5.4 设(A, $\leqslant$)是一个偏序集。若$\forall\alpha, \beta\in$ A，$\exists\delta_0\in$ A 使得$(\alpha\leqslant\delta_0)\wedge(\beta\leqslant\delta_0)$，则称$(X, \leqslant)$是一个定向集。

定义 4.5.5 设$(X$, T)是一个拓扑空间，(A, $\leqslant$)是一个偏序集。

(1) 如果$\forall\alpha\in$ A 存在唯一 $x_\alpha\in X$ 与 α 对应，则称$\{x_\alpha\}$为 X 中的一个偏序点列。

(2) 设$\{x_\alpha\}$是 X 中的一个偏序点列，$x\in X$。如果$\forall U\in\mathfrak{U}_x$，$\exists\alpha_0\in$ A 使得$\forall\alpha\in$ A 且 $\alpha_0\leqslant\alpha$ 恒有 $x_\alpha\in U$，则称$\{x_\alpha\}$收敛于 x，称 x 为$\{x_\alpha\}$的极限，记为$\lim\limits_{\alpha\in \text{A}}x_\alpha=x$。

定理 4.5.1 设 p 是数域$\mathbb{F}$上的一个拓扑线性空间 X 上的一个半范数。下列命题等价：

(1) p 是连续的；

(2) $\{x\in X: p(x)<1\}$是开集；

(3) p 在 0 点连续。

例 4.5.1 设 G 是$\mathbb{C}$的一个开子集，$H(G)$ 是 G 上的所有解析函数构成的集合，则 $H(G)$ 关于$\{p_K: K$ 是 X 的一个紧子集$\}$是局部凸空间。

定义 4.5.6 设$(X$, T)是一个拓扑空间。如果存在 X 上的一个距离 d 使得(X, d)诱导的拓扑是 T，则称$(X$, T)是一个可距离化空间。

例 4.5.2 设 X 是一个局部紧拓扑空间，则 $C(X)$ 是一个可距离化空间当且仅当 X 是

σ-紧集，即 X 是可数个紧集的并。

定理4.5.2　设$\{p_n\}$是线性空间 X 上的一个可数半范数序列且 $\bigcap_{n=1}^{\infty} N(p_n)=\{0\}$，$d:X\times X\to\mathbb{R}$。如果 $\forall x, y\in X$ 有

$$d(x, y)=\sum_{n=1}^{\infty}\frac{1}{2^n}\frac{p_n(x-y)}{1+p_n(x-y)}$$

则 d 是 X 上的一个距离且由距离 d 诱导的拓扑与半范数族$\{p_n\}$诱导的拓扑是相同的。进而，一个局部凸空间是可距离化空间当且仅当这个拓扑是由一个可数半范数族诱导的。

定义 4.5.7　设 X 是数域$\mathbb{F}$上的一个线性空间，d 是 X 上的一个距离。如果 $\forall x, y, z\in X$ 有 $d(x+z, y+z)=d(x, y)$，则称距离 d 是平移不变的。

定义 4.5.8　设 X 是数域$\mathbb{F}$上的一个拓扑线性空间。如果 X 上的拓扑是由一个平移不变的距离 d 诱导的且(X, d)是完备的距离空间，则称(X, d)是一个 Frechet 空间。

习　题　四

4.1　设 $d(x, y)$为 X 上的距离。

求证：$\tilde{d}(x, y)=\min\{d(x, y), 1\}$ 是 X 上的距离。

4.2　设 $C^k[a, b]$ 是$[a, b]$上具有直到 k 阶连续导数的函数全体构成的集合，定义

$$d(f, g)=\sum_{j=0}^{k}\max_{t\in[a, b]}|f^{(j)}(t)-g^{(j)}(t)|\text{，其中 } f^{(0)}=f,\ g^{(0)}=g$$

求证：$(C^k[a, b], d)$ 是距离空间。

4.3　设 $C^{\infty}[a, b]$ 是$[a, b]$上无穷次可微函数全体构成的集合，定义：

$$d(f, g)=\sum_{n=0}^{\infty}\frac{1}{2^n}\max_{t\in[a, b]}\frac{|f^{(n)}(t)-g^{(n)}(t)|}{1+|f^{(n)}(t)-g^{(n)}(t)|}$$

求证：$(C^{\infty}[a, b], d)$ 是距离空间。

4.4　设 $X=(-\infty, +\infty)$，定义 $d(x, y)=|\arctan x-\arctan y|$。求证：$(X, d)$ 是距离空间。

4.5 设(X, d)是一个距离空间，$A\subseteq X$。

求证：集合 A 在 X 中是稠密的当且仅当 $X=\bigcup_{x\in A} S(x, \varepsilon)$，$\forall\varepsilon>0$。

4.6　设$\{x_n\}$为距离空间(X, d)中的一个 Cauchy 列且存在一个子列$\{x_{n_k}\}$收敛于 x。

求证：$\{x_n\}$收敛于 x。

4.7　设 A 是距离空间(X, d)的一个子集。求证：

(1) $x\in A^{\circ}$ 当且仅当 $d(x, A^c)>0$。

(2) $x\in\partial(A)$ 当且仅当 $d(x, A)=0$ 且 $d(x, A^c)=0$。

4.8　设(X, d)是一个距离空间，A 是 X 的非空子集，$f(x)=d(x, A)$，$\forall x\in X$。求证：

(1) $f:(X, d)\to\mathbb{R}$是连续泛函。

(2) $f(x)=0$ 当且仅当 $x\in\overline{A}$。

4.9　设 X 和 Y 是两个距离空间，$T: X\to Y$。求证：

(1) T 是连续映射当且仅当 $T^{-1}(B^{\circ})\subseteq(T^{-1}(B))^{\circ}$，$\forall B\subseteq Y$。

(2) T 是连续映射当且仅当 $\overline{T^{-1}(B)}\subseteq(T^{-1}(\overline{B}))$，$\forall B\subseteq Y$。

4.10　设 X 和 Y 是两个距离空间，$A, B\subseteq X$，$T: X\to Y$ 是连续的。

求证：如果 $B\subseteq\overline{A}$，则 $T(B)\subseteq\overline{T(A)}$。

4.11　设 F_1 和 F_2 是距离空间 (X, d) 的非空紧子集。

求证：一定存在一点 $(x_0, y_0)\in F_1\times F_2$ 使得 $d(x_0, y_0)=d(F_1, F_2)$。

4.12　设非零常数 λ 满足 $|\lambda|<1$，$f\in C[0, 1]$。

求证：积分方程 $g(s)=\lambda\int_0^1\sin(2\pi(s-t))g(t)\mathrm{d}t+f(s)$ 在 $C[0, 1]$ 上存在唯一解。

4.13　设 $\varphi\in C[a, b]$，$K(t, s, \omega)$ 是 $[a, b]\times[a, b]\times\mathbb{R}$ 上的三元连续函数且存在正常数 μ 使得

$$|K(t, s, \omega_1)-K(t, s, \omega_2)|\leqslant\mu|\omega_1-\omega_2|$$

求证：当 $|\lambda|$ 足够小时，积分方程 $x(t)-\lambda\int_a^b K(t, s, x(s))\mathrm{d}s=\varphi(t)$ 在 $C[a, b]$ 上存在唯一解。

4.14　设 $f(x, y)$ 在 $G=[a, b]\times\mathbb{R}$ 上连续且 $f_x(x, y)$ 存在。求证：如果存在常数 m 和 M 使得 $\forall(x, y)\in G$ 有 $0<m<f'_y(x, y)<M$，则 $f(x, y)=0$ 确定 $[a, b]$ 上唯一的、连续的隐函数 $y=\varphi(x)$ 使得 $f(x, \varphi(x))\equiv 0$。

提示： 定义 $(T\varphi)x=\varphi(x)-\dfrac{1}{M}f(x, \varphi(x))$。

4.15　设 a_{ij}，$i, j=1, 2, \cdots, n$ 为一组实数。如果 $\sum\limits_{i=1}^{n}\sum\limits_{j=1}^{n}(a_{ij}-\delta_{ij})^2<1$，则对固定的实数 $b_1, b_2, \cdots, b_n$，方程组

$$\begin{cases}a_{11}x_1+a_{12}x_2+\cdots+a_{1n}x_n=b_1\\ a_{21}x_1+a_{22}x_2+\cdots+a_{2n}x_n=b_2\\ \cdots\cdots\\ a_{n1}x_1+a_{n2}x_2+\cdots+a_{nn}x_n=b_n\end{cases}$$

必有唯一解，其中 $\delta_{ij}=\begin{cases}1, & i=j\\ 0, & i\neq j\end{cases}$。

4.16　设 $f\in C[0, 1]$。求证：积分方程 $x(t)=f(t)+\lambda\int_0^t x(s)\mathrm{d}s$ 在 $C[0, 1]$ 中存在唯一解。

第 5 章　赋范线性空间及其上的有界线性算子

第 4 章在非空集合中引入了距离的概念，研究了距离空间的性质，但是仅有距离结构的空间，其几何性质仍然很差。即使是将代数结构与距离结构相结合的拓扑线性空间，也在应用中具有很大的局限性。本章介绍一类特殊的拓扑线性空间——赋范线性空间，它是由 Banach 在 1922 年首先引入的，给线性空间中的向量赋予了“长度”的概念，与拓扑线性空间相比它的结果更丰富，更有力。本章介绍赋范线性空间及其上的有界线性算子，Banach 空间理论的基本定理和 Schauder 不动点定理，研究了赋范线性空间中的最佳逼近问题。

★ **本章知识要点**：赋范线性空间；线性算子的连续性；线性算子的有界性；有界线性算子的范数；有界线性算子空间；共轭空间；赋范线性空间中的最佳逼近定理；Schauder 不动点定理；Hahn-Banach 延拓定理；Weierstrass 定理。

5.1　赋范线性空间与有界线性算子

定义 5.1.1　设 X 是数域$\mathbb{F}$上的一个线性空间，$\|\cdot\|: X\to\mathbb{R}$。如果映射 $\|\cdot\|$ 满足：

(1) 正定性：$\|x\|\geqslant 0$，$\forall x\in X$；$\|x\|=0\Leftrightarrow x=0$；

(2) 正齐性：$\|\lambda x\|=|\lambda|\,\|x\|$，$\forall x\in X$，$\forall \lambda\in\mathbb{F}$；

(3) 三角不等式：$\|x+y\|\leqslant\|x\|+\|y\|$，$\forall x, y\in X$，

则称映射 $\|\cdot\|$ 为线性空间 X 上的范数(norm)，称 $\|x\|$ 为向量 x 的范数，称$(X, \|\cdot\|)$为数域$\mathbb{F}$上的赋范线性空间(normed linear space)，简称 X 是赋范线性空间。

注记：$|\,\|x\|-\|y\|\,|\leqslant\|x\pm y\|$，$\forall x, y\in X$。

定理 5.1.1　设 X 是$\mathbb{F}$上的一个线性空间，$d: X\times X\to\mathbb{R}$，$\|\cdot\|: X\to\mathbb{R}$。

(1) 设映射 $\|\cdot\|$ 是 X 上的一个范数。如果 $\forall x, y\in X$ 有 $d(x, y)=\|x-y\|$，则(X, d)是一个距离空间且距离 d 满足平移不变性和正齐性。

(2) 设映射 d 是 X 上的一个距离。如果 $\forall x\in X$ 有 $\|x\|=d(x, 0)$且距离 d 满足平移不变性和正齐性，则$(X, \|\cdot\|)$是一个赋范线性空间且 $\|x-y\|=d(x, y)$，$\forall x, y\in X$。

证明：(1) $\forall x, y\in X$，由范数的正定性可得，$d(x, y)=\|x-y\|\geqslant 0$ 且

$$d(x, y)=0\Leftrightarrow\|x-y\|=0\Leftrightarrow x-y=0\Leftrightarrow x=y$$

$\forall x, y\in X$，由正齐性，得

$$d(y, x)=\|y-x\|=\|(-1)(x-y)\|=|-1|\,\|x-y\|=d(x, y)$$

$\forall x, y, z\in X$，由范数的三角不等式可得

$$d(x, y)=\|x-y\|=\|(x-z)+(z-y)\|\leqslant\|x-z\|+\|z-y\|=d(x, z)+d(z, y)$$

因此(X, d)是距离空间。$\forall x$、y、$z\in X$，$\forall\lambda\in\mathbb{F}$，由范数的性质可得

$$d(x+z,\ y+z)=\|(x+z)-(y+z)\|=\|x-y\|=d(x,\ y)$$

$$d(\lambda x,\ 0)=\|\lambda x\|=|\lambda|\ \|x\|=|\lambda|d(x,\ 0)$$

(2) 由距离的正定性，则 $\|x\|=d(x,\ 0)\geqslant 0$ 且 $\|x\|=0\Leftrightarrow d(x,\ 0)=0\Leftrightarrow x=0$。

$\forall x\in X$，$\forall\lambda\in\mathbb{F}$，由距离的正齐性可得

$$\|\lambda x\|=d(\lambda x,\ 0)=|\lambda|d(x,\ 0)=|\lambda|\ \|x\|$$

$\forall x,\ y\in X$，由距离的平移不变性及三角不等式可得

$$\begin{aligned}\|x+y\|&=d(x+y,\ 0)=d(x+(y+(-y)),\ 0+(-y))=d(x,\ -y)\leqslant d(x,\ 0)+d(0,\ -y)\\&=d(x,\ 0)+d(0+y,\ -y+y)=d(x,\ 0)+d(y,\ 0)=\|x\|+\|y\|\end{aligned}$$

故$(X,\ \|\cdot\|)$是赋范线性空间且

$$\|x-y\|=d(x-y,\ 0)=d(x-y+y,\ 0+y)=d(x,\ y)$$

注记: 由于赋范线性空间可以诱导一个距离，因此以后在赋范线性空间中总用这个范数诱导的距离。进一步可以在赋范线性空间中引入开集、收敛性、连续性及有界性等概念。

例如，赋范线性空间中的收敛定义如下：

$$\lim_{n\to\infty}x_n=x\Leftrightarrow\lim_{n\to\infty}d(x_n,\ x)=0\Leftrightarrow\lim_{n\to\infty}\|x_n-x\|=0$$

定理 5.1.2 设$(X,\ \|\cdot\|)$是数域$\mathbb{F}$上的一个赋范线性空间，则向量的加法、数乘与范数运算是连续的，即如果$\lim\limits_{n\to\infty}x_n=x$，$\lim\limits_{n\to\infty}y_n=y$ 且$\lim\limits_{n\to\infty}\lambda_n=\lambda$，则

$$\lim_{n\to\infty}(x_n+y_n)=x+y,\quad \lim_{n\to\infty}(\lambda_n x_n)=\lambda x \text{ 且}\lim_{n\to\infty}\|x_n\|=\|x\|$$

证明: 由三角不等式，则 $\|(x_n+y_n)-(x+y)\|\leqslant\|x_n-x\|+\|y_n-y\|$。由$\lim\limits_{n\to\infty}x_n=x$ 和$\lim\limits_{n\to\infty}y_n=y$，则$\lim\limits_{n\to\infty}\|x_n-x\|=0$，$\lim\limits_{n\to\infty}\|y_n-y\|=0$。因此

$$\lim_{n\to\infty}(\|x_n-x\|+\|y_n-y\|)=0$$

由夹逼准则可得，$\lim\limits_{n\to\infty}\|(x_n+y_n)-(x+y)\|=0$，即$\lim\limits_{n\to\infty}(x_n+y_n)=x+y$。

由范数的正齐性和三角不等式可得

$$\|\lambda_n x_n-\lambda x\|=\|\lambda_n(x_n-x)+(\lambda_n-\lambda)x\|\leqslant|\lambda_n|\ \|x_n-x\|+|\lambda_n-\lambda|\ \|x\|$$

由于$\lim\limits_{n\to\infty}\lambda_n=\lambda$，则$\lim\limits_{n\to\infty}|\lambda_n-\lambda|=0$。由于$\{\lambda_n\}$有界，则$\lim\limits_{n\to\infty}(|\lambda_n|\ \|x_n-x\|)=0$。故

$$\lim_{n\to\infty}(|\lambda_n|\ \|x_n-x\|+|\lambda_n-\lambda|\ \|x\|)=0\quad\text{且}\quad\lim_{n\to\infty}\|\lambda_n x_n-\lambda x\|=0$$

即$\lim\limits_{n\to\infty}(\lambda_n x_n)=\lambda x$。

由定理 4.1.1(2)，则

$$\lim_{n\to\infty}\|x_n\|=\lim_{n\to\infty}d(x_n,\ 0)=d(\lim_{n\to\infty}x_n,\ 0)=d(x,\ 0)=\|x\|$$

定义 5.1.2 设$(X,\ \|\cdot\|)$是数域$\mathbb{F}$上的赋范线性空间。如果$\forall x,\ y\in X$ 有 $d(x,\ y)=\|x-y\|$且$(X,\ d)$是一个完备的距离空间，则称$(X,\ \|\cdot\|)$是数域$\mathbb{F}$上的一个 Banach 空间。

下面介绍几个经典的 Banach 空间。

例 5.1.1 n 维 Euclid 空间$\mathbb{R}^n$。设$\mathbb{R}^n=\{(x_1,\ x_2,\ \cdots,\ x_n):\ x_i\in\mathbb{R},\ i=1,\ 2,\ \cdots,\ n\}$。设 $x=(x_1,\ x_2,\ \cdots,\ x_n)$，$y=(y_1,\ y_2,\ \cdots,\ y_n)\in\mathbb{R}^n$，$\lambda\in\mathbb{R}$，定义

$$x+y=(x_1+y_1,\ x_2+y_2,\ \cdots,\ x_n+y_n),\ \lambda x=(\lambda x_1,\ \lambda x_2,\ \cdots,\ \lambda x_n)$$

当 $p\geqslant 1$ 时，定义 $\| x \|_p=(\sum_{i=1}^{n} | x_i |^p)^{\frac{1}{p}}$；当 $p=+\infty$时，定义 $\| x \|_\infty=\max_{1\leqslant i\leqslant n} |x_i|$。

求证：$(\mathbb{R}^n,\ \| \cdot \|_p)$是数域$\mathbb{R}$上的一个 Banach 空间。

证明略去。

例 5.1.2　空间 $l^\infty(S)$。设 $l^\infty(S)=\{x: S\to\mathbb{F}: \exists M>0,\ \land |x(t)|<M,\ \forall t\in S\}$。设 $\lambda\in\mathbb{F}$，x，$y\in l^\infty(S)$，定义

$$(x+y)(t)=x(t)+y(t),\ (\lambda x)(t)=\lambda x(t),\ \| x \| =\sup_{t\in S} |x(t)|$$

求证：$(l^\infty(S),\ \| \cdot \|)$是数域$\mathbb{F}$上的一个 Banach 空间。

证明略去。

特别地，当 $S=\mathbb{N}$时，记 $l^\infty(\mathbb{N})$为 l^∞。$\forall x=\{x_n\}\in l^\infty$，此时 $\| x \| =\sup_{n\in \mathbb{N}} |x_n|$。

当 $S=[a,b]$时，在 $l^\infty([a,b])$的子空间 $C[a,b]$上有 $\| x \|_\infty= \max_{t\in[a,b]} |x(t)|$。

注记：

(1) 除非特别声明，以后函数空间上的线性运算都如上定义。

(2) 如果 $\forall x \in C[a,b]$ 有 $\| x \|_1=\int_a^b |x(t)| \mathrm{d}t$，则$(C[a,b],\ \| \cdot \|_1)$ 是数域$\mathbb{F}$上的一个赋范线性空间，但不是 Banach 空间。

利用定积分的性质容易证明$(C[a,b],\ \| \cdot \|_1)$是数域$\mathbb{F}$上的赋范线性空间。下面证明它不是 Banach 空间。首先构造$(C[a,b],\ \| \cdot \|_1)$中的一个函数列。$\forall n\in \mathbb{N}$，定义

$$x_n(t)=\begin{cases} a, & t\in\left[a,\ \dfrac{a+b}{2}-\dfrac{1}{n}\right] \\ \dfrac{a+b}{2}+\dfrac{n}{2}(b-a)\left(t-\dfrac{a+b}{2}\right), & t\in\left[\dfrac{a+b}{2}-\dfrac{1}{n},\ \dfrac{a+b}{2}+\dfrac{1}{n}\right] \\ b, & t\in\left[\dfrac{a+b}{2}+\dfrac{1}{n},\ b\right] \end{cases}$$

则$\{x_n\}\subseteq C[a,b]$。

$\forall n$、$m\in \mathbb{N}$且 $n>m$，则

$$\| x_n-x_m \|_1=\frac{b-a}{2}\left(\frac{1}{m}-\frac{1}{n}\right)$$

故$\{x_n\}$是 Cauchy 列。

其次，假设$\exists x\in C[a,b]$使得$\lim_{n\to\infty} \| x_n-x \|_1=0$，$\forall \delta\in\left(0,\ \dfrac{b-a}{2}\right)$。由夹逼准则可得

$$\lim_{n\to\infty}\int_a^{\frac{a+b}{2}-\delta} | x_n(t)-x(t) | \mathrm{d}t=0$$

故 $\forall \varepsilon>0$，$\exists m \in \mathbb{N}$，$\forall n>m$ 有

$$\int_a^{\frac{a+b}{2}-\delta} | x_n(t)-x(t) | \mathrm{d}t<\varepsilon$$

当 $n>\max\left\{\dfrac{1}{\delta},\ m\right\}$时，$\forall t \in \left[a,\ \dfrac{a+b}{2}-\delta\right]\subseteq\left[a,\ \dfrac{a+b}{2}-\dfrac{1}{n}\right]$有 $x_n(t)=a$。故

$$\int_a^{\frac{a+b}{2}-\delta} |a - x(t)| \,\mathrm{d}t < \varepsilon$$

由 ε 的任意性，则

$$\int_a^{\frac{a+b}{2}-\delta} |a - x(t)| \,\mathrm{d}t = 0$$

故 $\forall t \in \left[a, \frac{a+b}{2} - \delta\right]$有 $x(t)=a$。由 δ 的任意性可得，$\forall t \in \left[a, \frac{a+b}{2}\right)$ 有 $x(t)=a$。类似地，在 $\left(\frac{a+b}{2}, b\right]$ 上，$x=b$。这与 $x \in C[a, b]$ 矛盾。因此$(C[a, b], \|\cdot\|_1)$不是 Banach 空间。

例 5.1.3　已知空间 l^p。设 $p \in [1, +\infty)$，$l^p = \{x = \{x_n\} \subseteq \mathbb{F}: \sum_{n=1}^{\infty} |x_n|^p < +\infty\}$，$x = \{x_n\} \in l^p$，定义 $\|x\|_p = \left(\sum_{n=1}^{\infty} |x_n|^p\right)^{\frac{1}{p}}$。

求证：$(l^p, \|\cdot\|_p)$ 是数域$\mathbb{F}$上的一个 Banach 空间。

证明略去。

例 5.1.4　已知空间 $L^p(E)$。设 $p \in [1, +\infty)$，

$$L^p(E) = \{f \in M(E): \int_E |f(x)|^p \mathrm{d}\mu < +\infty\}$$

又设 $f = f(x) \in L^p(E)$，定义 $\|f\|_p = \left(\int_E |f(x)|^p \mathrm{d}\mu\right)^{\frac{1}{p}}$。

求证：$(L^p(E), \|\cdot\|_p)$是一个 Banach 空间。

证明略去。

例 5.1.5　空间 $L^\infty(E)$。设 $L^\infty(E) = \{f \in M(E): \inf\limits_{A \subseteq E,\, m(A)=0} \sup\limits_{x \in E-A} |f(x)| < +\infty\}$。$\forall f = f(x) \in L^\infty(E)$，定义 $\|f\|_\infty = \inf\limits_{A \subseteq E,\, m(A)=0} \sup\limits_{x \in E-A} |f(x)|$。

求证：$(L^\infty(E), \|\cdot\|_\infty)$是一个 Banach 空间。

证明略去。

定义 5.1.3　设(Ω, A, P)是一个概率空间，X 和 Y 是两个随机变量。如果 $P\{X=Y\}=1$，则称 X 和 Y 是等价的。将等价的随机变量看成是相等的，记为 $X=Y$。

例 5.1.6　已知随机变量空间 $L^2(\Omega, \mathrm{A}, P)$。设 $L^2(\Omega, \mathrm{A}, P)$ 是由 $E(X^2) < +\infty$ 的全体随机变量 X 构成的集合。设 $X \in L^2(\Omega, \mathrm{A}, P)$，定义 $\|X\| = \sqrt{E(X^2)} = \sqrt{\int_\Omega X^2 \mathrm{d}P}$。

求证：$(L^2(\Omega, \mathrm{A}, P), \|\cdot\|)$ 是$\mathbb{R}$上的一个赋范线性空间。

证明：$\forall X, Y \in L^2(\Omega, \mathrm{A}, P)$，$\forall c \in \mathbb{R}$，则$\int_\Omega X^2 \mathrm{d}P = E(X^2) < +\infty$ 且$\int_\Omega Y^2 \mathrm{d}P < +\infty$。

由

$$E((cX)^2) = \int_\Omega (cX)^2 \mathrm{d}P = |c|^2 \int_\Omega X^2 \mathrm{d}P < +\infty$$

则 $cX \in L^2(\Omega, \mathrm{A}, P)$。由 Minkowski 不等式，则

$$E((X+Y)^2)=\int_\Omega |X+Y|^2\mathrm{d}P \leqslant \left(\sqrt{\int_\Omega X^2\mathrm{d}P}+\sqrt{\int_\Omega Y^2\mathrm{d}P}\right)^2<+\infty$$

故 $X+Y\in L^2(\Omega, \mathrm{A}, P)$。因此 $L^2(\Omega, \mathrm{A}, P)$ 是$\mathbb{R}$上的一个线性空间。

显然，$\|X\|=\sqrt{E(X^2)}\geqslant 0$。如果 $\|X\|=0$，则 $P\{X=0\}=1$。故 $X=0$。$\forall c\in\mathbb{R}$，则 $\|cX\|=\sqrt{c^2E(X^2)}=|c|\,\|X\|$。$\forall X, Y\in L^2(\Omega, \mathrm{A}, P)$，由 Minkowski 不等式，有

$$\begin{aligned}\|X+Y\|&=\sqrt{E((X+Y)^2)}=\sqrt{\int_\Omega |X+Y|^2\mathrm{d}P}\leqslant\sqrt{\int_\Omega X^2\mathrm{d}P}+\sqrt{\int_\Omega Y^2\mathrm{d}P}\\&=\|X\|+\|Y\|\end{aligned}$$

因此$(L^2(\Omega, \mathrm{A}, P), \|\cdot\|)$是赋范线性空间。

例 5.1.7　已知空间 $C^{(k)}(\Omega)$，$k\in\mathbb{N}$。设 Ω 是$\mathbb{R}^n$中的有界闭集且具有连通的内部，$n\in\mathbb{N}$。$C^{(k)}(\Omega)=\{u: \Omega\to\mathbb{R}: u=u(x)$ 在 Ω 上具有 k 阶连续偏导数的 n 元函数$\}$。设 α_k 是非负整数，$\alpha=(\alpha_1, \alpha_2, \cdots, \alpha_n)$表示 n 重指标，$\dfrac{\partial^\alpha}{\partial x^\alpha}=\dfrac{\partial^{\alpha_1}}{\partial x_1^{\alpha_1}}\cdots\dfrac{\partial^{\alpha_n}}{\partial x_n^{\alpha_n}}$，$|\alpha|=\alpha_1+\cdots+\alpha_n$。设 $u=u(x_1, x_2, \cdots, x_n)\in C^{(k)}(\Omega)$，定义 $\|u\|=\max\limits_{|\alpha|\leqslant k}\max\limits_{x\in\Omega}\left|\dfrac{\partial^\alpha u}{\partial x^\alpha}(x)\right|$，规定$\dfrac{\partial^0 u}{\partial x^0}=u$。

求证：$(C^{(k)}(\Omega), \|\cdot\|)$是数域$\mathbb{R}$上的一个 Banach 空间。

例 5.1.8　已知空间 $H^{m,p}(\Omega)$，m 是非负整数，$1\leqslant p<\infty$，$\Omega\subseteq\mathbb{R}^n$，且

$$H^{m,p}(\Omega)=\left\{u: \Omega\to\mathbb{R}\,|\, n\text{ 元函数 }u(x)\text{ 在 }\Omega\text{ 上具有 }m\text{ 阶连续偏导数且}\frac{\partial^\alpha u}{\partial x^\alpha}\in L^p(\Omega)\right\}$$

设 $u=u(x_1, x_2, \cdots, x_n)\in C^{(k)}(\Omega)$，定义 $\|u\|_{m,p}=\left(\sum\limits_{|\alpha|\leqslant m}\int_\Omega\left|\dfrac{\partial^\alpha u}{\partial x^\alpha}(x)\right|^p\mathrm{d}x\right)^{\frac{1}{p}}$。

求证：$(C^{(k)}(\Omega), \|\cdot\|)$是数域$\mathbb{R}$上的一个 Banach 空间。

证明略去。

定义 5.1.4　设 X 和 Y 是$\mathbb{F}$上的两个赋范线性空间，$T: X\to Y$ 是一个线性算子。

(1) 若$\exists c>0$，$\forall x\in X$ 有$\|Tx\|\leqslant c\|x\|$，则称 T 是 X 到 Y 的一个有界线性算子(bounded linear operator)。

特别地，若 $Y=\mathbb{F}$，则称有界线性算子 T 为 X 上的有界线性泛函(bouned linear functional)，即$\exists c>0$，$\forall x\in X$ 有$|Tx|\leqslant c\|x\|$。

(2) 设 $x\in X$。若$\forall\{x_n\}\subseteq X$ 恒有$\lim\limits_{n\to\infty}x_n=x$ 蕴涵$\lim\limits_{n\to\infty}Tx_n=Tx$，则称 T 在 x 点连续。

(3) 若$\forall x\in X$ 有 T 在 x 点连续，则称 T 是 X 上的连续线性算子，简称 T 在 X 上连续。

定理 5.1.3(连续性与有界性)　设 X 和 Y 是数域$\mathbb{F}$上的两个赋范线性空间。如果 T: $X\to Y$ 是一个线性算子，则 T 在 X 上连续当且仅当 T 在 X 上有界。

证明：必要性。假设 T 在 X 上无界。$\forall n\in\mathbb{N}$，$\exists x_n\in X-\{0\}$使得$\|Tx_n\|>n\|x_n\|$，令 $y_n=\dfrac{x_n}{n\|x_n\|}$，则$\lim\limits_{n\to\infty}\|y_n-0\|=0$ 且$\lim\limits_{n\to\infty}y_n=0$。由 T 在 0 点连续得$\lim\limits_{n\to\infty}Ty_n=0$，与下式产

生矛盾：

$$\| Ty_n \| = \left\| T\left(\frac{x_n}{n \| x_n \|}\right) \right\| = \frac{1}{n} \frac{\| Tx_n \|}{\| x_n \|} > 1$$

$\forall n \in \mathbb{N}$。故 T 在 X 上有界。

充分性。设 T 在 X 上有界。故 $\exists c>0$，$\forall x \in X$ 有 $\| Tx \| \leqslant c \| x \|$。由 T 是有界的，$\forall \{x_n\} \subseteq X$，若 $\lim\limits_{n\to\infty} x_n = x$，则

$$\| Tx_n - Tx \| = \| T(x_n - x) \| \leqslant c \| x_n - x \|$$

故 $\lim\limits_{n\to\infty} Tx_n = Tx$。因此 T 在 x 点连续。由 x 的任意性推得 T 在 X 上连续。

定理 5.1.4 设 X 和 Y 是数域$\mathbb{F}$上的两个赋范线性空间。如果 T：$X \to Y$ 是一个线性算子，则 T 在 X 上有界当且仅当 T 将 X 中的每一个有界集映成 Y 中的有界集。

证明： 必要性。设 B 是 X 中的任何一个有界集。故 $\exists M>0$，$\forall x \in B$ 有 $\| x \| \leqslant M$。由于 T 是有界的，则得 $\exists c>0$，$\forall x \in B$ 有 $\| Tx \| \leqslant c \| x \| \leqslant cM$。因此 $T(B)$ 是 Y 中的有界集。

充分性。设 $S = \{x \in X: \| x \| = 1\}$，则 S 是 X 中的有界集。故 $T(S)$ 是 Y 中的有界集，即 $\exists c>0$，$\forall x \in S$ 有 $\| Tx \| \leqslant c$。$\forall x \in X - \{0\}$，则

$$\left\| \frac{x}{\| x \|} \right\| = 1 \quad 且 \quad \frac{x}{\| x \|} \in S$$

故

$$\left\| T\left(\frac{x}{\| x \|}\right) \right\| \leqslant c$$

即 $\| Tx \| \leqslant c \| x \|$，$\forall x \in X$。因此 T 在 X 上有界。

定义 5.1.5 设 X 和 Y 是数域$\mathbb{F}$上的两个赋范线性空间。如果 T：$X \to Y$ 是一个有界线性算子，则称 $\inf\{c>0: \| Tx \| \leqslant c \| x \|, \forall x \in X\}$ 为 T 的范数，记为 $\| T \|$。

注记： 此处算子的范数的说法只是形式的，以后将证明它的确是一个范数。

定理 5.1.5 设 X 和 Y 是数域$\mathbb{F}$上的两个赋范线性空间。如果 T：$X \to Y$ 是一个有界线性算子，则 $\| Tx \| \leqslant \| T \| \| x \|$，$\forall x \in X$ 且

$$\begin{aligned}\| T \| &= \sup\left\{\frac{\| Tx \|}{\| x \|}: x \in X - \{0\}\right\} = \sup\{\| Tx \|: \| x \| \leqslant 1, x \in X\} \\ &= \sup\{\| Tx \|: \| x \| = 1, x \in X\}\end{aligned}$$

证明： (1) $\forall x \in X - \{0\}$，则

$$\| Tx \| \leqslant c \| x \| \Leftrightarrow \frac{\| Tx \|}{\| x \|} \leqslant c$$

故 $\sup\left\{\frac{\| Tx \|}{\| x \|}: x \in X - \{0\}\right\}$ 存在。设 $\sup\left\{\frac{\| Tx \|}{\| x \|}: x \in X - \{0\}\right\} = a$，则

$$a = \sup\left\{\frac{\| Tx \|}{\| x \|}: x \in X - \{0\}\right\} \leqslant \inf\{c>0: \| Tx \| \leqslant c \| x \|, x \in X\} = \| T \|$$

$\forall x \in X - \{0\}$，由 $\frac{\| Tx \|}{\| x \|} \leqslant a \leqslant \| T \|$，则 $\| Tx \| \leqslant \| T \| \| x \|$，$\forall x \in X$。

(2) 由 $\| T \| \geqslant a \geqslant \frac{\| Tx \|}{\| x \|}$，$\forall x \in X - \{0\}$，则 $\| T \|$ 是 $\left\{\frac{\| Tx \|}{\| x \|}: x \in X - \{0\}\right\}$ 的一个上界。若 $\exists c>0$ 使得 $\| Tx \| \leqslant c \| x \|$，$\forall x \in X$，则 $c \geqslant \| T \|$。$\forall \varepsilon \in (0, \| T \|)$，

$\exists x_1\in X-\{0\}$使得$\|Tx_1\|>(\|T\|-\varepsilon)\|x_1\|$，即$\dfrac{\|Tx_1\|}{\|x_1\|}>\|T\|-\varepsilon$。故

$$\|T\|=\sup\left\{\frac{\|Tx\|}{\|x\|}:x\in X-\{0\}\right\}$$

(3) 由于$\left\{\left\|T\left(\dfrac{1}{\|x\|}x\right)\right\|:x\in X-\{0\}\right\}=\{\|Tx\|:\|x\|=1,\ x\in X\}$，则

$$\begin{aligned}\|T\|&=\sup\{\|Tx\|:\|x\|=1,\ x\in X\}\leqslant\sup\{\|Tx\|:\|x\|\leqslant 1,\ x\in X\}\\&\leqslant\sup\{\|T\|\|x\|:\|x\|\leqslant 1,\ x\in X\}=\|T\|\end{aligned}$$

故

$$\|T\|=\sup\{\|Tx\|:\|x\|=1,\ x\in X\}=\sup\{\|Tx\|:\|x\|\leqslant 1,\ x\in X\}$$

下例说明，同一个算子作用在不同空间上它的范数一般是不相同的。

例 5.1.9　求证：

(1) 在$C[a,b]$上定义算子T为$(Tf)(x)=\int_a^x f(t)\mathrm{d}t$。

(i) 如果T是$L^1[a,b]\to C[a,b]$的算子，则$\|T\|=1$。

(ii) 如果T是$L^1[a,b]\to L^1[a,b]$的算子，则$\|T\|=b-a$。

(iii) 如果T是$C[a,b]\to C[a,b]$的算子，则$\|T\|=b-a$。

证明：利用积分的线性性，容易证明T是线性算子。

(i) $\forall f\in L^1[a,b]$，则

$$\begin{aligned}\|Tf\|&=\max_{x\in[a,b]}|(Tf)(x)|=\max_{x\in[a,b]}\left|\int_a^x f(t)\mathrm{d}t\right|\\&\leqslant\max_{x\in[a,b]}\int_a^x|f(t)|\mathrm{d}t=\int_a^b|f(t)|\mathrm{d}t=\|f\|\end{aligned}$$

故$\|T\|\leqslant 1$。$\forall t\in[a,b]$，取$f_0(t)=\dfrac{1}{b-a}$，则$f_0\in L^1[a,b]$且$\|f_0\|=\int_a^b|f_0(t)|\mathrm{d}t=1$。

由于

$$\|T\|\geqslant\|Tf_0\|=\max_{x\in[a,b]}\left|\int_a^x f_0(t)\mathrm{d}t\right|=\max_{x\in[a,b]}\left|\int_a^x\frac{1}{b-a}\mathrm{d}t\right|=\max_{x\in[a,b]}\frac{x-a}{b-a}=1$$

则$\|T\|=1$。

(ii) $\forall f\in L^1[a,b]$，则

$$\|Tf\|=\int_a^b|(Tf)(x)|\mathrm{d}x=\int_a^b\left|\int_a^x f(t)\mathrm{d}t\right|\mathrm{d}x$$

因此

$$\|Tf\|\leqslant\int_a^b\left(\int_a^x|f(t)|\mathrm{d}t\right)\mathrm{d}x\leqslant\int_a^b\left(\int_a^b|f(t)|\mathrm{d}t\right)\mathrm{d}x=\int_a^b\|f\|\mathrm{d}x=\|f\|(b-a)$$

故$\|T\|\leqslant b-a$。

定义：
$$f_n(x)=\begin{cases}n, & x\in\left[a,a+\dfrac{1}{n}\right]\\0, & x\in\left(a+\dfrac{1}{n},b\right]\end{cases},\quad\forall n\in\mathbb{N}$$

则$f_n\in L^1[a,b]$且$\|f_n\|=\int_a^b|f_n(x)|\mathrm{d}x=1$。故

$$\| Tf_n \| = \int_a^b \left| \int_a^x f_n(t)\mathrm{d}t \right| \mathrm{d}x = \int_a^{a+\frac{1}{n}} \left| \int_a^x n\mathrm{d}t \right| \mathrm{d}x + \int_{a+\frac{1}{n}}^b \left| \int_a^{a+\frac{1}{n}} n\mathrm{d}t + \int_{a+\frac{1}{n}}^x 0\mathrm{d}t \right| \mathrm{d}x$$

$$= \int_a^{a+\frac{1}{n}} n(x-a)\mathrm{d}x + \int_{a+\frac{1}{n}}^b 1\mathrm{d}x = b - a - \frac{1}{2n}$$

因此

$$\| T \| \geqslant \lim_{n\to\infty} \| Tf_n \| = \lim_{n\to\infty} \left(b - a - \frac{1}{2n} \right) = b - a$$

故 $\| T \| = b - a$。

(iii) $\forall f \in C[a, b]$，则

$$\| Tf \| = \max_{x\in[a, b]} \left| \int_a^x f(t)\mathrm{d}t \right| \leqslant \max_{x\in[a, b]} \int_a^x | f(t) | \mathrm{d}t \leqslant \int_a^b \max_{t\in[a, b]} | f(t) | \mathrm{d}t$$

$$= \int_a^b \| f \| \mathrm{d}t = \| f \| (b-a)$$

取 $f_0 = 1$，则 $f_0 \in C[a, b]$ 且 $\| f_0 \| = 1$。由于

$$\| T \| \geqslant \| Tf_0 \| = \max_{x\in[a, b]} | (Tf_0)(x) | = \max_{x\in[a, b]} \left| \int_a^x 1\mathrm{d}t \right| = b - a$$

则 $\| T \| = b - a$。

(2) 设 $A: \mathbb{R}^n \to \mathbb{R}^n$，定义：

$$Ax = \begin{pmatrix} a_{11} & a_{12} & \cdots & a_{1n} \\ a_{21} & a_{22} & \cdots & a_{2n} \\ \vdots & \vdots & & \vdots \\ a_{n2} & a_{n2} & \cdots & a_{nn} \end{pmatrix} \begin{pmatrix} x_1 \\ x_2 \\ \vdots \\ x_n \end{pmatrix} = \begin{pmatrix} \sum\limits_{j=1}^n a_{1j}x_j \\ \sum\limits_{j=1}^n a_{2j}x_j \\ \vdots \\ \sum\limits_{j=1}^n a_{nj}x_j \end{pmatrix}$$

(i) 若 $\| x \|_1 = \sum\limits_{i=1}^n |x_i|$ 且 $\| A \|_1 = \sup\{ \| Ax \|_1 : \| x \|_1 \leqslant 1\}$，则

$$\| A \|_1 = \max_{1\leqslant j\leqslant n} \sum_{i=1}^n | a_{ij} |$$

(ii) 若 $\| x \|_\infty = \max\limits_{1\leqslant i\leqslant n} | x_i |$ 且 $\| A \|_\infty = \sup\{ \| Ax \|_\infty : \| x \|_\infty \leqslant 1\}$，则

$$\| A \|_\infty = \max_{1\leqslant i\leqslant n} \sum_{j=1}^n | a_{ij} |$$

(iii) 若 $\| x \|_2 = \sqrt{\sum\limits_{i=1}^n | x_i |^2}$ 且 $\| A \|_2 = \sup\{ \| Ax \|_2 : \| x \|_2 \leqslant 1\}$，则

$$\| A \|_2 = \sqrt{\lambda_{\max}(A^{\mathrm{T}}A)}$$

进而，上述算子 A 的三个范数之间的关系为 $\| A \|_2 \leqslant \sqrt{\| A \|_1 \| A \|_\infty}$。

证明：由线性代数知识容易证明 A 是一个线性算子。

(i) $\forall x \in \mathbb{R}^n$，则

$$\begin{aligned}\|Ax\|_1 &= \sum_{i=1}^{n}\left|\sum_{j=1}^{n} a_{ij}x_j\right| \leqslant \sum_{i=1}^{n}\sum_{j=1}^{n}|a_{ij}||x_j| = \sum_{j=1}^{n}\left(\sum_{i=1}^{n}|a_{ij}||x_j|\right)\\ &= \sum_{j=1}^{n}\left(|x_j|\left(\sum_{i=1}^{n}|a_{ij}|\right)\right) \leqslant \sum_{j=1}^{n}\left(|x_j|\max_{1\leqslant j\leqslant n}\sum_{i=1}^{n}|a_{ij}|\right)\\ &= \left(\max_{1\leqslant j\leqslant n}\sum_{i=1}^{n}|a_{ij}|\right)\left(\sum_{j=1}^{n}|x_j|\right) = \left(\max_{1\leqslant j\leqslant n}\sum_{i=1}^{n}|a_{ij}|\right)\|x\|_1\end{aligned}$$

故 $\|A\|_1 \leqslant \max\limits_{1\leqslant j\leqslant n}\sum\limits_{i=1}^{n}|a_{ij}|$。设 $\max\limits_{1\leqslant j\leqslant n}\sum\limits_{i=1}^{n}|a_{ij}| = \sum\limits_{i=1}^{n}|a_{ik}|$。取 $x^0 = e_k$，则 $\|x^0\|_1 = 1$。

因此 $\|A\|_1 \geqslant \|Ax^0\|_1 = \sum\limits_{i=1}^{n}|a_{ik}| = \max\limits_{1\leqslant j\leqslant n}\sum\limits_{i=1}^{n}|a_{ij}|$。故 $\|A\|_1 = \max\limits_{1\leqslant j\leqslant n}\sum\limits_{i=1}^{n}|a_{ij}|$。

(ii) $\forall x \in \mathbb{R}^n$，则

$$\begin{aligned}\|Ax\|_\infty &= \max_{1\leqslant i\leqslant n}\left|\sum_{j=1}^{n}a_{ij}x_j\right| \leqslant \max_{1\leqslant i\leqslant n}\sum_{j=1}^{n}|a_{ij}||x_j|\\ &\leqslant \max_{1\leqslant i\leqslant n}\left(\sum_{j=1}^{n}|a_{ij}|\max_{1\leqslant j\leqslant n}|x_j|\right) = \left(\max_{1\leqslant i\leqslant n}\sum_{j=1}^{n}|a_{ij}|\right)\|x\|_\infty\end{aligned}$$

因此 $\|A\|_\infty \leqslant \max\limits_{1\leqslant i\leqslant n}\sum\limits_{j=1}^{n}|a_{ij}|$。设 $\max\limits_{1\leqslant i\leqslant n}\sum\limits_{j=1}^{n}|a_{ij}| = \sum\limits_{j=1}^{n}|a_{kj}|$，取

$$x^0 = (\mathrm{sgn}(a_{k1}),\ \mathrm{sgn}(a_{k2}),\ \cdots,\ \mathrm{sgn}(a_{kn}))^{\mathrm{T}}$$

则 $\|x^0\|_\infty = 1$。故

$$\|A\|_\infty \geqslant \|Ax^0\|_\infty = \max_{1\leqslant i\leqslant n}\left|\sum_{j=1}^{n}a_{ij}\,\mathrm{sgn}(a_{kj})\right| = \sum_{j=1}^{n}|a_{kj}|$$

因此 $\|A\|_\infty = \max\limits_{1\leqslant i\leqslant n}\sum\limits_{j=1}^{n}|a_{ij}|$。

(iii) 由于 $A^{\mathrm{T}}A$ 是半正定矩阵，则 $A^{\mathrm{T}}A$ 的特征值是非负实数。将 $A^{\mathrm{T}}A$ 的特征值按重数排列为 $\lambda_1 \geqslant \lambda_2 \geqslant \cdots \geqslant \lambda_n \geqslant 0$，从属于 $A^{\mathrm{T}}A$ 的正规正交特征向量分别为 $u_1, u_2, \cdots, u_n$，即 $A^{\mathrm{T}}Au_k = \lambda_k u_k$，$k=1, 2, \cdots, n$。由于 $u_1, u_2, \cdots, u_n$ 是 $\mathbb{R}^n$ 的正规正交基，则 $\forall x \in \mathbb{R}^n$，$\exists \alpha_1, \alpha_2, \cdots, \alpha_n \in \mathbb{R}$ 使得 $x = \sum\limits_{i=1}^{n}\alpha_i u_i$。由于

$$\begin{aligned}\|Ax\|_2^2 &= [Ax, Ax] = (Ax)^{\mathrm{T}}(Ax) = x^{\mathrm{T}}(A^{\mathrm{T}}A)\left(\sum_{i=1}^{n}\alpha_i u_i\right)\\ &= x^{\mathrm{T}}\left(\sum_{i=1}^{n}\alpha_i A^{\mathrm{T}}Au_i\right) = x^{\mathrm{T}}\left(\sum_{i=1}^{n}\alpha_i\lambda_i u_i\right) = \left(\sum_{j=1}^{n}\alpha_j u_j^{\mathrm{T}}\right)\left(\sum_{i=1}^{n}\alpha_i\lambda_i u_i\right)\\ &= \sum_{j=1}^{n}\sum_{i=1}^{n}\lambda_i\alpha_i\alpha_j u_j^{\mathrm{T}}u_i = \sum_{i=1}^{n}\lambda_i\alpha_i^2 \leqslant \lambda_1\sum_{i=1}^{n}\alpha_i^2 = \lambda_1\|x\|_2^2\end{aligned}$$

则 $\|A\|_2 \leqslant \sqrt{\lambda_1} = \sqrt{\lambda_{\max}(A^{\mathrm{T}}A)}$。取 $x^0 = u_1$，则 $\|x^0\|_2 = 1$。由

$$\begin{aligned}\|A\|_2^2 &\geqslant \|Ax^0\|_2^2 = [Ax^0, Ax^0] = (Au_1)^{\mathrm{T}}(Au_1) = u_1^{\mathrm{T}}(A^{\mathrm{T}}A)u_1\\ &= \lambda_1 u_1^{\mathrm{T}}u_1 = \lambda_1\|u_1\|_2^2 = \lambda_1\end{aligned}$$

则 $\|A\|_2 \geqslant \sqrt{\lambda_1}$。因此 $\|A\|_2 = \sqrt{\lambda_1} = \sqrt{\lambda_{\max}(A^{\mathrm{T}}A)}$。

(3) 设 $K(t, s)$ 在 $G=[a, b]\times[a, b]$ 上连续。定义 $T: C[a, b]\to C[a, b]$ 为

$$(Tx)t=\int_a^b K(t, s)x(s)\mathrm{d}s$$

则 T 是 $C[a, b]$ 上的有界线性算子且 $\|T\|=\max\limits_{t\in[a, b]}\int_a^b|K(t, s)|\mathrm{d}s$。

证明: $\forall x, y\in C[a, b]$, $\forall\lambda, \mu\in\mathbb{R}$。$\forall t\in[a, b]$, 由积分的线性性可得

$$\begin{aligned}(T(\lambda x+\mu y))t&=\int_a^b K(t, s)(\lambda x+\mu y)(s)\mathrm{d}s\\&=\int_a^b(\lambda K(t, s)x(s)+\mu K(t, s)y(s))\mathrm{d}s\\&=\lambda\int_a^b K(t, s)x(s)\mathrm{d}s+\mu\int_a^b K(t, s)y(s)\mathrm{d}s\\&=\lambda(Tx)t+\mu(Ty)t=(\lambda Tx+\mu Ty)t\end{aligned}$$

由 t 的任意性, 则 $T(\lambda x+\mu y)=\lambda Tx+\mu Ty$, 故 T 是线性算子。$\forall x\in C[a, b]$, 则

$$\begin{aligned}\|Tx\|&=\max_{t\in[a, b]}|(Tx)(t)|=\max_{t\in[a, b]}\left|\int_a^b K(t, s)x(s)\mathrm{d}s\right|\\&\leqslant\max_{t\in[a, b]}\int_a^b|K(t, s)||x(s)|\mathrm{d}s\\&\leqslant\max_{t\in[a, b]}\int_a^b\Big(|K(t, s)|\max_{a\leqslant x\leqslant b}|x(s)|\Big)\mathrm{d}s\\&=\|x\|\max_{t\in[a, b]}\int_a^b|K(t, s)|\mathrm{d}s\end{aligned}$$

故 $\|T\|\leqslant\max\limits_{t\in[a, b]}\int_a^b|K(t, s)|\mathrm{d}s$。设 $\varphi(t)=\int_a^b|K(t, s)|\mathrm{d}s$, 则 $\varphi\in C[a, b]$。由连续函数的最值定理, 则 $\exists t_0\in[a, b]$ 使得

$$\max_{t\in[a, b]}\int_a^b|K(t, s)|\mathrm{d}s=\max_{t\in[a, b]}\varphi(t)=\varphi(t_0)=\int_a^b|K(t_0, s)|\mathrm{d}s$$

设 $\psi(s)=\mathrm{sgn}K(t_0, s)$, 则 $|K(t_0, s)|=K(t_0, s)\psi(s)$, ψ 在 $[a, b]$ 上可测且 $\|\psi\|\leqslant 1$。

由 Lusin 定理可得, $\exists\{x_n\}\subseteq C[a, b]$ 使得

(a) $\forall t\in[a, b]$, $|x_n(t)|\leqslant\|\psi\|\leqslant 1$, 进而 $\|x_n\|\leqslant\|\psi\|\leqslant 1$;

(b) $\exists E_n\subseteq[a, b]$ 使得 $\mu(E_n)<\dfrac{1}{2Mn}$, 其中 $M=\sup\limits_{(t, s)\in G}|K(t, s)|+1$;

(c) 当 $s\in[a, b]-E_n$ 时, $x_n(s)=\psi(s)$。由于

$$\begin{aligned}\left|\int_a^b K(t, s)\psi(s)\mathrm{d}s\right|&\leqslant\left|\int_a^b K(t, s)x_n(s)\mathrm{d}s\right|+\left|\int_a^b K(t, s)(\psi(s)-x_n(s))\mathrm{d}s\right|\\&\leqslant\max_{t\in[a, b]}\left|\int_a^b K(t,s)x_n(s)\mathrm{d}s\right|+\int_{[a, b]}\Big|K(t,s)\Big|\,|\psi(s)-x_n(s)|\mathrm{d}s\\&\leqslant\|Tx_n\|+\int_{[a, b]}(\sup_{(t, s)\in G}|K(t, s)|)|\psi(s)-x_n(s)|\mathrm{d}s\\&\leqslant\|Tx_n\|+\sup_{(t, s)\in G}|K(t, s)|\int_{E_n}(|\psi(s)|+|x_n(s)|)\mathrm{d}s\\&\leqslant\|Tx_n\|+2\sup_{(t, s)\in G}|K(t, s)|\,\|\psi\|\mu(E_n)\\&<\|T\|+2M\mu(E_n)<\|T\|+\frac{1}{n}\end{aligned}$$

则

$$\max_{t\in[a,b]}\int_a^b |K(t,s)|\,\mathrm{d}s=\int_a^b |K(t_0,s)|\,\mathrm{d}s=\int_a^b K(t_0,s)\psi(s)\mathrm{d}s<\|T\|+\frac{1}{n}$$

由于

$$\max_{t\in[a,b]}\int_a^b |K(t,s)|\,\mathrm{d}s\leqslant\lim_{n\to\infty}\left(\|T\|+\frac{1}{n}\right)=\|T\|$$

则

$$\|T\|=\max_{t\in[a,b]}\int_a^b |K(t,s)|\,\mathrm{d}s$$

(4) 在插值理论中，常用Lagrange公式求已知连续函数的近似多项式。$\forall n\in\mathbb{N}$，$a=t_1<t_2<\cdots<t_{n-1}<t_n=b$。设

$$l_k(t)=\frac{\prod\limits_{\substack{j=1\\j\neq k}}(t-t_j)}{\prod\limits_{\substack{j=1\\j\neq k}}(t_k-t_j)},\ k=1,2,\cdots,n$$

$x\in C[a,b]$，定义

$$(L_nx)t=\sum_{k=1}^n x(t_k)l_k(t),\ \forall t\in[a,b]$$

则 L_n 是有界线性算子且 $\|L_n\|=\max\limits_{t\in[a,b]}\sum\limits_{k=1}^n |l_k(t)|$。

证明： $\forall x,y\in C[a,b]$，$\forall\lambda,\mu\in\mathbb{R}$。$\forall t\in[a,b]$，由积分的线性性可得

$$\begin{aligned}(L_n(\lambda x+\mu y))t&=\sum_{k=1}^n(\lambda x+\mu y)(t_k)l_k(t)\\&=\sum_{k=1}^n(\lambda x(t_k)l_k(t)+\mu y(t_k)l_k(t))\\&=\lambda\sum_{k=1}^n x(t_k)l_k(t)+\mu\sum_{k=1}^n y(t_k)l_k(t)\\&=\lambda L_n(x)t+\mu L_n(y)t\\&=(\lambda L_n(x)+\mu L_n(y))t\end{aligned}$$

由于 t 的任意性，则 $L_n(\lambda x+\mu y)=\lambda L_n(x)+\mu L_n(y)$，故 L_n 是线性算子。计算可得

$$\begin{aligned}\|L_nx\|&=\max_{t\in[a,b]}\left|(L_nx)(t)\right|=\max_{t\in[a,b]}\left|\sum_{k=1}^n x(t_k)l_k(t)\right|\\&\leqslant\max_{t\in[a,b]}\sum_{k=1}^n|x(t_k)||l_k(t)|\\&\leqslant\max_{t\in[a,b]}\left(\sum_{k=1}^n\left(\left(\max_{t\in[a,b]}|x(t)|\right)|l_k(t)|\right)\right)\\&=\max_{t\in[a,b]}\left(\sum_{k=1}^n(\|x\|\,|l_k(t)|)\right)\\&=\left(\max_{t\in[a,b]}\sum_{k=1}^n|l_k(t)|\right)\|x\|\end{aligned}$$

设 $\alpha=\max\limits_{t\in[a,b]}\sum\limits_{k=1}^{n}|l_k(t)|$，则 $\|L_n\|\leqslant\alpha$。由 $\sum\limits_{k=1}^{n}|l_k(t)|\in C[a,b]$，则 $\exists t_0\in[a,b]$ 使得 $\sum\limits_{k=1}^{n}|l_k(t_0)|=\alpha$。做折线 $x_0\in C[a,b]$ 使得 $\|x_0\|=1$ 且 $x_0(t_k)=\mathrm{sgn}(l_k(t_0))$，$k=1,2,\cdots,n$。故

$$\|L_n\|\geqslant\|L_nx_0\|\geqslant|(L_nx_0)t_0|=\sum_{k=1}^{n}|l_k(t_0)|=\alpha$$

因此 $\|L_n\|=\alpha=\max\limits_{t\in[a,b]}\sum\limits_{k=1}^{n}|l_k(t)|$。

5.2 有界线性算子空间与共轭空间

设 X，Y 和 Z 是数域 $\mathbb{F}$ 上的三个赋范线性空间。用 $B(X,Y)$ 表示从 X 到 Y 的全体有界线性算子构成的集合，即 $B(X,Y)=\{T:X\to Y:T$ 是有界线性算子$\}$。

因此 $B(X,Y)$ 是 $L(X,Y)$ 的一个代数子空间。当 $Y=X$ 时，将 $B(X,Y)$ 简记为 $B(X)$。当 $Y=\mathbb{F}$ 时，将 $B(X,\mathbb{F})$ 简记为 X^*，称 X^* 为 X 的共轭空间。

定理 5.2.1 设 $T\in B(X,Y)$，则映射 $\|\cdot\|:B(X,Y)\to\mathbb{R}$ 是 $B(X,Y)$ 上的一个范数，进而 $(B(X,Y),\|\cdot\|)$ 是 $\mathbb{F}$ 上的一个赋范线性空间。特别地，X^* 是 $\mathbb{F}$ 上的赋范线性空间。

证明：(1) 由 $\|T\|=0$ 及定理 5.1.5 可知 $\|Tx\|\leqslant\|T\|\|x\|=0$ 且 $Tx=0$，$\forall x\in X$。故 $T=0$。

(2) 由定理 5.1.5，$\forall\lambda\in\mathbb{F}$，$\forall T\in B(X,Y)$，$\forall x\in X$，当 $\|x\|\leqslant1$ 时，则

$$\|(\lambda T)x\|=\|\lambda(Tx)\|=|\lambda|\|Tx\|\leqslant|\lambda|\|T\|\|x\|\leqslant|\lambda|\|T\|<+\infty$$

故 $\lambda T\in B(X,Y)$ 且

$$\begin{aligned}\|\lambda T\|&=\sup_{\|x\|=1}\|(\lambda T)x\|=\sup_{\|x\|=1}\|\lambda(Tx)\|=\sup_{\|x\|=1}(|\lambda|\|Tx\|)\\&=|\lambda|\sup_{\|x\|=1}\|Tx\|=|\lambda|\|T\|\end{aligned}$$

(3) $\forall x\in X$，$\forall T,S\in B(X,Y)$，当 $\|x\|\leqslant1$ 时，由定理 5.1.4 和 5.1.5 可得

$$\begin{aligned}\|(T+S)x\|&=\|Tx+Sx\|\leqslant\|Tx\|+\|Sx\|\leqslant(\|T\|+\|S\|)\|x\|\\&\leqslant\|T\|+\|S\|<+\infty\end{aligned}$$

故 $T+S\in B(X,Y)$ 且 $\|T+S\|\leqslant\|T\|+\|S\|$。故 $\|\cdot\|$ 是 $B(X,Y)$ 上的范数。

因此 $(B(X,Y),\|\cdot\|)$ 是数域 $\mathbb{F}$ 上的赋范线性空间。

定理 5.2.2 设 $T_1\in B(X,Y)$，$T_2\in B(Y,Z)$，则 $T_2T_1\in B(X,Z)$ 且

$$\|T_2T_1\|\leqslant\|T_1\|\|T_2\|$$

特别地，如果 $T\in B(X)$，则 $\|T^n\|\leqslant\|T\|^n$，$n\in\mathbb{N}$。

证明：$\forall x\in X$，由定理 5.1.5 得 $\|(T_2T_1)x\|\leqslant\|T_2\|\|T_1x\|\leqslant(\|T_2\|\|T_1\|)\|x\|$。由定义 5.1.5 推得 $T_2T_1\in B(X,Z)$ 且 $\|T_2T_1\|\leqslant\|T_2\|\|T_1\|$。

当 $T\in B(X)$ 时，$\forall n\in\mathbb{N}$，由数学归纳法可得 $\|T^n\|\leqslant\|T\|^n$。

定理 5.2.3 设 X 是一个赋范线性空间，Y 是一个 Banach 空间，则 $(B(X,Y),\|\cdot\|)$ 是一

个 Banach 空间。特别地，X 的共轭空间 X^* 是 Banach 空间。

证明：(1) 设 $\{T_n\}$ 是 $B(X, Y)$ 中的 Cauchy 列，则 $\forall \varepsilon>0$，$\exists N$，$\forall n, m>N$，$\forall x\in X$ 有

$$\| T_n - T_m \| < \frac{\varepsilon}{2(\| x \| + 1)}$$

进而

$$\| T_n x - T_m x \| = \| (T_n - T_m) x \| \leqslant \| T_n - T_m \| \| x \| < \varepsilon$$

故 $\{T_n x\}$ 是 Y 中的 Cauchy 列。由于 Y 是 Banach 空间，则存在依赖于 x 的 $y\in Y$ 使得 $\lim\limits_{n\to\infty} T_n x = y$。

(2) 定义映射 $T: X\to Y$ 为 $Tx = \lim\limits_{n\to\infty} T_n x$。下面证明 $T\in B(X, Y)$。

$\forall x_1, x_2 \in X$，$\forall \lambda_1, \lambda_2 \in \mathbb{F}$，则 $\lim\limits_{n\to\infty} T_n x_1 = Tx_1$，$\lim\limits_{n\to\infty} T_n x_2 = Tx_2$。由定理 5.1.2，则

$$\begin{aligned} T(\lambda_1 x_1 + \lambda_2 x_2) &= \lim_{n\to\infty} T_n(\lambda_1 x_1 + \lambda_2 x_2) = \lim_{n\to\infty} (\lambda_1 T_n x_1 + \lambda_2 T_n x_2) \\ &= \lambda_1 (\lim_{n\to\infty} T_n x_1) + \lambda_2 (\lim_{n\to\infty} T_n x_2) = \lambda_1 Tx_1 + \lambda_2 Tx_2 \end{aligned}$$

故 T 是线性算子。由 $| \| T_n \| - \| T_m \| | \leqslant \| T_n - T_m \|$，则 $\{ \| T_n \| \}$ 是 $\mathbb{R}$ 中的 Cauchy 列。故 $\{ \| T_n \| \}$ 收敛，进而 $\{ \| T_n \| \}$ 有上界 M。$\forall x\in X$，由定理 5.1.2 可推得

$$\| Tx \| = \| \lim_{n\to\infty} T_n x \| = \lim_{n\to\infty} \| T_n x \| \leqslant \lim_{n\to\infty} \| T_n \| \| x \| \leqslant M \| x \|$$

故 $T\in B(X, Y)$。

(3) 由 $\{T_n\}$ 是 $B(X, Y)$ 中的 Cauchy 列，则对上述 ε，取上述 N，$\forall n, m>N$ 有 $\| T_n - T_m \| < \frac{\varepsilon}{2}$。进而 $\forall x\in X$ 有

$$\| T_n x - T_m x \| = \| (T_n - T_m) x \| \leqslant \| T_n - T_m \| \| x \| < \frac{\varepsilon}{2}$$

对上述 ε，取上述 N，$\forall n>N$，$\forall x\in X$，有

$$\| T_n x - Tx \| = \| T_n x - \lim_{m\to\infty} T_m x \| = \lim_{m\to\infty} \| T_n x - T_m x \| \leqslant \frac{\varepsilon}{2} \| x \| < \varepsilon \| x \|$$

即对上述 ε，取上述 N，$\forall n>N$ 有 $\| T_n - T \| \leqslant \varepsilon$。故 $T = \lim\limits_{n\to\infty} T_n$。因此 $B(X, Y)$ 是 Banach 空间。

定理 5.2.4　设 M 是赋范线性空间 X 的稠密子集，$T, S\in B(X, Y)$。若 $T|_M = S|_M$，则 $T=S$。

证明：$\forall x\in X$，由于 M 在 X 中是稠密的，则 $\exists \{x_n\}\subseteq M$ 使得 $\lim\limits_{n\to\infty} x_n = x$。由 $T, S\in B(X, Y)$，则得

$$Tx = T(\lim_{n\to\infty} x_n) = \lim_{n\to\infty} T(x_n) = \lim_{n\to\infty} S(x_n) = S(\lim_{n\to\infty} x_n) = Sx$$

由 x 的任意性得 $T=S$。

下述定理表明：可以将一个定义在稠密子集上的线性算子进行唯一的有界延拓。

定理 5.2.5　设 M 是赋范线性空间 X 的一个稠密子空间，Y 是一个 Banach 空间。如果 $S: M\to Y$ 是线性算子且 $\exists c>0$ 使得 $\| Sx \| \leqslant c \| x \|$，$\forall x\in M$，则存在唯一的 $T\in B(X, Y)$ 使得 $T|_M = S$ 且 $\| T \| \leqslant c$。

证明：(1) $\forall x\in X$，由于 M 在 X 中是稠密的，则 $\exists \{x_n\}\subseteq M$ 使得 $\lim\limits_{n\to\infty} x_n = x$。由于

$\{x_n\}$在 X 中收敛，则$\{x_n\}$是 X 中的 Cauchy 列。$\forall n\in\mathbb{N}$，定义 $y_n=Sx_n$。

又 $\forall n, m\in\mathbb{N}$，则

$$\|y_n-y_m\|=\|S(x_n-x_m)\|\leqslant c\|x_n-x_m\|$$

故$\{y_n\}$是 Y 中的 Cauchy 列。由于 Y 是 Banach 空间，则$\{y_n\}$收敛。不妨设 $y=\lim\limits_{n\to\infty}y_n=\lim\limits_{n\to\infty}Sx_n$。

假设存在$\{z_n\}\subseteq M$ 使得$\lim\limits_{n\to\infty}z_n=x$。由

$$\|Sx_n-Sz_n\|=\|S(x_n-z_n)\|\leqslant c\|x_n-z_n\|$$

得$\lim\limits_{n\to\infty}Sz_n=\lim\limits_{n\to\infty}Sx_n$。故 $\forall x\in X$，存在唯一 $y\in Y$ 使得 $y=\lim\limits_{n\to\infty}Sx_n$ 且不依赖于$\{x_n\}$的选取。因此定义映射 $T: X\to Y$ 为 $Tx=y=\lim\limits_{n\to\infty}Sx_n$，其中$\{x_n\}\subseteq X$ 且$\lim\limits_{n\to\infty}x_n=x$。

(2) $\forall x, z\in X$，$\forall\lambda, \mu\in\mathbb{F}$，则 $\exists\{x_n\}, \{z_n\}\subseteq M$ 使得$\lim\limits_{n\to\infty}x_n=x$，$\lim\limits_{n\to\infty}z_n=z$。故

$$\lim_{n\to\infty}(\lambda x_n+\mu z_n)=\lambda\lim_{n\to\infty}x_n+\mu\lim_{n\to\infty}z_n=\lambda x+\mu z$$

由 $\lambda x_n+\mu z_n\in M$，则

$$T(\lambda x+\mu z)=\lim_{n\to\infty}S(\lambda x_n+\mu z_n)=\lambda\lim_{n\to\infty}Sx_n+\mu\lim_{n\to\infty}Sz_n=\lambda Tx+\mu Tz$$

故 $T\in L(X, Y)$。

由定理 5.1.2，则

$$\|Tx\|=\|\lim_{n\to\infty}Sx_n\|=\lim_{n\to\infty}\|Sx_n\|\leqslant c\lim_{n\to\infty}\|x_n\|=c\|\lim_{n\to\infty}x_n\|=c\|x\|$$

故 $T\in B(X, Y)$且 $\|T\|\leqslant c$。$\forall x\in M$，取 $x_n=x\in M$，$\forall n\in\mathbb{N}$，则$\lim\limits_{n\to\infty}x_n=x$ 且

$$Tx=\lim_{n\to\infty}Sx_n=\lim_{n\to\infty}Sx=Sx$$

由定理 5.2.4，则算子 T 是唯一的且 $T|_M=S$。

利用 Banach 空间的完备性，将 Riemann 积分推广到 Banach 空间上。

定理 5.2.6　设 X 和 Y 是两个实 Banach 空间，$x: [a, b]\to X$ 是连续的。

(1) 实函数 $\|x(t)\|\in C[a, b]$ 且 $\left\|\int_a^b x(t)\mathrm{d}t\right\|\leqslant\int_a^b\|x(t)\|\mathrm{d}t$。

(2) 若 $T\in B(X, Y)$，则 $Tx: [a, b]\to Y$ 连续且 $T\left(\int_a^b x(t)\mathrm{d}t\right)=\int_a^b T(x(t))\mathrm{d}t$。

证明： $\forall t_0\in[a, b]$。由于 x 连续，则 $\forall\varepsilon>0$，$\exists\delta>0$，$\forall t\in S(t_0, \delta)$ 有

$$\|x(t)-x(t_0)\|<\varepsilon$$

(1) 对上述 ε，取上述 δ，$\forall t\in S(t_0, \delta)$有

$$|\|x(t)\|-\|x(t_0)\||\leqslant\|x(t)-x(t_0)\|<\varepsilon$$

故 $\|x(t)\|$ 在 t_0 点连续。由 t_0 的任意性得 $\|x(t)\|\in C[a, b]$。由三角不等式可得

$$\left\|\sum_{k=1}^{n}\Delta t_k x(\xi_k)\right\|\leqslant\sum_{k=1}^{n}\|\Delta t_k x(\xi_k)\|=\sum_{k=1}^{n}\|x(\xi_k)\|\Delta t_k$$

设 $\lambda=\max\limits_{1\leqslant k\leqslant n}\Delta t_k$，则

$$\begin{aligned}\left\|\int_a^b x(t)\mathrm{d}t\right\|&=\left\|\lim_{\lambda\to0}\sum_{k=1}^{n}\Delta t_k x(\xi_k)\right\|=\lim_{\lambda\to0}\left\|\sum_{k=1}^{n}\Delta t_k x(\xi_k)\right\|\leqslant\lim_{\lambda\to0}\sum_{k=1}^{n}\|x(\xi_k)\|\Delta t_k\\&=\int_a^b\|x(t)\|\mathrm{d}t\end{aligned}$$

(2) 对上述 ε，取上述 δ，$\forall t\in S(t_0, \delta)$有

$$\|(Tx)t-(Tx)t_0\|=\|T(x(t)-x(t_0))\|\leqslant\|T\|\|x(t)-x(t_0)\|<\|T\|\varepsilon$$

故 Tx 在 t_0 点连续。由 t_0 的任意性得 Tx：$[a, b]\to Y$ 连续。由于 $T\in B(X, Y)$，则

$$T\left(\int_a^b x(t)\mathrm{d}t\right)=T\left(\lim_{\lambda\to 0}\sum_{k=1}^n \Delta t_k x(\xi_k)\right)=\lim_{\lambda\to 0}\sum_{k=1}^n \Delta t_k T(x(\xi_k))=\int_a^b T(x(t))\mathrm{d}t$$

定义 5.2.1　设 X 和 Y 是两个赋范线性空间，T：$X\to Y$ 是一个满射线性算子。

(1) 如果 $\exists m$，$M>0$ 使得 $\forall x\in X$ 有 $m\|x\|\leqslant\|Tx\|\leqslant M\|x\|$，则称 T 是 X 到 Y 的一个同构映射，称赋范线性空间 X 与 Y 同构，记为 $X\approx Y$。

(2) 如果 $\forall x\in X$ 有 $\|Tx\|=\|x\|$，则称 T 是 X 到 Y 的保范同构，称赋范线性空间 X 与 Y 是保范同构的，记为 $X\cong Y$。

定义 5.2.2　设 f：$[a, b]\to\mathbb{R}$。若 $\forall\varepsilon>0$，$\exists\delta>0$ 使得对$[a, b]$中有限个两两不相交的开区间(a_k, b_k)：$k=1, 2, \cdots, n$，只要 $\sum\limits_{k=1}^n (b_k-a_k)<\delta$ 就有 $\sum\limits_{k=1}^n |f(b_k)-f(a_k)|<\varepsilon$，则称 $f(x)$ 为$[a, b]$上的绝对连续函数。用 $AC[a, b]$ 表示$[a, b]$上的全体绝对连续函数之集。

性质 5.2.1

(1) 设 $f\in AC[a, b]$，则 f 在$[a, b]$上几乎处处可导且 Lebesgue 可积，进而

$$f(x)=f(a)+\int_a^x f'(t)\mathrm{d}t,\ \forall x\in[a, b]$$

(2) 设 f 在$[a, b]$上 Lebesgue 可积，则 $F(x)=\int_a^x f(t)\mathrm{d}t\in AC[a, b]$ 且 $F'(x)=f(x)$。

例 5.2.1　求证：

(1) $(\mathbb{R}^n)^*\cong\mathbb{R}^n$。

(2) 设 $p>1$ 且 $\dfrac{1}{p}+\dfrac{1}{q}=1$，则$(l^p)^*\cong l^q$；特别地，$(l^2)^*\cong l^2$。

(3) $(l^1)^*\cong l^\infty$。

(4) 设 $p>1$ 且 $\dfrac{1}{p}+\dfrac{1}{q}=1$，则$(L^p[a, b])^*\cong L^q[a, b]$；特别地，$(L^2[a, b])^*\cong L^2[a, b]$。

证明：(1) 设 $e_1, e_2, \cdots, e_n$ 是 $\mathbb{R}^n$ 的一个基，$e_i=(\underbrace{0, \cdots, 0, 1}_{\text{第}i\text{个坐标}}, 0, \cdots)^{\mathrm{T}}$。$\forall f\in(\mathbb{R}^n)^*$，取

$$\alpha=(a_1, a_2, \cdots, a_n)^{\mathrm{T}}=(f(e_1), f(e_2), \cdots, f(e_n))^{\mathrm{T}}$$

定义 T：$(\mathbb{R}^n)^*\to\mathbb{R}^n$ 为 $T(f)=\alpha$。$\forall f, g\in(\mathbb{R}^n)^*$，$\forall\lambda, \mu\in\mathbb{R}$，则

$$\begin{aligned}T(\lambda f+\mu g)&=((\lambda f+\mu g)(e_1), \cdots, (\lambda f+\mu g)(e_n))^{\mathrm{T}}\\&=\lambda(f(e_1), \cdots, f(e_n))^{\mathrm{T}}+\mu(g(e_1), \cdots, +g(e_n))^{\mathrm{T}}\\&=\lambda T(f)+\mu T(g)\end{aligned}$$

故 T 是线性算子。$\forall x=(x_1, x_2, \cdots, x_n)^{\mathrm{T}}\in\mathbb{R}^n$，则 $f(x)=\sum_{i=1}^{n}x_i f(e_i)=\sum_{i=1}^{n}a_i x_i$。因此

$$|f(x)|\leqslant\sum_{i=1}^{n}|a_i x_i|\leqslant\sqrt{\sum_{i=1}^{n}|a_i|^2}\sqrt{\sum_{i=1}^{n}|x_i|^2}=\|\alpha\|_2\|x\|_2$$

故 $\|f\|\leqslant\|\alpha\|_2$。

由 $f(\alpha)=\sum_{i=1}^{n}a_i^2=\|\alpha\|_2^2$，则 $\|f\|\geqslant\dfrac{|f(\alpha)|}{\|\alpha\|_2}=\|\alpha\|_2$。因此

$$\|T(f)\|_2=\|\alpha\|_2=\|f\|$$

$\forall\beta=(b_1, b_2, \cdots, b_n)^{\mathrm{T}}\in\mathbb{R}^n$。$\forall x=(x_1, x_2, \cdots, x_n)^{\mathrm{T}}\in\mathbb{R}^n$，定义 $g(x)=\sum_{i=1}^{n}b_i x_i$。$\forall x=(x_1, x_2, \cdots, x_n)^{\mathrm{T}}$，$y=(y_1, y_2, \cdots, y_n)^{\mathrm{T}}\in\mathbb{R}^n$，$\forall\lambda, \mu\in\mathbb{R}$，则

$$g(\lambda x+\mu y)=\sum_{i=1}^{n}b_i(\lambda x_i+\mu y_i)=\lambda\sum_{i=1}^{n}b_i x_i+\mu\sum_{i=1}^{n}b_i y_i=\lambda g(x)+\mu g(y)$$

故 g 是$\mathbb{R}^n$上的线性泛函。由 $|g(x)|\leqslant\sum_{i=1}^{n}|b_i||x_i|\leqslant\|\beta\|_2\|x\|_2$，则 $g\in(\mathbb{R}^n)^*$。

由 $g(e_i)=b_i$，则 $T(g)=(g(e_1), g(e_2), \cdots, g(e_n))^{\mathrm{T}}=(b_1, b_2, \cdots, b_n)^{\mathrm{T}}=\beta$。故 T 是满射。因此 T 是同构映射且$(\mathbb{R}^n)^*\cong\mathbb{R}^n$。

(2) $\forall n\in\mathbb{N}$，设 e_n 是第 n 项为 1 而其余项为 0 的数列。$\forall f\in(l^p)^*$，取 $\alpha=\{a_n\}=\{f(e_n)\}$。下面证明 $\alpha\in l^q$。

定义 $T:(l^p)^*\to l^q$，$f\mapsto\alpha=\{f(e_n)\}$。

$\forall m\in\mathbb{N}$，定义 $x^{(m)}=\{x_n^{(m)}\}$，其中

$$x_n^{(m)}=\begin{cases}|a_n|^{q-1}\operatorname{sgn}(a_n), & n\leqslant m\\ 0, & n>m\end{cases}$$

$\forall m\in\mathbb{N}$，由$\sum_{n=1}^{\infty}|x_n^{(m)}|^p=\sum_{n=1}^{m}|a_n|^q<+\infty$，则 $x^{(m)}\in l^p$ 且 $\|x^{(m)}\|_p^p=\sum_{n=1}^{m}|a_n|^q$。因此

$$f(x^{(m)})=f\left(\sum_{n=1}^{\infty}x_n^{(m)}e_n\right)=\sum_{n=1}^{\infty}x_n^{(m)}f(e_n)=\sum_{n=1}^{m}|a_n|^q$$

故

$$\begin{aligned}|f(x^{(m)})|^q&=(\sum_{n=1}^{m}|a_n|^q)^q=\|x^{(m)}\|_p^{pq}=\|x^{(m)}\|_p^{p+q}=\|x^{(m)}\|_p^p\|x^{(m)}\|_p^q\\&=\|x^{(m)}\|_p^q\sum_{n=1}^{m}|a_n|^q\end{aligned}$$

由 $|f(x^{(m)})|\leqslant\|f\|\|x^{(m)}\|_p$，则

$$\sum_{n=1}^{m}|a_n|^q=\frac{|f(x^{(m)})|^q}{\|x^{(m)}\|_p^q}\leqslant\|f\|^q$$

由$\sum_{n=1}^{\infty}|a_n|^q=\lim_{m\to\infty}\sum_{n=1}^{m}|a_n|^q\leqslant\|f\|^q$，则 $\alpha\in l^q$ 且 $\|\alpha\|_q^q=\sum_{n=1}^{\infty}|a_n|^q\leqslant\|f\|^q$，即 $\|\alpha\|_q\leqslant\|f\|$。故 $\forall f\in(l^p)^*$ 有 $T(f)=\alpha\in l^q$。$\forall f, g\in(l^p)^*$，$\lambda, \mu\in\mathbb{F}$，则

$$T(\lambda f+\mu g)=\{(\lambda f+\mu g)(e_n)\}=\lambda\{f(e_n)\}+\mu\{g(e_n)\}=\lambda T(f)+\mu T(g)$$

故 T 是线性算子。$\forall x=\{x_n\}\in l^p$，则 $x=\sum_{n=1}^{\infty}x_ne_n=\lim_{k\to\infty}\sum_{n=1}^{k}x_ne_n$。由于 f 连续，故

$$f(x)=f\left(\lim_{k\to\infty}\sum_{n=1}^{k}x_ne_n\right)=\lim_{k\to\infty}\left(\sum_{n=1}^{k}x_nf(e_n)\right)=\lim_{k\to\infty}\sum_{n=1}^{k}x_na_n=\sum_{n=1}^{\infty}x_na_n$$

再由 Holder 不等式得

$$|f(x)|\leqslant\sum_{n=1}^{\infty}\left|x_na_n\right|\leqslant\left(\sum_{n=1}^{\infty}|x_n|^p\right)^{\frac{1}{p}}\left(\sum_{n=1}^{\infty}|a_n|^q\right)^{\frac{1}{q}}=\|x\|_p\|\alpha\|_q$$

故 $\|f\|\leqslant\|\alpha\|_q$。因此 $\|T(f)\|_q=\|\alpha\|_q=\|f\|$。

下面证明 T 是满射的。

$\forall\beta=\{b_n\}\in l^q$，$\forall x=\{x_n\}\in l^p$，定义 $h(x)=\sum_{n=1}^{\infty}x_nb_n$。由 Holder 不等式，则

$$\sum_{n=1}^{\infty}|x_nb_n|\leqslant\left(\sum_{n=1}^{\infty}|x_n|^p\right))^{\frac{1}{p}}\left(\sum_{n=1}^{\infty}|b_n|^q\right)^{\frac{1}{q}}=\|x\|_p\|\beta\|_q<+\infty$$

故$\sum_{n=1}^{\infty}x_nb_n$ 绝对收敛，即 h 是定义好的。$\forall x=\{x_n\}$，$y=\{y_n\}\in l^p$，$\forall\lambda$，$\mu\in\mathbb{F}$，则

$$h(\lambda x+\mu y)=\sum_{n=1}^{\infty}(\lambda x_n+\mu y_n)b_n=\lambda\sum_{n=1}^{\infty}x_nb_n+\mu\sum_{n=1}^{\infty}y_nb_n=\lambda h(x)+\mu h(y)$$

再由 Holder 不等式得

$$|h(x)|\leqslant\sum_{n=1}^{\infty}|x_nb_n|\leqslant\|x\|_p\|\beta\|_q$$

故 $\|h\|\leqslant\|\beta\|_q$。因此 $h\in(l^p)^*$。

因 $T(h)=\{h(e_n)\}=\{b_n\}=\beta$，则 T 是满射。故 T 是同构映射且$(l^p)^*\cong l^q$。

(3) $\forall n\in\mathbb{N}$，设 e_n 是第 n 项为 1 而其余项为 0 的数列。$\forall f\in(l^1)^*$，取 $\alpha=\{a_n\}=\{f(e_n)\}$。$\forall n\in\mathbb{N}$，由$|a_n|\leqslant\|f\|\|e_n\|_1=\|f\|$，则$\sup_{n\in\mathbb{N}}|a_n|\leqslant\|f\|<+\infty$，故$\alpha\in l^\infty$且$\|\alpha\|_\infty=\sup_{n\in\mathbb{N}}|a_n|\leqslant\|f\|$。定义 T：$(l^1)^*\to l^\infty$ 为 $Tf=\alpha$。$\forall f$，$g\in(l^1)^*$，$\forall\lambda$，$\mu\in\mathbb{R}$，则

$$T(\lambda f+\mu g)=\{(\lambda f+\mu g)(e_n)\}=\lambda\{f(e_n)\}+\mu\{g(e_n)\}=\lambda T(f)+\mu T(g)$$

故 T 是线性算子。$\forall x=\{x_n\}\in l^1$，则 $x=\sum_{n=1}^{\infty}x_ne_n$。由 f 连续，则

$$f(x)=f\left(\lim_{k\to\infty}\sum_{n=1}^{k}x_ne_n\right)=\lim_{k\to\infty}\left(\sum_{n=1}^{k}x_nf(e_n)\right)=\lim_{k\to\infty}\sum_{n=1}^{k}x_na_n=\sum_{n=1}^{\infty}x_na_n$$

由 $|f(x)|\leqslant\sum_{n=1}^{\infty}|x_na_n|\leqslant\sum_{n=1}^{\infty}\left(|x_n|\sup_{n\in\mathbb{N}}|a_n|\right)=\|\alpha\|_\infty\|x\|_1$，则

$$\|f\|\leqslant\|\alpha\|_\infty=\|T(f)\|_\infty$$

由 $\|T(f)\|_\infty=\|\alpha\|_\infty\leqslant\|f\|$，则

$$\|T(f)\|_\infty=\|f\|$$

$\forall\beta=\{b_n\}\in l^\infty$，定义 $g(x)=\sum_{n=1}^{\infty}x_nb_n$。$\forall x=\{x_n\}\in l^1$，由

$$\sum_{n=1}^{\infty} |x_n b_n| \leqslant \sum_{n=1}^{\infty} \left(|x_n| \sup_{n\in\mathbb{N}} |b_n| \right) = \|\beta\|_{\infty} \|x\|_1 < +\infty$$

则 $\sum\limits_{n=1}^{\infty} x_n b_n$ 绝对收敛。故 g 是定义好的。

$\forall x=\{x_n\}, y=\{y_n\} \in l^1$, $\forall \lambda, \mu \in \mathbb{R}$, 则

$$g(\lambda x+\mu y)=\sum_{n=1}^{\infty}(\lambda x_n+\mu y_n)b_n=\lambda \sum_{n=1}^{\infty} x_n b_n+\mu \sum_{n=1}^{\infty} y_n b_n=\lambda g(x)+\mu g(y)$$

由 $|g(x)| \leqslant \sum\limits_{n=1}^{\infty}|x_n b_n| \leqslant \|\beta\|_{\infty}\|x\|_1$,则 $g\in(l^1)^*$ 且 $Tg=\{g(e_n)\}=\{b_n\}=\beta$,故 T 是满射。由 $\|Tf\|_{\infty}=\|f\|$,则 T 是同构映射。因此$(l^1)^* \cong l^{\infty}$。

(4) 首先考虑特征函数。$\forall s\in[a,b]$,设 χ_s 为$(a,s]$的特征函数。$\forall s,t\in[a,b]$且 $s<t$,则 $\chi_{(s,t]}=\chi_t-\chi_s$。$\forall s\in[a,b]$, $\forall f\in(L^p[a,b])^*$,定义 $g(s)=f(\chi_s)$。由$\chi_a=0$,则 $g(a)=f(\chi_a)=0$。设(s_k,t_k): $k=1,2,\cdots,n$ 是$[a,b]$中互不相交的开区间,

$$\varepsilon_k=\operatorname{sgn}(g(t_k)-g(s_k))$$

则

$$\left(\sum_{k=1}^{n}\varepsilon_k(\chi_{t_k}-\chi_{s_k})\right)^p=\left(\sum_{k=1}^{n}\varepsilon_k\chi_{(s_k,t_k]}\right)^p \leqslant \sum_{k=1}^{n}\chi_{(s_k,t_k]}$$

且

$$\begin{aligned}
\sum_{k=1}^{n}|g(t_k)-g(s_k)| &= \sum_{k=1}^{n}\varepsilon_k(g(t_k)-g(s_k))=f\left(\sum_{k=1}^{n}\varepsilon_k(\chi_{t_k}-\chi_{s_k})\right)\\
&\leqslant \|f\|\left\|\sum_{k=1}^{n}\varepsilon_k(\chi_{t_k}-\chi_{s_k})\right\|_p\\
&= \|f\|\left(\int_a^b\left(\sum_{k=1}^{n}\varepsilon_k(\chi_{t_k}-\chi_{s_k})\right)^p \mathrm{d}m\right)^{\frac{1}{p}}\\
&\leqslant \|f\|\left(\int_a^b\left(\sum_{k=1}^{n}\chi_{(s_k,t_k]}\right)\mathrm{d}m\right)^{\frac{1}{p}}\\
&= \|f\|\left(\sum_{k=1}^{n}\int_a^b\chi_{(s_k,t_k]}\mathrm{d}m\right)^{\frac{1}{p}}\\
&\leqslant \|f\|\left(\sum_{k=1}^{n}m(s_k,t_k])\right)^{\frac{1}{p}}\\
&= \|f\|\left(\sum_{k=1}^{n}(t_k-s_k)\right)^{\frac{1}{p}}
\end{aligned}$$

故 $g\in AC[a,b]$。由性质 5.2.1,有

$$f(\chi_s)=g(s)=\int_a^s g'(\tau)\mathrm{d}\tau=\int_a^b \chi_s(\tau)g'(\tau)\mathrm{d}\tau, \ \forall s\in[a,b]$$

故

$$f(\chi_{(s,t]})=f(\chi_t)-f(\chi_s)=\int_a^b(\chi_t-\chi_s)(\tau)g'(\tau)\mathrm{d}\tau=\int_a^b\chi_{(s,t]}(\tau)g'(\tau)\mathrm{d}\tau$$

设 $\varphi=\sum\limits_{k=1}^{n}\lambda_k\chi_{(t_{k-1},t_k]}$ 是一个阶梯函数,其中 λ_k 为实常数。由 $f\in(L^p[a,b])^*$,则

$$f(\varphi)=\sum_{k=1}^{n}\lambda_k f\left(\chi_{(t_{k-1},t_k]}\right)=\sum_{k=1}^{n}\lambda_k\left(\int_a^b\chi_{(t_{k-1},t_k]}(\tau)g'(\tau)\mathrm{d}\tau\right)$$
$$=\int_a^b\left(\sum_{k=1}^{n}\lambda_k\chi_{(t_{k-1},t_k]}\right)(\tau)g'(\tau)\mathrm{d}\tau=\int_a^b\varphi(\tau)g'(\tau)\mathrm{d}\tau$$

其次考虑有界可测函数。设 x 是$[a, b]$上的一个有界可测函数。由 Lusin 定理，存在阶梯列$\{x_n\}$使得 $x_n\to x$，a. e.，$[a, b]$且$\exists M>0$，$\forall t\in[a, b]$，$\forall n\in\mathbb{N}$有$|x_n(t)|\leqslant\|x\|<M$。

由 Lebesgue 控制收敛定理可推得

$$\lim_{n\to\infty}\|x_n-x\|_p^p=\lim_{n\to\infty}\int_a^b\left|x_n(t)-x(t)\right|^p\mathrm{d}t=0$$

由 f 连续及 Lebesgue 控制收敛定理，则

$$f(x)=f(\lim_{n\to\infty}x_n)=\lim_{n\to\infty}f(x_n)=\lim_{n\to\infty}\int_a^b x_n(\tau)g'(\tau)\mathrm{d}\tau=\int_a^b\lim_{n\to\infty}(x_n(\tau)g'(\tau))\mathrm{d}\tau$$
$$=\int_a^b(\lim_{n\to\infty}x_n(\tau))g'(\tau)\mathrm{d}\tau=\int_a^b x(\tau)g'(\tau)\mathrm{d}\tau$$

再次证明 $g'\in L^q[a, b]$。$\forall n\in\mathbb{N}$，定义：

$$h_n(t)=\begin{cases}|g'(t)|^{q-1}\operatorname{sgn}(g'(t)), & |g'(t)|\leqslant n\\ 0, & |g'(t)|>n\\ 0, & g'(t)\text{无定义}\end{cases}$$

则$\{h_n\}$为有界可测函数列。由

$$|h_n|^p\leqslant|g'(t)|^{pq-p}=|g'(t)|^q\leqslant n^q$$

则 $h_n\in L^p[a, b]$。$\forall n\in\mathbb{N}$，设 $E_n=\{t\in[a, b]: |g'(t)|\leqslant n\}$，则$\{E_n\}$是递增可测集列且$\lim\limits_{n\to\infty}E_n=[a, b]$。由定义可得

$$\int_a^b h_n(\tau)g'(\tau)\mathrm{d}\tau=\int_{E_n}h_n(\tau)g'(\tau)\mathrm{d}\tau=\int_{E_n}|g'(\tau)|^q\mathrm{d}\tau$$
$$\|h_n\|_p=\left(\int_a^b|h_n(\tau)|^p\mathrm{d}\tau\right)^{\frac{1}{p}}=\left(\int_{E_n}|g'(\tau)|^q\mathrm{d}\tau\right)^{\frac{1}{p}}$$

则$\left(\int_{E_n}|g'(\tau)|^q\mathrm{d}\tau\right)^{\frac{1}{p}}=\|h_n\|_p<+\infty$ 且

$$\int_{E_n}|g'(\tau)|^q\mathrm{d}\tau=\left|\int_a^b h_n(\tau)g'(\tau)\mathrm{d}\tau\right|=|f(h_n)|\leqslant\|f\|\,\|h_n\|_p$$
$$=\|f\|\left(\int_{E_n}|g'(\tau)|^q\mathrm{d}\tau\right)^{\frac{1}{p}}$$

故
$$((\int_{E_n}|g'(\tau)|^q\mathrm{d}\tau)^{\frac{1}{q}}=\left(\int_{E_n}|g'(\tau)|^q\mathrm{d}\tau\right)^{1-\frac{1}{p}}\leqslant\|f\|$$

由$\{E_n\}$递增且$\lim\limits_{n\to\infty}E_n=[a, b]$，则

$$\left(\int_a^b|g'(\tau)|^q\mathrm{d}\tau\right)^{\frac{1}{q}}=\left(\lim_{n\to\infty}\int_{E_n}|g'(\tau)|^q\mathrm{d}\tau\right)^{\frac{1}{q}}=\lim_{n\to\infty}\left(\int_{E_n}|g'(\tau)|^q\mathrm{d}\tau\right)^{\frac{1}{q}}$$
$$\leqslant\|f\|<+\infty$$

因此 $g'\in L^q[a, b]$ 且 $\|g'\|_q=\left(\int_a^b|g'(\tau)|^q\mathrm{d}\tau\right)^{\frac{1}{q}}\leqslant\|f\|$。

$\forall x \in L^p[a, b]$，$\forall t \in [a, b]$，$\forall n \in \mathbb{N}$，定义

$$x_n(t)=\begin{cases} x(t), & |x(t)| \leqslant n \\ n, & |x(t)|>n \end{cases}$$

则 $|x_n(t)| \leqslant |x(t)|$。故

$$\int_a^b |x_n(t)|^p \mathrm{d}t \leqslant \int_a^b |x(t)|^p \mathrm{d}t = \|x\|_p^p < +\infty \text{ 且 } x_n \in L^p[a, b]$$

由 Lebesgue 控制收敛定理，则

$$\lim_{n\to\infty} \|x_n - x\|_p^p = \lim_{n\to\infty} \int_a^b |x_n(t) - x(t)|^p \mathrm{d}t = 0$$

由 $f \in (L^p[a, b])^*$，则

$$f(x)=\lim_{n\to\infty} f(x_n)=\lim_{n\to\infty}\int_a^b x_n(\tau)g'(\tau)\mathrm{d}\tau=\int_a^b (\lim_{n\to\infty} x_n(\tau))g'(\tau)\mathrm{d}\tau=\int_a^b x(\tau)g'(\tau)\mathrm{d}\tau$$

由 Holder 不等式，则

$$|f(x)| \leqslant \int_a^b |x(\tau)g'(\tau)| \mathrm{d}\tau \leqslant \left(\int_a^b |x(\tau)|^p \mathrm{d}\tau\right)^{\frac{1}{p}} \left(\int_a^b |g'(\tau)|^q \mathrm{d}\tau\right)^{\frac{1}{q}}$$

故 $|f(x)| \leqslant \|x\|_p \|g'\|_q$ 且 $\|f\| \leqslant \|g'\|_q$。因此 $\|f\| = \|g'\|_q$。

定义 T：$(L^p[a, b])^* \to L^q[a, b]$ 为 $Tf = g'$，其中

$$f(x)=\int_a^b x(\tau)g'(\tau)\mathrm{d}\tau, \ \forall x \in L^p[a, b]$$

即

$$f(x)=\int_a^b x(\tau)(Tf)(\tau)\mathrm{d}\tau$$

$\forall f_1, f_2 \in (L^p[a, b])^*$，$\forall \lambda_1, \lambda_2 \in \mathbb{R}$，$\forall x \in L^p[a, b]$，则

$$\begin{aligned}(\lambda_1 f_1 + \lambda_2 f_2)(x) &= \lambda_1 f_1(x) + \lambda_2 f_2(x) \\ &= \lambda_1 \int_a^b x(\tau)(Tf_1)(\tau)\mathrm{d}\tau + \lambda_2 \int_a^b x(\tau)(Tf_2)(\tau)\mathrm{d}\tau \\ &= \int_a^b x(\tau)(\lambda_1 (Tf_1)(\tau) + \lambda_2 (Tf_2)(\tau))\mathrm{d}\tau \\ &= \int_a^b x(\tau)(\lambda_1 Tf_1 + \lambda_2 Tf_2)(\tau)\mathrm{d}\tau\end{aligned}$$

故 $T(\lambda_1 f_1 + \lambda_2 f_2) = \lambda_1 Tf_1 + \lambda_2 Tf_2$。因此 T 是线性算子且 $\|Tf\|_q = \|g'\|_q = \|f\|$。

$\forall y \in L^q[a, b]$，$\forall x \in L^p[a, b]$，定义 $f(x) = \int_a^b x(t)y(t)\mathrm{d}t$。$\forall x_1, x_2 \in L^p[a, b]$，$\forall \lambda \in \mathbb{R}$ 有

$$\begin{aligned}f(\lambda x_1 + x_2) &= \int_a^b (\lambda x_1 + x_2)(t)y(t)\mathrm{d}t = \lambda \int_a^b x_1(t)y(t)\mathrm{d}t + \int_a^b x_2(t)y(t)\mathrm{d}t \\ &= \lambda f(x_1) + f(x_2)\end{aligned}$$

且

$$|f(x)| \leqslant \int_a^b |x(t)y(t)| \mathrm{d}t \leqslant \left(\int_a^b |x(t)|^p \mathrm{d}t\right)^{\frac{1}{p}} \left(\int_a^b |y(t)|^q \mathrm{d}t\right)^{\frac{1}{q}} = \|x\|_p \|y\|_q$$

故 $\|f\| \leqslant \|y\|_q$ 且 $f \in (L^p[a, b])^*$。由 $Tf = y$，则 T 是满射且 T 是同构的。故 $(L^p[a, b])^* \cong L^q[a, b]$。

性质 5.2.2　设(E, A, μ)是一个测度空间，$K=\{f\in S(E): \mu(E(f\neq 0))<+\infty\}$，$1<p<+\infty$，则$K$是$L^p(E, \mathrm{A}, \mu)$的一个稠密的、代数子空间。

证明： $\forall f\in L^p(E, \mathrm{A}, \mu)$且$f\geqslant 0$，则$f^p\in L^1(E)$。由定义3.7.1知$\exists\{f_n\}\subseteq M^+(E)$使得$\{f_n\}\uparrow f^p$。$\forall n\in\mathbb{N}$，取$g_n=f_n^{1/p}\in M^+(E)$，则$|g_n|\leqslant f$。由推论3.8.1得

$$\lim_{n\to\infty}\|g_n-f\|_p^p=\lim_{n\to\infty}\int_E|g_n-f|^p\mathrm{d}\mu=0$$

故$\forall\varepsilon>0$，$\exists m$，$\forall n>m$有

$$\|g_n-f\|_p^p=\int_E|g_n-f|^p\mathrm{d}\mu<\varepsilon$$

由$|g_n|\leqslant f$，则

$$\int_E g_n^p\mathrm{d}\mu\leqslant\int_E f^p\mathrm{d}\mu$$

故$\{g_n\}\subseteq K$。因此K是$L^p(E, \mathrm{A}, \mu)$的稠密的、代数子空间。

定理 5.2.7　设(E, A, μ)是一个测度空间，$1<p<+\infty$。如果μ是一个有限测度，则$L^p(E, \mathrm{A}, \mu)$是$L^1(E, \mathrm{A}, \mu)$的一个稠密的代数子空间。

5.3　赋范线性空间中的最佳逼近

凸集和凸体在逼近论中有重要的应用。本节首先研究凸集的性质。

定理 5.3.1　设S是n维赋范线性空间X中的有界闭集，则$\mathrm{CH}(S)$也是有界闭集。

证明： 由于任何包含S的球也包含S的凸包$\mathrm{CH}(S)$，则S的凸包$\mathrm{CH}(S)$是有界集。设$\{x^{(k)}\}\subseteq\mathrm{CH}(S)$且$\lim\limits_{k\to\infty}x^{(k)}=x_0$。由定理1.7.3，则$\exists m\in\mathbb{N}$且$m\leqslant n+1$，$\exists x_i^{(k)}\in S$，$\exists\lambda_i^{(k)}>0$且$\sum\limits_{i=1}^m\lambda_i^{(k)}=1$使得$x^{(k)}=\sum\limits_{i=1}^m\lambda_i^{(k)}x_i^{(k)}$。由推论4.3.3及定理4.3.8得存在$\{\lambda_i^{(k)}\}$和$\{x_i^{(k)}\}$的子列$\{\lambda_i^{(k_j)}\}$和$\{x_i^{(k_j)}\}$使得

$$\lim_{j\to\infty}\lambda_i^{(k_j)}=\lambda_i\quad 且\quad\lim_{j\to\infty}x_i^{(k_j)}=x_i$$

由定理5.2.1推得

$$x_0=\lim_{j\to\infty}x^{(k_j)}=\sum_{i=1}^m\left(\lim_{j\to\infty}\lambda_i^{(k_j)}\right)\left(\lim_{j\to\infty}x_i^{(k_j)}\right)=\sum_{i=1}^m\lambda_i x_i$$

由于S是闭集，则$x_i\in S$且

$$\sum_{i=1}^m\lambda_i=\sum_{i=1}^m\left(\lim_{j\to\infty}\lambda_i^{(k_j)}\right)=\lim_{j\to\infty}\left(\sum_{i=1}^m\lambda_i^{(k_j)}\right)=1$$

则$x_0\in\mathrm{CH}(S)$，故$\mathrm{CH}(S)$是闭集。

定义 5.3.1　设X是一个赋范线性空间。如果$\forall x, y\in X$有$\|x+y\|=\|x\|+\|y\|$和$\|x\|=\|y\|$蕴涵$x=y$，则称赋范线性空间X是一个凸体(convex body)。

注记： 连接凸体的球面上两个不同点的线段的中点位于该球体的内部。

定理 5.3.2　设X是数域$\mathbb{F}$上的一个赋范线性空间，则X是凸体当且仅当

$$\forall x, y\in X-\{0\}(\|x+y\|=\|x\|+\|y\|\Rightarrow(\exists\lambda_0>0)\wedge(x=\lambda_0 y))$$

证明： 必要性。设X是凸体，$\|x+y\|=\|x\|+\|y\|$且$\|y\|\geqslant\|x\|>0$。由于

$$2=\left\|\frac{1}{\|x\|}x\right\|+\left\|\frac{1}{\|y\|}y\right\|\geqslant\left\|\frac{1}{\|x\|}x+\frac{1}{\|y\|}y\right\|$$
$$=\left\|\left(\frac{1}{\|x\|}x+\frac{1}{\|x\|}y\right)-\left(\frac{1}{\|x\|}y-\frac{1}{\|y\|}y\right)\right\|$$
$$\geqslant\left\|\frac{1}{\|x\|}x+\frac{1}{\|x\|}y\right\|-\left\|\frac{1}{\|x\|}y-\frac{1}{\|y\|}y\right\|$$
$$=\frac{\|x+y\|}{\|x\|}-\left\|\frac{(\|y\|-\|x\|)y}{\|x\|\|y\|}\right\|$$
$$=\frac{\|x\|+\|y\|}{\|x\|}-\frac{\|y\|-\|x\|}{\|x\|}=2$$

则
$$\left\|\frac{1}{\|x\|}x+\frac{1}{\|y\|}y\right\|=2=\left\|\frac{1}{\|x\|}x\right\|+\left\|\frac{1}{\|y\|}y\right\|$$

由$\left\|\frac{1}{\|x\|}x\right\|=1=\left\|\frac{1}{\|y\|}y\right\|$及 X 是凸体，则$\frac{1}{\|x\|}x=\frac{1}{\|y\|}y$。取 $\lambda_0=\frac{\|x\|}{\|y\|}$，则 $\lambda_0>0$ 且 $x=\lambda_0 y$。

充分性。设 $x, y\neq 0$，$\|x+y\|=\|x\|+\|y\|$。由已知，则 $\exists\lambda_0>0$ 使得 $x=\lambda_0 y$。若 $\|x\|=\|y\|\neq 0$，则 $\|y\|=\|x\|=\|\lambda_0 y\|=\lambda_0\|y\|$。因此 $\lambda_0=1$，即 $x=y$。故 X 是凸体。

例 5.3.1　设 $x=(x_1, x_2)\in\mathbb{R}^2$。求证：

(1) $\overline{S}(0, 1)$关于 $\|x\|_\infty$ 是一个凸集，但不是凸体。

(2) $\overline{S}(0, 1)$关于 $\|x\|_1$ 是一个凸集，但不是凸体。

(3) $\overline{S}(0, 1)$关于 $\|x\|_2$ 是一个凸集，也是一个凸体。

证明：(1) $\overline{S}(0, 1)$是以$(1, 1)$，$(1, -1)$，$(-1, 1)$和$(-1, -1)$为顶点的正方形区域。$\forall\lambda\in[0, 1]$，$\forall x, y\in\overline{S}(0, 1)$。设 $x=(x_1, x_2)$，$y=(y_1, y_2)$，则
$$\lambda x+(1-\lambda)y=(\lambda x_1+(1-\lambda)y_1, \lambda x_2+(1-\lambda)y_2)$$
由于 $\|x\|_\infty\leqslant 1$，$\|y\|_\infty\leqslant 1$，则
$$|\lambda x_1+(1-\lambda)y_1|\leqslant\lambda|x_1|+(1-\lambda)|y_1|\leqslant\lambda\|x\|_\infty+(1-\lambda)\|y\|_\infty\leqslant 1,$$
$$|\lambda x_2+(1-\lambda)y_2|\leqslant 1$$
因此
$$\|\lambda x+(1-\lambda)y\|_\infty=\max\{|\lambda x_1+(1-\lambda)y_1|, |\lambda x_2+(1-\lambda)y_2|\}\leqslant 1$$
故 $\overline{S}(0, 1)$是凸集。取 $x_0=(-1, 1)$，$y_0=(1, 1)$，则
$$\|x_0+y_0\|_\infty=\|x_0\|_\infty+\|y_0\|_\infty \text{且} \|x_0\|_\infty=\|y_0\|_\infty$$
但是 $\forall\alpha>0$ 恒有 $x_0\neq\alpha y_0$，故 $\overline{S}(0, 1)$不是凸体。

(2) $\overline{S}(0, 1)$是以$(0, 1)$，$(-1, 0)$，$(1, 0)$和$(0, -1)$为顶点的正方形区域。类似于(1)可证 $\overline{S}(0, 1)$是凸集。取 $x_0=(-1, 0)$，$y_0=(0, 1)$，则 $x_0+y_0=(-1, 1)$。由于
$$\|x_0+y_0\|_1=2=\|x_0\|_1+\|y_0\|_1$$
但是 $\forall\alpha>0$ 有 $x_0\neq\alpha y_0$，故 $\overline{S}(0, 1)$不是凸体。

(3) $\overline{S}(0, 1)$是以$(0, 0)$为圆心，1 为半径的圆及其边界围成的单位圆盘。类似于(1) 可

证 $\overline{S}(0, 1)$是凸集。$\forall x, y\in S$，不妨设 $x=(x_1, x_2)$，$y=(y_1, y_2)$且 $x, y\neq 0$。由

$$\|x+y\|_2=\|x\|_2+\|y\|_2$$

得

$$x_1y_1+x_2y_2=\sqrt{x_1^2+x_2^2}\sqrt{y_1^2+y_2^2}$$

由 Cauchy 不等式得，$\dfrac{x_1}{y_1}=\dfrac{x_2}{y_2}$。取 $\alpha_0=\dfrac{x_1}{y_1}=\dfrac{x_2}{y_2}$，则 $\alpha_0>0$ 且 $x=\alpha_0 y$。由定理 5.3.2 知 $\overline{S}(0, 1)$是凸体。

定理 5.3.3　如果赋范线性空间$(X, \|\cdot\|)$的范数满足平行四边形公式，即 $\forall x, y\in X$ 有

$$\|x+y\|^2+\|x-y\|^2=2(\|x\|^2+\|y\|^2)$$

则 X 是一个凸体。

证明：$\forall x, y\in X$，$\|x\|=\|y\|$且$\|x+y\|=\|x\|+\|y\|$，由平行四边形公式可得

$$\|x-y\|^2=2(\|x\|^2+\|y\|^2)-\|x+y\|^2=(\|x\|-\|y\|)^2=0$$

故$\|x-y\|=0$且 $x=y$。由定义 5.3.3 可知 X 是凸体。

例 5.3.2　在 $C[a, b]$上赋以范数 $\|x\|=\sqrt{\int_a^b |x(t)|^2\mathrm{d}t}$。求证：$C[a, b]$是一个凸体。

证明：由范数的定义可得

$$\begin{aligned}\|x+y\|^2&=\int_a^b(x(t)+y(t))(\overline{x(t)}+\overline{y(t)})\mathrm{d}t\\&=\|x\|^2+\|y\|^2+\int_a^b x(t)\overline{y(t)}\mathrm{d}t+\int_a^b y(t)\overline{x(t)}\mathrm{d}t\end{aligned}$$

类似地，

$$\|x-y\|^2=\|x\|^2+\|y\|^2-\int_a^b x(t)\overline{y(t)}\mathrm{d}t-\int_a^b y(t)\overline{x(t)}\mathrm{d}t$$

故

$$\|x+y\|^2+\|x-y\|^2=2(\|x\|^2+\|y\|^2)$$

即 $C[a, b]$上的范数$\|\cdot\|$满足平行四边形公式。由定理 5.3.3 推得 $C[a, b]$是凸体。

其次讨论 Banach 空间中的最佳逼近问题。逼近论主要用相对简单的函数近似代替较复杂的函数。例如，用 Taylor 多项式近似代替任意阶光滑的函数；用 Bernstein 多项式近似代替连续函数；用 Fourier 级数的部分和近似代替绝对可积函数。逼近论研究的问题是：在距离空间的给定子集中确定一个点或多个点，使得它到某一固定点的距离最小。一般地，这样的点不一定存在，即使存在也不一定唯一。如果对子集附加上一些条件，可得唯一性定理。

定义 5.3.2　设 X 是一个赋范线性空间，M 是 X 的一个非空子集，$x\in X$。

(1) 称 $\inf\{\|x-y\|: y\in M\}$为 x 关于集合 M 的最佳逼近，记为 $E_M(x)$。

(2) 如果 $\exists y_0\in M$ 使得$\|x-y_0\|=E_M(x)$，则称 y_0 为 x 关于 M 的一个最佳逼近元，称全体最佳逼近元构成的集合为 x 关于 M 的最佳逼近集，记为 $\mathrm{Arg}E_M(x)$。

(3) 如果 y_0 为 x 在 M 中的唯一最佳逼近元，则记为 $y_0=\mathrm{Arg}E_M(x)$。

定理 5.3.4　设 M 是数域$\mathbb{F}$上的赋范线性空间 X 的一个子空间，$x\in X$。如果 M 是 X

的有限维子空间，则 x 在 M 中存在最佳逼近元，即 $\arg E_M(x)\neq\varnothing$。

证明：定义 $B=\{y\in M: \|y\|\leqslant 2\|x\|\}$。故

$$E_B(x)=\inf_{y\in B}\|x-y\|\leqslant\|x-0\|=\|x\|$$

当 $y\in B$ 时，则

$$\|y-x\|\geqslant\inf\{\|y-x\|: y\in B\}=E_B(x)$$

当 $y\in M-B$ 时，则 $y\notin B$，即

$$\|y\|>2\|x\| 且 \|y-x\|\geqslant\|y\|-\|x\|>\|x\|\geqslant E_B(x)$$

故 $E_B(x)$ 为 $\{\|y-x\|: y\in M\}$ 的一个下界。因此 $E_M(x)\geqslant E_B(x)$。由于 $B\subseteq M$，则 $E_B(x)\geqslant E_M(x)$。故 $E_M(x)=E_B(x)$。

由 B 是有限维子空间 M 中的有界闭集及定理 4.3.8，则 B 是紧集。定义 $f: B\to\mathbb{R}$ 为 $f(y)=\|x-y\|$。由定理 5.1.2 知 f 连续。再由定理 4.3.12 得 $\exists\, y_0\in B\subseteq M$，使得

$$\|x-y_0\|=f(y_0)=\inf_{y\in B}\|x-y\|=E_B(x)=E_M(x)$$

故 $y_0\in\arg E_M(x)$，即 $\arg E_M(x)\neq\varnothing$。

例 5.3.3 设 $\alpha=(1, 0)$，$\beta=(1, 1)\in\mathbb{R}^2$，$M=\mathrm{span}\{\alpha\}$。在范数 $\|x\|_\infty$，$\|x\|_1$ 和 $\|x\|_2$ 下，分别求 β 关于 M 的最佳逼近集。

解：$\forall\lambda\in\mathbb{R}$，则 $\beta-\lambda\alpha=(1-\lambda, 1)$。

(1) 由 $\|\beta-\lambda\alpha\|_\infty=\max\{|1-\lambda|, 1\}$，当 $\lambda\in[0, 2]$ 时，$\{\|\beta-\lambda\alpha\|_\infty: \lambda\in\mathbb{R}\}$ 取得下确界。故 β 在 M 中有无穷多个最佳逼近元，即 $\arg E_M(\beta)=\{(\lambda, 0): \lambda\in[0, 2]\}$。

(2) 由 $\|\beta-\lambda\alpha\|_1=|1-\lambda|+1$，当 $\lambda=1$ 时，$\{\|\beta-\lambda\alpha\|_1: \lambda\in\mathbb{R}\}$ 取得下确界。因此 α 是 β 在 M 中的唯一最佳逼近元，即 $\arg E_M(\beta)=\alpha$。

(3) 由 $\|\beta-\lambda\alpha\|_2=\sqrt{(1-\lambda)^2+1}$，当 $\lambda=1$ 时，$\{\|\beta-\lambda\alpha\|_2: \lambda\in\mathbb{R}\}$ 取得下确界。因此 α 是 β 在 M 中的唯一最佳逼近元，即 $\arg E_M(\beta)=\alpha$。

下述定理给出赋范线性空间中最佳逼近元的性质。

定理 5.3.5 设 M 是数域 $\mathbb{F}$ 上的赋范线性空间 X 的一个凸子集，$x\in X$。如果

$$\mathrm{Arg}E_M(x)\neq\varnothing$$

则 $\mathrm{Arg}E_M(x)$ 是一个凸集。

证明：当 $\mathrm{Arg}E_M(x)$ 是单点集时，则 $\mathrm{Arg}E_M(x)$ 是凸集；当 $\mathrm{Arg}E_M(x)$ 不是单点集时，$\forall y_1, y_2\in\arg E_M(x)$，则 $y_1, y_2\in M$ 且 $\|x-y_1\|=E_M(x)=\|x-y_2\|$。$\forall\lambda_1, \lambda_2\geqslant 0$ 且 $\lambda_1+\lambda_2=1$，由于 M 是 X 的凸子集，则 $\lambda_1y_1+\lambda_2y_2\in M$ 且

$$\begin{aligned}E_M(x)&\leqslant\|x-(\lambda_1y_1+\lambda_2y_2)\|\leqslant\lambda_1\|x-y_1\|+\lambda_2\|x-y_2\|\\&=(\lambda_1+\lambda_2)E_M(x)=E_M(x)\end{aligned}$$

故

$$\|x-(\lambda_1y_1+\lambda_2y_2)\|=E_M(x) 且 \lambda_1y_1+\lambda_2y_2\in\mathrm{Arg}E_M(x)$$

因此 $\mathrm{Arg}E_M(x)$ 是凸集。

下面给出与凸集有关的几个不动点定理，它们在经济学中具有广泛的应用。

1910 年 Brouwer 给出了 Brouwer 不动点定理，但它的等价形式之前被 Poincare 发现。Brouwer 不动点定理只给出了不动点的存在性，没有给出迭代格式，也没有保证唯一性。

定理 5.3.6　(Brouwer 不动点定理)

(1) 设 $\overline{S}(0, 1)=\{x\in\mathbb{R}^n: \|x\|\leqslant 1\}$。如果 $T: \overline{S}(0, 1)\to\overline{S}(0, 1)$是连续的，则 T 在 $\overline{S}(0, 1)$中存在不动点。

(2) 设 E 是 n 维赋范线性空间 X 的一个非空的、有界的、闭的凸子集。如果 $T: E\to X$ 是连续的且 $T(E)\subseteq E$，则 T 在 E 中存在不动点。

例 5.3.4(代数基本定理)　如果 $f(z)=a_0+a_1z+\cdots+a_{n-1}z^{n-1}+a_nz^n$ 是一个 n 次复多项式，则方程 $f(z)=0$ 至少有一个复根。

证明：由于 $a_n\neq 0$，不妨设 $a_n=1$。设 $z=re^{i\theta}$，$\theta\in[0, 2\pi)$，$\alpha=\sum\limits_{k=0}^{n-1}|a_k|+2$。设复函数

$$g(z)=\begin{cases} z-\dfrac{1}{\alpha e^{i(n-1)\theta}}f(z), & |z|\leqslant 1 \\ z-\dfrac{1}{\alpha z^{n-1}}f(z), & |z|>1 \end{cases}$$

故 $g: \mathbb{C}\to\mathbb{C}$是连续函数。

设 $E=\{z\in\mathbb{C}: |z|\leqslant\alpha\}$，则 E 是非空的、有界、闭的凸集。$\forall z\in E$，当$|z|\leqslant 1$ 时，则

$$\begin{aligned} |g(z)| &= \left|z-\frac{1}{\alpha e^{i(n-1)\theta}}f(z)\right|\leqslant |z|+\left|\frac{1}{\alpha e^{i(n-1)\theta}}f(z)\right| \\ &= 1+\frac{|f(z)|}{\alpha}=1+\frac{1}{\alpha}\left|\sum_{k=0}^{n}a_{n-1}z^{n-1}\right| \\ &\leqslant 1+\frac{1}{\alpha}\left(\sum_{k=0}^{n}\left|a_{n-1}z^{n-1}\right|\right)\leqslant 1+\frac{1}{\alpha}\left(\sum_{k=0}^{n-1}\left|a_{n-1}\right|+1\right) \\ &= 2-\frac{1}{\alpha}<2\leqslant\alpha \end{aligned}$$

当 $|z|>1$ 时，则

$$\begin{aligned} |g(z)| &= \left|\frac{\alpha-1}{\alpha}z-\frac{1}{\alpha z^{n-1}}\left(\sum_{k=0}^{n-1}a_kz^k\right)\right|\leqslant\frac{\alpha-1}{\alpha}|z|+\frac{1}{\alpha|z^{n-1}|}\left(\sum_{k=0}^{n-1}\left|a_kz^k\right|\right) \\ &\leqslant\alpha-1+\frac{1}{\alpha|z^{n-1}|}\left(|z^{n-1}|\sum_{k=0}^{n-1}|a_k|\right) \\ &= \alpha-1+\frac{1}{\alpha}(\alpha-2)=\alpha-\frac{2}{\alpha}<\alpha \end{aligned}$$

故 $g(E)\subseteq E$。由定理 5.3.6 得，$\exists z_0\in E$ 使得 $g(z_0)=z_0$。故 $f(z)=0$ 至少有一个复根 z_0。

在有限维赋范线性空间中，Brouwer 对连续映射建立了不动点定理。研究表明：在无穷维赋范线性空间中需要紧映射才可以得到类似结论。

定义 5.3.3　设 X 是一个赋范线性空间，$E\subseteq X$，$T: E\to X$。如果 T 是连续的且对 E 的每一个有界集 A 恒有 $\overline{T(A)}$是 X 中的紧集，则称 T 是一个紧映射(compact map)。

定理 5.3.7(Schauder 不动点定理)　设 E 是赋范线性空间 X 中的一个非空、有界、闭的凸子集。如果 $T: E\to X$ 是紧映射且 $T(E)\subseteq E$，则 T 在 E 中存在不动点。

例 5.3.5(Peano)　设 $f(x, y)$在 $D=\{(x, y): |x-x_0|\leqslant a, |y-y_0|\leqslant b\}$上连续，

$c=\max\limits_{(x,y)\in D}|f(x,y)|$，$h=\min\left\{a,\dfrac{b}{c}\right\}$。

求证：微分方程$\dfrac{\mathrm{d}y}{\mathrm{d}x}=f(x,y)$，$y(x_0)=y_0$ 在 $C[x_0-h,x_0+h]$上存在解。

证明：首先将$\dfrac{\mathrm{d}y}{\mathrm{d}x}=f(x,y)$，$y(x_0)=y_0$ 等价于积分方程 $y(x)=y_0+\int_{x_0}^{x}f(s,y(s))\mathrm{d}s$。

其次定义集合 E 及映射 T。设 $E=\bar{S}(y_0,b)$，则 E 是 $C[x_0-h,x_0+h]$的非空有界闭凸集。定义 $T:E\to C[x_0-h,x_0+h]$ 为

$$(Ty)x=y_0+\int_{x_0}^{x}f(s,y(s))\mathrm{d}s,\ \forall x\in[x_0-h,x_0+h]$$

$\forall y\in E=\bar{S}(y_0,b)$，则 $\|y-y_0\|\leqslant b$。$\forall x\in[x_0-h,x_0+h]$，则$|x-x_0|\leqslant h$ 且

$$|(Ty)(x)-y_0(x)|=\left|\int_{x_0}^{x}f(s,y(s))\mathrm{d}s\right|\leqslant|x-x_0|\max_{(x,y)\in D}|f(x,y)|\leqslant ch\leqslant b$$

故

$$\|Ty-y_0\|=\max_{x\in[x_0-h,x_0+h]}|(Ty)x-y_0|\leqslant b \text{ 且 } Ty\in E$$

由 y 的任意性推得 $T(E)\subseteq E$。

然后证明 T 是紧映射。$\forall y\in E$，$\forall\{y_n\}\subseteq E$，设$\lim\limits_{n\to\infty}y_n=y$。由于 $f(x,y)$在 D 上连续，则$\forall x\in[x_0-h,x_0+h]$有

$$\begin{aligned}\lim_{n\to\infty}\int_{x_0}^{x}f(s,y_n(s))\mathrm{d}s&=\int_{x_0}^{x}\lim_{n\to\infty}f(s,y_n(s))\mathrm{d}s=\int_{x_0}^{x}f(s,\lim_{n\to\infty}y_n(s))\mathrm{d}s\\&=\int_{x_0}^{x}f(s,y(s))\mathrm{d}s\end{aligned}$$

且

$$\lim_{n\to\infty}|(Ty_n)(x)-(Ty)(x)|=\lim_{n\to\infty}\left|\int_{x_0}^{x}f(s,y_n(s))\mathrm{d}s-\int_{x_0}^{x}f(s,y(s))\mathrm{d}s\right|=0$$

故

$$\lim_{n\to\infty}\|Ty_n-Ty\|=\lim_{n\to\infty}\max_{x\in[x_0-h,x_0+h]}|(Ty_n)(x)-(Ty)(x)|=0$$

因此 T 在 y 点连续。由 y 的任意性，则 T 在 E 上连续。

设 A 是 E 中的任何一个有界子集。由推论 4.3.1，$\overline{T(A)}$是紧集当且仅当 $T(A)$是列紧集。由定理 4.3.5，列紧集的子集是列紧集。由于 $T(A)\subseteq T(E)$，则只需证明 $T(E)$是列紧集。

取 $M=|y_0|+b$，$\forall y\in E$，$\forall x\in[x_0-h,x_0+h]$，则

$$\begin{aligned}|(Ty)x|&\leqslant|y_0|+\left|\int_{x_0}^{x}f(s,y(s))\mathrm{d}s\right|\leqslant|y_0|+|x-x_0|\max_{(x,y)\in D}|f(x,y)|\\&\leqslant|y_0|+b=M\end{aligned}$$

故 $T(E)$是一致有界的。$\forall y\in E$，$\forall x_1$、$x_2\in[x_0-h,x_0+h]$，则

$$\begin{aligned}|(Ty)x_1-(Ty)x_2|&=\left|\int_{x_0}^{x_1}f(s,y(s))\mathrm{d}s-\int_{x_0}^{x_2}f(s,y(s))\mathrm{d}s\right|=\left|\int_{x_2}^{x_1}f(s,y(s))\mathrm{d}s\right|\\&\leqslant\max_{(x,y)\in D}|f(x,y)||x_1-x_2|=c|x_1-x_2|\end{aligned}$$

故 $T(E)$是等度连续的。由 Ascoli 定理，则 $T(E)$是列紧集。由 A 的任意性，则 T 是紧映射。

由 Schauder 不动点定理，$\exists \tilde{y} \in E=\overline{S}(y_0, b)\subseteq C[x_0-h, x_0+h]$使得 $\tilde{y}=T\tilde{y}$，即

$$\tilde{y}(x)=(T\tilde{y})x=y_0+\int_{x_0}^{x} f(s, \tilde{y}(s))\mathrm{d}s, \ \forall x \in [x_0-h, x_0+h]$$

故原方程存在解 $\tilde{y}$。

5.4　Hahn - Banach 延拓定理

定义 5.4.1　设 X 为一个实线性空间，$p: X\to\mathbb{R}$。如果实值泛函 p 满足：

(1) 次可加性：$p(x+y)\leqslant p(x)+p(y)$，$\forall x, y\in X$；

(2) 正齐性：$p(\alpha x)=\alpha p(x)$，$\forall \alpha>0$，$\forall x\in X$，

则称 p 为实线性空间 X 上的一个次线性泛函。

下面两个定理给出了线性空间上的线性泛函的延拓性质，证明略去。

定理 5.4.1　设 L 为实线性空间 X 的一个子空间，$f\in L^{\#}$。如果存在 X 上的次线性泛函 p 满足 $f(x)\leqslant p(x)$，$\forall x\in L$，则 $\exists F\in X^{\#}$ 使得 $F|_L=f$ 且 $F(x)\leqslant p(x)$，$\forall x\in X$。

定理 5.4.2　设 L 为复线性空间 X 的一个子空间，$f\in L^{\#}$。如果存在 X 上的次线性泛函 p 满足$|f(x)|\leqslant p(x)$，$\forall x\in L$，则 $\exists F\in X^{\#}$ 使得 $F|_L=f$ 且$|F(x)|\leqslant p(x)$，$\forall x\in X$。

应用上述定理可以得到赋范线性空间中有界线性泛函的保范延拓定理。

定理 5.4.3(Hahn - Banach 定理)　设 L 为数域$\mathbb{F}$上的赋范线性空间 X 的一个子空间。如果 $f\in L^*$，则 f 可以保范线性延拓到 X 上，即 $\exists F\in X^*$ 使得 $F|_L=f$ 且 $\|F\|=\|f\|_L$。

证明： $\forall x\in X$，定义 $p: X\to\mathbb{R}$为 $p(x)=\|f\|_L\|x\|$，则 p 为 X 上的次线性泛函。

当$\mathbb{F}=\mathbb{R}$时，$\forall x\in L$，则 $f(x)\leqslant|f(x)|\leqslant\|f\|_L\|x\|=p(x)$。由定理 5.4.1，则 $\exists F\in X^{\#}$ 使得 $F(x)\leqslant p(x)=\|f\|_L\|x\|$，$\forall x\in X$ 且 $F|_L=f$。由

$$-F(x)=F(-x)\leqslant p(-x)=\|f\|_L\|x\|$$

则$|F(x)|\leqslant\|f\|_L\|x\|$且$\|F\|\leqslant\|f\|_L$。故 $F\in X^*$。

当$\mathbb{F}=\mathbb{C}$时，$\forall x\in L$，则$|f(x)|\leqslant\|f\|_L\|x\|=p(x)$。由定理 5.4.2，则 $\exists F\in X^{\#}$ 使得$|F(x)|\leqslant p(x)=\|f\|_L\|x\|$，$\forall x\in X$ 且 $F|_L=f$。故 $\|F\|\leqslant\|f\|_L$ 且 $F\in X^*$。由

$$\|f\|_L=\sup\{|f(x)|: \|x\|\leqslant 1, x\in L\}\leqslant\sup\{|F(x)|: \|x\|\leqslant 1, x\in X\}=\|F\|$$

则 $\|F\|=\|f\|_L$。

推论 5.4.1　设 X 是一个赋范线性空间，$x_0\in X$。

(1) 如果 $x_0\neq 0$，则 $\exists f_0\in X^*$ 使得 $f_0(x_0)=\|x_0\|$ 且 $\|f_0\|=1$。

(2) 如果 $\forall f\in X^*$ 有 $f(x_0)=0$，则 $x_0=0$。

(3) $\|x_0\|=\sup\{|f(x_0)|: \|f\|\leqslant 1, f\in X^*\}$。

证明： (1) 设 $L=\mathrm{span}\{x_0\}$。在 L 上定义 $f(\lambda x_0)=\lambda\|x_0\|$，$\forall\lambda\in\mathbb{F}$。故 $f\in L^{\#}$。由 $|f(\lambda x_0)|=|\lambda\|x_0\||=|\lambda|\|x_0\|=\|\lambda x_0\|$，则 $f\in L^*$，$\|f\|=1$ 且 $f(x_0)=\|x_0\|$。由定理 5.4.3，则 $\exists f_0\in X^*$ 使得 $\|f_0\|=\|f\|=1$ 且 $f_0(x_0)=f(x_0)=\|x_0\|$。

(2) 假设 $x_0\neq 0$。由(1)，则 $\exists f_0\in X^*$ 使得 $f_0(x_0)=\|x_0\|\neq 0$，矛盾。故 $x_0=0$。

(3) $\forall f\in X^*$ 且 $\|f\|\leqslant 1$，则 $|f(x_0)|\leqslant\|f\|\|x_0\|\leqslant\|x_0\|$。故

$$\sup\{|f(x_0)|:\|f\|\leqslant 1,\ f\in X^*\}\leqslant\|x_0\|$$

由(1)，则 $\exists f_0\in X^*$ 使得 $\|f_0\|=1$ 且 $\|x_0\|=f_0(x_0)$，因此

$$\|x_0\|=\sup\{|f(x_0)|:\|f\|\leqslant 1,\ f\in X^*\}$$

注记：

(1) 对于一个非零赋范线性空间一定存在非零连续线性泛函。

(2) 非零连续线性泛函足够多，因此不同的点可以用不同的连续线性泛函区分。

定理 5.4.4 设 M 是数域 $\mathbb{F}$ 上的赋范线性空间 X 的一个子空间，$x_0\notin M$。如果 $d=d(x_0,M)>0$，则 $\exists f_0\in X^*$ 使得 $f_0|_M=0$，$f_0(x_0)=d$ 且 $\|f_0\|=1$。

证明： 设 $L=\{x+tx_0:x\in M,\ t\in\mathbb{F}\}$，则 L 是 X 的子空间。定义映射 $\varphi:L\to\mathbb{F}$ 为 $\varphi(x+tx_0)=td$，则 $\varphi\in L^{\#}$ 且 $\varphi(x_0)=d$。当 $x\in M$ 时，$\varphi(x)=0$。

$\forall t\neq 0$，$\forall x\in M$，令 $y=x+tx_0$，则

$$\|y\|=|t|\left\|\left(-\frac{1}{t}x\right)-x_0\right\|\geqslant|t|d=|\varphi(y)|$$

故 $\|\varphi\|_L\leqslant 1$。

由 $d=\inf\limits_{x\in M}\|x-x_0\|$，则 $\exists\{x_n\}\subseteq M$ 使得 $d=\lim\limits_{n\to\infty}\|x_n-x_0\|$。

由 $|\varphi(x_n-x_0)|=|\varphi(x_n)-\varphi(x_0)|=\varphi(x_0)=d$，则

$$d=|\varphi(x_n-x_0)|\leqslant\|\varphi\|_L\|x_n-x_0\|$$

两边取极限可得，$d\leqslant\|\varphi\|_L\lim\limits_{n\to\infty}\|x_n-x_0\|=\|\varphi\|_L d$。故 $\|\varphi\|_L\geqslant 1$。因此 $\|\varphi\|_L=1$。

由 Hahn - Banach 延拓定理，$\exists f_0\in X^*$ 使得 $f_0|_L=\varphi$ 且 $\|f_0\|=\|\varphi\|_L=1$。$\forall x\in M$，则 $f_0(x)=\varphi(x)=0$ 且 $f_0(x_0)=\varphi(x_0)=d$。

定义 5.4.2 设 X 是一个实赋范线性空间，$f\in X^*$，$c\in\mathbb{R}$，$\Omega\subseteq X$ 且 $\Omega\neq\varnothing$。

(1) 如果 $\forall x\in\Omega$ 有 $f(x)\leqslant c$(或者 $f(x)\geqslant c$)，则称 Ω 位于仿射超平面 L_f^c 的一侧。

(2) 如果 Ω 位于 L_f^c 的一侧且 $x_0\in\Omega\cap L_f^c$，则称仿射超平面 L_f^c 在点 x_0 处支撑 Ω。

推论 5.4.1 中(1) 的几何意义如下：如果 Ω 是 X 中的球体，即 $\Omega=\{x\in X:\|x\|\leqslant r\}$，则存在仿射超平面 $L_{f_0}^r$ 在球面 $\partial\Omega=\{x\in X:\|x\|=r\}$ 上的每一点 x_0 处支撑 Ω。

证明： $\forall x_0\in\partial\Omega$ 时，则 $\|x_0\|=r$ 且 $x_0\neq 0$。由 Hahn - Banach 延拓定理，则 $\exists f_0\in X^*$ 使得 $f_0(x_0)=\|x_0\|=r$ 且 $\|f_0\|=1$。$\forall x\in\Omega$，由 $f_0(x)\leqslant\|f_0\|\|x\|=\|x\|\leqslant r$，则 Ω 在 $L_{f_0}^r$ 的一侧。由 $L_{f_0}^r=\{x\in X:f_0(x)=r\}$，则 $x_0\in\Omega\cap L_{f_0}^r$。故 $L_{f_0}^r$ 在点 x_0 处支撑 Ω。

定理 5.4.5 设 X 是一个 Banach 空间。下列命题等价：

(1) X 是凸体。

(2) 设 $x\in X$。如果 M 是 X 的闭凸子集，则 x 关于 M 至多存在一个最佳逼近元。

(3) 设 $f\in X^*$，则至多存在一点 $x_0\in\overline{S}(0,1)$ 使得 $f(x_0)=\|f\|$。

证明： (1) ⇒(2)。设 $x\in X$。假设 $y_1,y_2\in\mathrm{Arg}E_M(x)$，则 $\|x-y_1\|=E_M(x)=\|x-y_2\|$。由 M 是凸集及定理 5.3.5，则 $\left(\frac{1}{2}y_1+\frac{1}{2}y_2\right)\in\mathrm{Arg}E_M(x)$。故

$$\|(x-y_1)+(x-y_2)\|=2\left\|x-\frac{1}{2}(y_1+y_2)\right\|=2E_M(x)=\|x-y_1\|+\|x-y_2\|$$

由 X 是凸体，则 $x-y_1=x-y_2$，即 $y_1=y_2$。故 x 关于 M 至多只有一个最佳逼近元。

(2)⇒(3)。假设 x_0，$y_0\in\overline{S}(0,1)$ 且 $x_0\neq y_0$ 使得 $f(x_0)=\|f\|=f(y_0)$。设 $M=\{\lambda x_0+(1-\lambda)y_0:\lambda\in[0,1]\}$，则 M 是 X 的凸子集。

$\forall\{z_n\}\subseteq M$，若 $\lim\limits_{n\to\infty}z_n=z_0$，则 $\exists\{\lambda_n\}\subseteq[0,1]$ 使得 $z_n=\lambda_n x_0+(1-\lambda_n)y_0$。由于 $[0,1]$ 是紧集，则 $\{\lambda_n\}$ 存在收敛子列 $\{\lambda_{n_k}\}$。不妨设 $\lim\limits_{k\to\infty}\lambda_{n_k}=\lambda_0$。由定理 5.1.2 可得

$$\begin{aligned}\lambda_0x_0+(1-\lambda_0)y_0&=(\lim_{k\to\infty}\lambda_{n_k})x_0+(1-\lim_{k\to\infty}\lambda_{n_k})y_0=\lim_{k\to\infty}(\lambda_{n_k}x_0+(1-\lambda_{n_k})y_0)\\&=\lim_{k\to\infty}z_{n_k}=z_0\end{aligned}$$

由 x_0，$y_0\in M$ 及 M 是凸集，则 $z_0\in M$。故 M 是 X 的闭子集。

$\forall z\in M$，$\exists\lambda\in[0,1]$ 使得 $z=\lambda x_0+(1-\lambda)y_0$ 且

$$f(z)=\lambda f(x_0)+(1-\lambda)f(y_0)=\|f\|$$

由推论 5.4.1(3)，则 $\|z\|=\sup\{|f(z)|:\|f\|\leqslant1,\ f\in X^*\}=1$，故

$$E_M(0)=\inf_{z\in M}\|z-0\|=1$$

因此 M 中的任何元都是 0 关于 M 的最佳逼近点，这与(2)矛盾。故 $x_0=y_0$。

(3)⇒(1)。$\forall x$，$y\in X$，设 $\|x\|=\|y\|=1$，$\|x+y\|=2$。由推论 5.4.1(1)，则 $\exists f_0\in X^*$ 使得

$$f_0(x+y)=\|x+y\|=2\ 且\ \|f_0\|=1$$

由 $|f_0(x)|\leqslant\|f_0\|\|x\|=1$，$|f_0(y)|\leqslant1$，则

$$|f_0(x)|+|f_0(y)|\leqslant2$$

由

$$f_0(x)+f_0(y)=f_0(x+y)=\|x+y\|=2$$

则 $f_0(x)=1=\|f_0\|$ 且 $f_0(y)=1=\|f_0\|$。由 x，$y\in\overline{S}(0,1)$ 及(3)可得，$x=y$。因此 X 是凸体。

由定理 5.3.4 和上述定理，容易得到下述结果：

推论 5.4.2　设 M 是赋范线性空间 X 的一个有限维子空间，$x\in X$。如果 X 是一个凸体，则 x 在 M 中有且仅有唯一的最佳逼近元，即 $|\mathrm{Arg}E_M(x)|=1$。

下面应用 Hahn - Banach 定理来推广复分析中的 Liouville 定理。

定义 5.4.3　设 $D\subseteq\mathbb{C}$ 是一个区域，X 是一个复 Banach 空间，$F:D\to X$。

(1) 如果 $\exists G:D\to X$，$\forall z\in D$ 且 $z+h\in D$ 都有

$$\lim_{h\to0}\left\|\frac{1}{h}(F(z+h)-F(z))-G(z)\right\|=0$$

则称 F 是 D 上的一个抽象解析函数，记为 $G(z)=F'(z)$。

(2) 如果 F 是复平面 $\mathbb{C}$ 上的一个抽象解析函数，则称 F 为抽象整函数。

(3) 如果 $\exists M>0$，$\forall z\in\mathbb{C}$ 有 $\|F(z)\|\leqslant M$，则称 F 为抽象有界函数。

定理 5.4.6　设 X 是一个复 Banach 空间，$f\in X^*$。如果 $F:D\to X$ 是一个抽象解析函数，则 $(fF)(z)$ 是 D 上的解析函数且 $(fF)'(z)=f(F'(z))$，$\forall z\in D$。

证明：由于

$$\begin{aligned}\lim_{h\to 0}\frac{(fF)(z+h)-(fF)(z)}{h}&=\lim_{h\to 0}\frac{f(F(z+h))-f(F(z))}{h}\\&=\lim_{h\to 0}f\left(\frac{1}{h}(F(z+h)-F(z))\right)\\&=f\left(\lim_{h\to 0}\frac{1}{h}(F(z+h)-F(z))\right)\\&=f(F'(z))\end{aligned}$$

则$(fF)(z)$是D上的解析函数且$(fF)'(z)=\lim\limits_{h\to 0}\dfrac{f(F(z+h))-f(F(z))}{h}=f(F'(z))$。

定理 5.4.7(Liouville 定理) 设X是一个复 Banach 空间。如果$F:\mathbb{C}\to X$是一个抽象有界整函数，则存在$z_0\in\mathbb{C}$使得$F(z)=F(z_0)$，$\forall z\in\mathbb{C}$。

证明：$\forall f\in X^*$，由于$F:\mathbb{C}\to X$是抽象解析函数，则$(fF)(z)$是$\mathbb{C}$上的整函数。由于F是抽象有界函数，则$\exists M>0$使得$\|F(z)\|\leqslant M$，$\forall z\in\mathbb{C}$。故

$$|(fF)(z)|=|f(F(z))|\leqslant\|f\|\|F(z)\|\leqslant\|f\|M$$

即$(fF)(z)$是有界整函数。由复分析中的 Liouville 定理，则$\exists z_0\in\mathbb{C}$使得

$$f(F(z))=(fF)(z)=(fF)(z_0)=f(F(z_0)),\ \forall z\in\mathbb{C}$$

由 Hahn - Banach 定理，则$F(z)=F(z_0)$，$\forall z\in\mathbb{C}$。

5.5 Banach 空间中的基本定理

1923 年，Banach 与 Steinhaus 共同提出一致有界原理，即下述定理。证明略去。

定理 5.5.1(共鸣定理) 设X是 Banach 空间，Y是赋范线性空间，$\{T_n\}\subseteq B(X,Y)$。如果$\forall x\in X$，$\exists C_x>0$使得$\|T_nx\|\leqslant C_x$，$\forall n\in\mathbb{N}$，则$\exists C>0$使得$\|T_n\|\leqslant C$，$\forall n\in\mathbb{N}$。

定理 5.5.2 设X和Y是两个赋范线性空间，$T\in B(X,Y)$，则T^{-1}存在且$T^{-1}\in B(Y,X)$当且仅当T是满射和下有界算子，即$\exists m>0$使得$\|Tx\|\geqslant m\|x\|$，$\forall x\in X$。

证明：必要性。由于T^{-1}存在，则T是满射。由$T^{-1}\in B(Y,X)$，则$\|T^{-1}\|<+\infty$。取$m=\|T^{-1}\|^{-1}$，则$\forall x\in X$有

$$\|x\|=\|T^{-1}(Tx)\|\leqslant\|T^{-1}\|\|Tx\|=\frac{1}{m}\|Tx\|$$

即$\|Tx\|\geqslant m\|x\|$。

充分性。设$Tx=0$。由$0\leqslant m\|x\|\leqslant\|Tx\|=0$，则$\|x\|=0$且$x=0$。由$T\in B(X,Y)$，则$T$是单射。由$T$是满射，则$T^{-1}$存在。故$\forall y\in Y$，$\exists x\in X$使得$T^{-1}y=x$。由$m\|x\|\leqslant\|Tx\|$，则$\forall y\in Y$有

$$\|T^{-1}y\|=\|x\|\leqslant\frac{1}{m}\|Tx\|=\frac{1}{m}\|y\|$$

故$T^{-1}\in B(Y,X)$。

定理 5.5.3 (开映射定理) 设X和Y是两个 Banach 空间，$T\in B(X,Y)$。如果T是

满射，则 T 是开映射。

定理 5.5.4(Banach 逆算子定理)　设 X 和 Y 是两个 Banach 空间，$T\in B(X, Y)$。如果 T 是双射，则 $T^{-1}\in B(Y, X)$。

证明： 由 T 是双射，则 T^{-1} 存在且 T 是满射。由 $T\in B(X, Y)$且及开映射定理，则 T 是开映射。设 G 是 X 中的开集，则 $T(G)$是 Y 中的开集。由$(T^{-1})^{-1}(G)=T(G)$及 G 的任意性，则 T^{-1} 是连续的。由 T^{-1} 是线性算子，则 $T^{-1}\in B(Y, X)$。

设 X 和 Y 是数域$\mathbb{F}$上的两个赋范线性空间。在 $X\times Y$ 上定义线性运算和范数如下：

$$\forall (x_1, y_1), (x_2, y_2)\in X\times Y, (x, y)\in X\times Y, \forall \lambda\in\mathbb{F}$$

则

$$(x_1, y_1)+(x_2, y_2)=(x_1+x_2, y_1+y_2), \lambda(x, y)=(\lambda x, \lambda y), \|(x, y)\|=\|x\|+\|y\|$$

容易证明：如果 X 和 Y 是数域$\mathbb{F}$上的两个赋范线性空间，则 $X\times Y$ 也是$\mathbb{F}$上的赋范线性空间；如果 X 和 Y 是两个 Banach 空间，则 $X\times Y$ 也是 Banach 空间。

定义 5.5.1　设 X 和 Y 是两个赋范线性空间，$T: D(T)\subseteq X\to Y$ 是线性算子。如果 T 的图 $G(T)$是 $X\times Y$ 中的闭集，则称 T 是一个闭线性算子(closed linear operator)，简称闭算子。

注记： 设 X 和 Y 是 Banach 空间。如果 $T\in B(X, Y)$，则 T 是闭算子。

定理 5.5.5　设 X 和 Y 是两个赋范线性空间，$T: D(T)\subseteq X\to Y$ 是线性算子，则 T 是闭算子当且仅当

$$\forall \{x_n\}\subseteq D(T)((\lim_{n\to\infty} x_n=x)\wedge(\lim_{n\to\infty} Tx_n=y)\Rightarrow(x\in D(T))\wedge(Tx=y))$$

证明： 充分性。$\forall\{(x_n, Tx_n)\}\subseteq G(T)$，若$\lim\limits_{n\to\infty}(x_n, Tx_n)=(x, y)$，则$\{x_n\}\subseteq D(T)$且$\lim\limits_{n\to\infty}x_n=x$，$\lim\limits_{n\to\infty}Tx_n=y$。由题设可得，$x\in D(T)$且 $Tx=y$，即$(x, y)=(x, Tx)\in G(T)$。由定理 4.2.3，则 $G(T)$是 $X\times Y$ 中的闭集。由定义 5.5.1，则 T 是闭算子。

必要性。$\forall\{x_n\}\subseteq D(T)$，若$\lim\limits_{n\to\infty}x_n=x$ 且$\lim\limits_{n\to\infty}Tx_n=y$，则$\lim\limits_{n\to\infty}(x_n, Tx_n)=(x, y)$。由$\{(x_n, Tx_n)\}\subseteq G(T)$且 $G(T)$是闭集，则$(x, y)\in G(T)$。故 $x\in D(T)$且 $Tx=y$。

定理 5.5.6(闭图像定理)　设 X 和 Y 是 Banach 空间，$T\in L(X, Y)$。如果 T 是闭算子，则 T 是有界算子。

证明： 由于 T 是闭算子，则 $G(T)$是 $X\times Y$ 中的闭集。由 $X\times Y$ 是 Banach 空间，则 $G(T)$是 Banach 空间。定义 $P: G(T)\to X$ 为 $P(x, Tx)=x$。$\forall x, y\in X$，$\forall\lambda, \mu\in\mathbb{F}$，则

$$\begin{aligned}P(\lambda(x, Tx)+\mu(y, Ty))&=P(\lambda x+\mu y, T(\lambda x+\mu y))=\lambda x+\mu y\\&=\lambda P(x, Tx)+\mu P(y, Ty)\end{aligned}$$

故 P 是线性算子。$\forall x\in X$，则

$$\|P(x, Tx)\|=\|x\|\leqslant\|x\|+\|Tx\|=\|(x, Tx)\|$$

故 $\|P\|\leqslant 1$，即 P 有界。若 $P(x, Tx)=0$，则 $x=0$ 且 $Tx=0$，进而$(x, Tx)=0$ 且 P 是单射。由 P 是满射，则 P 是双射。由 Banach 逆算子定理，则 $P^{-1}\in B(X, G(T))$。故 $\forall x\in X$ 有

$$\|x\|+\|Tx\|=\|(x, Tx)\|=\|P^{-1}x\|<(\|P^{-1}\|+1)\|x\|$$

即 $\|Tx\|<\|P^{-1}\|\|x\|$。故 T 是有界的。

下面在赋范线性空间中引入向量级数及其敛散性的概念。

定义 5.5.2　设$(X, \|\cdot\|)$是$\mathbb{F}$上的赋范线性空间，$\{x_n\}\subseteq X$。设$y_n=\sum\limits_{k=1}^{n}x_k$，$\forall n\in\mathbb{N}$。

(1) 如果$\exists x\in X$使得$\lim\limits_{n\to\infty}y_n=x$，则称$\sum\limits_{k=1}^{\infty}x_k$收敛,称$x$是$\sum\limits_{k=1}^{\infty}x_k$的和，记为$\sum\limits_{k=1}^{\infty}x_k=x$。

(2) 如果$\{y_n\}$在X中发散，则称级数$\sum\limits_{k=1}^{\infty}x_k$在$X$中是发散的，简称级数发散。

(3) 如果数项级数$\sum\limits_{k=1}^{\infty}\|x_k\|$在$\mathbb{F}$中收敛，则称级数$\sum\limits_{k=1}^{\infty}x_k$在$X$中是绝对收敛的。

定理 5.5.7　设X是$\mathbb{F}$上的一个赋范线性空间，则X中的任何绝对收敛的级数都是收敛的当且仅当X是 Banach 空间。

证明：必要性。设$\{x_n\}$是X中的一个 Cauchy 列，则对$\varepsilon_1=2^{-1}$，$\exists n_1$，$\forall n\geqslant n_1$有$\|x_n-x_{n_1}\|<2^{-1}$；对$\varepsilon_2=2^{-2}$，$\exists n_2>n_1$，$\forall n\geqslant n_2$有$\|x_n-x_{n_2}\|<2^{-2}$。如此继续，则$\forall k\in\mathbb{N}$且$k\geqslant 2$，$\exists n_k\in\mathbb{N}$，$n_k>n_{k-1}$，$\forall n>n_k$有$\|x_n-x_{n_k}\|<2^{-k}$。特别地，$\|x_{n_{k+1}}-x_{n_k}\|<2^{-k}$。故$\sum\limits_{k=1}^{\infty}\|x_{n_{k+1}}-x_{n_k}\|$收敛，即$\sum\limits_{k=1}^{\infty}(x_{n_{k+1}}-x_{n_k})$绝对收敛。由题设可得，$\sum\limits_{k=1}^{\infty}(x_{n_{k+1}}-x_{n_k})$收敛。设$S_m=\sum\limits_{k=1}^{m}(x_{n_{k+1}}-x_{n_k})$，则$\{S_m\}$收敛。由$x_{n_{m+1}}=S_m+x_{n_1}$，则$\{x_{n_m}\}$收敛。由$\{x_n\}$是Cauchy列，则$\{x_n\}$收敛。由$\{x_n\}$的任意性，则$X$是完备的，即$X$是 Banach 空间。

充分性。由$\sum\limits_{k=1}^{\infty}x_k$绝对收敛，则$\sum\limits_{k=1}^{\infty}\|x_k\|$收敛。$\forall\varepsilon>0$，$\exists m$，$\forall n>m$，$\forall p\in\mathbb{N}$有$\sum\limits_{k=n+1}^{n+p}\|x_k\|<\varepsilon$。设$y_n=\sum\limits_{k=1}^{n}x_k$。对上述$\varepsilon$，取上述$m$，$\forall n>m$，$\forall p\in\mathbb{N}$有

$$\|y_{n+p}-y_n\|\leqslant\sum_{k=n+1}^{n+p}\|x_k\|<\varepsilon$$

故$\{y_n\}$是X中的 Cauchy 列。由X是 Banach 空间，则$\{y_n\}$收敛。因此$\sum\limits_{k=1}^{\infty}x_k$收敛。

定理 5.5.8　设X是一个 Banach 空间，$T\in B(X)$。如果$\|T\|<1$，则$I-T$是可逆的且$(I-T)^{-1}\in B(X)$且$(I-T)^{-1}=\sum\limits_{n=0}^{\infty}T^n$，进而

$$\|(I-T)^{-1}\|\leqslant\frac{1}{1-\|T\|}$$

证明：由$\|T\|<1$，则$\sum\limits_{n=0}^{\infty}\|T\|^n$收敛，进而$\sum\limits_{n=0}^{\infty}\|T^n\|$收敛。由于$X$是 Banach 空间，则$B(X)$是 Banach 空间。由定理 5.5.7，则$\sum\limits_{n=0}^{\infty}T^n$收敛。设$A=\sum\limits_{n=0}^{\infty}T^n$，$S_m=\sum\limits_{n=0}^{m-1}T^n$，则$A\in B(X)$且$\|A\|\leqslant\sum\limits_{n=0}^{\infty}\|T\|^n=\dfrac{1}{1-\|T\|}$。由$\|T\|<1$，则$\lim\limits_{m\to\infty}\|T\|^m=0$且

$\lim\limits_{m\to\infty} T^m = 0$。由 $S_m(I-T)=(I-T)S_m=I-T^m$，则

$$A(I-T)=\lim_{m\to\infty}(S_m(I-T))=\lim_{m\to\infty}(I-T^m)=I$$

类似地，$(I-T)A=I$，则

$$(I-T)^{-1}=A\in B(X)\text{ 且 }\|(I-T)^{-1}\|=\|A\|\leqslant\frac{1}{1-\|T\|}$$

注记：下述定理说明全体逆算子构成的集合是一个开集。

定理 5.5.9　设 X 是Banach空间，$T^{-1}\in B(X)$。如果 $\Delta T\in B(X)$ 且 $\|\Delta T\|<\|T^{-1}\|^{-1}$，则 $T+\Delta T$ 可逆且 $(T+\Delta T)^{-1}\in B(X)$，进而 $(T+\Delta T)^{-1}=\sum\limits_{n=0}^{\infty}((-T^{-1}\Delta T)^nT^{-1})$。

证明：由 $T^{-1}\in B(X)$，则

$$\|T^{-1}\Delta T\|\leqslant\|T^{-1}\|\,\|\Delta T\|<1$$

由定理 5.5.8，则

$$(I+T^{-1}\Delta T)^{-1}\in B(X)$$

由 $T+\Delta T=T(I+T^{-1}\Delta T)$，则

$$(T+\Delta T)^{-1}\in B(X)$$

由 $T^{-1}\in B(X)$ 及定理 5.5.8，则

$$(T+\Delta T)^{-1}=(I+T^{-1}\Delta T)^{-1}T^{-1}=\sum_{n=0}^{\infty}((-T^{-1}\Delta T)^nT^{-1})$$

例 5.5.1(Fourier 级数发散问题)　设 $C_{2\pi}$ 是ℝ上周期为 2π 的全体连续函数构成的集合，$\|x\|=\max\limits_{t\in[-\pi,\pi]}|x(t)|$。求证：$\forall t_0\in[-\pi,\pi]$，$\exists\hat{x}\in C_{2\pi}$ 使得 $\hat{x}$ 的 Fourier 级数在 t_0 发散。

证明：$\forall x\in C_{2\pi}$，则 x 的 Fourier 级数为 $\frac{1}{2}a_0+\sum\limits_{k=1}^{\infty}(a_k\cos(kt)+b_k\sin(kt))$。不失一般性，仅对 $t=0$ 证明结论成立。设

$$K_n(s)=\frac{\sin\left(ns+\frac{s}{2}\right)}{2\pi\sin\frac{s}{2}},\ \forall n\in\mathbb{N}$$

则

$$S_n(x)=\frac{1}{2}a_0+\sum_{k=1}^{n}(a_k\cos(kt)+b_k\sin(kt))=\int_{-\pi}^{\pi}x(s)K_n(s)\mathrm{d}s$$

故

$$|S_n(x)|\leqslant\int_{-\pi}^{\pi}|K_n(s)|\max_{s\in[-\pi,\pi]}|x(s)|\mathrm{d}s=\|x\|\int_{-\pi}^{\pi}|K_n(s)|\mathrm{d}s$$

进而

$$\|S_n\|\leqslant\int_{-\pi}^{\pi}|K_n(s)|\mathrm{d}s$$

类似于例 5.1.9(3)的证明可得，$\|S_n\|=\int_{-\pi}^{\pi}|K_n(s)|\mathrm{d}s$。当 $t\in\left(0,\frac{\pi}{2}\right]$ 时，$\sin t\leqslant t$，故

$$\|S_n\| = \int_{-\pi}^{\pi} |K_n(s)|\,\mathrm{d}s = \frac{1}{2\pi}\int_{-\pi}^{\pi} \frac{\left|\sin\left(ns+\frac{s}{2}\right)\right|}{\left|\sin\frac{s}{2}\right|}\mathrm{d}s = \frac{1}{\pi}\int_{0}^{\pi} \frac{\left|\sin\left(ns+\frac{s}{2}\right)\right|}{\sin\frac{s}{2}}\mathrm{d}s$$

$$\geqslant \frac{2}{\pi}\int_{0}^{\pi} \frac{\left|\sin\left(ns+\frac{s}{2}\right)\right|}{s}\mathrm{d}s = \frac{2}{\pi}\int_{0}^{\frac{(2n+1)\pi}{2}} \frac{|\sin u|}{u}\mathrm{d}u = \frac{2}{\pi}\sum_{k=0}^{2n}\int_{\frac{k\pi}{2}}^{\frac{(k+1)\pi}{2}} \frac{|\sin u|}{u}\mathrm{d}t$$

$$\geqslant \frac{4}{\pi^2}\sum_{k=0}^{2n}\frac{1}{k+1}\int_{\frac{k\pi}{2}}^{\frac{(k+1)\pi}{2}} |\sin u|\,\mathrm{d}u = \frac{4}{\pi^2}\sum_{k=0}^{2n}\frac{1}{k+1}\int_{0}^{\frac{\pi}{2}} \sin t\,\mathrm{d}t = \frac{4}{\pi^2}\sum_{k=0}^{2n}\frac{1}{k+1}$$

故 $\lim\limits_{n\to\infty}\|S_n\| = +\infty$。由共鸣定理，则 $\{S_n(x)\}$ 不能对 $C_{2\pi}$ 中的任何 x 收敛。故 $\exists\,\hat{x}\in C_{2\pi}$ 使得 $\{f_n(\hat{x})\}$ 发散。因此 $\hat{x}$ 的 Fourier 级数在 t_0 发散。

例 5.5.1 说明，要求每个周期为 2π 的连续函数的 Fourier 级数都收敛是不可能的。早在 20 世纪初，Fejer 给出了构造性的反例。本节给出的证明远比构造性反例方法简单，这体现了泛函分析高度的抽象性。

定义 5.5.3 设 $(X, \|\cdot\|)$ 是数域 $\mathbb{F}$ 上的赋范线性空间，$\{e_n\}\subseteq X$。若 $\forall x\in X$ 都存在唯一的数列 $\{a_n\}\subseteq\mathbb{F}$ 使得 $\sum\limits_{n=1}^{\infty} a_n e_n = x$，则称 $\{e_n\}$ 为 X 的一个 Schauder 基。

定理 5.5.10 若数域 $\mathbb{F}$ 上的赋范线性空间 X 有一个 Schauder 基，则 X 是可分的。

5.6 有限维赋范线性空间

泛函分析主要研究无限维赋范线性空间的性质，但是有限维赋范线性空间具有一般的赋范线性空间所没有的、更好的性质。由于有限维赋范线性空间在逼近论和谱论等的研究中起着重要的作用，因此它具有独特的价值。本节研究有限维赋范线性空间的部分内容。

引理 5.6.1(F. Riesz 引理) 设 L 是赋范线性空间 X 的一个真闭子空间。$\forall\varepsilon\in(0, 1)$，则 $\exists\,x_0\in X$ 使得 $\|x_0\|=1$ 且 $d(x_0, L)>1-\varepsilon$，即 $\inf\{\|x_0-x\| : x\in L\}>1-\varepsilon$。

证明： 由于 L 为 X 的真闭子空间，则 $X-L\neq\varnothing$，故 $\exists\,x_1\in X-L$。设 $d=d(x_1, L)$，由于 L 是 X 中的闭集，则 $d>0$。由 $\varepsilon\in(0, 1)$，则 $\dfrac{d}{1-\varepsilon}>d$。由下确界的定义，则 $\exists\,x_2\in L$ 使得 $\|x_1-x_2\|<\dfrac{d}{1-\varepsilon}$。取 $x_0=\dfrac{1}{\|x_1-x_2\|}(x_1-x_2)$，则 $\|x_0\|=1$ 且 $\forall x\in L$ 有

$$\|x_0-x\| = \left\|\frac{1}{\|x_1-x_2\|}(x_1-x_2)-x\right\| = \frac{\|x_1-(x_2+\|x_1-x_2\|x)\|}{\|x_1-x_2\|}$$

$$\geqslant \frac{d}{\|x_1-x_2\|}>1-\varepsilon$$

因此 $d(x_0, L)=\inf\{\|x_0-x\| : x\in L\}>1-\varepsilon$。

注记： Riesz 引理在泛函分析中有着重要的作用。

定理 5.6.1 设 $(X, \|\cdot\|)$ 是一个 n 维赋范线性空间，则 $\exists\,M_1, M_2>0$ 使得 $\forall x\in X$

有 $M_1\|x\|_2\leqslant\|x\|\leqslant M_2\|x\|_2$，$x=\sum_{k=1}^{n}\lambda_k e_k$，$\|x\|_2=\sqrt{\sum_{k=1}^{n}|\lambda_k|^2}$，$e_1, e_2, \cdots, e_n$ 是 X 的一个基。

证明： 取 $M_2=\sqrt{\sum_{k=1}^{n}\|e_k\|^2}$。$\forall x\in X$，设 $x=\sum_{k=1}^{n}\lambda_k e_k$。由 Cauchy 不等式可得

$$\begin{aligned}\|x\|&=\left\|\sum_{k=1}^{n}\lambda_k e_k\right\|\leqslant\sum_{k=1}^{n}\|\lambda_k e_k\|=\sum_{k=1}^{n}(|\lambda_k|\,\|e_k\|)\leqslant\sqrt{\sum_{k=1}^{n}|\lambda_k|^2}\sqrt{\sum_{k=1}^{n}\|e_k\|^2}\\&=M_2\|x\|_2\end{aligned}$$

设 $D=\{\tilde{x}=(\lambda_1, \lambda_2, \cdots, \lambda_n)\in\mathbb{R}^n:\|\tilde{x}\|_2=1\}$，则 D 是$\mathbb{R}^n$中的紧集。定义 $f:D\to\mathbb{R}$为 $f(\tilde{x})=\|x\|$，其中 $x=\sum_{k=1}^{n}\lambda_k e_k$。$\forall\tilde{x}, \tilde{y}\in D$，由

$$|f(\tilde{x})-f(\tilde{y})|=|\,\|x\|-\|y\|\,|\leqslant\|x-y\|\leqslant M_2\|x-y\|_2=M_2\|\tilde{x}-\tilde{y}\|_2$$

则 f 在D上连续。因此 f 在D上取得最小值。故 $\exists\alpha\in D$ 使得 $f(\alpha)=\inf\{f(\tilde{x}):\tilde{x}\in D\}$，取 $M_1=f(\alpha)$。

$\forall x\in X-\{0\}$，则 $x=\sum_{k=1}^{n}\lambda_k e_k$。取 $\tilde{x}=(\lambda_1, \lambda_2, \cdots, \lambda_n)$，$\tilde{y}=\frac{1}{\|x\|_2}\tilde{x}$，则 $\tilde{y}\in D$，故

$$M_1=f(\alpha)\leqslant f(\tilde{y})=f\left(\frac{1}{\|x\|_2}\tilde{x}\right)=\frac{\|x\|}{\|x\|_2}$$

则 $M_1\|x\|_2\leqslant\|x\|$。

注记： 在有限维空间中讨论极限问题时，点列的敛散性与范数的选取无关。

推论 5.6.1　设 X 是 n 维实赋范线性空间，则 X 与$\mathbb{R}^n$是线性同构和拓扑同胚的。

证明： 设 $e_1, e_2, \cdots, e_n$ 是 X 的一个基，定义 $T: X\to\mathbb{R}^n$ 为 $Tx=(\lambda_1, \lambda_2, \cdots, \lambda_n)^{\mathrm{T}}$，其中 $x=\sum_{k=1}^{n}\lambda_k e_k$。故 T 是双射。$\forall x, y\in X$，$x=\sum_{k=1}^{n}\lambda_k e_k$，$y=\sum_{k=1}^{n}\mu_k e_k$。取 $\tilde{x}=(\lambda_1, \lambda_2, \cdots, \lambda_n)^{\mathrm{T}}$，$\tilde{y}=(\mu_1, \mu_2, \cdots, \mu_n)^{\mathrm{T}}$。$\forall\alpha\in\mathbb{R}$，则

$$T(\alpha x+y)=(\alpha\lambda_1+\mu_1, \alpha\lambda_2+\mu_2, \cdots, \alpha\lambda_n+\mu_n)=\alpha Tx+Ty$$

故 T 是线性同构。因此 X 与$\mathbb{R}^n$是线性同构的。

由定理 5.6.1 可得，$\exists M_1, M_2>0$ 使得 $M_1\|x\|_2\leqslant\|x\|\leqslant M_2\|x\|_2$，$\forall x\in X$，故

$$\|Tx\|_2=\sqrt{\sum_{k=1}^{n}|\lambda_k|^2}=\|x\|_2\leqslant\frac{1}{M_1}\|x\|$$

若$\lim\limits_{n\to\infty}x_n=0$，则$\lim\limits_{n\to\infty}Tx_n=0$。故 T 是连续的。

类似地，T^{-1} 是连续的，因此 T 是同胚映射，故 X 与$\mathbb{R}^n$是拓扑同胚的。

推论 5.6.2

(1) 任意有限维赋范线性空间都是 Banach 空间。

(2) 任意赋范线性空间的一个有限维子空间是它的闭子空间。

定理 5.6.2　赋范线性空间 X 是有限维的当且仅当 X 的任意有界闭集是紧集。

证明：充分性。由 X 中的任意有界闭集是紧集，则 $S=\{x\in X: \|x\|=1\}$ 是紧集。进而 S 是列紧集。假设 X 是无限维的。$\forall x_1\in S$，设 $B_1=L(x_1)$，则 B_1 是 X 的真闭子空间。由 Riesz 引理，则 $\exists x_2\in S$ 使得 $\|x_2-x\|\geqslant\frac{1}{2}$，$\forall x\in B_1$。进而 $\|x_2-x_1\|\geqslant\frac{1}{2}$。设 $B_2=L(x_1, x_2)$，则 B_2 是 X 的真闭子空间。再次使用 Riesz 引理，则 $\exists x_3\in S$ 使得 $\|x_3-x\|\geqslant\frac{1}{2}$，$\forall x\in B_2$。故

$$\|x_3-x_1\|\geqslant\frac{1}{2},\ \|x_3-x_2\|\geqslant\frac{1}{2}$$

由 X 是无限维的，则存在点列 $\{x_m\}\subseteq S$ 使得 $\|x_m-x_k\|\geqslant\frac{1}{2}$，$\forall m, k\in\mathbb{N}$。因此 $\{x_m\}$ 不是 Cauchy 列。故 $\{x_m\}$ 不可能存在收敛子列，与 S 是列紧集矛盾。因此 X 是有限维的。

必要性。设 $\dim X=n$。由推论 5.6.1，则 X 与 $\mathbb{R}^n$ 之间存在拓扑同胚映射 T。设 A 是 X 中的任何一个有界闭集，则 $T(A)$ 是 $\mathbb{R}^n$ 中的有界集。由 T 是同胚映射，则 T^{-1} 是连续的。$\forall\{y_m\}\subseteq T(A)$，若 $\lim\limits_{m\to\infty}y_m=y$，则 $\forall m\in\mathbb{N}$，$\exists x_m\in A$ 使得 $y_m=Tx_m$。由 A 为闭集且

$$\lim_{m\to\infty}x_m=\lim_{m\to\infty}T^{-1}(y_m)=T^{-1}(\lim_{m\to\infty}y_m)=T^{-1}(y)$$

则 $T^{-1}(y)\in A$ 且 $y\in T(A)$。故 $T(A)$ 是 $\mathbb{R}^n$ 中的闭集。因此 $T(A)$ 是紧集。由 T^{-1} 是连续的，则 $A=T^{-1}(T(A))$ 是紧集。

定理 5.6.3　设 X 和 Y 是 $\mathbb{F}$ 上的两个赋范线性空间，$T: D(T)\to Y$ 是一个线性算子。若 $\dim D(T)=n<+\infty$，则 T 是有界的。

证明：设 $e_1, e_2, \cdots, e_n$ 是 $D(T)$ 的一个基。$\forall x\in D(T)$ 且 $x=\sum\limits_{k=1}^{n}\lambda_k e_k$，则

$$\begin{aligned}\|Tx\|&=\|T(\sum_{k=1}^{n}\lambda_k e_k)\|\leqslant\sum_{k=1}^{n}|\lambda_k|\ \|Te_k\|\\&\leqslant\max_{1\leqslant k\leqslant n}\|Te_k\|\sum_{k=1}^{n}|\lambda_k|=\|x\|_1\max_{1\leqslant k\leqslant n}\|Te_k\|\end{aligned}$$

由定理 5.6.1，$\exists m_1>0$ 使得 $\|x\|_1\leqslant m_1\|x\|$。取 $M=m_1\max\limits_{1\leqslant k\leqslant n}\|Te_k\|$，则 $\|Tx\|\leqslant M\|x\|$。故 T 是有界的。

5.7　赋范线性空间及其共轭空间中的收敛

在函数列收敛的基础上，本节介绍向量列、泛函列和算子列的收敛性。

定义 5.7.1　设 X 是一个赋范线性空间，$\{x_n\}\subseteq X$，$x\in X$。

(1) 如果 $\lim\limits_{n\to\infty}\|x_n-x\|=0$，则称 $\{x_n\}$ 强收敛于 x(strongly convergent)，记为 $\lim\limits_{n\to\infty}x_n=x$。

(2) 如果 $\forall f\in X^*$ 有 $\lim\limits_{n\to\infty}f(x_n)=f(x)$，则称 $\{x_n\}$ 弱收敛于 x(weakly convergent)，记

为 $w-\lim\limits_{n\to\infty}x_n=x$。

定义 5.7.2　设 X 是一个赋范线性空间，X^* 是 X 的共轭空间。

(1) 称 X^* 的共轭空间 $(X^*)^*$ 为 X 的二次共轭空间，记为 X^{**}。

(2) 如果 X^* 与 X 同构，则称 X 是自对偶空间。

(3) 如果 X^{**} 与 X 同构，则称 X 是自反空间。

定理 5.7.1　如果 X 是数域$\mathbb{F}$上的赋范线性空间，则 X 与 X^{**} 的某个子空间同构。

证明： $\forall x\in X$，定义 $\tilde{x}: X^*\to\mathbb{F}$ 为 $\tilde{x}(f)=f(x)$，$\forall f\in X^*$。$\forall f_1, f_2\in X^*$，$\forall \lambda_1, \lambda_2\in\mathbb{F}$，则

$$\tilde{x}(\lambda_1 f_1+\lambda_2 f_2)=(\lambda_1 f_1+\lambda_2 f_2)(x)=\lambda_1 f_1(x)+\lambda_2 f_2(x)=\lambda_1\tilde{x}(f_1)+\lambda_2\tilde{x}(f_2)$$

故 $\tilde{x}$ 为 X^* 上的线性泛函。由 $|\tilde{x}(f)|=|f(x)|\leqslant\|f\|\|x\|$，则 $\|\tilde{x}\|\leqslant\|x\|$。因此 $\tilde{x}\in X^{**}$。

当 $x\neq 0$，由 Hahn-Banach 定理，则 $\exists f_0\in X^*$ 使得 $f_0(x)=\|x\|$ 且 $\|f_0\|=1$。由范数的定义，则 $\|\tilde{x}\|=\sup\limits_{\|f\|=1}|\tilde{x}(f)|=\sup\limits_{\|f\|=1}|f(x)|\geqslant|f_0(x)|=\|x\|$。因此 $\|\tilde{x}\|=\|x\|$。

定义 $\widetilde{X}=\{\tilde{x}: x\in X\}$，$T: X\to\widetilde{X}\subseteq X^{**}$ 为 $Tx=\tilde{x}$。容易证明：$\widetilde{X}$ 是 X^{**} 的子空间且 T 是满射。由 $\|Tx\|=\|\tilde{x}\|=\|x\|$，则 T 是单射。因此 T 是双射。

$\forall x, y\in X$，$\forall f\in X^*$，$\forall \lambda, \mu\in\mathbb{F}$，则

$$\widetilde{\lambda x+\mu y}(f)=f(\lambda x+\mu y)=\lambda f(x)+\mu f(y)=\lambda\tilde{x}(f)+\mu\tilde{y}(f)=(\lambda\tilde{x}+\mu\tilde{y})(f)$$

由 f 的任意性，则 $\widetilde{\lambda x+\mu y}=\lambda\tilde{x}+\mu\tilde{y}$，进而

$$T(\lambda x+\mu y)=\widetilde{\lambda x+\mu y}=\lambda\tilde{x}+\mu\tilde{y}=\lambda T(x)+\mu T(y)$$

故 T 是线性的。由 $\|Tx\|=\|x\|$，则 T 是同构映射，即 X 与 $\widetilde{X}$ 同构，即 X 与 X^{**} 的子空间 $\widetilde{X}$ 同构。

定理 5.7.2　设 X 是一个赋范线性空间，$\{x_n\}\subseteq X$，$x\in X$。

(1) 如果 $\{x_n\}$ 弱收敛，则 $\{x_n\}$ 的弱极限唯一。

(2) 如果 $\lim\limits_{n\to\infty}x_n=x$，则 $w-\lim\limits_{n\to\infty}x_n=x$；反之不一定成立。

(3) 如果 $\{x_n\}$ 弱收敛，则数列 $\{\|x_n\|\}$ 有界。

证明：(1) 设 $w-\lim\limits_{n\to\infty}x_n=x$ 且 $w-\lim\limits_{n\to\infty}x_n=y$，则 $\forall f\in X^*$ 有 $f(x)=\lim\limits_{n\to\infty}f(x_n)$ 且 $f(y)=\lim\limits_{n\to\infty}f(x_n)$。由数列极限的唯一性，则 $f(x)=f(y)$。由 $f\in X^*$，则

$$f(x-y)=f(x)-f(y)=0$$

由推论 5.4.1，则 $x-y=0$，即 $x=y$。

(2) $\forall f\in X^*$，则 $|f(x)-f(x_n)|=|f(x-x_n)|\leqslant\|f\|\|x-x_n\|$。由 $\lim\limits_{n\to\infty}x_n=x$ 且 f 有界，则 $\lim\limits_{n\to\infty}f(x_n)=f(x)$。由 f 的任意性，则 $w-\lim\limits_{n\to\infty}x_n=x$。

(3) 设 $\{x_n\}$ 弱收敛，则 $\forall f\in X^*$ 有 $\{f(x_n)\}$ 收敛，故 $\{f(x_n)\}$ 有界。因此 $\exists C_f>0$ 使得 $|\widetilde{x_n}(f)|=|f(x_n)|\leqslant C_f$，$\forall n\in\mathbb{N}$。由共鸣定理，则 $\exists C>0$ 使得 $\|\widetilde{x_n}\|\leqslant C$，$\forall n\in\mathbb{N}$。故 $\|x_n\|=\|\widetilde{x_n}\|\leqslant C$，$\forall n\in\mathbb{N}$。因此 $\{\|x_n\|\}$ 有界。

定理 5.7.3　设 X 是 n 维赋范线性空间。若 $w-\lim\limits_{k\to\infty}x_k=x$，则 $\lim\limits_{k\to\infty}x_k=x$。

证明：设 $e_1, e_2, \cdots, e_n$ 为 X 的一个基，则 $x_k=\sum_{i=1}^{n}\lambda_i^{(k)}e_i$，$x=\sum_{i=1}^{n}\lambda_i e_i$。

设 $G_i=L\{e_1, \cdots, e_{i-1}, e_{i+1}, \cdots, e_n\}$，$i=1, 2, \cdots, n$，则 G_i 为 X 的 $n-1$ 维子空间。故 G_i 为 X 的真闭子空间。设 $d_i=d(e_i, G_i)$，则 $d_i>0$。由定理 5.4.4，则 $\exists f_j\in X^*$ 使得

$$f_j(e_i)=\begin{cases}d_j, & i=j\\ 0, & i\neq j\end{cases}, \ j=1, 2, \cdots, n$$

设 $g_j=\dfrac{1}{d_j}f_j$，则 $g_j(e_i)=\begin{cases}1, & i=j\\ 0, & i\neq j\end{cases}$。由于

$$g_j(x_k)=g_j\left(\sum_{i=1}^{n}\lambda_i^{(k)}e_i\right)=\sum_{i=1}^{n}\lambda_i^{(k)}g_j(e_i)=\lambda_j^{(k)}$$

且

$$g_j(x)=g_j\left(\sum_{i=1}^{n}\lambda_i e_i\right)=\sum_{i=1}^{n}\lambda_i g_j(e_i)=\lambda_j$$

则

$$\begin{aligned}\|x_k-x\| &=\left\|\sum_{i=1}^{n}\lambda_i^{(k)}e_i-\sum_{i=1}^{n}\lambda_i e_i\right\|\leqslant\sum_{i=1}^{n}|\lambda_i^{(k)}-\lambda_i|\ \|e_i\|\\ &=\sum_{i=1}^{n}|\lambda_i^{(k)}-\lambda_i|=\sum_{i=1}^{n}|g_i(x_k)-g_i(x)|\end{aligned}$$

由 $w-\lim\limits_{k\to\infty}x_k=x$，则 $\forall\varepsilon>0$，$\exists m_i$，$\forall k>m_i$ 有 $|g_i(x_k)-g_i(x)|<\dfrac{\varepsilon}{n}$。对上述 $\varepsilon>0$，取 $m=\max\limits_{1\leqslant i\leqslant n}m_i$，$\forall k>m$ 有

$$\|x_k-x\|=\sum_{i=1}^{n}|g_i(x_k)-g_i(x)|<\sum_{i=1}^{n}\frac{\varepsilon}{n}=\varepsilon$$

故 $\lim\limits_{k\to\infty}x_k=x$。

定理 5.7.4　设 X 是一个赋范线性空间，$\{x_n\}\subseteq X$，$x\in X$。若 $\{\|x_n\|\}$ 有界且存在 X^* 的一个稠密子集 M^* 使得 $\lim\limits_{n\to\infty}f(x_n)=f(x)$，$\forall f\in M^*$，则 $w-\lim\limits_{n\to\infty}x_n=x$。

证明：由 $\{\|x_n\|\}$ 有界，则 $\exists c>0$ 使得 $\|x_n\|\leqslant c$，$\forall n\in\mathbb{N}$。由于 M^* 是 X^* 的稠密子集，则 $\forall f\in X^*$，$\forall\varepsilon>0$，$\exists f_\varepsilon\in M^*$ 使得 $\|f-f_\varepsilon\|<\dfrac{\varepsilon}{2(c+\|x\|)}$。由 $\lim\limits_{n\to\infty}f_\varepsilon(x_n)=f_\varepsilon(x)$，则对上述 $\varepsilon>0$，$\exists k$，$\forall n>k$ 有 $|f_\varepsilon(x_n)-f_\varepsilon(x)|<\dfrac{\varepsilon}{2}$。对上述 $\varepsilon>0$，取上述 k，$\forall n>k$，$\forall f\in X^*$ 有

$$\begin{aligned}|f(x_n)-f(x)| &\leqslant|f(x_n)-f_\varepsilon(x_n)|+|f_\varepsilon(x_n)-f_\varepsilon(x)|+|f_\varepsilon(x)-f(x)|\\ &=|(f-f_\varepsilon)(x_n)|+|f_\varepsilon(x_n)-f_\varepsilon(x)|+|(f_\varepsilon-f)(x)|\\ &\leqslant\|f-f_\varepsilon\|\,\|x_n\|+|f_\varepsilon(x_n)-f_\varepsilon(x)|+\|f_\varepsilon-f\|\,\|x\|\\ &\leqslant(c+\|x\|)\|f-f_\varepsilon\|+|f_\varepsilon(x_n)-f_\varepsilon(x)|\\ &<\frac{\varepsilon}{2}+\frac{\varepsilon}{2}=\varepsilon\end{aligned}$$

故 $w-\lim\limits_{n\to\infty}x_n=x$。

定理 5.7.5　设 M 是赋范线性空间 X 的闭线性子空间，则 M 是 X 的弱闭线性子空间。

证明： $\forall \{x_n\}\subseteq M$ 且 $w-\lim\limits_{n\to\infty}x_n=x_0$。假设 $x_0\notin M$。由 M 是闭的，则

$$d=d(x_0,M)>0$$

由 Hahn - Banach 定理，则 $\exists f\in X^*$ 使得 $f(x_0)=d$，$f|_M=0$。由 $f(x_n)=0$ 且 $w-\lim\limits_{n\to\infty}x_n=x_0$，则 $f(x_0)=\lim\limits_{n\to\infty}f(x_n)=0$，产生矛盾。故 $x_0\in M$ 且 M 是弱闭的。

定义 5.7.3　设 X 和 Y 是两个赋范线性空间，$\{T_n\}\subseteq B(X,Y)$，$T\in B(X,Y)$。

(1) 若 $\lim\limits_{n\to\infty}\|T_n-T\|=0$，则称 $\{T_n\}$ 一致收敛于 T，记为 $\lim\limits_{n\to\infty}T_n=T$。

(2) 若 $\forall x\in X$ 有 $\lim\limits_{n\to\infty}\|T_nx-Tx\|=0$，则称 $\{T_n\}$ 强收敛于 T，记为 $s-\lim\limits_{n\to\infty}T_n=T$。

(3) 若 $\forall x\in X$，$\forall f\in Y^*$ 有 $\lim\limits_{n\to\infty}f(T_nx)=f(Tx)$，则称 $\{T_n\}$ 弱收敛于 T，记为 $w-\lim\limits_{n\to\infty}T_n=T$。

定理 5.7.6　设 X 是 Banach 空间，Y 是赋范线性空间，$\{T_n\}\subseteq B(X,Y)$，$T\in B(X,Y)$。如果 $s-\lim\limits_{n\to\infty}T_n=T$，则 $\{\|T_n\|\}$ 有界。

定理 5.7.7(Weierstrass)　$\forall x\in C[a,b]$，则存在 $C[a,b]$ 中的序列 $\{A_nx\}$ 一致收敛于 x。

证明： 不失一般性，仅在 $[0,1]$ 上证明结论。$\forall x\in C[0,1]$，$\forall n\in\mathbb{N}$，定义 Bernstein 算子 A_n 为

$$(A_nx)(s)=\sum_{j=0}^{n}x\left(\frac{j}{n}\right)C_n^js^j(1-s)^{n-j},\ \forall s\in[0,1]$$

则 A_n 是线性算子。由 $(A_nx)(0)=x(0)$，$(A_nx)(1)=x(1)$，则当 $s=0$ 或 $s=1$ 时，

$$|(A_nx)(s)-x(s)|=0$$

下面考虑 $s\in(0,1)$ 的情形。

$\forall n\in\mathbb{N}$，由

$$|(A_nx)(s)|\leqslant\sum_{j=0}^{n}\left|x\left(\frac{j}{n}\right)C_n^js^j(1-s)^{n-j}\right|\leqslant\|x\|\sum_{j=0}^{n}C_n^js^j(1-s)^{n-j}=\|x\|$$

则 $\|A_nx\|\leqslant\|x\|$ 且 $\|A_n\|\leqslant 1$。取 $x_0=1$，则 $\|x_0\|=1$ 且

$$(A_nx_0)(s)=\sum_{j=0}^{n}C_n^js^j(1-s)^{n-j}=1$$

故 $\|A_nx_0\|=1$ 且 $\|A_n\|=1$。$\forall n\in\mathbb{N}$，定义 $x_n(s)=\max\{0,1-|2ns-1|\}$，则 $\|x_n\|=1$。由 $x_n\left(\frac{j}{n}\right)=0$，则 $A_nx_n=0$。$\forall n\in\mathbb{N}$，

$$\|A_n-I\|\geqslant\|(A_n-I)x_n\|=\|A_nx_n-x_n\|=\|x_n\|=1$$

故 $\lim\limits_{n\to\infty}\|A_n-I\|\neq 0$。因此 $\{A_n\}$ 不一致收敛于恒等算子 I。

由 $x\in C[0,1]$，则 x 在 $[0,1]$ 上一致连续。$\forall\varepsilon>0$，$\exists\delta>0$，$\forall u,v\in[0,1]$ 只要 $|u-v|<\delta$，就有 $|x(u)-x(v)|<\frac{\varepsilon}{2}$。设 $X_n\sim B(n,s)$。由 A_n 的定义，则

$$(A_n x)(s)=E\left(x\left(\frac{X_n}{n}\right)\right)$$

由概率论可得，

$$E\left(\frac{X_n}{n}\right)=s,\ V\left(\frac{X_n}{n}\right)=\frac{s(1-s)}{n}$$

由 Chebyshev 不等式及均值不等式，则

$$P\left(\left|\frac{X_n}{n}-s\right|\geqslant\delta\right)\leqslant\frac{1}{\delta^2}V\left(\frac{X_n}{n}\right)=\frac{s(1-s)}{n\delta^2}\leqslant\frac{1}{4n\delta^2}$$

因此

$$\begin{aligned}|(A_n x)s-x(s)|&=\left|E\left(x\left(\frac{X_n}{n}\right)-x(s)\right)\right|\leqslant E\left|x\left(\frac{X_n}{n}\right)-x(s)\right|\\&\leqslant E\left(\chi_{\left\{\left|\frac{u_n}{n}-s\right|\geqslant\delta\right\}}\left|x\left(\frac{X_n}{n}\right)-x(s)\right|\right)+E\left(\chi_{\left\{\left|\frac{u_n}{n}-s\right|<\delta\right\}}\left|x\left(\frac{X_n}{n}\right)-x(s)\right|\right)\\&\leqslant 2\|x\|E\left(\chi_{\left\{\left|\frac{u_n}{n}-s\right|\geqslant\delta\right\}}\right)+\frac{\varepsilon}{2}E\left(\chi_{\left\{\left|\frac{u_n}{n}-s\right|<\delta\right\}}\right)\\&=2\|x\|P\left(\left|\frac{X_n}{n}-s\right|\geqslant\delta\right)+\frac{\varepsilon}{2}P\left(\left|\frac{X_n}{n}-s\right|<\delta\right)\\&\leqslant\frac{2\|x\|}{4n\delta^2}+\frac{\varepsilon}{2}\end{aligned}$$

对上述 ε 和 δ，取 $m=\left[\frac{2\|x\|}{\varepsilon\delta^2}\right]+1$，$\forall n>m$ 有

$$\|A_n x-x\|=\max_{s\in[0,1]}|(A_n x)s-x(s)|\leqslant\frac{3}{4}\varepsilon<\varepsilon$$

故 $\lim\limits_{n\to\infty}\|A_n x-x\|=0$，即 $s-\lim\limits_{n\to\infty}A_n=I$。因此多项式序列 $\{A_n x\}$ 在 $[0,1]$ 上一致收敛于 x。

习 题 五

5.1 设 $AC[a,b]$ 表示 $[a,b]$ 上的绝对连续函数之集，其上的线性运算与 $C[a,b]$ 上的线性运算相同。设 $f\in AC[a,b]$，定义 $\|f\|=|f(a)|+\int_a^b|f'(t)|\,\mathrm{d}t$。

求证：$(AC[a,b],\|\cdot\|)$ 是实数域 $\mathbb{R}$ 上的可分的 Banach 空间。

5.2 设 $H^p(p\in(0,1))$ 表示 $[a,b]$ 上的全体满足 p 次 Lipschitz 条件，即

$$|f(x_1)-f(x_2)|\leqslant M|x_1-x_2|^p,\ \forall x_1,x_2\in[a,b]$$

的函数之集，其上的线性运算与 $C[a,b]$ 上的线性运算相同。设 $f\in H^p$，定义

$$\|f\|=|f(a)|+\sup_{x_1,x_2\in[a,b]}\frac{|f(x_1)-f(x_2)|}{|x_1-x_2|^p}$$

求证：$(H^p,\|\cdot\|)$ 是不可分的 Banach 空间。

5.3 在 $C[0,1]$ 上定义，$\|f\|=\sqrt{\int_0^1(1+x)f^2(x)\mathrm{d}x}$。

求证：$(X, \|\cdot\|)$是数域$\mathbb{R}$上的赋范线性空间。

5.4　设$(X_1, \|\cdot\|_1)$与$(X_2, \|\cdot\|_2)$是数域$\mathbb{F}$上的两个赋范线性空间，$x=(x_1, x_2)\in X=X_1\times X_2$，定义$\|x\|=\max\{\|x_1\|_1, \|x_2\|_2\}$。

求证：$(X, \|\cdot\|)$是数域$\mathbb{F}$上的赋范线性空间。

5.5　设M为数域$\mathbb{F}$上的赋范线性空间$(X, \|\cdot\|)$的一个闭子空间。

$\forall x\in X$，定义$[x]=\{y\in X: x-y\in M\}$，$X/M=\{[x]: x\in X\}$。$\forall x, y\in X$，$\forall\lambda\in\mathbb{F}$，定义$[x]+[y]=[x+y]$，$\lambda[x]=[\lambda x]$，$\|[x]\|=d(x, M)=\inf\{\|x-y\|: y\in M\}$。求证：

(1) $(X/M, \|[\cdot]\|)$是数域$\mathbb{F}$上的赋范线性空间。

(2) 如果$(X, \|\cdot\|)$是 Banach 空间，则$(X/M, \|[\cdot]|)$是 Banach 空间。

(3) 如果$p: X\to X/M$为$p(x)=[x]$，则p是线性算子且$\|p\|\leqslant 1$。

5.6　设$X=\{f\in L^2(-\infty, +\infty)\to\mathbb{R}\,|\,f'\in L^2(-\infty, +\infty)\cap C(-\infty, +\infty)\}$，定义

$$\|f\|=\sqrt{\int_{-\infty}^{+\infty}|f(t)|^2\mathrm{d}t}+\sqrt{\int_{-\infty}^{+\infty}|f'(t)|^2\mathrm{d}t}$$

求证：$(X, \|\cdot\|)$是$\mathbb{R}$上的赋范线性空间。

5.7　设X和Y是两个赋范线性空间，$x\in X$，$y\in Y$，定义

$$\|(x, y)\|=\sqrt{\|x\|^2+\|y\|^2}$$

求证：$(\|\cdot\|, X\times Y)$是赋范线性空间。

5.8　设$(X, \|\cdot\|)$为数域$\mathbb{F}$上的赋范线性空间，$x, y\in X$，$\lambda, \mu\in\mathbb{F}$，定义

$$(\lambda, x)+(\mu, y)=(\lambda+\mu, x+y),\ \mu(\lambda, x)$$
$$=(\mu\lambda, \mu x),\ \|(\lambda, x)\|=\sqrt{|\lambda|^2+\|x\|^2}$$

求证：

(1) $(\mathbb{F}\times X, \|\cdot\|)$为是数域$\mathbb{F}$上的赋范线性空间。

(2) 映射$(\lambda, x)\to\lambda x$是$\mathbb{F}\times X\to X$的连续映射。

5.9　设$(Tx)t=t^2x(t)$，$\forall x\in L^2[0, 1]$。求证：T是数域$\mathbb{F}$上的一个线性算子。

(1) 设T是$L^2[0, 1]\to L^1[0, 1]$的算子，求$\|T\|$。

(2) 设T是$L^2[0, 1]\to L^2[0, 1]$的算子，求$\|T\|$。

5.10　设$t_0\in[a, b]$为一个固定点，在$C[a, b]$上定义$f: C[a, b]\to\mathbb{F}$为$f(x)=x(t_0)$。

求证：f为有界线性泛函且$\|f\|=1$。

5.11　$\forall x\in C[-1, 1]$，定义$L(x)=\int_{-1}^{0}x(t)\mathrm{d}t-\int_{0}^{1}x(t)\mathrm{d}t$，求$\|L\|$。

5.12　设L是赋范线性空间$(X, \|\cdot\|)$上的线性泛函。

求证：线性泛函L是连续的当且仅当$N(L)=\{x\in X: Lx=0\}$为X的闭子空间。

5.13　设$(X, \|\cdot\|)$为一个赋范线性空间，$T\in L(X)$。

求证：T是一个等距映射当且仅当T是保范映射。

5.14　设$(X, \|\cdot\|)$为赋范线性空间。$\forall x, y\in X$，定义

$$d(x, y)=\begin{cases}0, & x=y\\ \|x-y\|+1, & x\neq y\end{cases}$$

求证：(X, d)是一个距离空间，但是d不能由范数诱导。

5.15　设$A\in B(X)$，定义$\Delta_A: B(X)\to B(X)$为$\Delta_A(T)=TA-AT$。求证：

(1) Δ_A为有界线性算子且$\|\Delta_A\|\leqslant 2\|A\|$，$A\in B(X)$。

(2) $\|\Delta_A-\Delta_B\|\leqslant 2\|A-B\|$，$A, B\in B(X)$。

(3) $\Delta_A+\Delta_B=\Delta_{A+B}$，$\lambda\Delta_A=\Delta_{\lambda A}$，$A, B\in B(X)$。

(4) 如果算子$\pi: B(X)\to B(B(X))$为$\pi(A)=\Delta_A$，则π是一个有界线性算子。

5.16　设M是赋范线性空间$(X, \|\cdot\|)$的子空间。

求证：$x_0\in\overline{M}\Leftrightarrow\forall f\in X^*$，$f(M)=\{0\}$蕴含$f(x_0)=0$。

5.17　设$(x_1, x_2)\in\mathbb{R}^2$，定义$\|(x_1, x_2)\|=|x_1|+|x_2|$。设$M=\{(x_1, 0): x_1\in\mathbb{R}\}$，定义$f(x)=x_1$，$\forall x=(x_1, x_2)\in M$，$\tilde{f}_\lambda(x)=x_1+\lambda x_2$，$\forall x=(x_1, x_2)\in\mathbb{R}^2$。求证：

(1) f为M上的有界线性泛函且$\|f\|_M=1$。

(2) $\tilde{f}_\lambda$为$\mathbb{R}^2$上的有界线性泛函且$\|\tilde{f}_\lambda\|=\|f\|_M$。

(3) $\tilde{f}_\lambda(x)=f(x)$，$\forall x=(x_1, x_2)\in M$。

5.18　设$C^n[a, b]=\{f: [a, b]\to\mathbb{F}: f^{(n)}(x)\in C[a, b]\}$，其中$n\in\mathbb{N}$。$\forall f\in C^n[a, b]$，定义$\|f\|=\sup\{\|f^{(k)}\|_\infty: 0\leqslant k\leqslant n\}$，其中$f^{(k)}(x)$是$f(x)$的$k$阶导数。

求证：$(C^n[a, b], \|\cdot\|)$是数域$\mathbb{F}$上的一个Banach空间。

5.19　设S是一个局部紧的Hausdorff空间，$C_c(S)=\{x\in C(S): S(x\neq 0)$是$S$中的紧集$K(x)\}$。$\forall x\in C_c(S)$，定义$\|x\|=\sup\limits_{t\in K(x)}|x(t)|$。

求证：$(C_c(S), \|\cdot\|)$是一个赋范线性空间，不是Banach空间。

5.20　设φ是$[a, b]$上的实值Lebesgue可测函数。

求证：如果$\forall f\in L^2[a, b]$都有$\varphi f\in L^2[a, b]$，则存在一个常数$M>0$使得

$$\int_{[a, b]}|\varphi(t)f(t)|^2\mathrm{d}t\leqslant M\int_{[a, b]}|f(t)|^2\mathrm{d}t,\ \forall f\in L^2[a, b]$$

第 6 章　Hilbert 空间及其上的有界线性算子

在赋范线性空间中，对于向量赋予了范数，即长度。在 Euclid 空间$\mathbb{R}^n$中，向量不仅有长度，还有角度，向量的夹角与内积密切相关。基于正交概念，得到勾股定理和正交投影等。本章将 Euclid 空间$\mathbb{R}^n$上的内积推广到一般的线性空间上，给线性空间赋予了“内积”结构，成为内积空间，具有比一般赋范线性空间更为特殊的几何性质。Hilbert 空间的理论已经广泛地应用于量子力学、概率论、Fourier 分析、调和分析和小波分析等学科或者领域。

★ **本章知识要点**：内积空间；平行四边形法则；Hilbert 空间；特征定理；规范正交基；Fourier 级数；Parseval 恒等式；Riesz 表示定理；伴随算子；正交投影算子；条件期望。

6.1　内积空间的基本概念和性质

下面首先给出内积空间的概念。在本章中数域$\mathbb{F}$通常是实数域$\mathbb{R}$或者复数域$\mathbb{C}$。

定义 6.1.1　设 H 是数域$\mathbb{F}$上的一个线性空间，$[\cdot,\cdot]: H\times H\to\mathbb{F}$。若映射$[\cdot,\cdot]$满足：

(1) 第一分量的线性性：$[\lambda x+\mu y, z]=\lambda[x, z]+\mu[y, z]$，$\forall\lambda, \mu\in\mathbb{F}$，$\forall x, y, z\in H$；

(2) 对称性：$\forall x, y\in H$，当$\mathbb{F}=\mathbb{R}$时，$[y, x]=[x, y]$；当$\mathbb{F}=\mathbb{C}$时，$[y, x]=\overline{[x, y]}$；

(3) 正定性：$[x, x]\geqslant 0$，$\forall x\in H$ 且$[x, x]=0\Leftrightarrow x=0$，

则称映射$[\cdot,\cdot]$为线性空间 H 上的内积(inner product)，称$[x, y]$为向量 x 与 y 的内积(inner product)，称$(H, [\cdot,\cdot])$为数域$\mathbb{F}$上的内积空间(inner product space)，简称 H 为内积空间。

注记：$[x, \lambda y+\mu z]=\bar{\lambda}[x, y]+\bar{\mu}[x, z]$，$\forall\lambda, \mu\in\mathbb{C}$，$\forall x, y, z\in H$。

定理 6.1.1　设$(H, [\cdot,\cdot])$是数域$\mathbb{F}$上的内积空间，$\|\cdot\|: H\to\mathbb{R}$为$\|x\|=\sqrt{[x, x]}$。

(1) Cauchy 不等式：设 $x, y\in H$，则$|[x, y]|\leqslant\sqrt{[x, x]}\sqrt{[y, y]}=\|x\|\|y\|$。

(2) 极化恒等式：设 $x, y\in H$，则$\|x+y\|^2=\|x\|^2+\|y\|^2+2\mathrm{Re}([x, y])$；

平行四边形公式：设 $x, y\in H$，则$\|x+y\|^2+\|x-y\|^2=2\|x\|^2+2\|y\|^2$。

(3) $(H, \|\cdot\|)$是数域$\mathbb{F}$上的一个赋范线性空间。

(4) 内积$[\cdot,\cdot]$关于两个分量是连续的，即如果$\lim\limits_{n\to\infty}x_n=x_0$，$\lim\limits_{n\to\infty}y_n=y_0$，则

$$\lim_{n\to\infty}[x_n, y_n]=[x_0, y_0]=[\lim_{n\to\infty}x_n, \lim_{n\to\infty}y_n]$$

(5) 范数等式：设 $x, y\in H$，当$\mathbb{F}=\mathbb{R}$时，则$\|x+y\|^2-\|x-y\|^2=4[x, y]$；

当$\mathbb{F}=\mathbb{C}$时，则$\|x+y\|^2-\|x-y\|^2+\mathrm{i}\|x+\mathrm{i}y\|^2-\mathrm{i}\|x-\mathrm{i}y\|^2=4[x, y]$。

证明：(1) $\forall\lambda\in\mathbb{F}$，$[x-\lambda y, x-\lambda y]\geqslant 0$。故$\|x\|^2-2\mathrm{Re}(\lambda[y, x])+\lambda\bar{\lambda}\|y\|^2\geqslant 0$。当 $y=0$，则$|[x, y]|=0\leqslant 0=\|x\|\|y\|$。

当 $y\neq 0$，取 $\lambda=\frac{[x, y]}{\|y\|^2}$，则 $\|x\|^2-\frac{|[x, y]|^2}{\|y\|^2}\geqslant 0$，即 $|[x, y]|\leqslant\|x\|\|y\|$。

(2) 由定义 6.1.1 可得，

$$\|x+y\|^2=[x, x]+[x, y]+[y, x]+[y, y]=\|x\|^2+\|y\|^2+2\mathrm{Re}([x, y])$$

同理，

$$\|x-y\|^2=\|x\|^2+\|y\|^2-2\mathrm{Re}([x, y])$$

故

$$\|x+y\|^2+\|x-y\|^2=2\|x\|^2+2\|y\|^2$$

(3) 由 $\|x\|=\sqrt{[x, x]}$，则 $\|x\|\geqslant 0$。由 $\|x\|=0$，则 $[x, x]=0$。由内积的正定性，则 $x=0$。

$\forall x\in H$，$\lambda\in\mathbb{F}$，则

$$\|\lambda x\|=\sqrt{[\lambda x, \lambda x]}=\sqrt{\lambda\bar{\lambda}[x, x]}=|\lambda|\|x\|$$

$\forall x, y\in H$，由 Cauchy 不等式可得

$$\begin{aligned}\|x+y\|^2&=\|x\|^2+\|y\|^2+2\mathrm{Re}([x, y])\leqslant\|x\|^2+\|y\|^2+2|[x, y]|\\&\leqslant\|x\|^2+\|y\|^2+2\|x\|\|y\|=(\|x\|+\|y\|)^2\end{aligned}$$

即 $\|x+y\|\leqslant\|x\|+\|y\|$。故 $\|\cdot\|$ 是 H 上的一个范数。因此 $(H, \|\cdot\|)$ 是赋范线性空间。

(4) 设 $\lim\limits_{n\to\infty}x_n=x_0$，$\lim\limits_{n\to\infty}y_n=y_0$，则 $\forall\varepsilon\in(0, 1)$，$\exists m\in\mathbb{N}$，$\forall n>m$ 有

$$\|x_n-x_0\|<\frac{\varepsilon}{2(1+\|y_0\|)},\quad\|y_n-y_0\|<\frac{\varepsilon}{2(1+\|x_0\|)}$$

对上述 ε，取上述 m，$\forall n>m$，由(1)，

$$\begin{aligned}|[x_n, y_n]-[x_0, y_0]|&\leqslant|[x_n, y_n]-[x_n, y_0]|+|[x_n, y_0]-[x_0, y_0]|\\&=|[x_n, y_n-y_0]|+|[x_n-x_0, y_0]|\\&\leqslant\|(x_n-x_0)+x_0\|\|y_n-y_0\|+\|x_n-x_0\|\|y_0\|\\&<(\|x_n-x_0\|+\|x_0\|)\|y_n-y_0\|+\|x_n-x_0\|(1+\|y_0\|)\\&<(1+\|x_0\|)\frac{\varepsilon}{2(1+\|x_0\|)}+\frac{\varepsilon}{2(1+\|y_0\|)}(1+\|y_0\|)=\varepsilon\end{aligned}$$

因此 $\lim\limits_{n\to\infty}[x_n, y_n]=[x_0, y_0]=[\lim\limits_{n\to\infty}x_n, \lim\limits_{n\to\infty}y_n]$。

(5) 当 $\mathbb{F}=\mathbb{R}$ 时，

$$\|x+y\|^2=\|x\|^2+\|y\|^2+2\mathrm{Re}([x, y])=\|x\|^2+\|y\|^2+2[x, y]$$

类似地，

$$\|x-y\|^2=\|x\|^2+\|y\|^2-2[x, y]$$

故

$$\|x+y\|^2-\|x-y\|^2=4[x, y]$$

当 $\mathbb{F}=\mathbb{C}$ 时，则

$$\|x+y\|^2=\|x\|^2+\|y\|^2+2\mathrm{Re}([x, y])$$

类似地，

$$\|x-y\|^2=\|x\|^2+\|y\|^2-2\mathrm{Re}([x,y])$$
$$\|x+\mathrm{i}y\|^2=\|x\|^2+\|y\|^2+2\mathrm{Im}([x,y])$$
$$\|x-\mathrm{i}y\|^2=\|x\|^2+\|y\|^2-2\mathrm{Im}([x,y])$$

对上式求和即得平行四边形公式。

引理 6.1.1　设 X 和 Y 是数域$\mathbb{F}$上的两个赋范线性空间，T：$X\to Y$ 是连续可加算子。

(1) 如果$\mathbb{F}=\mathbb{R}$，则 T 是线性算子。

(2) 如果$\mathbb{F}=\mathbb{C}$且 $T(\mathrm{i}x)=\mathrm{i}T(x)$，$\forall x\in X$，则 T 是线性算子。

证明：(1) 设$\mathbb{F}=\mathbb{R}$。$\forall x\in X$，$\forall n, m\in\mathbb{N}$，由 T 是可加算子，则 $T(nx)=nT(x)$。故 $T(x)=T\left(n\dfrac{x}{n}\right)=nT\left(\dfrac{x}{n}\right)$，即 $T\left(\dfrac{x}{n}\right)=\dfrac{1}{n}T(x)$。因此 $T\left(\dfrac{m}{n}x\right)=\dfrac{1}{n}T(mx)=\dfrac{m}{n}T(x)$。

$\forall x\in X$，由 $T(x)=T(x+0)=T(x)+T(0)$，则 $T(0)=0$。由

$$T(x)+T(-x)=T(x+(-x))=T(0)=0$$

则 $T(-x)=-T(x)$。$\forall r\in\mathbb{Q}$，则

$T(rx)=rT(x)$。$\forall\lambda\in\mathbb{R}$，由$\mathbb{Q}$在$\mathbb{R}$中是稠密的，则 $\exists\{r_n\}\subseteq\mathbb{Q}$使得$\lim\limits_{n\to\infty}r_n=\lambda$。由于 T 是连续的，则 $T(\lambda x)=T((\lim\limits_{n\to\infty}r_n)x)=\lim\limits_{n\to\infty}T(r_nx)=\lim\limits_{n\to\infty}(r_nTx)=(\lim\limits_{n\to\infty}r_n)T(x)=\lambda T(x)$。由于 T 是可加算子且满足齐次性，则 T 是线性算子。

(2) 设$\mathbb{F}=\mathbb{C}$。$\forall\lambda, \mu\in\mathbb{R}$，$\forall x\in X$，由(1) 可得

$$T((\lambda+\mathrm{i}\mu)x)=T(\lambda x+\mathrm{i}\mu x)=T(\lambda x)+T(\mathrm{i}\mu x)=\lambda(Tx)+\mathrm{i}\mu(Tx)=(\lambda+\mathrm{i}\mu)Tx$$

由于 T 为可加算子且满足齐次性，则 T 是线性算子。

定理 6.1.2　设$(X, \|\cdot\|)$是数域$\mathbb{F}$上的一个赋范线性空间，$[\cdot,\cdot]$：$X\times X\to\mathbb{F}$，且范数满足平行四边形公式，即 $\forall x, y\in X$ 有

$$\|x+y\|^2+\|x-y\|^2=2\|x\|^2+2\|y\|^2$$

(1) 若$\mathbb{F}=\mathbb{R}$且$[x,z]=\dfrac{1}{4}(\|x+z\|^2-\|x-z\|^2)$，$\forall x, z\in X$，则$(X,[\cdot,\cdot])$为实内积空间；

(2) 若$\mathbb{F}=\mathbb{C}$且$[x,z]=\dfrac{1}{4}(\|x+z\|^2-\|x-z\|^2+\mathrm{i}\|x+\mathrm{i}z\|^2-\mathrm{i}\|x-\mathrm{i}z\|^2)$，$\forall x, z\in X$，则$(X,[\cdot,\cdot])$为复内积空间。

证明：(1) 设 $z\in X$，定义 T：$X\to\mathbb{R}$为 $T(x)=\dfrac{1}{4}(\|x+z\|^2-\|x-z\|^2)$。$\forall x, y\in X$，由平行四边形法则可得，

$$\|x+z\|^2+\|y+z\|^2=2\left\|\frac{1}{2}(x+y)+z\right\|^2+2\left\|\frac{1}{2}(x-y)\right\|^2$$

类似地，

$$\|x-z\|^2+\|y-z\|^2=2\left\|\frac{1}{2}(x+y)-z\right\|^2+2\left\|\frac{1}{2}(x-y)\right\|^2$$

因此

$$(\|x+z\|^2-\|x-z\|^2)+(\|y+z\|^2-\|y-z\|^2)=2\left(\left\|\frac{1}{2}(x+y)+z\right\|^2-\left\|\frac{1}{2}(x+y)-z\right\|^2\right)$$

由定义可得

$$T(x)+T(y)=\frac{1}{4}(\|x+z\|^2-\|x-z\|^2)+\frac{1}{4}(\|y+z\|^2-\|y-z\|^2)$$
$$=2\left(\frac{1}{4}\left\|\frac{1}{2}(x+y)+z\right\|^2-\frac{1}{4}\left\|\frac{1}{2}(x+y)-z\right\|^2\right)=2T\left(\frac{1}{2}(x+y)\right)$$

由 $T(0)=\frac{1}{4}(\|0+z\|^2-\|0-z\|^2)=0$，则

$$T(x)=T(x)+T(0)=2T\left(\frac{1}{2}(x+0)\right)=2T\left(\frac{1}{2}x\right)$$

在上式中用$(x+y)$代替 x，则

$$T(x+y)=2T\left(\frac{1}{2}(x+y)\right)=T(x)+T(y)$$

故 T 是可加的。

$\forall x\in X$，设$\lim\limits_{n\to\infty}x_n=x$。由定理 5.1.2，则

$$\lim_{n\to\infty}T(x_n)=\frac{1}{4}\left(\left(\lim_{n\to\infty}\|x_n+z\|\right)^2-\left(\lim_{n\to\infty}\|x_n-z\|\right)^2\right)$$
$$=\frac{1}{4}(\|\lim_{n\to\infty}x_n+z\|^2-\|\lim_{n\to\infty}x_n-z\|^2)$$
$$=\frac{1}{4}(\|x+z\|^2-\|x-z\|^2)=T(x)$$

故 T 是连续的。由引理 6.1.1(1) 可得，T 是线性的。

定义映射$[\cdot,\cdot]$：$X\times X\to\mathbb{R}$为$[x,z]=\frac{1}{4}(\|x+z\|^2-\|x-z\|^2)$。由$[x,z]=T(x)$及 T 是线性的，则映射$[\cdot,\cdot]$对于第一个分量是线性的。由范数的正齐性可得

$$[y,x]=\frac{1}{4}(\|y+x\|^2-\|y-x\|^2)=\frac{1}{4}(\|x+y\|^2-\|x-y\|^2)=[x,y]$$

由$[x,x]=\frac{1}{4}(\|x+x\|^2-\|x-x\|^2)=\|x\|^2$，则$[x,x]\geqslant 0$。由范数的正定性可得，$[x,x]=0\Leftrightarrow\|x\|=0\Leftrightarrow x=0$。故 X 关于映射$[\cdot,\cdot]$是实内积空间。

(2) 设 $z\in X$，定义 T：$X\to\mathbb{C}$为

$$T(x)=\frac{1}{4}(\|x+z\|^2-\|x-z\|^2+\mathrm{i}\|x+\mathrm{i}z\|^2-\mathrm{i}\|x-\mathrm{i}z\|^2)$$

$\forall x,y\in X$，由平行四边形法则可得

$$\|x+z\|^2+\|y+z\|^2=2\left\|\frac{1}{2}(x+y)+z\right\|^2+2\left\|\frac{1}{2}(x-y)\right\|^2$$

$$\|x-z\|^2+\|y-z\|^2=2\left\|\frac{1}{2}(x+y)-z\right\|^2+2\left\|\frac{1}{2}(x-y)\right\|^2$$

$$\|x+\mathrm{i}z\|^2+\|y+\mathrm{i}z\|^2=2\left\|\frac{1}{2}(x+y)+\mathrm{i}z\right\|^2+2\left\|\frac{1}{2}(x-y)\right\|^2$$

$$\|x-\mathrm{i}z\|^2+\|y-\mathrm{i}z\|^2=2\left\|\frac{1}{2}(x+y)-\mathrm{i}z\right\|^2+2\left\|\frac{1}{2}(x-y)\right\|^2$$

故

$$T(x)+T(y)=\frac{1}{4}(\|x+z\|^2+\|y+z\|^2)-\frac{1}{4}(\|x-z\|^2+\|y-z\|^2)+$$
$$\frac{\mathrm{i}}{4}(\|x+\mathrm{i}z\|^2+\|y+\mathrm{i}z\|^2)-\frac{\mathrm{i}}{4}(\|x-\mathrm{i}z\|^2+\|y-\mathrm{i}z\|^2)$$
$$=2\left(\frac{1}{4}\left(\left\|\frac{1}{2}(x+y)+z\right\|^2-\left\|\frac{1}{2}(x+y)-z\right\|^2\right)\right)+$$
$$2\left(\frac{1}{4}\left(\mathrm{i}\left\|\frac{1}{2}(x+y)+\mathrm{i}z\right\|^2-\mathrm{i}\left\|\frac{1}{2}(x+y)-\mathrm{i}z\right\|^2\right)\right)$$
$$=2T\left(\frac{1}{2}(x+y)\right)$$

由

$$T(0)=\frac{1}{4}(\|0+z\|^2-\|0-z\|^2+\mathrm{i}\|0+\mathrm{i}z\|^2-\mathrm{i}\|0-\mathrm{i}z\|^2)=0$$

则
$$T(x)=2T\left(\frac{1}{2}x\right)$$

在上式中用$(x+y)$代替 x，则

$$T(x+y)=2T\left(\frac{1}{2}(x+y)\right)=T(x)+T(y)$$

故 T 是可加的。

由 T 的定义，则

$$T(\mathrm{i}x)=\frac{1}{4}(\|\mathrm{i}x+y\|^2-\|\mathrm{i}x-y\|^2+\mathrm{i}\|\mathrm{i}x+\mathrm{i}y\|^2-\mathrm{i}\|\mathrm{i}x-\mathrm{i}y\|^2)$$
$$=\frac{1}{4}(\|-\mathrm{i}y+x\|^2-\|\mathrm{i}y+x\|^2+\mathrm{i}\|x+y\|^2-\mathrm{i}\|x-y\|^2)$$
$$=\mathrm{i}\,\frac{1}{4}(\|x+y\|^2-\|x-y\|^2+\mathrm{i}\|x+\mathrm{i}y\|^2-\mathrm{i}\|x-\mathrm{i}y\|^2)$$
$$=\mathrm{i}T(x)$$

类似于(1) 可证，T 是连续的。由引理 6.1.1(2)，则 T 是线性的。

定义$[\cdot,\cdot]$：$X\times X\to\mathbb{C}$为

$$[x,z]=\frac{1}{4}(\|x+z\|^2-\|x-z\|^2+\mathrm{i}\|x+\mathrm{i}z\|^2-\mathrm{i}\|x-\mathrm{i}z\|^2)$$

则$[x,z]=T(x)$。由 T 是线性的，则映射$[\cdot,\cdot]$关于第一个分量是线性的。由定义可得

$$[y,x]=\frac{1}{4}(\|y+x\|^2-\|y-x\|^2+\mathrm{i}\|y+\mathrm{i}x\|^2-\mathrm{i}\|y-\mathrm{i}x\|^2)$$
$$=\frac{1}{4}((\|x+y\|^2-\|x-y\|^2)-\mathrm{i}(\|x+\mathrm{i}y\|^2-\|x-\mathrm{i}y\|^2))$$
$$=\overline{[x,y]}$$

由

$$[x,x]=\frac{1}{4}(\|x+x\|^2-\|x-x\|^2+\mathrm{i}\|x+\mathrm{i}x\|^2-\mathrm{i}\|x-\mathrm{i}x\|^2)=\|x\|^2$$

则$[x,x]\geqslant 0$。由范数的正定性，则

$$[x, x]=0 \Leftrightarrow \|x\|=0 \Leftrightarrow x=0$$

故 X 关于映射$[\cdot, \cdot]$是复内积空间。

定义 6.1.2 设$(H, [\cdot, \cdot])$是数域$\mathbb{F}$上的一个内积空间。如果$\forall x\in H$ 有 $\|x\|=\sqrt{[x, x]}$且$(H, \|\cdot\|)$是$\mathbb{F}$上的 Banach 空间，则称内积空间$(H, [\cdot, \cdot])$是$\mathbb{F}$上的一个 Hilbert 空间。

下面介绍几个经典的内积空间。

例 6.1.1

(1) Euclid 空间$\mathbb{F}^n$。定义

$$[x, y]=\sum_{k=1}^{n} x_k\bar{y}_k, \ x=(x_1, x_2, \cdots, x_n), \ y=(y_1, y_2, \cdots, y_n)\in \mathbb{F}^n$$

(2) 空间 $l^2(\mathbb{F})$。定义$[x, y]=\sum\limits_{n=1}^{\infty} x_n\bar{y}_n$，$x=\{x_n\}$，$y=\{y_n\}\in l^2(\mathbb{F})$。

(3) 空间 $L^2[a, b]$。定义$[f, g]=\int_a^b f(t)\overline{g(t)}\mathrm{d}t$，$f, g\in L^2[a, b]$。

(4) 空间 $L^2(\Omega, \mathrm{A}, P)$。定义$[X, Y]=\int_\Omega XY\mathrm{d}P$，$X, Y\in L^2(\Omega, \mathrm{A}, P)$。

(5) 空间 $M_n(\mathbb{R})$。定义$[A, B]=\mathrm{tr}(AB^{\mathrm{T}})$，$A, B\in M_n(\mathbb{R})$。

设有两个离散信号，它们表示对同一目标的两个测量结果。由于测量手段或条件不同而产生变形，即使它们都有失真，但是它们仍然是相像的。

下面给出利用内积衡量两个信号相似性的方法，它与概率论中的相关系数有关系。

例 6.1.2 设 $x=\{x_n\}$，$y=\{y_n\}$是两个离散信号，$x, y\in l^2(\mathbb{R})$，$\rho_{x,y}=\left[\frac{1}{\|x\|}x, \frac{1}{\|y\|}y\right]$。如果$|\rho_{x,y}|=1$，则 y 与 x 完全相似。

解：由 $x\in l^2(\mathbb{R})$，则 $\|x\|^2=\sum\limits_{n=1}^{\infty} x_n^2<+\infty$，它表示信号 x 的能量是有限的。若两个信号 x 和 y 相似，记为$\lambda y\approx x$，将 x 作为比较的基准，选择参数λ 使得信号的能量误差函数 $Q=\|x-\lambda y\|^2=\sum\limits_{n=1}^{\infty}(x_n-\lambda y_n)^2$ 取得最小值。由微积分知识可得，只需要$\frac{\mathrm{d}Q}{\mathrm{d}\lambda}=0$，即 $\lambda=\frac{[x, y]}{\|y\|^2}$。故

$$\min Q=\|x\|^2-\frac{\left(\sum\limits_{n=1}^{\infty} x_n y_n\right)^2}{\|y\|^2}$$

进而

$$\frac{\min Q}{\|x\|^2}=1-\frac{\left(\sum\limits_{n=1}^{\infty} x_n y_n\right)^2}{\|x\|^2\|y\|^2}$$

由定理 6.1.1，则$|\rho_{x,y}|\leqslant 1$。由$\frac{\min Q}{\|x\|^2}=1-\rho_{x,y}^2$，则$|\rho_{x,y}|$越大，$\min Q$ 越小。此时信

号 y 与 x 越相似。当 $|\rho_{x,y}|=1$ 时，$\min Q=0$。由定理 6.1.1，则 $|\rho_{x,y}|=1$ 当且仅当 $\exists\lambda_0\in\mathbb{R}\wedge x=\lambda_0 y$，即 y 与 x 完全相似。

定义 6.1.3　设 L 和 K 是内积空间 H 的两个非空子集。

(1) 设 $f, g\in H$。如果 $[f, g]=0$，则称 f 与 g 正交(orthogonal)，记为 $f\perp g$。

(2) 如果 $\forall f, g\in L$ 且 $f\neq g$ 有 $f\perp g$，则称 L 是 H 的一个正交子集，或正交系。

(3) 如果 $\forall f\in L$，$\forall g\in K$ 有 $f\perp g$，则称 L 与 K 正交，记为 $L\perp K$。

(4) 称集合 $\{g\in H: g\perp f, \forall f\in L\}$ 是 L 的正交补(orthogonal completement)，记为 $L^{\perp}$。

定义 6.1.4　设 L 和 K 是内积空间 H 的两个子空间。

(1) 如果 $L\perp K$，则称 $L\oplus K$ 是 L 和 K 的正交直和，记为 $L\oplus_{\perp}K$。

(2) 如果 $L\supseteq K$，则称 $L\cap K^{\perp}$ 是 K 关于 L 的正交差，记为 $L-_{\perp}K$。

定理 6.1.3　设 L 是内积空间 H 的一个非空子集，则 $L^{\perp}$ 是 H 的一个闭子空间。

证明： $\forall g, h\in L^{\perp}$，$\forall\lambda, \mu\in\mathbb{F}$，$\forall f\in L$，则 $[\lambda g+\mu h, f]=\lambda[g, f]+\mu[h, f]=0$，故 $\lambda g+\mu h\in L^{\perp}$。因此 $L^{\perp}$ 为 H 的子空间。

$\forall\{g_n\}\subseteq L^{\perp}$，若 $\lim\limits_{n\to\infty}g_n=g$，则 $\forall f\in L$ 有

$$[g, f]=[\lim_{n\to\infty}g_n, f]=\lim_{n\to\infty}[g_n, f]=0$$

故 $g\in L^{\perp}$。因此 $L^{\perp}$ 是闭集，即 $L^{\perp}$ 是闭子空间。

性质 6.1.1　设 L 和 M 是内积空间 H 的两个非空子集。若 $L\subseteq M$，则 $M^{\perp}\subseteq L^{\perp}$。

性质 6.1.2　设 L 是内积空间 H 的一个非空子集，则 $\overline{L}^{\perp}=L^{\perp}$。

证明： 由 $L\subseteq\overline{L}$ 及性质 6.1.1，则 $\overline{L}^{\perp}\subseteq L^{\perp}$。$\forall f\in L^{\perp}$，$\forall g\in\overline{L}$，则 $\exists\{g_n\}\subseteq L$ 使得 $\lim\limits_{n\to\infty}g_n=g$。由定理 6.1.1，则 $[f, g]=[f, \lim\limits_{n\to\infty}g_n]=\lim\limits_{n\to\infty}[f, g_n]=0$。由 g 的任意性，则 $f\in\overline{L}^{\perp}$。由 f 的任意性，则 $L^{\perp}\subseteq\overline{L}^{\perp}$。因此 $\overline{L}^{\perp}=L^{\perp}$。

性质 6.1.3　设 H 是内积空间，则 $H^{\perp}=\{0\}$。

推论 6.1.1　设 H 是内积空间，$f, g\in H$。若 $\forall h\in H$ 有 $[f, h]=[g, h]$，则 $f=g$。

例 6.1.3　设实值函数 $f\in L^2[-\pi, \pi]$ 且 $f(-\pi)=f(\pi)$，$f(x)$ 的 Fourier 级数为 $\dfrac{a_0}{2}+\sum\limits_{k=1}^{\infty}(a_k\cos(kt)+b_k\sin(kt))$。求 a_k，b_k，$\forall k\in\mathbb{N}$。

解： 设 $[f, g]=\dfrac{1}{\pi}\int_{-\pi}^{\pi}f(x)g(x)\mathrm{d}x$，$\forall f, g\in L^2[-\pi, \pi]$，则 $(L^2[-\pi, \pi], [,])$ 是内积空间。由 Lebesgue 积分的性质，则 $\{1, \cos x, \sin x, \cdots, \cos(nx), \sin(nx), \cdots\}$ 是 $(L^2[-\pi, \pi], [,])$ 的一个正交子集。由

$$[f(x), 1]=\frac{a_0}{2}[1, 1]+\sum_{n=1}^{\infty}a_n[\cos(nx), 1]+b_n[\sin(nx), 1]=\pi a_0$$

则

$$a_0=[f(x), 1]=\frac{1}{\pi}\int_{-\pi}^{\pi}f(x)\mathrm{d}x$$

$\forall k\in\mathbb{N}$，由于

$$\begin{aligned}[f(x),\cos(kx)]&=\left[\frac{a_0}{2}+\sum_{n=1}^{\infty}(a_n\cos(nx)+b_n\sin(nx)),\cos(kx)\right]\\&=\frac{a_0}{2}[1,\cos(kx)]+\sum_{n=1}^{\infty}(a_n[\cos(nx),\cos(kx)]+\\&\quad b_n[\sin(nx),\cos(kx)])\\&=a_k\end{aligned}$$

则 $a_k=\frac{1}{\pi}\int_{-\pi}^{\pi}f(x)\cos(kx)\mathrm{d}x$。

同理可得，$b_k=\frac{1}{\pi}\int_{-\pi}^{\pi}f(x)\sin(kx)\mathrm{d}x$，$\forall k\in\mathbb{N}$。

定理 6.1.4(Pythagorean)　设$\{x_1, x_2, \cdots, x_n\}$是内积空间 H 的一个正交子集，则

$$\|x_1+\cdots+x_n\|^2=\|x_1\|^2+\cdots+\|x_n\|^2$$

证明：

$$\begin{aligned}\left\|\sum_{k=1}^{n}x_k\right\|^2&=\left[\sum_{k=1}^{n}x_k,\sum_{j=1}^{n}x_j\right]=\sum_{k=1}^{n}\sum_{j=1}^{n}[x_k,x_j]\\&=\sum_{k=1}^{n}[x_k,x_k]=\sum_{k=1}^{n}\|x_k\|^2\end{aligned}$$

性质 6.1.4　若$\{x_n\}$是内积空间 H 中的正交序列且$\sum_{n=1}^{\infty}x_n$ 收敛，则$\sum_{n=1}^{\infty}\|x_n\|^2$ 收敛且

$$\left\|\sum_{n=1}^{\infty}x_n\right\|^2=\sum_{n=1}^{\infty}\|x_n\|^2$$

证明：由定理 6.1.4，则

$$\lim_{k\to\infty}\left(\sum_{n=1}^{k}\|x_n\|^2\right)=\lim_{k\to\infty}\left\|\sum_{n=1}^{k}x_n\right\|^2=\left\|\lim_{k\to\infty}\sum_{n=1}^{k}x_n\right\|^2=\left\|\sum_{n=1}^{\infty}x_n\right\|^2$$

故$\sum_{n=1}^{\infty}\|x_n\|^2$ 收敛且

$$\sum_{n=1}^{\infty}\|x_n\|^2=\lim_{k\to\infty}\left(\sum_{n=1}^{k}\|x_n\|^2\right)=\left\|\sum_{n=1}^{\infty}x_n\right\|^2$$

注记：若随机变量 X 与 Y 独立且 $E(X)$ 和 $E(Y)$ 存在，则$(X-EX)\perp(Y-EY)$。

定理 6.1.5(大数定律)　设$\{X_n\}$是$L^2(\Omega, \mathrm{A}, P)$上的一个独立的随机变量序列。如果 $E(X_n)=\mu$，$\sqrt{V(X_n)}=\sigma>0$，$S_n=\sum_{k=1}^{n}X_k$，$\forall n\in\mathbb{N}$，则$\left\{\frac{S_n}{n}\right\}$在$L^2(\Omega, \mathrm{A}, P)$上收敛于$\mu$。

证明：由 $X_1, X_2, \cdots, X_n$ 相互独立，则$\{X_1-\mu, X_2-\mu, \cdots, X_n-\mu\}$正交。由定理 6.1.4，则

$$\left\|\frac{S_n}{n}-\mu\right\|^2=\left\|\frac{1}{n}\sum_{k=1}^{n}(X_k-\mu)\right\|^2=\frac{1}{n^2}\sum_{k=1}^{n}\|X_k-\mu\|^2=\frac{1}{n^2}\sum_{k=1}^{n}V(X_k)=\frac{1}{n}\sigma^2$$

由$\lim_{n\to\infty}\frac{1}{n}=0$，则$\lim_{n\to\infty}\left\|\frac{S_n}{n}-\mu\right\|^2=0$。故在$L^2(\Omega, \mathrm{A}, P)$上随机变量序列$\left\{\frac{S_n}{n}\right\}$收敛于$\mu$。

推论 6.1.2(辛钦大数定律)　设$\{X_n\}$是$L^2(\Omega, \mathrm{A}, P)$上的一个独立的随机变量序列。

如果 $E(X_n)=\mu$，$\sqrt{V(X_n)}=\sigma>0$，$S_n=\sum\limits_{k=1}^{n}X_k$，$\forall n\in\mathbb{N}$，则 $\lim\limits_{n\to\infty}P\left\{\left|\dfrac{S_n}{n}-\mu\right|>\sigma\right\}=0$。

6.2　Hilbert 空间中的最佳逼近

Hilbert 空间是一类性质非常好的赋范线性空间，它可以比较完满地解决最佳逼近问题。因此 Hilbert 空间的应用非常广泛。本节研究 Hilbert 空间中的逼近问题。

定理 6.2.1(变分引理)　设 M 是 Hilbert 空间 H 的一个非空的、闭的凸集，$x\in H$，则 x 关于 M 存在唯一的最佳逼近元，即 $\exists\, y_0\in M$ 使得 $\|x-y_0\|=E_M(x)=d(x,M)$。

证明：设 $\gamma=\inf\limits_{y\in M}\|x-y\|$，则 $\exists\{y_n\}\subseteq M$ 使得 $\lim\limits_{n\to\infty}\|x-y_n\|=\gamma$。由定理 6.1.1，则

$$\begin{aligned}\|y_n-y_m\|^2&=\|(x-y_m)-(x-y_n)\|^2\\&=2\|x-y_m\|^2+2\|x-y_n\|^2-4\left\|x-\frac{1}{2}(y_n+y_m)\right\|^2\end{aligned}$$

由 M 是凸集，则 $\dfrac{1}{2}(y_n+y_m)\in M$。故 $\|y_n-y_m\|^2\leqslant 2\|x-y_m\|^2+2\|x-y_n\|^2-4\gamma^2$。由 $\lim\limits_{n\to\infty}\|x-y_n\|=\gamma$，则 $\lim\limits_{n,m\to\infty}\|y_n-y_m\|^2=0$。故 $\{y_n\}$ 是 M 中的 Cauchy 列。由 H 是完备的，则 $\{y_n\}$ 收敛。由 M 是闭的，则 $\exists\, y_0\in M$ 使得 $y_0=\lim\limits_{n\to\infty}y_n$。由定理 5.1.2，则

$$\|x-y_0\|=\|x-\lim_{n\to\infty}y_n\|=\lim_{n\to\infty}\|x-y_n\|=\gamma$$

因此 x 在 M 中存在最佳逼近元 y_0，即 $\|x-y_0\|=E_M(x)=d(x,M)$。

由定理 6.1.1 及定理 5.3.3，则 H 是一个凸体。由 M 是凸集及定理 5.4.5，则 x 关于 M 至多存在一个最佳逼近元。因此 x 关于 M 存在唯一的最佳逼近元 y_0。

由于闭子空间是闭的凸集，则有下述推论：

推论 6.2.1　设 M 是 Hilbert 空间 H 的一个闭子空间，$x\in H$，则 x 在 M 中存在唯一的最佳逼近元。

定理 6.2.2(特征定理)　设 M 是 Hilbert 空间 H 的一个闭子空间，$x\in H$，$y_0\in M$，则

$$y_0=\arg E_M(x)\Leftrightarrow x-y_0\in M^{\perp}$$

证明：必要性。$\forall\lambda\in\mathbb{F}$，$\forall y\in M-\{0\}$。由 $y_0=\arg E_M(x)$ 及定理 6.1.1，则

$$\begin{aligned}\|x-y_0\|^2&=\left(\inf_{y\in M}\|x-y\|\right)^2\leqslant\|x-(y_0+\lambda y)\|^2=\|(x-y_0)-\lambda y\|^2\\&=\|x-y_0\|^2-2\mathrm{Re}(\bar{\lambda}[x-y_0,y])+|\lambda|^2\|y\|^2\end{aligned}$$

取 $\lambda=\dfrac{[x-y_0,y]}{\|y\|^2}$，则

$$\|x-y_0\|^2\leqslant\|x-y_0\|^2-\frac{|[x-y_0,y]|^2}{\|y\|^2},\quad 即\quad \frac{|[x-y_0,y]|^2}{\|y\|^2}\leqslant 0$$

故 $|[x-y_0,y]|^2=0$，进而 $[x-y_0,y]=0$。由 y 的任意性，则 $x-y_0\in M^{\perp}$。

充分性。$\forall y\in M$，则 $y_0-y\in M$。由 $x-y_0\in M^{\perp}$ 及定理 6.1.4，则

$$\| x-y \|^2=\| x-y_0 \|^2+\| y_0-y \|^2\geqslant\| x-y_0 \|^2$$

故 $\| x-y_0 \| =E_M(x)$，即 $y_0\in \arg E_M(x)$。

注记：特征定理在$\mathbb{R}^3$中的几何意义如下：设 L 是$\mathbb{R}^3$中一个过原点的平面。如果点 x 不在平面 L 上，则 L 上到 x 距离的最小者是点 x 关于平面 L 的最佳逼近元 y_0，且 x 与 y_0 的连线垂直于 L，称点 y_0 为点 x 在平面 L 上的投影。因此定理 6.2.2 也称为投影定理。

性质 6.2.1(条件概率) 设(Ω, A, P)是概率空间，$A, B\in \mathrm{A}$。若 $P(A)>0$，则 $P(B|A)$是 χ_B 在 $\mathrm{L}(\chi_A)$上的投影。

证明：设 $Y=b\chi_A$，$\forall b\in\mathbb{R}$，则

$$\begin{aligned}\| Y-\chi_B \|^2&=\int_\Omega (Y-\chi_B)^2\mathrm{d}P=b^2\int_\Omega\chi_A\mathrm{d}P-2b\int_\Omega\chi_{A\cap B}\mathrm{d}P+\int_\Omega\chi_B\mathrm{d}P\\&=b^2P(A)-2bP(AB)+P(B)\end{aligned}$$

当 $b=P(B|A)$时，$b\chi_A=\arg E_{L(\chi_A)}(\chi_B)$。故 $P(B|A)$是 χ_B 在 $L(\chi_A)$上的投影。

例 6.2.1 设 $\int_{-\pi}^{\pi}(x-a_1\sin x-b_1\cos x)^2\mathrm{d}x=\min\limits_{a, b\in\mathbb{R}}\int_{-\pi}^{\pi}(x-a\sin x-b\cos x)^2\mathrm{d}x$，求 $a_1\sin x+b_1\cos x$。

解：设 $y_1=\sin x$，$y_2=\cos x$，则 $x, y_1, y_2\in L^2[-\pi, \pi]$。设 $M=L(y_1, y_2)$，则 M 是 $L^2[-\pi, \pi]$的闭子空间。故题设$\Leftrightarrow \| x-y_0 \|^2=\min\limits_{a, b\in\mathbb{R}}\| x-(ay_1+by_2) \|^2$，原问题等价于求 $y_0=\arg E_M(x)$。由定理 6.2.2，则 $x-y_0\in M^\perp$。故$[x-y_0, y_1]=0$ 且$[x-y_0, y_2]=0$，即

$$[x, y_1]=[y_0, y_1], [x, y_2]=[y_0, y_2]$$

因此

$$\begin{aligned}\int_{-\pi}^{\pi}x\sin x\,\mathrm{d}x&=\int_{-\pi}^{\pi}(a_1\sin x+b_1\cos x)\sin x\,\mathrm{d}x\\&=a_1\int_{-\pi}^{\pi}\sin^2x\,\mathrm{d}x+b_1\int_{-\pi}^{\pi}\cos x\sin x\,\mathrm{d}x=\pi a_1\end{aligned}$$

$$\begin{aligned}\int_{-\pi}^{\pi}x\cos x\,\mathrm{d}x&=\int_{-\pi}^{\pi}(a_1\sin x+b_1\cos x)\cos x\,\mathrm{d}x\\&=a_1\int_{-\pi}^{\pi}\sin x\cos x\,\mathrm{d}x+b_1\int_{-\pi}^{\pi}\cos^2x\,\mathrm{d}x=\pi b_1\end{aligned}$$

由$\int_{-\pi}^{\pi}x\sin x\,\mathrm{d}x=-2\int_0^{\pi}x\,\mathrm{d}\cos x=-2x\cos x\Big|_0^{\pi}+2\int_0^{\pi}\cos x\,\mathrm{d}x=2\pi$，则 $a_1=2$。

由$\int_{-\pi}^{\pi}x\cos x\,\mathrm{d}x=0$，则 $b_1=0$。故 $y_0=a_1\sin x+b_1\cos x=2\sin x$。

下述定理利用变分不等式给出 Hilbert 空间中最佳逼近元的刻画。

定理 6.2.3 设 M 是实 Hilbert 空间 H 的非空的闭凸集，$x\in H$，$\tilde{x}\in M$。下列命题等价：

(1) $\| x-\tilde{x} \|\leqslant\| x-y \|$，$\forall y\in M$，即 $\tilde{x}=\arg E_M(x)$；

(2) $[x-y, \tilde{x}-y]\geqslant 0$，$\forall y\in M$；

(3) $[x-\tilde{x}, y-\tilde{x}]\leqslant 0$，$\forall y\in M$。

证明：(1)⇒(2)。由定理 6.2.1，则 x 在 M 中的最佳逼近元存在且唯一。$\forall y\in M$，由(1) 及定理 6.1.1，则

$$
\begin{aligned}
\| x-\tilde{x} \|^2 &= \| (x-y)-(\tilde{x}-y) \|^2 \\
&= \| x-y \|^2 - 2[x-y, \tilde{x}-y] + \| \tilde{x}-y \|^2 \\
&\geqslant \| x-\tilde{x} \|^2 - 2[x-y, \tilde{x}-y] + \| \tilde{x}-y \|^2
\end{aligned}
$$

即 $2[x-y, \tilde{x}-y] \geqslant \| y-\tilde{x} \|^2 \geqslant 0$。因此 $[x-y, \tilde{x}-y] \geqslant 0$。

(2)⇒(3)。$\forall \varepsilon \in (0, 1)$，$\forall y \in M$。由 M 是凸集，则

$$
\tilde{x} + \varepsilon(y-\tilde{x}) = (1-\varepsilon)\tilde{x} + \varepsilon y \in M
$$

由(2)，则

$$
[x-(\tilde{x}+\varepsilon(y-\tilde{x})), \tilde{x}-(\tilde{x}+\varepsilon(y-\tilde{x}))] \geqslant 0
$$

即

$$
[(x-\tilde{x})-\varepsilon(y-\tilde{x}), y-\tilde{x}] \leqslant 0
$$

故

$$
[x-\tilde{x}, y-\tilde{x}] \leqslant \varepsilon [y-\tilde{x}, y-\tilde{x}]
$$

对 ε 取极限，则 $[x-\tilde{x}, y-\tilde{x}] \leqslant \| y-\tilde{x} \|^2 \lim\limits_{\varepsilon \to 0^+} \varepsilon = 0$。

(3)⇒(1)。$\forall y \in M$，由(3)可得，$[x-\tilde{x}, y-\tilde{x}] \leqslant 0$。因此

$$
\| x-\tilde{x} \|^2 + [x-\tilde{x}, y-x] = [x-\tilde{x}, (x-\tilde{x})+(y-x)] = [x-\tilde{x}, y-\tilde{x}] \leqslant 0
$$

由定理 6.1.1，则

$$
\begin{aligned}
\| x-\tilde{x} \|^2 &\leqslant -[x-\tilde{x}, y-x] = [x-\tilde{x}, x-y] = |[x-\tilde{x}, x-y]| \\
&\leqslant \| x-\tilde{x} \| \| x-y \|
\end{aligned}
$$

当 $\tilde{x}=x$ 时，则 $\| x-\tilde{x} \| = 0 \leqslant \| x-y \|$；

当 $\tilde{x} \neq x$ 时，则 $\| x-\tilde{x} \| \neq 0$。消去 $\| x-\tilde{x} \|$ 可得，$\| x-\tilde{x} \| \leqslant \| x-y \|$。

注记：向量 x 在闭凸集 M 上的最佳逼近元 $\tilde{x}$ 也称为 x 在闭凸集 M 上的投影。

推论 6.2.2　设 M 是实 Hilbert 空间 H 中的一个非空的闭的凸集，$x, y \in H$。如果 x 和 y 在 M 上的投影分别为 $\tilde{x}$ 和 $\tilde{y}$，则 $\| \tilde{x}-\tilde{y} \| \leqslant \| x-y \|$。

证明：$\forall z \in M$，由定理 6.2.3(3)，则 $[x-\tilde{x}, z-\tilde{x}] \leqslant 0$ 且 $[y-\tilde{y}, z-\tilde{y}] \leqslant 0$。分别取 $z=\tilde{y}$ 和 $z=\tilde{x}$，则 $[x-\tilde{x}, \tilde{y}-\tilde{x}] \leqslant 0$，$[y-\tilde{y}, \tilde{x}-\tilde{y}] \leqslant 0$，故 $[\tilde{x}-x, \tilde{x}-\tilde{y}] \leqslant 0$。因此

$$
\begin{aligned}
[\tilde{x}-\tilde{y}, \tilde{x}-\tilde{y}] - [x-y, \tilde{x}-\tilde{y}] &= [(\tilde{x}-\tilde{y})-(x-y), \tilde{x}-\tilde{y}] \\
&= [(\tilde{x}-x)+(y-\tilde{y}), \tilde{x}-\tilde{y}] \\
&= [\tilde{x}-x, \tilde{x}-\tilde{y}] + [y-\tilde{y}, \tilde{x}-\tilde{y}] \leqslant 0
\end{aligned}
$$

故 $[\tilde{x}-\tilde{y}, \tilde{x}-\tilde{y}] \leqslant [x-y, \tilde{x}-\tilde{y}]$。由定理 6.1.1，则

$$
\begin{aligned}
\| \tilde{x}-\tilde{y} \|^2 &= [\tilde{x}-\tilde{y}, \tilde{x}-\tilde{y}] \leqslant [x-y, \tilde{x}-\tilde{y}] \\
&= |[x-y, \tilde{x}-\tilde{y}]| \leqslant \| x-y \| \| \tilde{x}-\tilde{y} \|
\end{aligned}
$$

类似于定理 6.2.3 的证明可得，$\| \tilde{x}-\tilde{y} \| \leqslant \| x-y \|$。

定义 6.2.1　设 H 是实内积空间，$\{x_1, x_2, \cdots, x_n\}$ 是 H 的一个子集，则称 n 阶方阵 $([x_i, x_j])_n$ 为向量组 $\{x_1, x_2, \cdots, x_n\}$ 的 Gram 矩阵，记为 $G(x_1, x_2, \cdots, x_n)$。

定理 6.2.4　设 $\{x_1, x_2, \cdots, x_n\}$ 是实内积空间 H 的一个子集，则 $x_1, x_2, \cdots, x_n$ 线性无关当且仅当 Gram 矩阵 $G(x_1, x_2, \cdots, x_n)$ 可逆。

证明：必要性。假设 $|G(x_1, x_2, \cdots, x_n)|=0$，则 $G(x_1, x_2, \cdots, x_n)$ 的行向量组线性

相关。故存在不全为零的数 λ_1, λ_2, …, λ_n 使得

$$\sum_{j=1}^{n} \lambda_j([x_j, x_1], [x_j, x_2], \cdots, [x_j, x_n])^{\mathrm{T}} = 0$$

因此

$$\begin{aligned}
&\left(\left[\sum_{j=1}^{n} \lambda_j x_j, x_1\right], \left[\sum_{j=1}^{n} \lambda_j x_j, x_2\right], \cdots, \left[\sum_{j=1}^{n} \lambda_j x_j, x_n\right]\right)^{\mathrm{T}} \\
&= \left(\sum_{j=1}^{n} \lambda_j[x_j, x_1], \sum_{j=1}^{n} \lambda_j[x_j, x_2], \cdots, \sum_{j=1}^{n} \lambda_j[x_j, x_n]\right)^{\mathrm{T}} \\
&= \sum_{j=1}^{n} \lambda_j([x_j, x_1], [x_j, x_2], \cdots, [x_j, x_n])^{\mathrm{T}} = 0
\end{aligned}$$

故 $\sum_{j=1}^{n} \lambda_j[x_j, x_k] = 0$, $k = 1, 2, \cdots, n$。

由 $\| \sum_{j=1}^{n} \lambda_j x_j \|^2 = \sum_{k=1}^{n} \lambda_k(\sum_{j=1}^{n} \lambda_j[x_j, x_k]) = 0$, 则 $\sum_{j=1}^{n} \lambda_j x_j = 0$。故 x_1, x_2, …, x_n 线性相关，与已知矛盾。因此 $|G(x_1, x_2, \cdots, x_n)| \neq 0$。故Gram矩阵 $G(x_1, x_2, \cdots, x_n)$ 可逆。

充分性。 设 $\sum_{j=1}^{n} \lambda_j x_j = 0$。由实内积对第二个分量的线性性可得

$$\begin{aligned}
&\left(\sum_{j=1}^{n} \lambda_j[x_1, x_j], \sum_{j=1}^{n} \lambda_j[x_2, x_j], \cdots, \sum_{j=1}^{n} \lambda_j[x_n, x_j]\right)^{\mathrm{T}} \\
&= \left(\left[x_1, \sum_{j=1}^{n} \lambda_j x_j\right], \left[x_2, \sum_{j=1}^{n} \lambda_j x_j\right], \cdots, \left[x_n, \sum_{j=1}^{n} \lambda_j x_j\right]\right)^{\mathrm{T}} \\
&= ([x_1, 0], [x_2, 0], \cdots, [x_n, 0])^{\mathrm{T}} = 0
\end{aligned}$$

因此可以构造一个 n 元线性方程组：

$$\begin{bmatrix} [x_1, x_1] & [x_1, x_2] & \cdots & [x_1, x_n] \\ [x_2, x_1] & [x_2, x_2] & \cdots & [x_2, x_2] \\ \vdots & \vdots & & \vdots \\ [x_n, x_1] & [x_n, x_2] & \cdots & [x_n, x_n] \end{bmatrix} \begin{bmatrix} \lambda_1 \\ \lambda_2 \\ \vdots \\ \lambda_n \end{bmatrix} = 0$$

由于上述方程组的系数矩阵 $G(x_1, x_2, \cdots, x_n)$ 可逆，则它只有零解，故 x_1, x_2, …, x_n 线性无关。

推论 6.2.3 如果 x_1, x_2, …, x_n 线性无关，Gram 矩阵 $G(x_1, x_2, \cdots, x_n)$ 是正定的。

证明： $\forall \alpha = (a_1, a_2, \cdots, a_n)^{\mathrm{T}} \in \mathbb{R}^n - \{0\}$，由 x_1, x_2, …, x_n 线性无关，则 $\sum_{k=1}^{n} a_k x_k \neq 0$。 由

$$\begin{aligned}
\alpha^{\mathrm{T}} G(x_1, x_2, \cdots, x_n)\alpha &= \sum_{k=1}^{n} \sum_{j=1}^{n} a_k a_j[x_k, x_j] = [\sum_{k=1}^{n} a_k x_k, \sum_{j=1}^{n} a_j x_j] \\
&= \| \sum_{k=1}^{n} a_k x_k \|^2 > 0
\end{aligned}$$

则 Gram 矩阵 $G(x_1, x_2, \cdots, x_n)$ 是正定的。

定理 6.2.5　设 $x_1, x_2, \cdots, x_n$ 是实 Hilbert 空间 H 的一个线性无关组，$x \in H$。如果 $M=L(x_1, x_2, \cdots, x_n)$，则

$$E_M(x)=\sqrt{\frac{|G(x_1, x_2, \cdots, x_n, x)|}{|G(x_1, x_2, \cdots, x_n)|}}, \quad \arg E_M(x)=\sum_{j=1}^{n}\lambda_j x_j$$

其中 $\lambda_j=\dfrac{|A_j|}{|G(x_1, x_2, \cdots, x_n)|}$，$A_j$ 为用列向量$([x, x_1], [x, x_2], \cdots, [x, x_n])^{\mathrm{T}}$ 替换 $G(x_1, x_2, \cdots, x_n)$中的第 j 列元素所得矩阵，$j=1, 2, \cdots, n$。

证明： 设 $d=E_M(x)$。由 $x_1, x_2, \cdots, x_n$ 线性无关，则 $\dim M=n$。由推论 5.6.2，则 M 是 H 的闭子空间。由推论 6.2.1，则 x 在 M 中存在最佳逼近元 y_0，即 $d=\|x-y_0\|$。故存在 $\lambda_j \in \mathbb{R}$，$j=1, 2, \cdots, n$ 使得 $y_0=\sum_{j=1}^{n}\lambda_j x_j$。由定理 6.2.2，则 $x-y_0 \in M^{\perp}$。对 $i=1, 2, \cdots, n$，由

$$[x, x_i]-\sum_{j=1}^{n}\lambda_j[x_j, x_i]=[x-\sum_{j=1}^{n}\lambda_j x_j, x_i]=\sum_{j=1}^{n}[x-y_0, x_i]=0$$

则 $\sum_{j=1}^{n}\lambda_j[x_j, x_i]=[x, x_i]$。由实内积的线性性，则

$$d^2=\|x-y_0\|^2=[x-y_0, x]-[x-y_0, y_0$$

由 $y_0 \in M$，$x-y_0 \in M^{\perp}$，则$[x-y_0, y_0]=0$。

由 $d^2=[x-y_0, x]=[x, x]-\sum_{j=1}^{n}\lambda_j[x_j, x]$，则 $\sum_{j=1}^{n}\lambda_j[x_j, x]+d^2=[x, x]$。

联立得一个 $n+1$ 元方程组：

$$\begin{bmatrix}[x_1, x_1] & \cdots & [x_n, x_1] & 0\\ [x_1, x_2] & \cdots & [x_n, x_2] & 0\\ \vdots & & \vdots & \vdots\\ [x_1, x_n] & \cdots & [x_n, x_n] & 0\\ [x_1, x] & \cdots & [x_n, x] & 1\end{bmatrix}\begin{bmatrix}\lambda_1\\ \lambda_2\\ \vdots\\ \lambda_n\\ d^2\end{bmatrix}=\begin{bmatrix}[x, x_1]\\ [x, x_2]\\ \vdots\\ [x, x_n]\\ [x, x]\end{bmatrix}$$

由 $x_1, x_2, \cdots, x_n$ 线性无关及定理 6.2.3，则$|G(x_1, x_2, \cdots, x_n)|\neq 0$，即上述方程组的系数矩阵可逆。由 Crammer 法则可得，$d^2=\dfrac{|G(x_1, x_2, \cdots, x_n, x)|}{|G(x_1, x_2, \cdots, x_n)|}$。故

$$E_M(x)=d=\sqrt{\frac{|G(x_1, x_2, \cdots, x_n, x)|}{|G(x_1, x_2, \cdots, x_n)|}}$$

用 Crammer 法则求解线性方程组

$$\sum_{j=1}^{n}\lambda_j[x_j, x_i]=[x, x_i]$$

可得

$$\lambda_j=\frac{|A_j|}{|G(x_1, x_2, \cdots, x_n)|}$$

其中 A_j 为用列向量$([x, x_1], [x, x_2], \cdots, [x, x_n])^{\mathrm{T}}$ 替换 $G(x_1, x_2, \cdots, x_n)$ 矩阵中的第 j 列元素所得矩阵，$j=1, 2, \cdots, n$。故 $y_0=\sum_{j=1}^{n}\lambda_j x_j$。

下面利用特征定理给出正交投影算子的定义，并研究它的基本性质。

定义 6.2.2　设 L 是 Hilbert 空间 H 的一个闭子空间，$P: H\to L$。若 $\forall h\in H$ 有 $Ph\in L$ 且 $h-Ph\in L^{\perp}$，则称映射 P 是 H 到 L 上的正交投影(orthogonal projection)，即

$$g=Ph\Leftrightarrow(g\in L)\wedge(h-g\in L^{\perp})$$

性质 6.2.2　如果 P 是 H 到 L 上的正交投影，则 $Ph=h$，$\forall h\in L$。

证明：$\forall h\in L$，由定理 6.1.3，则 $h\in L$ 且 $h-h=0\in L^{\perp}$。由定义 6.2.2，则 $Ph=h$。

性质 6.2.3　如果 $E\in B(H)$且 $E^2=E$，则 $N(I-E)=R(E)$且 $R(E)$是 H 的闭子空间。

证明：$\forall f\in N(I-E)$，则$(I-E)f=0$ 且 $f=Ef\in R(E)$。$\forall f\in R(E)$，则 $\exists h\in H$ 使得 $f=Eh$。故 $f=Eh=E^2h=E(Eh)=Ef$ 且 $f\in N(I-E)$。故 $N(I-E)=R(E)$。

由定理 1.7.6，则 $R(E)$是 H 的子空间。$\forall\{f_n\}\subseteq R(E)$，若$\lim\limits_{n\to\infty}f_n=f$，则 $\exists g_n\in H$ 使得 $Eg_n=f_n$，$\forall n\in\mathbb{N}$。故$\lim\limits_{n\to\infty}Eg_n=\lim\limits_{n\to\infty}f_n=f$。由 $E^2=E$，则

$$Ef=E(\lim_{n\to\infty}f_n)=\lim_{n\to\infty}E(Eg_n)=\lim_{n\to\infty}Eg_n=f$$

故 $f\in R(E)$，$R(E)$是闭子空间。

定理 6.2.6　设 L 是 Hilbert 空间 H 的一个闭子空间，P 是 H 到 L 上的正交投影。

(1) $P\in L(H)$。

(2) $P^2=P$ 且 $\|P\|\leqslant 1$，即 $P\in B(H)$。

(3) $I-P$ 是 H 到 $L^{\perp}$上的正交投影。

(4) $N(P)=L^{\perp}$，$R(P)=L$。

证明：$\forall h\in H$。由于 P 是 H 到 L 上的正交投影，则 $Ph\in L$ 且 $h-Ph\in L^{\perp}$。

(1) $\forall h_1, h_2\in H$，$\forall\lambda_1,\lambda_2\in\mathbb{F}$，则 Ph_1，$Ph_2\in L$ 且 h_1-Ph_1，$h_2-Ph_2\in L^{\perp}$。由于 $L^{\perp}$和 L 是 H 的子空间，则

$$(\lambda_1h_1+\lambda_2h_2)-(\lambda_1Ph_1+\lambda_2Ph_2)=\lambda_1(h_1-Ph_1)+\lambda_2(h_2-Ph_2)\in L^{\perp}$$

且

$$\lambda_1Ph_1+\lambda_2Ph_2\in L$$

由定义 6.2.2，则 $P(\lambda_1h_1+\lambda_2h_2)=\lambda_1Ph_1+\lambda_2Ph_2$。故 $P\in L(H)$。

(2) $\forall h\in H$。由定理 6.1.4，则

$$\|h\|^2=\|(h-Ph)+Ph\|^2=\|h-Ph\|^2+\|Ph\|^2\geqslant\|Ph\|^2$$

故 $\|Ph\|\leqslant\|h\|$。由 h 的任意性，则 $\|P\|\leqslant 1$。故 $P\in B(H)$。

$\forall h\in H$，则 $Ph\in L$。由性质 6.2.2，则 $P^2h=P(Ph)=Ph$。由 h 的任意性，则 $P^2=P$。

(3) $\forall f\in L$，$\forall g\in L^{\perp}$，则$[f, g]=0$。由 g 的任意性，则 $f\in(L^{\perp})^{\perp}$。由 f 的任意性，则 $L\subseteq(L^{\perp})^{\perp}$。$\forall h\in H$，则

$$(I-P)h=h-Ph\in L^{\perp}\text{且 }h-(I-P)h=Ph\in L\subseteq(L^{\perp})^{\perp}$$

由定义 6.2.2，则 $I-P$ 是 H 到 $L^{\perp}$上的正交投影。

(4) $\forall h\in N(P)$，则 $Ph=0$。故 $h=h-Ph\in L^{\perp}$。$\forall h\in L^{\perp}$，则 $0\in L$ 且 $h-0\in L^{\perp}$。由定义 6.2.2，则 $Ph=0$ 且 $h\in N(P)$。故 $N(P)=L^{\perp}$。

定理 6.2.7　设 L 是 Hilbert 空间 H 的一个闭子空间，则

$$(L^{\perp})^{\perp}=L\text{ 且 }H=L\oplus_{\perp}L^{\perp}$$

证明：设 P 是 H 到 L 上的正交投影。由定理 6.2.6(3)，则 $I-P$ 是 H 到 $L^{\perp}$上的正交

投影。由定理 6.2.6(4)和(2)及性质 6.2.3，则$(L^{\perp})^{\perp}=N(I-P)=R(P)=L$。

$\forall f\in H$，取 $g=Ph\in L$ 且 $k=h-Ph\in L^{\perp}$，则 $f=g+k$。因此 $H=L+L^{\perp}$。

$\forall f\in L\cap L^{\perp}$，则 $f\in L$ 且 $f\in L^{\perp}$。故$[f, f]=0$。由内积的正定性，则 $f=0$。因此 $H=L\oplus L^{\perp}$。由$(L^{\perp})^{\perp}=L$，则 $H=L\oplus_{\perp}L^{\perp}$。

推论 6.2.4　设 M 是 Hilbert 空间 H 的一个子空间，则$(M^{\perp})^{\perp}=\overline{M}$。

证明：由 $M\subseteq(M^{\perp})^{\perp}$ 及定理 6.1.3，则 $\overline{M}\subseteq(M^{\perp})^{\perp}$。由 $M\subseteq\overline{M}$ 及性质 6.1.1 可得，$\overline{M}^{\perp}\subseteq M^{\perp}$。由性质 6.1.1 及定理 6.2.7，则$(M^{\perp})^{\perp}\subseteq(\overline{M}^{\perp})^{\perp}=\overline{M}$。因此$(M^{\perp})^{\perp}=\overline{M}$。

6.3　Hilbert 空间中的规范正交基

定义 6.3.1　设 H 是一个内积空间，M 是 H 的一个非空子集。如果 $\forall f, g\in M$ 有 $[f, g]=\begin{cases}1, & f=g\\ 0, & f\neq g\end{cases}$，则称 M 是 H 的一个规范正交系(orthonormal set)。

利用定理 1.1.2 容易证明集合的包含关系是 H 的子空间之集上的一个偏序关系。

定义 6.3.2　如果 B 是 Hilbert 空间 H 的一个极大的规范正交系，则称 B 为 Hilbert 空间 H 的一个规范正交基，简称 B 为 H 的一个基。

定理 6.3.1　设 E 是 Hilbert 空间 H 的一个规范正交系，则存在 H 的一个基 B 使得 $\mathrm{B}\supseteq\mathrm{E}$。

证明：设 $\mathrm{M}=\{A: A\supseteq\mathrm{E}$ 且 A 是 H 的一个规范正交系$\}$。由 E 是 H 的规范正交系，则 $\mathrm{E}\in\mathrm{M}$。故 $\mathrm{M}\neq\varnothing$。设 C 是 M 的一个全序子集，$S=\bigcup\{A: A\in C\}$，则 S 是 C 的一个上界。由 Zorn 引理，则 M 有一个极大元 B。由定义 6.3.2，则 B 是 H 的一个基且 $\mathrm{B}\supseteq\mathrm{E}$。

定理 6.3.2　设 B 是 Hilbert 空间 H 的一个规范正交系，则 B 是 H 的一个基当且仅当 $\mathrm{B}^{\perp}=\{0\}$。

证明：充分性。假设 B 不是 H 的基。由定义 6.3.2，则 B 不是 H 的极大规范正交系。故 $\exists g\in H$ 且 $\|g\|=1$ 使得 $\{g\}\cup\mathrm{B}$ 是 H 的一个规范正交系。由 $g\in\mathrm{B}^{\perp}=\{0\}$，则 $g=0$，产生矛盾。因此 B 是 H 的一个基。

必要性。假设 $\mathrm{B}^{\perp}\neq\{0\}$，则 $\exists g\in\mathrm{B}^{\perp}$ 且 $\|g\|=1$。故 $\mathrm{B}\cup\{g\}$ 是 H 的一个规范正交系且 $\mathrm{B}\cup\{g\}\supseteq\mathrm{B}$，这与 B 是极大的规范正交系矛盾。因此 $\mathrm{B}^{\perp}=\{0\}$。

定义 6.3.3　设 H 和 K 是两个 Hilbert 空间。如果 $T: H\to K$ 是一个线性满射且$[Tx, Ty]=[x, y]$，$\forall x, y\in H$，则称 T 是 $H\to K$ 的同构映射，称 H 和 K 同构(isomorphic)。

注记：如果映射 T 保持内积，则 T 是单射。因此内积空间的同构映射是双射。

定理 6.3.3　设 H 是一个 Hilbert 空间，则 H 的任何两个基有相同的基数。

证明：设 A 和 B 是 H 的两个基，$\alpha=|\mathrm{A}|$，$\beta=|\mathrm{B}|$。

当 $\alpha<\omega$，$\beta<\omega$ 时，由推论 5.6.1，则 H 与 $\mathbb{F}^{\alpha}$ 同构且 H 是 $\mathbb{F}^{\beta}$ 的基。故 $\alpha=\beta$。

当 $\alpha<\omega$，$\beta\geqslant\omega$ 时，则 $\beta\geqslant\omega>\alpha$，这与 A 是 H 的基矛盾。因此这种情形不存在。

当 $\alpha\geqslant\omega$，$\beta\geqslant\omega$ 时，$\forall e\in\mathrm{A}$，定义 $B_e=\{f\in\mathrm{B}: [f, e]\neq0\}$。由参考文献[15]可得，$|B_e|\leqslant\omega$。$\forall g\in\mathrm{B}^{\perp}$，由 B 是 H 的基，则 $g=0$。即 $\forall f\in\mathrm{B}$，$\exists e\in\mathrm{A}$ 使得$[f, e]\neq0$。故 $\mathrm{B}=\bigcup\limits_{e\in A}B_e$ 且 $\beta=|\mathrm{B}|\leqslant\omega\alpha=\alpha$。类似可得，$\alpha\leqslant\beta$。因此 $\alpha=\beta$。

定义 6.3.4　设 B 是 Hilbert 空间 H 的一个基，则称 $|\mathrm{B}|$ 是 H 的维数，记为 $\dim H$。

定理 6.3.4　如果两个 Hilbert 空间 H 和 K 同构，则 $\dim K=\dim H$。

证明： 由于 H 和 K 同构，则存在 $U: H\to K$ 是一个同构映射。设 B 是 H 的一个基。$\forall e, f\in \mathrm{B}$，则 $[Ue, Uf]=[e, f]$。故 $U(\mathrm{B})$ 是 K 的规范正交系。$\forall h\in U(\mathrm{B})^{\perp}$，$\forall y\in \mathrm{B}$，则 $[U^{-1}(h), y]=[h, Uy]=0$ 且 $U^{-1}(h)\in \mathrm{B}^{\perp}$。由定理 6.3.2，则 $\mathrm{B}^{\perp}=\{0\}$，故 $U^{-1}(h)=0$，进而 $h=0$。因此 $U(\mathrm{B})^{\perp}=\{0\}$。由定理 6.3.2，则 $U(\mathrm{B})$ 是 K 的一个基。由于 U 是双射，则 $\dim K=|U(\mathrm{B})|=|\mathrm{B}|=\dim H$。

性质 6.3.1　设 $x_1, x_2, \cdots, x_n$ 是内积空间 H 的一个线性无关组，则存在 H 的一个规范正交系 $\{e_1, e_2, \cdots, e_n\}$ 使得 $\mathrm{L}(e_1, e_2, \cdots, e_n)=\mathrm{L}(x_1, x_2, \cdots, x_n)$。

证明： 当 $n=1$ 时，取 $y_1=x_1$，$e_1=(\|y_1\|)^{-1}y_1$，则 $\|e_1\|=1$。故 $\mathrm{L}(e_1)=\mathrm{L}(x_1)$。当 $n=2$ 时，取 $y_2=x_2-[x_2, e_1]e_1$。由 x_1，x_2 线性无关，则 $y_2\neq 0$。取 $e_2=(\|y_2\|)^{-1}y_2$，则

$$e_2=\frac{1}{\|y_2\|}x_2-\frac{[x_2, e_1]}{\|y_2\|}x_1 \quad 且 \quad x_2=\|y_2\|e_2+[x_2, e_1]e_1$$

故 $\|e_2\|=1$ 且 $L(e_1, e_2)=L(x_1, x_2)$。由

$$[e_2, e_1]=\frac{1}{\|y_2\|}[x_2-[x_2, e_1]e_1, e_1]=\frac{1}{\|y_2\|}([x_2, e_1]-[x_2, e_1][e_1, e_1])=0$$

则 $\{e_1, e_2\}$ 是一个规范正交系。因此 $n=1, 2$ 时，结论成立。

假设 $n=k-1$ 时，结论成立，即存在规范正交系 $\{e_1, e_2, \cdots, e_{k-1}\}$ 使得

$$\mathrm{L}(e_1, e_2, \cdots, e_{k-1})=\mathrm{L}(x_1, x_2, \cdots, x_{k-1})$$

当 $n=k$ 时，定义 $y_k=x_k-\sum_{i=1}^{k-1}[x_k, e_i]e_i$。由 $x_1, x_2, \cdots, x_k$ 线性无关，则 $y_k\neq 0$。取 $e_k=(\|y_k\|)^{-1}y_k$，$\forall j=1, 2, \cdots, k-1$，则

$$\begin{aligned}[e_k, e_j]&=\frac{1}{\|y_k\|}[y_k, e_j]=\frac{1}{\|y_k\|}\left([x_k, e_j]-\sum_{i=1}^{k-1}[x_k, e_i][e_i, e_j]\right)\\&=\frac{1}{\|y_k\|}([x_k, e_j]-[x_k, e_j])=0\end{aligned}$$

因此 $\{e_1, e_2, \cdots, e_k\}$ 是一个规范正交系且 $L(e_1, e_2, \cdots, e_k)=L(x_1, x_2, \cdots, x_k)$。由数学归纳法，则存在规范正交系 $\{e_1, e_2, \cdots, e_n\}$ 使得 $L(e_1, e_2, \cdots, e_n)=L(x_1, x_2, \cdots, x_n)$。

注记： 上述由线性无关组构造规范正交系的方法称为 Gram-Schmidt 正交化方法。

例 6.3.1　设 $\{1, t, t^2, \cdots, t^n, \cdots\}$ 是 $\mathrm{L}^2[-1, 1]$ 中的线性无关组。求 $\mathrm{L}^2[-1, 1]$ 的一个规范正交系。

解： 由 $\int_{-1}^{1}1^2\,\mathrm{d}x=2$，取 $P_0(t)=\sqrt{\frac{1}{2}}$。由

$$Q_1(t)=t-\left[t, \frac{1}{\sqrt{2}}\right]\frac{1}{\sqrt{2}}=t-\frac{1}{\sqrt{2}}\int_{-1}^{1}\frac{t}{\sqrt{2}}\mathrm{d}t=t$$

则

$$\|Q_1(t)\|=\sqrt{\int_{-1}^{1}t^2\,\mathrm{d}t}=\sqrt{\frac{2}{3}}$$

取 $P_1(t)=\dfrac{1}{\| Q_1(t) \|}Q_1(t)=\sqrt{\dfrac{3}{2}}t$，由于

$$Q_2(t)=t^2-\left[t^2, \frac{1}{\sqrt{2}}\right]\frac{1}{\sqrt{2}}-\left[t^2, \sqrt{\frac{3}{2}}t\right]\sqrt{\frac{3}{2}}t=t^2-\frac{1}{2}\int_{-1}^{1}t^2\mathrm{d}t-\frac{3}{2}t\int_{-1}^{1}t^3\mathrm{d}t=t^2-\frac{1}{3}$$

则

$$\| Q_2(t) \| = \sqrt{\int_{-1}^{1}\left(t^2-\frac{1}{3}\right)^2\mathrm{d}t}=\frac{2}{3}\sqrt{\frac{2}{5}}$$

取 $P_2(t)=\dfrac{1}{\| Q_2(t) \|}Q_2(t)=\sqrt{\dfrac{5}{2}}\dfrac{1}{2}(3t^2-1)$，类似地，

$$P_n(t)=\sqrt{\frac{2n+1}{2}}\frac{1}{2^n n!}\frac{\mathrm{d}^n(t^2-1)^n}{\mathrm{d}t^n}, \quad \forall n\in\mathbb{N}$$

这就是 Legendre 多项式。

下面介绍另一种常用的正交化方法，它与 Gram - Schmidt 正交化方法在本质上等价。

设 $x_1, x_2, \cdots, x_n$ 是实内积空间 H 的一个线性无关组，$g_n=|G(x_1, x_2, \cdots, x_n)|$。令 $u_1=\dfrac{1}{\sqrt{g_1}}x_1=\dfrac{1}{\| x_1 \|}x_1$。当 $n\geqslant 2$ 时，令

$$u_n=\begin{vmatrix} [x_1, x_1] & \cdots & [x_1, x_{n-1}] & x_1 \\ [x_2, x_1] & \cdots & [x_2, x_{n-1}] & x_2 \\ \vdots & & \vdots & \vdots \\ [x_n, x_1] & \cdots & [x_n, x_{n-1}] & x_n \end{vmatrix}$$

则 u_n 是向量组 $x_1, x_2, \cdots, x_n$ 的线性组合。$\forall j=1, 2, \cdots, n-1$，由内积的线性性及行列式的性质，则

$$[u_n, x_j]=\left[\begin{vmatrix} [x_1, x_1] & \cdots & [x_1, x_{n-1}] & x_1 \\ [x_2, x_1] & \cdots & [x_2, x_{n-1}] & x_2 \\ \vdots & & \vdots & \vdots \\ [x_n, x_1] & \cdots & [x_n, x_{n-1}] & x_n \end{vmatrix}, x_j\right]$$

$$=\begin{vmatrix} [x_1, x_1] & \cdots & [x_1, x_{n-1}] & [x_1, x_j] \\ [x_2, x_1] & \cdots & [x_2, x_{n-1}] & [x_2, x_j] \\ \vdots & & \vdots & \vdots \\ [x_n, x_1] & \cdots & [x_n, x_{n-1}] & [x_n, x_j] \end{vmatrix}=0$$

由

$$[u_n, x_n]=\begin{vmatrix} [x_1, x_1] & \cdots & [x_1, x_{n-1}] & [x_1, x_n] \\ [x_2, x_1] & \cdots & [x_2, x_{n-1}] & [x_2, x_n] \\ \vdots & & \vdots & \vdots \\ [x_n, x_1] & \cdots & [x_n, x_{n-1}] & [x_n, x_n] \end{vmatrix}=g_n$$

及 u_n 是 $x_1, x_2, \cdots, x_n$ 的线性组合，则

$$[u_n, u_n]=\begin{vmatrix}[x_1, x_1] & \cdots & [x_1, x_{n-1}] & [x_1, u_n]\\ [x_2, x_1] & \cdots & [x_2, x_{n-1}] & [x_2, u_n]\\ \vdots & & \vdots & \vdots\\ [x_n, x_1] & \cdots & [x_n, x_{n-1}] & [x_n, u_n]\end{vmatrix}$$

$$=\begin{vmatrix}[x_1, x_1] & \cdots & [x_1, x_{n-1}] & 0\\ [x_2, x_1] & \cdots & [x_2, x_{n-1}] & 0\\ \vdots & & \vdots & \vdots\\ [x_n, x_1] & \cdots & [x_n, x_{n-1}] & g_n\end{vmatrix}=g_n g_{n-1}$$

当 $n\geqslant 2$ 时，令 $e_n=\dfrac{1}{\sqrt{g_n g_{n-1}}}u_n$。令 $e_1=u_1$，则$\{e_1, e_2, \cdots, e_n, \cdots\}$是一个规范正交系。

性质 6.3.2 设$\{e_1, e_2,\cdots,e_n\}$是 Hilbert 空间 H 的一个规范正交系，$M=\mathrm{L}(e_1, e_2,\cdots,e_n)$，$x\in H$，则 $E_M(x)=\sqrt{\|x\|^2-\sum_{k=1}^{n}|[x, e_k]|^2}$ 且 $\arg E_M(x)=\sum_{k=1}^{n}[x, e_k]e_k$。

证明： 由$\{e_1, e_2, \cdots, e_n\}$是规范正交系，则

$$G(e_1, e_2, \cdots, e_n)=I_n \text{ 且 } |G(e_1, e_2, \cdots, e_n)|=1$$

因此

$$|G(e_1, e_2, \cdots, e_n, x)|=\sum_{k=1}^{n}(-1)^{2(n+k)+1}|[x, e_k]|^2+(-1)^{2n+2}\|x\|^2$$

$$=\|x\|^2-\sum_{k=1}^{n}|[x, e_k]|^2$$

由定理 6.2.5，则

$$E_M(x)=\sqrt{\frac{|G(e_1, e_2, \cdots, e_n, x)|}{|G(e_1, e_2, \cdots, e_n)|}}=\sqrt{\|x\|^2-\sum_{k=1}^{n}|[x, e_k]|^2}$$

由$\{e_1, e_2, \cdots, e_n\}$是规范正交系，则求最佳逼近元的方程组 $\sum_{j=1}^{n}\lambda_j[e_j, e_k]=[x, e_k]$ 等价于 $\lambda_k=[x, e_k]$，$k=1, 2, \cdots, n$。故 $\arg E_M(x)=\sum_{k=1}^{n}[x, e_k]e_k$。

定义 6.3.5 设$\{e_n\}$是 Hilbert 空间 H 的一个规范正交系，$x\in H$，则称向量级数 $\sum_{n=1}^{\infty}[x, e_n]e_n$ 为向量 x 按规范正交系$\{e_n\}$展开的 Fourier 级数，称$[x, e_k]$为向量 x 关于规范正交系$\{e_n\}$的 Fourier 系数。

上述定义引出了以下两个问题：

(1) 向量级数 $\sum_{n=1}^{\infty}[x, e_n]e_n$ 是否收敛？

(2) 向量级数 $\sum_{n=1}^{\infty}[x, e_n]e_n$ 是否收敛于向量 x？

性质 6.3.3 设$\{e_n\}$是 Hilbert 空间 H 的一个规范正交系，$x\in H$，则向量级数

$\sum_{n=1}^{\infty}[x, e_n]e_n$ 收敛且有 Bessel 不等式：$\sum_{n=1}^{\infty}|[x, e_n]|^2 \leqslant \|x\|^2$。

证明： 由$\{e_n\}$是规范正交系，则

$$\|x\|^2 - \sum_{k=1}^{n}|[x, e_k]|^2 = |G(e_1, e_2, \cdots, e_n, x)| \geqslant 0$$

即$\sum_{k=1}^{n}|[x, e_k]|^2 \leqslant \|x\|^2$。故$\left\{\sum_{k=1}^{n}|[x, e_k]|^2\right\}$有界，则$\sum_{n=1}^{\infty}|[x, e_n]|^2$收敛且$\sum_{n=1}^{\infty}|[x, e_n]|^2 \leqslant \|x\|^2$。

设$x_n = \sum_{k=1}^{n}[x, e_k]e_k$，由于$\sum_{n=1}^{\infty}|[x, e_n]|^2$收敛，则$\forall \varepsilon > 0$，$\exists m$，$\forall n > m$，$\forall p \in \mathbb{N}$有

$$\|x_{n+p} - x_n\|^2 = \left\|\sum_{k=n+1}^{n+p}[x, e_k]e_k\right\|^2 = \sum_{k=n+1}^{n+p}\|[x, e_k]e_k\|^2 = \sum_{k=n+1}^{n+p}|[x, e_k]|^2 < \varepsilon^2$$

故$\{x_n\}$是 H 中的 Cauchy 列。由 H 是完备的，则$\{x_n\}$收敛，即$\sum_{n=1}^{\infty}[x, e_n]e_n$收敛。

定义 6.3.6 设$\{e_n\}$是 Hilbert 空间 H 的规范正交系。若$\forall x \in H$有$\sum_{n=1}^{\infty}[x, e_n]e_n$收敛于 x，即$\sum_{n=1}^{\infty}[x, e_n]e_n = x$，则称规范正交系$\{e_n\}$是完全的(complete)。

定理 6.3.5 设$\{e_n\}$是 Hilbert 空间 H 的一个规范正交系。下列命题等价：

(1) $\{e_n\}$是完全的，即$\sum_{n=1}^{\infty}[x, e_n]e_n = x$，$\forall x \in H$；

(2) Parseval 等式：$\|x\|^2 = \sum_{n=1}^{\infty}|[x, e_n]|^2$，$\forall x \in H$；

(3) $\{e_n\}^{\perp} = \{0\}$；

(4) $\{e_n\}$是 H 的一个基。

证明： (1) ⇒(2)。$\forall x \in H$，由(1) 可得，$\sum_{n=1}^{\infty}[x, e_n]e_n = x$。设$x_n = \sum_{k=1}^{n}[x, e_k]e_k$，则$\lim\limits_{n\to\infty}x_n = x$。由范数的连续性及定理 6.1.4，则

$$\begin{aligned}\|x\|^2 &= \|\lim_{n\to\infty}x_n\|^2 = (\lim_{n\to\infty}\|x_n\|)^2 = \lim_{n\to\infty}(\|x_n\|^2)\\ &= \lim_{n\to\infty}\left\|\sum_{k=1}^{n}[x, e_k]e_k\right\|^2 = \lim_{n\to\infty}\left(\sum_{k=1}^{n}|[x, e_k]|^2\|e_k\|^2\right)\\ &= \sum_{k=1}^{\infty}|[x, e_k]|^2\end{aligned}$$

(2)⇒(3)。$\forall x \in \{e_n\}^{\perp}$，则$[x, e_n]=0$，$\forall n \in \mathbb{N}$。由(2)，则

$$\|x\|^2 = \sum_{n=1}^{\infty}|[x, e_n]|^2 = 0$$

由范数的正定性，则 $x=0$。因此$\{e_n\}^{\perp}=\{0\}$。

(3)⇒(1)。$\forall x\in H$，由性质 6.3.3，则 $\sum_{n=1}^{\infty}[x, e_n]e_n$ 收敛，设 $x_n=\sum_{k=1}^{n}[x, e_k]e_k$，故 $\exists y\in H$ 使得$\sum_{n=1}^{\infty}[x, e_n]e_n=\lim_{n\to\infty}x_n=y$。$\forall n, m\in\mathbb{N}$，$n>m$ 有

$$
\begin{aligned}
[x_n-x, e_m]&=\left[\sum_{k=1}^{n}[x, e_k]e_k, e_m\right]-[x, e_m]=\sum_{k=1}^{n}[x, e_k][e_k, e_m]-[x, e_m]\\
&=[x, e_m]-[x, e_m]=0
\end{aligned}
$$

$\forall m\in\mathbb{N}$，由定理 6.1.1，则$[y-x, e_m]=[\lim_{n\to\infty}x_n-x, e_m]=\lim_{n\to\infty}[x_n-x, e_m]=0$。由(3)，则 $y-x\in\{e_n\}^{\perp}=\{0\}$，即 $x=y=\sum_{n=1}^{\infty}[x, e_n]e_n$。由定义 6.3.6，则$\{e_n\}$是完全的。

(3)⇔(4)。由定理 6.3.2，则$\{e_n\}$是 H 的一个基当且仅当$\{e_n\}^{\perp}=\{0\}$。

例 6.3.2 求证：Legendre 多项式系$\{P_0(t), P_1(t), P_2(t), \cdots, P_n(t), \cdots\}$是 $L^2[-1, 1]$的一个基。

证明：由 Gram-Schmidt 正交化方法，则$\{P_0(t), P_1(t), P_2(t), \cdots, P_n(t), \cdots\}$是 $L^2[-1, 1]$中的一个规范正交系。

$\forall f\in L^2[-1, 1]$，$\forall n=0, 1, 2, \cdots$ 有$[f, P_n]=0$，则$\int_{-1}^{1}t^n f(t)\mathrm{d}t=0$。

$\forall t\in[-1, 1]$，定义 $F(t)=\int_{-1}^{t}f(u)\mathrm{d}u$。当 $n=0$，则 $F(1)=\int_{-1}^{1}1f(t)\mathrm{d}t=0$。

由 $F(-1)=0$，则 $\forall n\in\mathbb{N}$ 有

$$
\int_{-1}^{1}t^n F(t)\mathrm{d}t=\frac{t^{n+1}}{n+1}F(t)\Big|_{-1}^{1}-\frac{1}{n+1}\int_{-1}^{1}t^{n+1}f(t)\mathrm{d}t=0
$$

故 $F(t)$ 与任意多项式正交。由 $F(t)$ 连续及 Weirestrass 定理，则 $\forall\varepsilon\in(0, 1)$ 存在多项式 $Q(t)=\sum_{i=0}^{n}a_i t^i$ 使得 $|F(t)-Q(t)|<\varepsilon$，$\forall t\in[-1, 1]$。由$\int_{-1}^{1}Q(t)F(t)\mathrm{d}t=0$ 及 Cauchy 不等式可得

$$
\begin{aligned}
\|F\|^2&=\int_{-1}^{1}F^2(t)\mathrm{d}t=\int_{-1}^{1}F(t)(F(t)-Q(t))\mathrm{d}t\leqslant\int_{-1}^{1}|F(t)||F(t)-Q(t)|\mathrm{d}t\\
&<\varepsilon\int_{-1}^{1}1\cdot|F(t)|\mathrm{d}t\leqslant\varepsilon\sqrt{\int_{-1}^{1}1^2\mathrm{d}t}\sqrt{\int_{-1}^{1}|F(t)|^2\mathrm{d}t}\\
&=\sqrt{2}\varepsilon\|F\|
\end{aligned}
$$

由 ε 的任意性，则 $\|F\|=0$，则 $F(t)=0$, a. e. 。故 $f(t)=F'(t)=0$, a. e. 。由定理6.3.6，则$\{P_0(t), P_1(t), P_2(t), \cdots, P_n(t), \cdots\}$是 $L^2[-1, 1]$的一个基。

下面指出 Hilbert 空间一个有趣的性质，它可以理解为最佳逼近问题的逆问题。

性质 6.3.4 设$\{L_n\}$是 Hilbert 空间 H 的递增的闭子空间列，即$\forall n\in\mathbb{N}$，$L_n\subseteq L_{n+1}$ 且 $L_0=\{0\}$，$\{a_n\}$是非负递减数列且$\lim_{n\to\infty}a_n=0$，则$\exists x\in H$ 使得$d(x, L_n)=a_n$，$n=0, 1, 2, \cdots$。

证明：$\forall n\in\mathbb{N}$，定义 $E_n=L_{n+1}\cap L_n^{\perp}$，任取 $a_0>a_1$，$x_n\in E_n$ 且 $\|x_n\|=$

$\sqrt{a_{n-1}^2-a_n^2}$。$\forall m,n\in\mathbb{N}$，$m>n$，则 $x_m\in L_m{}^{\perp}\subseteq L_{n+1}{}^{\perp}$ 且 $x_n\in L_{n+1}$，故$\{x_n\}$是正交系。由定理 6.1.4，则

$$\left\|\sum_{k=n+1}^{m}x_k\right\|^2=\sum_{k=n+1}^{m}\|x_k\|^2=\sum_{k=n+1}^{m}(a_{k-1}^2-a_k^2)=a_n^2-a_m^2$$

由$\lim\limits_{n\to\infty}a_n^2=0$，则$\{a_n^2\}$是 Cauchy 列。

由于$\{a_n\}$是非负递减数列，则 $\forall\varepsilon>0$，$\exists N$，$\forall m,n\in\mathbb{N}$，$m>n>N$ 有

$$\left\|\sum_{k=n+1}^{m}x_k\right\|^2=a_n^2-a_m^2=|a_n^2-a_m^2|<\varepsilon^2\text{，即 }\left\|\sum_{k=n+1}^{m}x_k\right\|<\varepsilon$$

由 Cauchy 准则及 H 的完备性，则$\sum\limits_{k=1}^{\infty}x_k$ 在 H 中收敛。不妨设$\sum\limits_{k=1}^{\infty}x_k=x$。

下面证明 x 满足 $d(x,L_n)=a_n$，$n=0,1,2,\cdots$。由于 $L_0=\{0\}$ 及性质 6.1.4，则

$$d(x,L_0)=\|x\|=\left\|\sum_{k=1}^{\infty}x_k\right\|=\sqrt{\left\|\sum_{k=1}^{\infty}x_k\right\|^2}=\sqrt{\sum_{k=1}^{\infty}\|x_k\|^2}$$
$$=\sqrt{\sum_{k=1}^{\infty}(a_{k-1}^2-a_k^2)}=a_0$$

$\forall n\in\mathbb{N}$ 且 $k>n$，则 $x_k\in L_k^{\perp}\subseteq L_n^{\perp}$，故 $x-\sum\limits_{k=1}^{n}x_k=\lim\limits_{m\to\infty}\sum\limits_{k=n+1}^{m}x_k\in L_n^{\perp}$。当 $1\leqslant k\leqslant n$ 时，则 $x_k\in L_{k+1}\subseteq L_n$，进而$\sum\limits_{k=1}^{n}x_k\in L_n$。由定理 6.2.2，则$\sum\limits_{k=1}^{n}x_k=\arg E_{L_n}(x)$。

$\forall n\in\mathbb{N}$，由定理 6.2.1，则

$$d(x,L_n)=\left\|x-\sum_{k=1}^{n}x_k\right\|=\left\|\lim_{m\to\infty}\sum_{k=n+1}^{m}x_k\right\|=\sqrt{\lim_{m\to\infty}\sum_{k=n+1}^{m}\|x_k\|^2}$$
$$=\sqrt{\lim_{m\to\infty}\sum_{k=n+1}^{m}(a_{k-1}^2-a_k^2)}=a_n$$

定理 6.3.6 设 H 是一个复 Hilbert 空间。

(1) 如果 H 有一个可数的基，则 H 是可分的。

(2) 如果 H 是可分的，则 H 的每一个基都是可数集。

证明：(1) 设$\{e_n\}$是 H 的一个可数基。由定理 6.3.6，则$\{e_n\}$是完全的。定义集合

$$A=\left\{\sum_{k=1}^{n}\gamma_k^{(n)}e_k:\gamma_k^{(n)}=a_k^{(n)}+\mathrm{i}b_k^{(n)},\ a_k^{(n)},\ b_k^{(n)}\in\mathbb{Q},\ n\in\mathbb{N}\right\}$$

则 A 是可数集。由定义 6.3.6，则 $\forall x\in H$ 有$\sum\limits_{n=1}^{\infty}[x,e_n]e_n=x$。故 $\forall\varepsilon>0$，$\exists m\in\mathbb{N}$ 使得 $\left\|x-\sum\limits_{k=1}^{m}[x,e_k]e_k\right\|<\dfrac{\varepsilon}{2}$。由$\mathbb{Q}$在$\mathbb{R}$中是稠密的，则对任意$[x,e_k]$，$\exists a_k^{(m)}$，$b_k^{(m)}\in\mathbb{Q}$使得 $\gamma_k^{(m)}=a_k^{(m)}+\mathrm{i}b_k^{(m)}$ 且$|[x,e_k]-\gamma_k^{(m)}|<\dfrac{\varepsilon}{2m}$。

对上述 ε，取 $y=\sum\limits_{k=1}^{m}\gamma_k^{(m)}e_k$，则 $y\in A$ 且

$$\begin{aligned}\| x-y \| &\leqslant \left\| x-\sum_{k=1}^{m}[x, e_k]e_k \right\| + \left\| \sum_{k=1}^{m}([x, e_k]-\gamma_k^{(m)})e_k \right\| \\ &< \frac{\varepsilon}{2}+\sum_{k=1}^{m}\left|[x, e_k]-\gamma_k^{(m)}\right| < \varepsilon\end{aligned}$$

故 A 在 H 中是稠密的。因此 H 是可分的。

(2) 设 M 是 H 的可数稠密子集，B 是 H 的一个基。$\forall x, y\in B$，则

$$\| x-y \| = \sqrt{\| x \|^2+\| y \|^2}=\sqrt{2}$$

因此 $S\left(x, \frac{\sqrt{2}}{3}\right)\cap S\left(y, \frac{\sqrt{2}}{3}\right)=\varnothing$。由 M 在 H 中是稠密的，则存在 $b_x\in M\cap S\left(x, \frac{\sqrt{2}}{3}\right)$ 和 $b_y\in M\cap S\left(y, \frac{\sqrt{2}}{3}\right)$。故 $b_x\neq b_y$。设 $f: B\to M$ 为 $f(x)=b_x$，则 f 是单射。由 M 是可数集及定理 3.2.4，则 B 是可数集。

定理 6.3.7 设 H 是无穷维 Hilbert 空间，则 H 是可分的当且仅当 $\dim H=\omega$。

证明: 必要性。由定理 6.3.6(2)，则 H 的每一个基是可数集。故 $\dim H=\omega$。

充分性。设 B 是 H 的一个基，则 B 是可数集。由性质 6.1.2 及定理 6.3.2，则 $\overline{\mathrm{B}}^{\perp}=\mathrm{B}^{\perp}=\{0\}$。因此 $\overline{\mathrm{B}}=H$。故 H 有一个可数的稠密子集 B。因此 H 是可分的。

6.4 仿射流形中的最佳逼近

本节研究的矩阵，向量和方程组等都定义在实数域$\mathbb{R}$上。

定义 6.4.1 设 $m\times n$ 维矩阵 A 的列向量为 $\alpha_1, \alpha_2, \cdots, \alpha_n$，$R(A)=L(\alpha_1, \alpha_2, \cdots, \alpha_n)$，$b$ 为 m 维列向量。

(1) 如果 $b\notin R(A)$，则称线性方程组 $Ax=b$ 是矛盾方程组。

(2) 如果 $\widetilde{b}=\arg E_{R(A)}(b)$，则称 $Ax=\widetilde{b}$ 的解为矛盾方程组 $Ax=b$ 的最小二乘解。

例 6.4.1(矛盾线性方程组的最小二乘解) 设 $A=(\alpha_1, \alpha_2, \cdots, \alpha_n)$为 $m\times n$ 矩阵，b 为 m 维列向量，$R(A)=\mathrm{L}(\alpha_1, \alpha_2, \cdots, \alpha_n)$。当 $\alpha_1, \alpha_2, \cdots, \alpha_n$ 线性无关且 $b\notin R(A)$时，求矛盾方程组 $Ax=b$ 的最小二乘解。

解: 设 $\widetilde{b}=\arg E_{R(A)}(b)$。由于 $Ax=\widetilde{b}$，则$(A^{\mathrm{T}}A)x=A^{\mathrm{T}}(Ax)=A^{\mathrm{T}}\widetilde{b}$。由 $\alpha_1, \alpha_2, \cdots, \alpha_n$ 是线性无关的及定理 6.2.4，则系数矩阵 $A^{\mathrm{T}}A=G(\alpha_1, \alpha_2, \cdots, \alpha_n)$可逆。故矛盾方程组 $Ax=b$ 的最小二乘解为 $x=(A^{\mathrm{T}}A)^{-1}A^{\mathrm{T}}\widetilde{b}$。

首先研究第一类仿射流形 $M=x_0+L$，其中 $x_0\in H$，L 为 Hilbert 空间 H 的闭子空间。

定理 6.4.1 设 L 是 Hilbert 空间 H 的一个闭子空间，$x_0\in H$，$x\in H$，则 x 关于闭仿射流形 $M=x_0+L$ 存在唯一最佳逼近元 $\arg E_M(x)=\widetilde{x}=x_0+\arg E_L(x-x_0)$且 $x-\widetilde{x}\in L^{\perp}$。

证明: 由推论 6.2.1，设 $\widetilde{y}=\arg E_L(x-x_0)$。取 $\widetilde{x}=x_0+\widetilde{y}$，则 $\widetilde{x}\in M$。由

$$E_M(x)=\inf_{v\in M}\| x-v \|=\inf_{y\in L}\| (x-x_0)-y \|=E_L(x-x_0)$$

则 x 在 M 中的最佳逼近问题等价于 $x-x_0$ 在 L 中的最佳逼近问题。

由 $$E_M(x)=E_L(x-x_0)=\|(x-x_0)-\tilde{y}\|=\|x-\tilde{x}\|$$
则 $\arg E_M(x)=\tilde{x}=x_0+\arg E_L(x-x_0)$ 且 $x-\tilde{x}=(x-x_0)-\tilde{y}\in L^{\perp}$。

当 $x=0$ 时，则 0 关于 M 的最佳逼近元即为 M 中的最小范数元。因此有下述推论。

推论 6.4.1 闭仿射流形 $M=x_0+L$ 存在唯一的最小范数元 $\tilde{x}$ 且 $\tilde{x}\in M\cap L^{\perp}$。

方程组 $Ax=b$ 有解当且仅当 $b\in R(A)$，方程组的解不一定唯一。应用中关心的是该方程组的最小范数解。

在综合数字计算机控制系统的控制输出序列时，可以得到一个具有无穷多解的线性方程组。每一组解对应于能达到控制目标的控制输出序列，而控制输出序列的能量与该解的范数成正比。故最小范数解相当于实现同一控制目标的最小能量控制。

引理 6.4.1 设 A 为 $m\times n$ 维矩阵，则 $N(A)^{\perp}=R(A^{\mathrm{T}})$，其中 $N(A)=\{x\in\mathbb{R}^n: Ax=0\}$。

证明： $\forall f\in R(A^{\mathrm{T}})$，则 $\exists g\in\mathbb{R}^m$ 使得 $f=A^{\mathrm{T}}g$。$\forall h\in N(A)$，则 $Ah=0$。因此
$$[f,h]=f^{\mathrm{T}}h=(A^{\mathrm{T}}g)^{\mathrm{T}}h=(g^{\mathrm{T}}A)h=g^{\mathrm{T}}(Ah)=g^{\mathrm{T}}0=0$$
由 h 的任意性，则 $f\in N(A)^{\perp}$。由 f 的任意性，则 $R(A^{\mathrm{T}})\subseteq N(A)^{\perp}$。

$\forall f\in R(A^{\mathrm{T}})^{\perp}$，$\forall g\in\mathbb{R}^m$，则$[g,Af]=g^{\mathrm{T}}(Af)=(A^{\mathrm{T}}g)^{\mathrm{T}}f=[A^{\mathrm{T}}g,f]=0$。由 g 的任意性，则 $Af=0$，即 $f\in N(A)$。由 f 的任意性，则 $R(A^{\mathrm{T}})^{\perp}\subseteq N(A)$。由推论 6.2.3 及推论 5.6.2，则 $N(A)^{\perp}\subseteq(R(A^{\mathrm{T}})^{\perp})^{\perp}=\overline{R(A^{\mathrm{T}})}=R(A^{\mathrm{T}})$。故 $N(A)^{\perp}=R(A^{\mathrm{T}})$。

例 6.4.2（线性方程组的最小范数解） 设 β_1^{T}，β_2^{T}，…，β_m^{T} 分别为 $m\times n$ 维矩阵 A 按行分块所得向量，即 $A=(\beta_1,\beta_2,\cdots,\beta_m)^{\mathrm{T}}$，$b$ 为 m 维列向量。当 β_1，β_2，…，β_m 线性无关且 $b\in R(A)$时，求线性方程组 $Ax=b$ 的最小范数解。

解： 设方程组 $Ax=b$ 对应的齐次方程为 $Ax=0$，它的解空间 $N(A)$是$\mathbb{R}^n$的闭子空间。设 $x_0\in\mathbb{R}^n$是 $Ax=b$ 的某一个解，则 $Ax=b$ 的解集 $M=x_0+N(A)$是$\mathbb{R}^n$的一个仿射流形。因此 $Ax=b$ 的最小范数解就是仿射流形 M 的最小范数元。

由推论 6.4.1 及引理 6.4.1，则存在唯一最小范数元 $\tilde{x}\in N(A)^{\perp}=R(A^{\mathrm{T}})$且 $\tilde{x}\in M$。由于 $\tilde{x}\in R(A^{\mathrm{T}})=L(\beta_1,\beta_2,\cdots,\beta_m)$，则 $\exists y\in\mathbb{R}^m$ 使得 $\tilde{x}=A^{\mathrm{T}}y$。由 $\tilde{x}\in M$，则
$$(AA^{\mathrm{T}})y=A\tilde{x}=b$$
由 β_1，β_2，…，β_m 线性无关，则 $AA^{\mathrm{T}}=G(\beta_1,\beta_2,\cdots,\beta_m)$可逆。故 $y=(AA^{\mathrm{T}})^{-1}b$。因此 $Ax=b$ 的最小范数解为 $\tilde{x}=A^{\mathrm{T}}y=A^{\mathrm{T}}(AA^{\mathrm{T}})^{-1}b$。

例 6.4.3（一类最优控制问题解的存在性与唯一性） 设 $f(x,t)$是已知的二元函数。一个连续系统为 $\dot{x}(t)=f(x,t)$，$0\leqslant t\leqslant T$，其初始状态 $x(0)=x_0$。在系统中增加一个未知的控制函数 $u(t)$使得 $\dot{x}(t)=f(x,u,t)$，$0\leqslant t\leqslant T$。在时间间隔$[0,T]$内，取控制能量消耗的性能指标为 $J(x,u)=\int_0^T(x^2(t)+u^2(t))\mathrm{d}t$。当 $f(x,u,t)=u(t)$，$0\leqslant t\leqslant T$ 时，求满足 $\dot{x}(t)=u(t)$，$0\leqslant t\leqslant T$ 及 $x(0)=x_0$ 的 $\tilde{x}(t)$ 和 $\tilde{u}(t)$ 使得性能指标 $J(x,u)$ 达到最小。

解： 将 $\dot{x}(t)=u(t)$ 和 $x(0)=x_0$ 改写为等价的积分方程：$x(t)=x_0+\int_0^t u(s)\mathrm{d}s$。

定义 $H=\{(x,u): x(t),u(t)\in L^2[0,T]\}$。设$(x_1,u_1)$，$(x_2,u_2)\in H$，定义 H 上的内积为

$$[(x_1, u_1), (x_2, u_2)] = \int_0^T (x_1(t)x_2(t) + u_1(t)u_2(t))\mathrm{d}t$$

由定义 6.1.1 可证 H 是 Hilbert 空间。

设 $L = \{(x, u) \in H: x(t) = \int_0^t u(s)\mathrm{d}s\}$。$\forall (x_1, u_1), (x_2, u_2) \in L$，$\forall \lambda_1, \lambda_2 \in \mathbb{R}$，则

$$(\lambda_1 x_1 + \lambda_2 x_2)(t) = \lambda_1 x_1(t) + \lambda_2 x_2(t) = \lambda_1\left(\int_0^t u_1(s)\mathrm{d}s\right) + \lambda_2\left(\int_0^t u_2(s)\mathrm{d}s\right)$$
$$= \int_0^t (\lambda_1 u_1(s) + \lambda_2 u_2(s))\mathrm{d}s = \int_0^t (\lambda_1 u_1 + \lambda_2 u_2)(s)\mathrm{d}s$$

故 $\lambda_1(x_1, u_1) + \lambda_2(x_2, u_2) = (\lambda_1 x_1 + \lambda_2 x_2, \lambda_1 u_1 + \lambda_2 u_2) \in L$。因此 L 是 H 的子空间。

$\forall \{(x_n, u_n)\} \subseteq L$，若 $\lim\limits_{n\to\infty}(x_n, u_n) = (x, u)$，则 $\lim\limits_{n\to\infty} x_n = x$ 且 $\lim\limits_{n\to\infty} u_n = u$。

令 $y(t) = \int_0^t u(s)\mathrm{d}s$。$\forall n \in \mathbb{N}$，由 $x_n(t) = \int_0^t u_n(s)\mathrm{d}s$，则

$$y(t) - x_n(t) = \int_0^t (u(s) - u_n(s))\mathrm{d}s$$

由 Cauchy 不等式可得

$$|y(t) - x_n(t)|^2 \leqslant \left(\int_0^t |u(s) - u_n(s)| 1\mathrm{d}s\right)^2 \leqslant \int_0^t |u(s) - u_n(s)|^2 \mathrm{d}s \int_0^t 1^2 \mathrm{d}s$$
$$\leqslant \int_0^T |u(s) - u_n(s)|^2 \mathrm{d}s \int_0^T 1^2 \mathrm{d}s = T\|u - u_n\|^2$$

故 $\|y - x_n\|^2 = \int_0^T |y(t) - x_n(t)|^2 \mathrm{d}t \leqslant T^2 \|u - u_n\|^2$，进而 $\|y - x_n\| \leqslant T\|u - u_n\|$。

由 $\lim\limits_{n\to\infty} u_n = u$，则 $y = \lim\limits_{n\to\infty} x_n = x$。因此 $x(t) = y(t) = \int_0^t u(s)\mathrm{d}s$，即 $(x, u) \in L$。故 L 是 H 的闭子空间。设 $M = (x_0, 0) + L$，则 $M = \{(x, u) \in H: x(t) = x_0 + \int_0^t u(s)\mathrm{d}s\}$ 且 M 是 H 的闭仿射流形。由 $J(x, u) = \int_0^T (x^2(t) + u^2(t))\mathrm{d}t = \|(x, u)\|^2$，则所求问题等价于求闭仿射流形 M 的最小范数元 $(\tilde{x}, \tilde{u})$。由推论 6.4.1，则 M 存在唯一的最小范数元 $(\tilde{x}, \tilde{u})$。

其次研究第二类仿射流形 $M = x_0 + E^\perp$，其中 $x_0 \in H$，E 为 H 的非空子集。

定理 6.4.2　设 $y_1, y_2, \cdots, y_n$ 是实 Hilbert 空间 H 的一个线性无关组，$c_1, c_2, \cdots, c_n$ 是已知的实常数，$M = \{x \in H: [x, y_i] = c_i, i = 1, 2, \cdots, n\}$，则 M 是 H 的闭仿射流形。如果 $x_0 \in M$ 且 $E = L(y_1, y_2, \cdots, y_n)$，则 $M = x_0 + E^\perp$。

证明：$\forall f, g \in M$，$\forall \lambda, \mu \in \mathbb{R}$，$\lambda + \mu = 1$，则

$$[f, y_i] = c_i, [g, y_i] = c_i, i = 1, 2, \cdots, n$$

由定义 6.1.1，则

$$[\lambda f + \mu g, y_i] = \lambda[f, y_i] + \mu[g, y_i] = (\lambda + \mu)c_i = c_i, i = 1, 2, \cdots, n$$

由定理 1.7.1，则 M 是 H 的仿射流形。

$\forall \{u_k\} \subseteq M$，设 $\lim\limits_{k\to\infty} u_k = u$。对 $i = 1, 2, \cdots, n$，则 $[u_k, y_i] = c_i$，$\forall k \in \mathbb{N}$。由定理 6.1.1，则 $[u, y_i] = [\lim\limits_{k\to\infty} u_k, y_i] = \lim\limits_{k\to\infty}[u_k, y_i] = c_i$，故 $u \in M$，M 是 H 的闭仿射流形。

$\forall f\in M$，对 $i=1, 2, \cdots, n$，则 $[f, y_i]=c_i$。由 $x_0\in M$，则 $[x_0, y_i]=c_i$。因此

$$[f-x_0, y_i]=[f, y_i]-[x_0, y_i]=c_i-c_i=0$$

由 $E=L(y_1, y_2, \cdots, y_n)$，则 $f-x_0\in E^{\perp}$，即 $f\in x_0+E^{\perp}$，故 $M\subseteq x_0+E^{\perp}$。

$\forall g\in E^{\perp}$，由 $y_i\in E$，则 $[x_0+g, y_i]=[x_0, y_i]+[g, y_i]=c_i$，故 $x_0+g\in M$，即 $x_0+E^{\perp}\subseteq M$。因此 $M=x_0+E^{\perp}$。

推论 6.4.2　闭仿射流形 $M=x_0+E^{\perp}$ 存在唯一的最小范数元 $\tilde{v}$ 且 $\tilde{v}\in E$。进而，

$$\tilde{v}=(y_1, y_2, \cdots, y_n)G(y_1, y_2, \cdots, y_n)^{-1}(c_1, c_2, \cdots, c_n)^{\mathrm{T}}$$

证明： 由定理 6.2.7 及推论 5.6.2，则 $(E^{\perp})^{\perp}=\overline{E}=E$。由推论 6.4.1，则 M 存在最小范数元 $\tilde{v}\in(E^{\perp})^{\perp}=E$。因此 $\exists(\lambda_1, \lambda_2, \cdots, \lambda_n)^{\mathrm{T}}\in\mathbb{R}^n$ 使得 $\tilde{v}=\sum\limits_{j=1}^{n}\lambda_j y_j$。

对 $i=1, 2, \cdots, n$，由 $\tilde{v}\in M$，则

$$\sum_{j=1}^{n}\lambda_j[y_j, y_i]=\left[\sum_{j=1}^{n}\lambda_j y_j, y_i\right]=[\tilde{v}, y_i]=c_i$$

将它改写为

$$G(y_1, y_2, \cdots, y_n)(\lambda_1, \lambda_2, \cdots, \lambda_n)^{\mathrm{T}}=(c_1, c_2, \cdots, c_n)^{\mathrm{T}}$$

由 $y_1, y_2, \cdots, y_n$ 线性无关及定理 6.2.3，则 $G(y_1, y_2, \cdots, y_n)$ 可逆。因此最小范数元为

$$\begin{aligned}\tilde{v}&=(y_1, y_2, \cdots, y_n)(\lambda_1, \lambda_2, \cdots, \lambda_n)^{\mathrm{T}}\\&=(y_1, y_2, \cdots, y_n)G(y_1, y_2, \cdots, y_n)^{-1}(c_1, c_2, \cdots, c_n)^{\mathrm{T}}\end{aligned}$$

例 6.4.4　设飞轮的角速度为 $\omega(t)$，由交流电 $u(t)$ 控制且满足 $\dot{\omega}(t)+\omega(t)=u(t)$，其中 $\omega(t)=\dot{\theta}(t)$。设飞轮最初是静止的，即 $\theta(0)=0$，$\omega(0)=0$。设飞轮在 1 秒内转到新的静止位置，即 $\theta(1)=1$，$\omega(1)=0$。设能量消耗 $J(u)$ 与 $\int_0^1 u^2(t)\mathrm{d}t$ 成正比。求使得能量消耗 $J(u)$ 最小的控制电流 $u(t)$。

解： 由微分方程 $\dot{\omega}(t)+\omega(t)=u(t)$ 可得，$\omega(t)=\mathrm{e}^{-t}\int_0^t u(s)\mathrm{e}^s\mathrm{d}s$。

设 $y_1(t)=\mathrm{e}^{t-1}$，$y_2(t)=1$，则

$$[u, y_1]=\int_0^1 u(s)\mathrm{e}^{s-1}\mathrm{d}s=\mathrm{e}^{-1}\int_0^1 u(s)\mathrm{e}^s\mathrm{d}s=\omega(1)=0$$

由 $\omega(t)=\dot{\theta}(t)$，则 $\dot{\omega}(t)+\dot{\theta}(t)=u(t)$。因此

$$[u, y_2]=\int_0^1 u(t)\mathrm{d}t=\int_0^1\dot{\omega}(t)\mathrm{d}t+\int_0^1\dot{\theta}(t)\mathrm{d}t=\omega(t)\Big|_0^1+\theta(t)\Big|_0^1=\theta(1)=1$$

设 $H=L^2[0, 1]$，$M=\{u\in H: [u, y_1]=0, [u, y_2]=1\}$。由定理 6.4.2，则 M 是 $L^2[0, 1]$ 中的闭仿射流形。由 $J(u)$ 与 $\int_0^1 u^2(t)\mathrm{d}t=\|u\|^2$ 成正比，则这个问题转化为求 M 的最小范数元 $\tilde{u}(t)$。由推论 6.4.2 可得，

$$\tilde{u}(t)=\lambda_1 y_1+\lambda_2 y_2=\frac{1}{3-\mathrm{e}}(1+\mathrm{e}-2\mathrm{e}^t)$$

下面考虑以随机向量为元素的 Hilbert 空间中的线性逼近问题。

设 $X=(X_1, X_2, \cdots, X_n)^{\mathrm{T}}$，$Y=(Y_1, Y_2, \cdots, Y_n)^{\mathrm{T}}$ 为两个 n 维随机向量。n 阶方阵 $E(XY^{\mathrm{T}})=(E(X_iY_j))_n$ 称为 X 与 Y 的协方差矩阵。定义 X 与 Y 的内积为 $[X, Y]=E(X^{\mathrm{T}}Y)=\mathrm{tr}(E(XY^{\mathrm{T}}))$。特别地，随机向量 $\boldsymbol{X}$ 的协方差矩阵为 $V(X)=E(XX^{\mathrm{T}})$。

在工程实践中常常需要确定一些未知参数。例如，由胡克定律，弹簧的拉力 y 与伸长量 x 的关系为 $y=\beta x$。可以通过实验确定未知参数 β。设实验数据为 y_1 与 x_1，由 $y_1=\beta x_1$ 可以确定 β。然而一次实验确定的 β 很不可靠，需要多次试验。设第 i 次的实验数据为 y_i 与 x_i，得到一个方程组 $y_i=\beta x_i$，$i=1, 2, \cdots, n$。经验表明，这是一个矛盾方程组。然而试验次数越多，从实验数据获得关于未知参数的信息也越准确。因此问题的关键是如何从这些实验数据获得关于未知参数的“最佳”估计值。

定义 6.4.2 设 $y\in\mathbb{R}^m$ 是观测数据向量，$\beta\in\mathbb{R}^n$ 是未知参数向量($m>n$)，W 是 $m\times n$ 维矩阵。如果存在 $\hat{\beta}\in\mathbb{R}^n$ 使得 $\| y-W\hat{\beta}\|=\inf\{\| y-W\beta\|: \beta\in\mathbb{R}^n\}$，则称 $\hat{\beta}$ 为 β 的最佳估计。

定理 6.4.3(最小二乘估计) 设 $y\in\mathbb{R}^m$，W 是 $m\times n$ 矩阵且其列向量组线性无关，则存在唯一的 $\hat{\beta}\in\mathbb{R}^n$ 使得 $\hat{\beta}$ 为 β 的最佳估计且 $\hat{\beta}=(W^{\mathrm{T}}W)^{-1}W^{\mathrm{T}}y$。

由于存在随机误差 ε，故将 $y=W\beta$ 改写为 $y=W\beta+\varepsilon$，其中 ε 是 m 维随机误差向量。

定义 6.4.3 设 $y=W\beta+\varepsilon$ 且 $E(\varepsilon)=0$，$E(\varepsilon\varepsilon^{\mathrm{T}})=Q$ 是正定矩阵。

(1) 如果存在 $m\times n$ 矩阵 K 使得

$$E(\| Ky-\beta\|^2)=\inf\{\mathrm{E}(\| Ay-\beta\|^2): A \text{ 为 } m\times n \text{ 维矩阵}\}$$

则称 Ky 是 β 的最佳线性估计。

(2) 如果 $\hat{\beta}$ 是 β 的最佳线性估计且 $\mathrm{E}(\hat{\beta})=\beta$，则称 $\hat{\beta}$ 为 β 的线性无偏最小方差估计。

定理 6.4.4(Gauss - Markov 定理) 设 $y=W\beta+\varepsilon$ 且 $\mathrm{E}(\varepsilon)=0$，$\mathrm{E}(\varepsilon\varepsilon^{\mathrm{T}})=Q$ 是正定矩阵。如果 $KW=I$，则存在 $n\times m$ 矩阵 $K=(W^{\mathrm{T}}Q^{-1}W)^{-1}W^{\mathrm{T}}Q^{-1}$ 使得 Ky 为 β 的线性无偏最小方差估计且估计误差的协方差矩阵为 $V=(W^{\mathrm{T}}Q^{-1}W)^{-1}$。

证明： 首先证明线性估计的无偏性。假设存在矩阵 K 使得 $\hat{\beta}=Ky$ 且 $KW=I$，则

$$E(\hat{\beta})=E(KW\beta+K\varepsilon)=\mathrm{E}(\beta)+K(\mathrm{E}(\varepsilon))=\beta$$

故 $\hat{\beta}=Ky$ 是 β 的线性无偏估计。

其次证明矩阵 K 的存在性。由于 $KW=I$ 且 $\hat{\beta}=Ky$，则

$$\begin{aligned}E(\|\hat{\beta}-\beta\|^2)&=E(\| K(W\beta+\varepsilon)-\beta\|^2)=E(\|(KW)\beta-\beta+K\varepsilon\|^2)\\&=E(\| K\varepsilon\|^2)=\mathrm{tr}(\mathrm{E}((K\varepsilon)(K\varepsilon)^{\mathrm{T}}))\\&=\mathrm{tr}(E((K(\varepsilon\varepsilon^{\mathrm{T}})K^{\mathrm{T}}))=\mathrm{tr}(KQK^{\mathrm{T}})\end{aligned}$$

因此 $E(\|\hat{\beta}-\beta\|^2)$ 在 $KW=I$ 下的极小值等价于 $\mathrm{tr}(KQK^{\mathrm{T}})$ 在 $KW=I$ 下的极小值。

设 K 的第 i 个行向量为 k_i^{T}，即 $K=(k_1, k_2, \cdots, k_n)^{\mathrm{T}}$，则 $\mathrm{tr}(KQK^{\mathrm{T}})=\sum\limits_{i=1}^{n}k_i^{\mathrm{T}}Qk_i$。由于 Q 为正定矩阵，则求 $\mathrm{tr}(KQK^{\mathrm{T}})$ 在约束条件 $KW=I$ 下的极小值 K 等价于求 $k_i^{\mathrm{T}}Qk_i$ 在约束条件 $k_i^{\mathrm{T}}w_j=\delta_{ij}$ 下的极值 k_i，其中 w_j 是 W 的第 j 个列向量，$i, j=1, 2, \cdots, n$。

定义内积为 $(x, y)=x^{\mathrm{T}}Qy$，$\forall x, y\in\mathbb{R}^m$。因此上述问题等价于求内积 (k_i, k_i) 在约

束条件 $(k_i, Q^{-1}w_j)=\delta_{ij}$ 下的极小值。由 $Q^{\mathrm{T}}=Q$ 及推论 6.4.2，则

$$k_i=(Q^{-1}w_1, Q^{-1}w_2, \cdots, Q^{-1}w_n)G(Q^{-1}w_1, Q^{-1}w_2, \cdots, Q^{-1}w_n)^{-1}(\delta_{i1}, \delta_{i2}, \cdots, \delta_{in})^{\mathrm{T}}$$
$$=Q^{-1}(w_1, w_2, \cdots, w_n)(W^{\mathrm{T}}Q^{-1}W)^{-1}e_i=Q^{-1}W(W^{\mathrm{T}}Q^{-1}W)^{-1}e_i$$

故 $K^{\mathrm{T}}=(k_1, k_2, \cdots, k_n)=Q^{-1}W(W^{\mathrm{T}}Q^{-1}W)^{-1}(e_1, e_2, \cdots, e_n)=Q^{-1}W(W^{\mathrm{T}}Q^{-1}W)^{-1}$。

由 $\hat{\beta}=Ky$，则

$$\mathrm{V}=\mathrm{E}((\hat{\beta}-\beta)(\hat{\beta}-\beta)^{\mathrm{T}})=\mathrm{E}((Ky-\beta)(Ky-\beta)^{\mathrm{T}})=\mathrm{E}(K\varepsilon\varepsilon^{\mathrm{T}}K^{\mathrm{T}})$$
$$=K\mathrm{E}(\varepsilon\varepsilon^{\mathrm{T}})K^{\mathrm{T}}=KQK^{\mathrm{T}}=(W^{\mathrm{T}}Q^{-1}W)^{-1}$$

推论 6.4.3　如果随机误差向量 ε 的每个分量独立且有相同的方差 σ^2，即 $Q=\sigma^2 I$，则 $\hat{\beta}=(W^{\mathrm{T}}W)^{-1}W^{\mathrm{T}}y$。

6.5　Hilbert 空间上有界线性泛函的表示

定理 6.5.1　设 H 是一个 Hilbert 空间，$L: H\to\mathbb{F}$是一个线性泛函。下列命题等价：

(1) L 是连续的；

(2) L 在 0 点连续；

(3) $\exists c>0$ 使得 $|Lx|\leqslant c\|x\|$，$\forall x\in H$。

证明：(1) ⇒(2)。$\forall x\in H$，由 L 连续，则 L 在 x 点连续。进而，L 在 0 点连续。

(2) ⇒(3)。设 $S=\{\alpha\in\mathbb{F}: |\alpha|<1\}$，则 S 是 $L(0)=0$ 点的一个邻域。由 L 在 0 点连续，则 $L^{-1}(S)$是 0 点的一个邻域。故 $\exists\delta>0$ 使得 $S(0, \delta)\subseteq L^{-1}(S)$。

$\forall x\in H$，$\forall\varepsilon>0$，由

$$\left\|\frac{\delta}{\|x\|+\varepsilon}x\right\|=\frac{\|x\|}{\|x\|+\varepsilon}\delta<\delta$$

则

$$\frac{\delta}{\|x\|+\varepsilon}x\in S(0, \delta)\subseteq L^{-1}(S)$$

故 $L\left(\frac{\delta}{\|x\|+\varepsilon}x\right)\in S$。

因此

$$\frac{\delta}{\|x\|+\varepsilon}|Lx|=\left|\frac{\delta}{\|x\|+\varepsilon}Lx\right|=\left|L\left(\frac{\delta}{\|x\|+\varepsilon}x\right)\right|<1$$

即 $|Lx|<\frac{\|x\|+\varepsilon}{\delta}$。

对 ε 取极限，则

$$|Lx|=\lim_{\varepsilon\to 0+}|Lx|\leqslant\lim_{\varepsilon\to 0+}\frac{\|x\|+\varepsilon}{\delta}=\frac{\|x\|}{\delta}$$

取 $c=\frac{1}{\delta}>0$，则 $\forall x\in H$ 有 $|Lx|\leqslant c\|x\|$。

(3) ⇒(1)。$\forall x\in H$，$\{x_n\}\subseteq H$，则 $|Lx_n-Lx|=|L(x_n-x)|\leqslant c\|x_n-x\|$。若

$\lim\limits_{n\to\infty} x_n = x$，则$\lim\limits_{n\to\infty} Lx_n = Lx$。故 L 在 x 处连续。由 x 的任意性，则 L 是连续的。

定义 6.5.1 设 H 是一个内积空间，$L: H\to\mathbb{F}$是一个线性泛函。

(1) 如果$\exists c>0$ 使得$|Lx|\leqslant c\|x\|$，$\forall x\in H$，则称 L 是有界的。

(2) 如果 L 是有界的，则称 $\inf\{c>0: |Lx|\leqslant c\|x\|, \forall x\in H\}$为 L 的范数，记为$\|L\|$。

注记：由定理 6.5.1 可知，一个线性泛函是有界的当且仅当它是连续的。

类似于定理 5.1.5 可以证明下述结论。

定理 6.5.2 设 H 是一个 Hilbert 空间，$L: H\to\mathbb{F}$是一个有界线性泛函，则

$$\begin{aligned}\|L\| &= \sup\left\{\frac{|Lx|}{\|x\|}: x\in H-\{0\}\right\} = \sup\{|Lx|: \|x\|=1, x\in H\}\\ &= \sup\{|Lx|: \|x\|\leqslant 1, x\in H\}\end{aligned}$$

进而，$|Lx|\leqslant\|L\|\|x\|$，$\forall x\in H$。

定理 6.5.3(Riesz 表示定理) 设 H 是一个 Hilbert 空间，$L: H\to\mathbb{F}$。若 $x\in H$ 且 $L(y)=[y, x]$，$\forall y\in H$，则 L 是 H 上的有界线性泛函且$\|L\|=\|x\|$；反之，若 L 是 H 上的一个有界线性泛函，则存在唯一的 $x\in N(L)^\perp$ 使得 $L(y)=[y, x]$，$\forall y\in H$ 且$\|x\|=\|L\|$。

证明：(1) $\forall y_1, y_2\in H$，$\forall \lambda_1, \lambda_2\in\mathbb{F}$，由内积对第一个分量的线性性可得

$$L(\lambda_1 y_1+\lambda_2 y_2)=[\lambda_1 y_1+\lambda_2 y_2, x]=\lambda_1[y_1, x]+\lambda_2[y_2, x]=\lambda_1 L(y_1)+\lambda_2 L(y_2)$$

故 L 是 H 上的线性泛函。$\forall y\in H$，由 Cauchy 不等式，则$|L(y)|=|[y, x]|\leqslant\|x\|\|y\|$，进而$\|L\|\leqslant\|x\|$。故 L 是有界的。

当 $x=0$ 时，则$\|L\|=0$，进而$\|L\|=\|x\|$；当 $x\neq 0$ 时，取 $y_0=\frac{1}{\|x\|}x$，则

$$\|y_0\|=1 \text{ 且 } L(y_0)=\left[\frac{1}{\|x\|}x, x\right]=\frac{[x, x]}{\|x\|}=\|x\|$$

故$\|L\|=\|x\|$。

(2) 当 $L=0$ 时，取 $x=0$。$\forall y\in H$，则 $L(y)=0=[y, 0]$且$\|L\|=0=\|x\|$；

当 $L\neq 0$ 时，则 $N(L)\neq H$，故$\exists x_0\in N(L)^\perp$使得 $L(x_0)\neq 0$，不妨设 $L(x_0)=1$。

$\forall y\in H$，由 $L(y-L(y)x_0)=L(y)-L(y)L(x_0)=0$，则$(y-L(y)x_0)\in N(L)$。由于 $x_0\in N(L)^\perp$，则$[y-L(y)x_0, x_0]=0$。故

$$[y, x_0]=L(y)[x_0, x_0]=L(y)\|x_0\|^2$$

取 $x=\frac{1}{\|x_0\|^2}x_0$，则

$$L(y)=\frac{1}{\|x_0\|^2}[y, x_0]=\left[y, \frac{1}{\|x_0\|^2}x_0\right]=[y, x]$$

由(1)，则 L 是有界线性泛函且$\|L\|=\|x\|$。假设$\exists z\in H$ 使得 $L(y)=[y, z]$，$\forall y\in H$。故$[y, x]=[y, z]$。由推论 6.1.1，则 $z=x$。故存在唯一的 $x\in H$ 使得 $L(y)=[y, x]$，$\forall y\in H$ 且$\|x\|=\|L\|$。

注记：Hilbert 空间上有界线性泛函的使用价值在很大程度上是基于 Riesz 表示的简明性。此外，在 Hilbert 空间的算子理论中，特别是有界伴随算子也要用到 Riesz 表示。

性质 6.5.1　设 H 是一个 Hilbert 空间，则 H^* 和 H 是同构的距离空间。

证明： 定义 $T: H \to H^*$ 为 $Tx = L_x$ 使得 $L_x(z) = [z, x]$，$\forall z \in H$。由定理6.5.3，则 T 是双射且 $\|Tx\| = \|L_x\| = \|x\|$。$\forall x, y, z \in H$，由于

$$(L_x - L_y)(z) = L_x(z) - L_y(z) = [z, x] - [z, y] = [z, x - y] = L_{x-y}(z)$$

则 $L_x - L_y = L_{x-y}$。

因此　　$\|Tx - Ty\| = \|T(x-y)\| = \|L_{x-y}\| = \|L_x - L_y\|$

故 T 是等距同构，即 H^* 和 H 同构。

定义 6.5.2　设 X 和 Y 是数域$\mathbb{F}$上的两个线性空间，$\varphi: X \times Y \to \mathbb{F}$。如果 $\forall x, x_1, x_2 \in X$，$\forall y, y_1, y_2 \in Y$，$\forall \lambda_1, \lambda_2 \in \mathbb{F}$有

$$\varphi(\lambda_1 x_1 + \lambda_2 x_2, y) = \lambda_1 \varphi(x_1, y) + \lambda_2 \varphi(x_2, y)$$

$$\varphi(x, \lambda_1 y_1 + \lambda_2 y_2) = \overline{\lambda_1} \varphi(x, y_1) + \overline{\lambda_2} \varphi(x, y_2)$$

则称 φ 是一个半的线性泛函(sesqulinear functional)。

定义 6.5.3　设 X 是$\mathbb{F}$上的一个赋范线性空间，$\varphi: X \times X \to \mathbb{F}$是一个半的线性泛函。

(1) 若 $\exists c > 0$ 使得$|\varphi(x, y)| \leqslant c\|x\|\|y\|$，$\forall x, y \in X$，则称 φ 是有界的。

(2) 若 φ 是有界的，则称 $\sup\left\{\dfrac{|\varphi(x, y)|}{\|x\|\|y\|}: \forall x, y \in X - \{0\}\right\}$为 φ 的范数，记为 $\|\varphi\|$。

定理 6.5.4　设 H 是$\mathbb{F}$上的一个 Hilbert 空间，$\varphi: H \times H \to \mathbb{F}$是一个半的线性泛函。如果 φ 是有界的，则存在唯一的 $T \in B(H)$使得$[Tx, y] = \varphi(x, y)$且 $\|T\| = \|\varphi\|$。

证明： 设 $x \in H$。定义 $L: H \to \mathbb{F}$为 $Ly = \overline{\varphi(x, y)}$。$\forall y_1, y_2 \in H$，$\forall \lambda_1, \lambda_2 \in \mathbb{F}$，则

$$\begin{aligned} L(\lambda_1 y_1 + \lambda_2 y_2) &= \overline{\varphi(x, \lambda_1 y_1 + \lambda_2 y_2)} = \overline{\overline{\lambda_1}\varphi(x, y_1) + \overline{\lambda_2}\varphi(x, y_2)} \\ &= \lambda_1 \overline{\varphi(x, y_1)} + \lambda_2 \overline{\varphi(x, y_2)} = \lambda_1 L(y_1) + \lambda_2 L(y_2) \end{aligned}$$

故 $L \in H^\#$。

由 φ 是有界的，则 $\exists c > 0$，$\forall y \in H$ 有

$$|Ly| = |\overline{\varphi(x, y)}| \leqslant c\|x\|\|y\|$$

故 $\|L\| \leqslant c\|x\|$ 且 $L \in H^*$。

由定理 6.5.3，则存在唯一的 $z \in H$ 使得 $L(y) = [y, z]$，$\forall y \in H$ 且 $\|L\| = \|z\|$。

定义 $T: H \to H$ 为 $Tx = z$，故

$$[Tx, y] = [z, y] = \overline{[y, z]} = \overline{L(y)} = \varphi(x, y), \ \forall y \in H$$

$\forall x_1, x_2, y \in H$，$\forall \lambda_1, \lambda_2 \in \mathbb{F}$，则

$$\begin{aligned} [T(\lambda_1 x_1 + \lambda_2 x_2), y] &= \varphi(\lambda_1 x_1 + \lambda_2 x_2, y) = \lambda_1 \varphi(x_1, y) + \lambda_2 \varphi(x_2, y) \\ &= \lambda_1 [Tx_1, y] + \lambda_2 [Tx_2, y] \\ &= [\lambda_1 Tx_1 + \lambda_2 Tx_2, y] \end{aligned}$$

由推论 6.1.1 可得，$T(\lambda_1 x_1 + \lambda_2 x_2) = \lambda_1 T(x_1) + \lambda_2 T(x_2)$。因此 T 是线性算子。

当 $T = 0$ 时，则 T 是有界线性算子；当 $T \neq 0$ 时，取 $y = Tx$ 且 $y \neq 0$，则

$$\begin{aligned} \|\varphi\| &= \sup\left\{\frac{|\varphi(x, y)|}{\|x\|\|y\|}: x, y \neq 0\right\} = \sup\left\{\frac{|[Tx, y]|}{\|x\|\|y\|}: x, y \neq 0\right\} \\ &\geqslant \sup\left\{\frac{\|Tx\|}{\|x\|}: x \neq 0\right\} \end{aligned}$$

由于 φ 是有界的，则 $T\in B(H)$ 且 $\|T\|\leqslant\|\varphi\|$。由 Cauchy 不等式得

$$|\varphi(x, y)|=|[Tx, y]|\leqslant\|Tx\|\|y\| \quad 且 \quad \frac{|\varphi(x, y)|}{\|x\|\|y\|}\leqslant\frac{\|Tx\|}{\|x\|}$$

由定义 6.5.3 得

$$\|\varphi\|=\sup\left\{\frac{|\varphi(x, y)|}{\|x\|\|y\|}: x, y\neq 0\right\}\leqslant\sup\left\{\frac{\|Tx\|}{\|x\|}: x\neq 0\right\}=\|T\|$$

因此 $\|T\|=\|\varphi\|$。

假设存在 $S\in B(H)$ 且 $\varphi(x, y)=[Sx, y]$，$\forall x、y\in H$，故

$$[Sx, y]=\varphi(x, y)=[Tx, y]$$

由推论 6.1.1 得 $Sx=Tx$。由 x 的任意性得 $S=T$。

因此存在唯一的 $T\in B(H)$，使得 $[Tx, y]=\varphi(x, y)$ 且 $\|T\|=\|\varphi\|$。

6.6 Hilbert 空间上的有界线性算子

定理 6.6.1　设 H_1 和 H_2 是 $\mathbb{F}$ 上的两个 Hilbert 空间，$T\in B(H_1, H_2)$，则存在唯一的算子 $S\in B(H_2, H_1)$ 使得 $[Tx, y]=[x, Sy]$，$\forall x\in H_1$，$\forall y\in H_2$ 且 $\|S\|=\|T\|$。

证明： 设 $\varphi: H_2\times H_1\to\mathbb{F}$ 为 $\varphi(y, x)=[y, Tx]$。$\forall x_1, x_2\in H_1$，$\forall y\in H_2$，$\forall\lambda_1, \lambda_2\in\mathbb{F}$，有

$$\begin{aligned}\varphi(y, \lambda_1x_1+\lambda_2x_2)&=[y, T(\lambda_1x_1+\lambda_2x_2)]=[y, \lambda_1T(x_1)+\lambda_2T(x_2)]\\&=\overline{\lambda_1}[y, T(x_1)]+\overline{\lambda_2}[y, T(x_2)]\\&=\overline{\lambda_1}\varphi(y, T(x_1))+\overline{\lambda_2}\varphi(y, T(x_2))\end{aligned}$$

故 φ 关于 x 是共轭线性的。由定义 6.1.1 及定义 6.5.2，则 φ 是一个半的线性泛函。

由 Cauchy 不等式，$\forall x\in H_1$，$\forall y\in H_2$ 有

$$|\varphi(y, x)|=|[y, Tx]|\leqslant\|y\|\|Tx\|\leqslant\|T\|\|x\|\|y\|$$

由 $T\in B(H_1, H_2)$ 得出 φ 是有界的且 $\|\varphi\|\leqslant\|T\|$。取 $y=Tx\neq 0$，则

$$\begin{aligned}\|\varphi\|&=\sup\left\{\frac{|\varphi(y, x)|}{\|x\|\|y\|}: x, y\neq 0\right\}=\sup\left\{\frac{|[y, Tx]|}{\|x\|\|y\|}: x, y\neq 0\right\}\\&\geqslant\sup\left\{\frac{\|Tx\|}{\|x\|}: x\neq 0\right\}=\|T\|\end{aligned}$$

故 $\|\varphi\|=\|T\|$。由定理 6.5.4，则存在唯一的算子 $S\in B(H_2, H_1)$ 使得 $\forall x\in H_1$，$\forall y\in H_2$，有 $\varphi(y, x)=[Sy, x]$ 且 $\|S\|=\|\varphi\|$。故

$$[Tx, y]=\overline{[y, Tx]}=\overline{\varphi(y, x)}=[x, Sy] \quad 且 \quad \|S\|=\|T\|$$

在定理 6.6.1 的基础上，下面给出伴随算子的定义。

定义 6.6.1　设 H_1 和 H_2 是两个 Hilbert 空间，$T\in B(H_1, H_2)$，$S\in B(H_2, H_1)$。如果 $[Tx, y]=[x, Sy]$，$\forall x\in H_1$，$\forall y\in H_2$，则称算子 S 为 T 的伴随算子(adjoint operator)。

注记： 由定理 6.6.1 得 T 的伴随算子是唯一的，记为 $S=T^*$，故 $\|T^*\|=\|T\|$ 且

$$[Tx, y]=[x, T^*y], \ \forall x\in H_1, \ \forall y\in H_2$$

引理 6.6.1

(1) 设 $T\in B(H)$，则 $T=0$ 当且仅当 $[Tx, y]=0$，$\forall x$、$y\in H$。

(2) 设 H 是复 Hilbert 空间，$T\in B(H)$，则 $T=0$ 当且仅当 $[Tx, x]=0$，$\forall x\in H$。

证明：(1) 必要性。$\forall x$，$y\in H$，由 $T=0$，则 $Tx=0$ 且 $[Tx, y]=[0, y]=0$。

充分性。由 $[Tx, y]=0$，$\forall y\in H$ 及性质 6.1.3，可得 $Tx=0$。由于 x 的任意性，则 $T=0$。

(2) 必要性。$\forall x\in H$，由 $T=0$，则 $Tx=0$ 且 $[Tx, x]=[0, x]=0$。

充分性。$\forall x$，$y\in H$，$\forall \lambda\in\mathbb{C}$，则

$$[T(\lambda x+y), (\lambda x+y)]=0,\ [Tx, x]=0,\ [Ty, y]=0$$

由

$$[T(\lambda x+y), (\lambda x+y)]=|\lambda|^2[Tx, x]+[Ty, y]+\lambda[Tx, y]+\bar{\lambda}[Ty, x]$$

则

$$\lambda[Tx, y]+\bar{\lambda}[Ty, x]=0$$

取 $\lambda=1$，则 $[Tx, y]+[Ty, x]=0$。

由于 H 为复 Hilbert 空间，则可取 $\lambda=\mathrm{i}$，于是

$$\mathrm{i}[Tx, y]-\mathrm{i}[Ty, x]=0，即 [Tx, y]-[Ty, x]=0$$

解方程组可得，$[Tx, y]=0$。由(1) 可得 $T=0$。

上述引理(2)中 H 为复 Hilbert 空间是必不可少的。如果 H 为实 Hilbert 空间，结论不一定成立。设 $T：\mathbb{R}^2\to\mathbb{R}^2$ 为一个 $90°$的旋转，则 $\forall x\in\mathbb{R}^2$ 有 $[Tx, x]=0$，但是 $T\neq 0$。

定理 6.6.2　设 H 是数域 $\mathbb{F}$ 上的一个 Hilbert 空间。

(1) $(\lambda S+\lambda T)^*=\bar{\lambda}S^*+\bar{\mu}T^*$，$\lambda$，$\mu\in\mathbb{F}$，$T$，$S\in B(H)$。

(2) $(T^*)^*=T$，$T\in B(H)$。

(3) $\|T^*T\|=\|T\|^2$，$T\in B(H)$。

(4) $(ST)^*=T^*S^*$，T，$S\in B(H)$。

(5) 如果 $T\in B(H)$ 且 T 是可逆的，则 $(T^*)^{-1}=(T^{-1})^*$。

证明：(1) $\forall x$，$y\in H$，则

$$\begin{aligned}[(\lambda S+\mu T)^*y, x]&=[y, (\lambda S+\mu T)x]=\bar{\lambda}[y, Sx]+\bar{\mu}[y, Tx]\\&=[(\bar{\lambda}S^*+\bar{\mu}T^*)y, x]\end{aligned}$$

由引理 6.6.1(1) 推得 $(\lambda S+\mu T)^*=\bar{\lambda}S^*+\bar{\mu}T^*$。

(2) $\forall x$，$y\in H$，则 $[(T^*)^*x, y]=[x, T^*y]=[Tx, y]$。由引理 6.6.1 得 $(T^*)^*=T$。

(3) $\forall x\in H$，由 Cauchy 不等式得 $\|Tx\|^2=[Tx, Tx]=[T^*Tx, x]\leqslant\|T^*T\|\|x\|^2$。

由定理 5.1.5 及定理 5.2.2，则 $\|T\|^2\leqslant\|T^*T\|\leqslant\|T^*\|\|T\|$。由定理 6.6.1 得

$$\|T\|^2\leqslant\|T^*T\|\leqslant\|T^*\|\|T\|=\|T\|^2$$

故 $\|T\|^2=\|T^*T\|$。

(4) $\forall x$，$y\in H$，则 $[(ST)^*y, x]=[y, STx]=[S^*y, Tx]=[T^*S^*y, x]$。由引理 6.6.1 得 $(ST)^*=T^*S^*$。

(5) 由(4)可得

$$(T^{-1})^*T^*=(T^{-1}T)^*=I^*=I\quad 且\quad T^*(T^{-1})^*=I$$

故$(T^{-1})^*=(T^*)^{-1}$。

定义 6.6.2　设H是一个 Hilbert 空间，$T\in B(H)$。

(1) 如果$T^*=T$，则称T是一个自伴算子(selfdjoint operator)。记$B(H)$中全体自伴算子构成的集合为$S(H)$。

(2) 如果$T^*T=TT^*$，则称T是一个正规算子(normal operator)。

(3) 如果$T^*T=TT^*=I$，则称T是一个酉算子(unitary operator)。

(4) 如果$T^2=T$，则称T是一个幂等算子(idempotent operator)。

(5) 如果$\forall x\in H$有$\|Tx\|=\|x\|$，则称T是一个保范算子，或者等距算子。

注记：自伴算子是正规算子，酉算子是正规算子。反之，不一定成立。

例 6.6.1　设$x, y\in\mathbb{C}^n$，定义$[x, y]=x^{\mathrm{T}}\overline{y}$。设$T: \mathbb{C}^n\to\mathbb{C}^n$是一个线性算子。求算子$T$和$T^*$在$\mathbb{C}^n$的一个给定的基下两个表示矩阵的关系。

解：容易证明$[x, y]$是$\mathbb{C}^n$上的一个内积。设$\{e_1, e_2, \cdots, e_n\}$是$\mathbb{C}^n$的一个基，$n$阶方阵$A$和$B$分别是$T$和$T^*$在这个基下的矩阵。由于

$$b_{kj}=[T^*e_j, e_k]=[e_j, Te_k]=\overline{[Te_k, e_j]}=\overline{a_{jk}}, k, j=1, 2, \cdots, n$$

则$B=(b_{kj})_n=(\overline{a_{jk}})_n=\overline{A}^{\mathrm{T}}$。

当给定$\mathbb{C}^n$的一个基，则$\mathbb{C}^n$上的一个有界线性算子可以表示为一个n阶方阵，它的伴随算子就是该矩阵的共轭转置。若T是自伴算子，则它的表示矩阵为 Hermite 矩阵；若T是酉算子，则它的表示矩阵为酉矩阵；若T是正规算子，则它的表示矩阵为正规矩阵。

定理 6.6.3　设H是一个 Hilbert 空间，$T\in B(H)$。

(1) 如果$T\in S(H)$，则$[Tx, x]\in\mathbb{R}$，$\forall x\in H$。

(2) 如果H是复 Hilbert 空间且$\forall x\in H$有$[Tx, x]\in\mathbb{R}$，则$T\in S(H)$。

证明：(1) 由于T是自伴算子，则

$$[Tx, x]=[x, Tx]=\overline{[Tx, x]}, \ \forall x\in H$$

故$[Tx, x]\in\mathbb{R}$。

(2) $\forall x\in H$，由$[Tx, x]\in\mathbb{R}$，则$[Tx, x]=\overline{[Tx, x]}=[x, Tx]=[T^*x, x]$。由引理 6.6.1，则$T^*=T$，故$T$是自伴算子。

定理 6.6.4　设$T\in B(H)$，则$R(T^*)^{\perp}=N(T)$且$N(T)^{\perp}=\overline{R(T^*)}$。

证明：$\forall h\in N(T)$，$\forall g\in H$，则$[h, T^*g]=[Th, g]=[0, g]=0$。由$g$的任意性，则$h\in R(T^*)^{\perp}$且$N(T)\subseteq R(T^*)^{\perp}$。$\forall h\in R(T^*)^{\perp}$，$\forall g\in H$，则

$$[Th, g]=[h, T^*g]=0$$

由定理 6.1.4，则$Th=0$且$h\in N(T)$。因此$R(T^*)^{\perp}\subseteq N(T)$且$N(T)=R(T^*)^{\perp}$。

由推论 6.2.4，则$N(T)^{\perp}=(R(T^*)^{\perp})^{\perp}=\overline{R(T^*)}$。

性质 6.6.1　设A、$B\in S(H)$，则$AB\in S(H)$当且仅当$AB=BA$。

性质 6.6.2　设$T\in B(H)$，$\{T_n\}\subseteq S(H)$。如果$\lim\limits_{n\to\infty}T_n=T$，则$T\in S(H)$。

证明：由定理 6.6.2，则

$$\lim_{n\to\infty}\|T_n^*-T^*\|=\lim_{n\to\infty}\|(T_n-T)^*\|=\lim_{n\to\infty}\|T_n-T\|=0$$

故$\lim\limits_{n\to\infty}T_n^*=T^*$。由$\{T_n\}\subseteq S(H)$，则$T^*=\lim\limits_{n\to\infty}T_n^*=\lim\limits_{n\to\infty}T_n=T$。故$T$是自伴算子。

性质 6.6.3　设 H 是复 Hilbert 空间，$U\in B(H)$，则 U 是酉算子当且仅当 U 是等距满射。

证明： 必要性。由定义 6.6.2，则 $UU^*=I$。$\forall h\in H$，取 $g=U^*h$，则 $Ug=(UU^*)h=h$。故 U 是满射。$\forall h\in H$，由于

$$\|Uh\|^2=[Uh, Uh]=[U^*Uh, h]=[h, h]=\|h\|^2$$

则 U 是等距的。

充分性。设 $h\in H$，若 $Uh=0$，由于 U 是等距的，则 $\|h\|=\|Uh\|=0$ 且 $h=0$。故 U 是单射。由 U 是满射，则 U 是可逆的。$\forall h\in H$，由于 U 是等距的，则

$$[U^*Uh, h]=[Uh, Uh]=\|Uh\|^2=\|h\|^2=[h, h]$$

由引理 6.6.1(2)，则 $U^*U=I$。故 $U^{-1}=U^*$ 且 $UU^*=UU^{-1}=I$，所以 U 是酉算子。

性质 6.6.4　设 U 和 V 是 $B(H)$ 中的两个酉算子，则 UV 是酉算子。

性质 6.6.5　设 U 是 $B(H)$ 中的一个酉算子，则 $\|U\|=1$ 且 U^{-1} 是酉算子。

证明： 由定理 5.1.5 及性质 6.6.3 可得，$\|U\|=\sup\{\|Uh\|:\|h\|=1\}=1$。

由定义 6.6.2，则 $U^*U=UU^*=I$。故 U 是可逆的且 $U^{-1}=U^*$。由定理 6.6.2，则 $(U^{-1})^*U^{-1}=(U^*)^*U^{-1}=I$。类似地，$U^{-1}(U^{-1})^*=I$。故 U^{-1} 是酉算子。

下例说明：等距算子未必是酉算子。

例 6.6.2　设算子 $T: l^2\to l^2$ 为

$$Tx=T(x_1, x_2, x_3, \cdots, x_n, \cdots)=(0, x_1, x_2, x_3, \cdots, x_n, \cdots)$$

求证：T 是等距算子，但不是酉算子。

证明： $\forall x\in l^2$ 且 $x=(x_1, x_2, x_3, \cdots, x_n, \cdots)$，由于

$$\|Tx\|^2=0+\sum_{n=1}^{\infty}|x_n|^2=\sum_{n=1}^{\infty}|x_n|^2=\|x\|^2$$

则 T 是等距的。

$$\forall y=(y_1, y_2, y_3, \cdots, y_n, \cdots)\in l^2,\ x=(x_1, x_2, x_3, \cdots, x_n, \cdots)\in l^2$$

设 $y_0=0$，$z=(x_2, x_3, \cdots, x_n, \cdots)$，则 $z\in l^2$ 且

$$[T^*x, y]=[x, Ty]=\sum_{n=2}^{\infty}x_n\overline{y_{n-1}}=\sum_{n=1}^{\infty}x_{n+1}\overline{y_n}=[z, y]$$

由推论 6.1.1 得，$T^*x=z=(x_2, x_3, \cdots, x_n, \cdots)$。取 $h=(1, 2, 0, \cdots, 0, \cdots)$，则 $h\in l^2$ 且

$$(TT^*)h=T(T^*h)=T(2, 0, \cdots, 0, \cdots)=(0, 2, 0, \cdots, 0, \cdots)\neq h$$

故 T 不是酉算子。

定义 6.6.3　设 H 是一个 Hilbert 空间，A、$B\in S(H)$。

(1) 如果 $\forall h\in H$ 有 $[Ah, h]\geqslant 0$，则称 A 为正算子(positive operator)，记为 $A\geqslant 0$；

(2) 如果 $A-B\geqslant 0$，则记为 $A\geqslant B$，或者 $B\leqslant A$。

6.7　Hilbert 空间上的正交投影算子

定理 6.7.1　设 H 是一个 Hilbert 空间，$P\in B(H)$，则 P 是 L 上的正交投影当且仅当 $P^2=P^*=P\wedge L=R(P)$。

证明： 充分性。设 $P^2=P^*=P$ 且 $L=R(P)$。由性质 6.2.3 得知 L 是 H 的闭子空间

且$R(P)=N(I-P)$。$\forall x\in H$，则$\exists x_1\in L$且$x-x_1\in L^{\perp}$。取$x_2=x-x_1$，则$x=x_1+x_2$。由于$x_1\in L$，则$Px_1=x_1$。又由$Px_2\in R(P)=L$，$x_2\in L^{\perp}$，则

$$\|Px_2\|^2=[Px_2, Px_2]=[P^*P(x_2), x_2]=[P^2x_2, x_2]=[Px_2, x_2]=0$$

故$\|Px_2\|=0$且$Px_2=0$。由$Px=Px_1+Px_2=x_1+0=x_1$，则P是L上的正交投影。

必要性。由定理6.2.6，则$P^2=P$且$L=R(P)$，$L^{\perp}=N(P)$。由性质6.2.3，则$R(P)=N(I-P)$。$\forall x$、$y\in H$，则$Px\in L$，$Py\in L$，$x-Px\in L^{\perp}$，$y-Py\in L^{\perp}$。因此

$$[P^*x, y]=[x, Py]=[x-Px, Py]+[Px, Py]=[Px, Py]+[Px, y-Py]=[Px, y]$$

由引理6.6.1(1)，则$P^*=P$。

定理 6.7.2 设P和Q分别是Hilbert空间H的闭子空间E和F上的正交投影。

(1) 投影之积：如果$PQ=QP$，则PQ是$E\cap F$上的正交投影。

(2) 投影之和：如果$PQ=0$，则$P+Q$是$E\oplus_{\perp}F$上的正交投影。

证明：(1) 由定理6.7.1，则

$$P^2=P=P^*,\ Q^2=Q=Q^*\text{ 且 }E=N(I-P),\ F=N(I-Q)$$

由$PQ=QP$及性质6.6.1，则$PQ\in S(H)$且

$$(PQ)^2=P(QP)Q=P(PQ)Q=P^2Q^2=PQ$$

由定理6.7.1，则PQ是$L=N(I-PQ)$上的正交投影。$\forall x\in E\cap F$，则$x\in E$且$x\in F$。故$Px=x$且$Qx=x$。因此$(PQ)x=P(Qx)=Px=x$。故$x\in L$。$\forall x\in L$，则$(PQ)x=x$。故

$$Px=P((PQ)x)=(P^2Q)x=(PQ)x=x\quad\text{且}\quad x\in E$$

同理可得$x\in F$，故$x\in E\cap F$。因此$E\cap F=L$。故PQ是$E\cap F$上的正交投影。

(2) 由$PQ=0$及定理6.6.2，则$QP=Q^*P^*=(PQ)^*=0$。由定理6.6.2可得

$$(P+Q)^*=P^*+Q^*=P+Q$$

由于$QP=0$，则

$$(P+Q)^2=P^2+PQ+QP+Q^2=P+Q$$

由定理6.7.1，则$P+Q$是$L=N(I-(P+Q))$上的正交投影。

$\forall x\in E$，$\forall y\in F$，则

$$[x, y]=[Px, Qy]=[Q^*(Px), y]=[(QP)x, y]=[0, y]=0$$

由x和y的任意性，则$E\perp F$。由$x\in E$，$(x+y)-x=y\in F\subseteq E^{\perp}$，则$P(x+y)=x$。同理可得$Q(x+y)=y$。故

$$x+y=P(x+y)+Q(x+y)=(P+Q)(x+y)\in L\quad\text{且}\quad E\oplus F\subseteq L$$

由定理6.2.7，则$H=E\oplus F\oplus(E\oplus F)^{\perp}$。$\forall x\in L$，存在唯一$x_0\in(E\oplus F)^{\perp}$，$x_E\in E$，$x_F\in F$，使得$x=x_E+x_F+x_0$。由于$x_E\in E$，$x-x_E=x_F+x_0\in E^{\perp}$，则$Px=x_E$。同理可得$Qx=x_F$。由$x\in L$，则

$$x=(P+Q)x=Px+Qx=x_E+x_F\in E\oplus F\quad\text{且}\quad L\subseteq E\oplus F$$

因此$L=E\oplus F$。由$E\perp F$及定理6.7.1知$P+Q$是$E\oplus_{\perp}F$上的正交投影。

定理 6.7.3 设P_1和P_2分别是Hilbert空间H的闭子空间E_1和E_2上的两个正交投影算子。下列命题等价：

(1) $E_1\leqslant E_2$，即$E_1\subseteq E_2$；

(2) $P_1P_2=P_2P_1=P_1$；

(3)（投影之差）P_2-P_1 是 $E_2-_{\perp}E_1$ 上的正交投影算子；

(4) $P_1\leqslant P_2$；

(5) $\|P_1x\|\leqslant\|P_2x\|$，$\forall x\in H$。

证明：(1)⇒(2)。$\forall x\in H$，则 $P_1x\in E_1$。由于 $E_1\subseteq E_2$，则 $P_1x\in E_2$。因此$(P_2P_1)x=P_2(P_1x)=P_1x$。由 x 的任意性得

$$P_2P_1=P_1 \text{ 且 } P_1P_2=P_1^*P_2^*=(P_2P_1)^*=P_1^*=P_1$$

(2)⇒(3)。由定理 6.6.2 可得，$(P_2-P_1)^*=P_2^*-P_1^*=P_2-P_1$。故 P_2-P_1 是自伴算子。再由(2)得

$$(P_2-P_1)^2=P_2^2-P_2P_1-P_1P_2+P_1^2=P_2-P_1-P_1+P_1=P_2-P_1$$

由定理 6.7.1 得知，P_2-P_1 是 $L=N(I-(P_2-P_1))$上的正交投影。

$\forall y\in E_1$，则 $P_1y=y$，故 $y=P_1y=(P_2P_1)y=P_2(P_1y)\in E_2$，进而 $E_1\subseteq E_2$。

$\forall x\in E_2-_{\perp}E_1=E_2\cap E_1^{\perp}$，则 $x\in E_2$ 且 $x\in E_1^{\perp}$，故 $P_2x=x$ 且 $P_1x=0$。因此

$$x=P_2x-P_1x=(P_2-P_1)x\in L$$

由定理 6.2.7，则 $H=E_1\oplus(E_2-_{\perp}E_1)\oplus E_2^{\perp}$。

由于 $\forall x\in L$，则存在唯一 $x_1\in E_1$，$x_2\in E_2-_{\perp}E_1$，$x_0\in E_2^{\perp}$ 使得 $x=x_1+x_2+x_0$。由

$$x=(P_2-P_1)x=P_2x-P_1x=(x_1+x_2)-x_1=x_2\in E_2-_{\perp}E_1$$

得 $L=E_2-_{\perp}E_1$。因此 P_2-P_1 是 $E_2-_{\perp}E_1$ 上的正交投影。

(3)⇒(4)。由于 P_2-P_1 是正交投影，则$(P_2-P_1)^2=P_2-P_1\in S(H)$。$\forall x\in H$，则

$$\begin{aligned}[(P_2-P_1)x,\ x]&=[(P_2-P_1)^2x,\ x]=[(P_2-P_1)x,\ (P_2-P_1)x]\\&=\|(P_2-P_1)x\|^2\geqslant 0\end{aligned}$$

故 $P_1\leqslant P_2$。

(4)⇒(5)。$\forall x\in H$，由 $P_1\leqslant P_2$，则$[(P_2-P_1)x,\ x]\geqslant 0$，即$[P_1x,\ x]\leqslant[P_2x,\ x]$。故

$$\begin{aligned}\|P_1x\|&=\sqrt{[P_1x,\ P_1x]}=\sqrt{[P_1^2x,\ x]}=\sqrt{[P_1x,\ x]}\leqslant\sqrt{[P_2x,\ x]}\\&=\sqrt{[P_2x,\ P_2x]}=\|P_2x\|\end{aligned}$$

(5) ⇒(1)。$\forall x\in E_1$，则 $P_1x=x$。由 Cauchy 不等式可得

$$\begin{aligned}\|x\|^2&=\|P_1x\|^2\leqslant\|P_2x\|^2=[P_2x,\ P_2x]=[P_2^*P_2x,\ x]=[P_2^2x,\ x]\\&=[P_2x,\ x]\leqslant\|P_2x\|\|x\|\leqslant\|x\|^2\end{aligned}$$

因此 Cauchy 不等式取等号。故 $\exists\lambda\in\mathbb{F}$使得 $x=\lambda P_2x\in E_2$。因此 $E_1\subseteq E_2$。

定理 6.7.4　设$\{P_n\}$是 Hilbert 空间 H 上的一个正交投影列且 $P_n\leqslant P_{n+1}$，$\forall n\in\mathbb{N}$，则存在 H 上的一个正交投影 P 使得

(1) $s-\lim\limits_{n\to\infty}P_n=P$，即$\lim\limits_{n\to\infty}P_nx=Px$，$\forall x\in H$；

(2) $R(P)=\overline{\bigcup\limits_{m=1}^{\infty}R(P_m)}$，即 P 是 H 到 $\overline{\bigcup\limits_{m=1}^{\infty}R(P_m)}$ 上的正交投影；

(3) $N(P)=\bigcap\limits_{m=1}^{\infty}N(P_m)$。

证明：(1) $\forall m$、$n\in\mathbb{N}$且 $m<n$，$\forall x\in H$，由 $P_m\leqslant P_n$ 及定理 6.7.3 得 $\|P_mx\|\leqslant\|P_nx\|$。因此$\{\|P_nx\|\}$是单调递增实数列。由 $\|P_nx\|\leqslant\|P_n\|\|x\|\leqslant\|x\|$，则

$\{\|P_nx\|\}$有上界。故$\{\|P_nx\|\}$收敛，进而$\{\|P_nx\|^2\}$收敛。因此$\{\|P_nx\|^2\}$是$\mathbb{R}$中的Cauchy列。

由$P_m\leqslant P_n$及定理6.7.3，则$P_mP_n=P_m=P_m^2$。由定理6.1.1，则

$$\begin{aligned}\|P_nx-P_mx\|^2&=\|P_nx\|^2+\|P_mx\|^2-2\mathrm{Re}([P_nx,P_mx])\\&=\|P_nx\|^2+\|P_mx\|^2-2[P_m^2x,x]\\&=\|P_nx\|^2+\|P_mx\|^2-2\|P_mx\|^2\\&=\|P_nx\|^2-\|P_mx\|^2\end{aligned}$$

故$\{P_nx\}$是H中的Cauchy列。由于H是Hilbert空间，则存在唯一$y\in H$使得$\lim\limits_{n\to\infty}P_nx=y$。定义$P：H\to H$为$Px=y=\lim\limits_{n\to\infty}P_nx$。由定理6.7.1得$P_n^2=P_n^*=P_n$。$\forall x$、$z\in H$，由定理6.1.1得

$$[P^*z,x]=[z,Px]=\lim_{n\to\infty}[z,P_nx]=\lim_{n\to\infty}[P_nz,x]=[Pz,x]$$

由引理6.6.1，则$P^*=P$。由$\lim\limits_{n\to\infty}P_nx=Px$，则$\lim\limits_{n\to\infty}P_n(Px)=P(Px)=P^2x$。由

$$\begin{aligned}\|P_nx-P^2x\|=\|P_n^2x-P^2x\|&\leqslant\|P_n(P_nx-Px)\|+\|P_n(Px)-P^2x\|\\&\leqslant\|P_nx-Px\|+\|P_n(Px)-P^2x\|\end{aligned}$$

则$P^2x=\lim\limits_{n\to\infty}P_nx=Px$。由$x$的任意性知$P^2=P$。由定理6.7.1推得$P$是投影算子。

(2) $\forall m$、$n\in\mathbb{N}$且$m<n$，$\forall x\in H$，由$P_m\leqslant P_n$可得

$$[(P-P_m)x,x]=[\lim_{n\to\infty}P_nx,x]-[P_mx,x]=\lim_{n\to\infty}[(P_n-P_m)x,x]\geqslant 0$$

故$P\geqslant P_m$。由定理6.7.3得$R(P_m)\subseteq R(P)$，$\forall m\in\mathbb{N}$，故$\bigcup\limits_{m=1}^{\infty}R(P_m)\subseteq R(P)$。

由定理6.7.1得$R(P)$是H的闭子空间，故$\overline{\bigcup\limits_{m=1}^{\infty}R(P_m)}\subseteq R(P)$。

$\forall y\in R(P)$，则$y=Py=\lim\limits_{n\to\infty}P_ny$，故$\forall n\in\mathbb{N}$，则$P_ny\in R(P_n)$且$P_ny\in\bigcup\limits_{m=1}^{\infty}R(P_m)$，故$y\in\overline{\bigcup\limits_{m=1}^{\infty}R(P_m)}$，$R(P)\subseteq\overline{\bigcup\limits_{m=1}^{\infty}R(P_m)}$，因此$R(P)=\overline{\bigcup\limits_{m=1}^{\infty}R(P_m)}$。

(3) 由定理6.6.4及6.7.1，则$N(P)=R(P^*)^{\perp}=R(P)^{\perp}$。

$\forall m\in\mathbb{N}$，由$R(P_m)\subseteq R(P)$得

$$N(P)=R(P)^{\perp}\subseteq R(P_m)^{\perp}=N(P_m)\text{ 且 }N(P)\subseteq\bigcap_{m=1}^{\infty}N(P_m)$$

$\forall x\in\bigcap\limits_{m=1}^{\infty}N(P_m)$，$\forall m\in\mathbb{N}$，则$x\in N(P_m)$且$P_mx=0$，故

$$Px=\lim_{n\to\infty}P_nx=0\text{ 且 }x\in N(P)\text{ 且 }\bigcap_{m=1}^{\infty}N(P_m)\subseteq N(P)$$

因此$N(P)=\bigcap\limits_{m=1}^{\infty}N(P_m)$。

6.8 条件期望

定理6.8.1 设(Ω,A,P)是概率空间，$\mathrm{M}\subseteq A$是一个子σ-代数，$K=L^2(\Omega,\mathrm{M},P)$

是 $H=L^2(\Omega, \mathrm{A}, P)$的闭子空间。若 $X\in H$ 且独立于 M，则$(EX)\chi_\Omega$ 是 X 在 K 上的投影。

证明： $\forall Y\in K$，则 X 与 Y 独立。因此 $E(XY)=(EX)(EY)$，故

$$[X-(EX)\chi_\Omega, Y]=E((X-(EX)\chi_\Omega)Y)=E(XY-(EX)Y)$$
$$=E(XY)-(EX)(EY)=0$$

由 Y 的任意性，则 $X-(EX)\chi_\Omega\in K^\perp$，故$(EX)\chi_\Omega$ 是 X 在 K 上的投影。

定义 6.8.1　设 P 是 $L^1(\Omega, F, \mu)\to L^1(\Omega, F, \mu)$的一个线性算子。若 $\forall x\geqslant 0$ 有

(1) $Px\geqslant 0$；

(2) $\int_\Omega Px\,\mathrm{d}\mu=\int_\Omega x\,\mathrm{d}\mu$，

则称 P 是一个 Markov 算子。

例 6.8.1　设 $K(s, t)$是$\mathbb{R}^2$上的一个非负函数且 $\int_{\mathbb{R}} K(s, t)\mathrm{d}m(s)=1$，$\forall t\in\mathbb{R}$。在 $L^1(\mathbb{R}, \mathrm{M}, m)$ 上定义算子 P 为$(Px)(s)=\int_{\mathbb{R}} x(t)K(s, t)\mathrm{d}m(t)$，$\forall s\in\mathbb{R}$。

求证：P 是一个 Markov 算子。

证明： $\forall x$、$y\in L^1(\mathbb{R}, \mathrm{M}, m)$，$\forall\lambda$、$\mu\in\mathbb{R}$，$\forall s\in\mathbb{R}$，则

$$(P(\lambda x+\mu y))(s)=\int_{\mathbb{R}}(\lambda x+\mu y)(t)K(s, t)\mathrm{d}m(t)$$
$$=\lambda\int_{\mathbb{R}} x(t)K(s, t)\mathrm{d}m(t)+\mu\int_{\mathbb{R}} y(t)K(s, t)\mathrm{d}m(t)$$
$$=(\lambda Px+\mu Py)(s)$$

因此 $P(\lambda x+\mu y)=\lambda Px+\mu Py$。故 P 是 $L^1(\mathbb{R}, \mathrm{M}, m)$ 上的一个线性算子。

若 $x\geqslant 0$，$\forall s\in\mathbb{R}$，由 $K(s, t)\geqslant 0$ 得

$$(Px)(s)=\int_{\mathbb{R}} x(t)K(s, t)\mathrm{d}m(t)\geqslant 0 \text{ 且 } Px\geqslant 0$$

由

$$\int_{\mathbb{R}}(Px)(s)\mathrm{d}m(s)=\int_{\mathbb{R}}\left(\int_{\mathbb{R}} x(t)K(s, t)\mathrm{d}m(t)\right)\mathrm{d}m(s)$$
$$=\int_{\mathbb{R}} x(t)\left(\int_{\mathbb{R}} K(s, t)\mathrm{d}m(s)\right)\mathrm{d}m(t)$$
$$=\int_{\mathbb{R}} x(t)\mathrm{d}m(t)=\int_{\mathbb{R}} x(s)\mathrm{d}m(s)$$

及 $x\in L^1(\mathbb{R}, \mathrm{M}, m)$，则 $Px\in L^1(\mathbb{R}, \mathrm{M}, m)$且 P 是一个 Markov 算子。

定理 6.8.2　设 Y 是 $L^1(\Omega, F, \mu)$的一个稠密子空间且 $x^+\in Y$，$\forall x\in Y$。若线性算子 $P: Y\to L^1(\Omega, F, \mu)$满足 $\forall x\in Y$ 且 $x\geqslant 0$ 有 $Px\geqslant 0$ 和 $\int_\Omega Px\,\mathrm{d}\mu=\int_\Omega x\,\mathrm{d}\mu$，则算子 P 存在唯一的一个压缩延拓 $Q\in B(L^1(\Omega, F, \mu))$ 且 Q 是一个 Markov 算子。

证明： (1) $\forall x\in Y$，则 $x^+\in Y$。由 $x^+\geqslant x$，则

$$x^+-x\geqslant 0 \text{ 且 } P(x^+)-Px=P(x^+-x)\geqslant 0$$

故 $P(x^+)\geqslant Px$。由 $x^+\geqslant 0$，则 $P(x^+)\geqslant 0$，故

$$P(x^+)\geqslant\max\{Px, 0\}=(Px)^+$$

由于 $x^-=(-x)^+$，则

$$(Px)^-=(-Px)^+=(P(-x))^+\leqslant P((-x)^+)=P(x^-)$$

由

$$\|Px\|=\int_\Omega|Px|\,\mathrm{d}\mu=\int_\Omega((Px)^++(Px)^-)\mathrm{d}\mu=\int_\Omega(Px)^+\,\mathrm{d}\mu+\int_\Omega(Px)^-\,\mathrm{d}\mu$$
$$\leqslant\int_\Omega P(x^+)\mathrm{d}\mu+\int_\Omega P(x^-)\mathrm{d}\mu=\int_\Omega x^+\,\mathrm{d}\mu+\int_\Omega x^-\,\mathrm{d}\mu=\int_\Omega|x|\,\mathrm{d}\mu=\|x\|$$

及定理 5.2.5，则算子 P 存在唯一的压缩延拓 $Q\in B(L^1(\Omega,F,\mu))$。

(2) $\forall x\in Y$，则 x^+、$x^-\in Y$。因此

$$\int_\Omega P(x^+)\mathrm{d}\mu=\int_\Omega x^+\,\mathrm{d}\mu,\ \int_\Omega P(x^-)\mathrm{d}\mu=\int_\Omega x^-\,\mathrm{d}\mu$$

由 P 的线性性，则

$$\int_\Omega Px\,\mathrm{d}\mu=\int_\Omega P(x^+)\mathrm{d}\mu-\int_\Omega P(x^-)\mathrm{d}\mu=\int_\Omega x^+\,\mathrm{d}\mu-\int_\Omega x^-\,\mathrm{d}\mu=\int_\Omega x\,\mathrm{d}\mu$$

(3) $\forall x\in L^1(\Omega,F,\mu)$且 $x\geqslant0$。由于 Y 在 $L^1(\Omega,F,\mu)$中是稠的，则存在$\{x_n\}\subseteq Y$ 使得$\lim\limits_{n\to\infty}\|x_n-x\|_1=0$。又由

$$\|x_n^+-x\|_1=\int_\Omega|x_n^+-x|\,\mathrm{d}\mu=\int_{\Omega(x_n<0)}x\,\mathrm{d}\mu+\int_{\Omega(x_n\geqslant0)}|x_n-x|\,\mathrm{d}\mu$$
$$\leqslant\int_{\Omega(x_n<0)}|x-x_n|\,\mathrm{d}\mu+\int_{\Omega(x_n\geqslant0)}|x_n-x|\,\mathrm{d}\mu$$
$$=\int_\Omega|x_n-x|\,\mathrm{d}\mu=\|x_n-x\|_1$$

则$\lim\limits_{n\to\infty}\|x_n^+-x\|_1=0$。$\forall n\in\mathbb{N}$，由 $x_n\in Y$ 且 Q 是 P 的延拓，则 $x_n^+\in Y$ 且 $Qx_n^+=Px_n^+\geqslant0$。

由于 Q 是连续的，则

$$Qx=Q(\lim_{n\to\infty}x_n^+)=\lim_{n\to\infty}(Qx_n^+)=\lim_{n\to\infty}(Px_n^+)\geqslant0$$

$$\int_\Omega Qx\,\mathrm{d}\mu=\int_\Omega\lim_{n\to\infty}(Px_n^+)\mathrm{d}\mu=\lim_{n\to\infty}\int_\Omega Px_n^+\mathrm{d}\mu=\lim_{n\to\infty}\int_\Omega x_n^+\mathrm{d}\mu=\int_\Omega\lim_{n\to\infty}x_n^+\mathrm{d}\mu=\int_\Omega x\,\mathrm{d}\mu$$

因此 Q 是 Markov 算子。

定义 6.8.2 设 $L^2(\Omega,\mathrm{A},P)$是概率空间，$X\in L^1(\Omega,\mathrm{A},P)$，$\mathrm{M}\subseteq A$ 是一个子σ-代数。如果存在 $Y\in L^1(\Omega,\mathrm{M},P)$ 使得$\int_A X\mathrm{d}P=\int_A Y\mathrm{d}P$，$\forall A\in\mathrm{M}$，则称 Y 是 X 关于 M 的条件期望(conditional expectation)，记为 $Y=E(X|\mathrm{M})$。注意 $E(X|\mathrm{M})$是一个函数。

定理 6.8.3 设 $X\in L^1(\Omega,\mathrm{A},P)$，$\mathrm{M}\subseteq A$ 是一个子σ-代数。

(1) 在 $L^2(\Omega,\mathrm{A},P)$上 $E(X|\mathrm{M})$存在。

(2) Q：$L^1(\Omega,\mathrm{A},P)\to L^1(\Omega,\mathrm{A},P)$，$QX=E(X|\mathrm{M})$是一个 Markov 算子。

证明：(1) 设 $X\in L^2(\Omega,\mathrm{A},P)$，$P$ 是$L^2(\Omega,\mathrm{A},P)\to L^2(\Omega,\mathrm{M},P)$ 的正交投影，$Y=PX$。 $\forall A\in\mathrm{M}$，则 $\chi_A\in L^2(\Omega,\mathrm{M},P)$。 故

$$\int_A(X-Y)\mathrm{d}P=\int_\Omega(X-Y)\chi_A\mathrm{d}P=[X-Y,\chi_A]=0$$

因此$\int_A X\mathrm{d}P=\int_A Y\mathrm{d}P$。故 $\forall X\in L^2(\Omega, \mathrm{A}, P)$有$E(X\mid \mathrm{M})$存在且$E(X\mid \mathrm{M})=Y=PX$。

(2) $\forall X\in L^2(\Omega, \mathrm{A}, P)$ 且 $X\geqslant 0$，

$$A=\{\omega: (PX)(\omega)<0\},\ A_n=\left\{\omega: (PX)(\omega)<-\frac{1}{n}\right\}$$

$\forall n\in\mathbb{N}$，则$A_n\in \mathrm{M}$且$A=\bigcup_{n=1}^{\infty}A_n$。假设$P(A)>0$，则 $\exists k\in\mathbb{N}$ 使得$P(A_k)=\delta>0$。故

$$0\leqslant\int_{A_k}X\mathrm{d}P=\int_{A_k}PX\mathrm{d}P\leqslant\int_{A_k}\left(-\frac{1}{k}\right)\mathrm{d}P=-\frac{\delta}{k}$$

故 $\delta\leqslant 0$，这与“$P(A_k)=\delta>0$”产生矛盾，故 $P(A)=0$。因此 $\forall X\geqslant 0$，则 $PX\geqslant 0$。由$L^2(\Omega, \mathrm{A}, P)$是$L^1(\Omega, \mathrm{A}, P)$的稠密子集及定理 6.8.2 得知，投影算子 P 在$L^1(\Omega, \mathrm{A}, P)$上存在线性延拓 Q 且 Q 是 Markov 算子。

条件期望具有以下基本性质：

(1) $E(X|\mathrm{M})$是 M-可测函数。

(2) $E((\lambda_1X_1+\lambda_2X_2)|\mathrm{M})=\lambda_1E(X_1|\mathrm{M})+\lambda_2E(X_2|\mathrm{M})$，$\forall\lambda_1, \lambda_2\in\mathbb{R}$。

(3) $\int_A E(X\mid \mathrm{M})\mathrm{d}P=\int_A X\mathrm{d}P$，$\forall A\in \mathrm{M}$。

(4) 当 $X\geqslant 0$ 时，$E(X|\mathrm{M})\geqslant 0$。

(5) 如果$\lim\limits_{n\to\infty}\|X_n-X\|_1=0$，则$\lim\limits_{n\to\infty}\|E(X_n|\mathrm{M})-E(X|\mathrm{M})\|_1=0$。

下面进一步给出条件期望的性质：

定理 6.8.4　设 X、Y、$X_n\in L^1(\Omega, \mathrm{A}, P)$，$\Sigma$、$\mathrm{M}\subseteq A$ 是两个子σ-代数且 $\Sigma\subseteq\mathrm{M}$。

(1) $E(E(X|\mathrm{M}))=EX$。

(2) $|E(X|\mathrm{M})|\leqslant E(|X\|\mathrm{M})$，$\|E(X|\mathrm{M})\|_1\leqslant\|X\|_1$。

(3) $E(E(X|\mathrm{M})|\Sigma)=E(E(X|\Sigma)|\mathrm{M})=E(X|\Sigma)$。

(4) 如果 X 独立于 M，则 $E(X|\mathrm{M})=(EX)\chi_\Omega$。

(5) 如果$\forall n\in\mathbb{N}$有 $X_n\geqslant 0$ 且$\lim\limits_{n\to\infty}X_n=X$，则$\lim\limits_{n\to\infty}E(X_n|\mathrm{M})=E(X|\mathrm{M})$。

证明：(1) 令 $A=\Omega\in\mathrm{M}$，则

$$E(E(X\mid\mathrm{M}))=\int_\Omega E(X\mid\mathrm{M})\mathrm{d}P=\int_\Omega X\mathrm{d}P=EX$$

(2) 由于$|X|\pm X\geqslant 0$，则 $E((|X|\pm X)|\mathrm{M})\geqslant 0$。由条件期望的线性性可得

$$E(|X||\mathrm{M})\pm E(X|\mathrm{M})=E((|X|\pm X)|\mathrm{M})\geqslant 0$$

进而

$$-E(|X||\mathrm{M})\leqslant E(X|\mathrm{M})\leqslant E(|X||\mathrm{M})$$

因此$|E(X|\mathrm{M})|\leqslant E(|X\|\mathrm{M})$。由定理 6.8.3，则

$$\begin{aligned}\|E(X|\mathrm{M})\|_1&=\int_\Omega|E(X|\mathrm{M})|\mathrm{d}P=\int_\Omega|P(X)|\mathrm{d}P\leqslant\int_\Omega\|P\|\|X\|_1\mathrm{d}P\\&\leqslant\int_\Omega\|X\|_1\mathrm{d}P=\|X\|_1\end{aligned}$$

(3) 设 $E(X|\mathrm{M})=P_\mathrm{M}X$，$E(X|\Sigma)=P_\Sigma X$。由定理 6.8.3 推得 P_M 是 $L^2(\Omega, \mathrm{M}, P)$上的一个投影。由于 $\Sigma\subseteq\mathrm{M}$，则 $P_\Sigma\leqslant P_\mathrm{M}$。由定理 6.6.8，$\forall X\in L^2(\Omega, \mathrm{M}, P)$，则

$$E(E(X|\mathrm{M})|\Sigma)=P_{\Sigma}(P_{\mathrm{M}}X)=(P_{\Sigma}P_{\mathrm{M}})X=P_{\Sigma}X=E(X|\Sigma)$$

类似地，$E(E(X|\Sigma)|\mathrm{M})=E(X|\Sigma)$。由于 $L^2(\Omega,\mathrm{M},P)$在 $L^1(\Omega,\mathrm{M},P)$中是稠的，则 $\forall X\in L^1(\Omega,\mathrm{M},P)$，$\exists\{X_n\}\subseteq L^2(\Omega,\mathrm{M},P)$使得$\lim\limits_{n\to\infty}X_n=X$。由 P 是连续的，则

$$\begin{aligned}E(E(X|\mathrm{M})|\Sigma)&=P_{\Sigma}(P_{\mathrm{M}}X)=P_{\Sigma}(P_{\mathrm{M}}(\lim_{n\to\infty}X_n))=\lim_{n\to\infty}(P_{\Sigma}P_{\mathrm{M}})X_n\\&=\lim_{n\to\infty}P_{\Sigma}(X_n)=P_{\Sigma}(\lim_{n\to\infty}X_n)=P_{\Sigma}X=E(X|\Sigma)\end{aligned}$$

(4) 由定理 6.8.1，则 $E(X|\mathrm{M})=PX=(EX)\chi_{\Omega}$。由 $L^2(\Omega,\mathrm{M},P)$在 $L^1(\Omega,\mathrm{M},P)$中是稠密的，$\forall X\in L^1(\Omega,\mathrm{M},P)$，则$\exists\{X_n\}\subseteq L^2(\Omega,\mathrm{M},P)$使得$\lim\limits_{n\to\infty}X_n=X$。由于 P 连续，则

$$\begin{aligned}E(X\mid\mathrm{M})&=PX=P(\lim_{n\to\infty}X_n)=\lim_{n\to\infty}P(X_n)=\lim_{n\to\infty}E(X_n\mid\mathrm{M})=\lim_{n\to\infty}(EX_n)\chi_{\Omega}\\&=\lim_{n\to\infty}\int_{\Omega}X_n\mathrm{d}P\chi_{\Omega}=\int_{\Omega}\lim_{n\to\infty}X_n\mathrm{d}P\chi_{\Omega}=\int_{\Omega}X\mathrm{d}P\chi_{\Omega}=(EX)\chi_{\Omega}\end{aligned}$$

(5) 设$\lim\limits_{n\to\infty}E(X_n|\mathrm{M})=Y$。由定理 6.8.3 可得，$E(X|\mathrm{M})$是 Markov 算子。因此

$$\int_A Y\mathrm{d}P=\lim_{n\to\infty}\int_A E(X_n\mid\mathrm{M})\mathrm{d}P=\lim_{n\to\infty}\int_A X_n\mathrm{d}P=\int_A\lim_{n\to\infty}X_n\mathrm{d}P=\int_A X\mathrm{d}P,\ \forall A\in\mathrm{M}$$

由条件期望的定义，则 $Y=E(X\mid\mathrm{M})$。因此$\lim\limits_{n\to\infty}E(X_n\mid\mathrm{M})=Y=E(X\mid\mathrm{M})$。

习　题　六

6.1　设 $h(t)\in C[a,b]$且$\forall t\in[a,b]$有 $h(t)>0$。$\forall f$、$g\in C[a,b]$，定义

$$[f,g]=\int_a^b h(t)f(t)\overline{g(t)}\mathrm{d}t$$

求证：$(C[a,b],[\cdot,\ \cdot])$是一个复内积空间。

6.2　设 $H=\{(x,u):x(t),u(t)\in L^2[0,T]\}$。$\forall(x_1,u_1)$、$(x_2,u_2)\in H$，在 H 上定义

$$[(x_1,u_1),(x_2,u_2)]=\int_0^T(x_1(t)x_2(t)+u_1(t)u_2(t))\mathrm{d}t$$

求证：$(H,[\cdot,\cdot])$是一个实 Hilbert 空间。

6.3　设$\{X_n\}$是$\mathbb{F}$上的内积空间列。令 $X=\{\{x_n\}:\sum\limits_{n=1}^{\infty}\|x_n\|^2<+\infty,\ x_n\in X_n,\ \forall n\in\mathbb{N}\}$，$\forall\{x_n\}$、$\{y_n\}\in X$，$\forall\lambda\in\mathbb{F}$，定义

$$\lambda\{x_n\}+\{y_n\}=\{\lambda x_n+y_n\},\ [\{x_n\},\{y_n\}]=\sum_{n=1}^{\infty}[x_n,y_n]$$

求证：如果$\forall n\in\mathbb{N}$有 X_n 是 Hilbert 空间，则 X 是一个 Hilbert 空间。

6.4　设 $F[0,2\pi]=\{f\in L^2[0,2\pi]:\sum\limits_{n=1}^{\infty}(a_n^2+b_n^2)<+\infty\}$，其中 a_n 和 b_n 是函数 $f(x)$ 的 Fourier 系数。定义 $\|f\|=\sqrt{\pi\left(\dfrac{a_0^2}{2}+\sum\limits_{n=1}^{\infty}(a_n^2+b_n^2)\right)}$。

求证：$F[0,2\pi]$是一个内积空间。

6.5　设

$AC[a, b]=\{f:[a, b]\to\mathbb{C}: f$ 在$[a, b]$上绝对连续且 $f(a)=0$, $f'\in L^2[a, b]\}$

设 f、$g\in AC[a, b]$，定义$[f, g]=\int_a^b f'(t)\overline{g'(t)}\mathrm{d}t$。

求证：$(AC[a, b], [\cdot, \cdot])$是一个 Hilbert 空间。

6.6　设 X^* 是内积空间 X 的共轭空间，$L_z(x)=[x, z]$是 X 上的线性泛函。

求证：如果 $F: X\to X^*$, $z\to L_z$ 是一个双射，则 X 是一个 Hilbert 空间。

6.7　设$\{x_n\}$是内积空间 X 中的点列且$\lim\limits_{n\to\infty}\|x_n\|=\|x\|$。

求证：如果$\forall y\in X$ 有$\lim\limits_{n\to\infty}[x_n, y]=[x, y]$，则$\lim\limits_{n\to\infty}x_n=x$。

6.8　设$\{x_n\}$和$\{y_n\}$是内积空间 H 中的两个点列且$\|x_n\|\leqslant 1$, $\|x\|\leqslant 1$, $\forall n\in\mathbb{N}$。

求证：如果$\lim\limits_{n\to\infty}[x_n, y_n]=1$，则$\lim\limits_{n\to\infty}\|x_n-y_n\|=0$。

6.9　设 H 是一个 Hilbert 空间。

求证：$\|x-z\|=\|x-y\|+\|y-z\|$当且仅当$\exists\lambda_0\in[0, 1]$使得

$$y=\lambda_0 x+(1-\lambda_0)z$$

6.10　设 X 是一个实内积空间，x、$y\in X-\{0\}$。

求证：$\exists\alpha>0$ 使得 $y=\alpha x$ 当且仅当$[x, y]=\|x\|\|y\|$。

6.11　设 H 是一个内积空间。

求证：$\|z-x\|^2+\|z-y\|^2=\frac{1}{2}\|x-y\|^2+2\left\|z-\frac{1}{2}(x+y)\right\|^2$, x、y、$z\in H$。

6.12　设 X 是数域$\mathbb{F}$上的一个内积空间，x、$y\in X-\{0\}$。求证下列命题等价：

(1) $x\perp y$。

(2) $\forall\alpha\in\mathbb{F}$有$\|x+\alpha y\|=\|x-\alpha y\|$。

(3) $\forall\alpha\in\mathbb{F}$有$\|x+\alpha y\|\geqslant\|x\|$。

6.13　设 X 是一个实内积空间，M、$N\subseteq X$。求证：如果 $M\perp N$，则 $M\subseteq N^{\perp}$。

6.14　设 H 是一个 Hilbert 空间。求证：

(1) 如果 M 是 H 的一个子空间，则$(M^{\perp})^{\perp}=\overline{M}$。

(2) 如果 M 是 Hilbert 空间 H 的一个非空子集，则$(M^{\perp})^{\perp}=\overline{\mathrm{span}(M)}$。

6.15　设$\{e_n\}$是复 Hilbert 空间 H 的标准正交基，x、$y\in H$。求证：

(1) $\sum\limits_{n=1}^{\infty}|[e_n, x][e_n, y]|\leqslant\|x\|\|y\|$。

(2) $\forall\alpha\in\mathbb{C}$有 $\|x+\alpha y\|^2=\sum\limits_{n=1}^{\infty}|[e_n, x+\alpha y]|^2$。

(3) $[x, y]=\sum\limits_{n=1}^{\infty}\overline{[e_n, x]}[e_n, y]$。

6.16　求参数 a、b 的值使得$\int_1^3(a+bx-x^2)^2\mathrm{d}x$ 取得最小值。

6.17　设$(H, [\cdot, \cdot])$是一个实内积空间，$g\in H$，其中 c 为已知的实常数。

求证：$M=\{f\in H: [f, g]=c\}$是 H 中的闭仿射流形。

第7章 有界线性算子的谱理论

线性算子的谱理论是现代泛函分析及其应用的主要分支之一。它主要研究逆算子的一般性质，以及它与原算子的关系。在求解线性方程、微分方程和积分方程时，自然会出现这样的逆算子。算子的谱对于理解算子本身的性质也很重要。为了获得完满的理论，不考虑平凡的向量空间。除非声明，所有的线性空间都是非平凡的复线性空间。

★ 本章知识要点： 矩阵的特征值；预解算子；算子的谱；谱半径公式；谱映射定理；紧算子的谱性质；有界自伴算子的谱性质；正算子；谱族；有界自伴算子的谱表示。

7.1 有界线性算子的谱性质

设 X 是一个有限维赋范线性空间，$T: X\to X$ 是一个线性算子。在 X 的一个基下，算子 T 有一个表示矩阵。下面将会看到这样的算子 T 的谱理论就是矩阵的特征值理论。

定义 7.1.1 设 A 是数域$\mathbb{F}$上的一个 n 阶方阵。

(1) 如果存在非零 n 维列向量 x 使得 $Ax=\lambda x$，则称 λ 为 A 的一个特征值，称 x 为 A 的从属于特征值 λ 的一个特征向量。

(2) 称从属于 A 的特征值 λ 的所有特征向量张成的线性子空间为 A 的对应于特征值 λ 的特征空间(eigenspace)。

(3) 称 A 的所有特征值构成的集合为 A 的谱(spectrum)，记为 $\sigma(A)$。

(4) 称 A 的谱在复平面$\mathbb{C}$上的补集 $\sigma(A)^c$ 为 A 的预解集(resolvent set)，记为 $\rho(A)$。

定义 7.1.2 设 $A=(a_{ij})_n$ 是数域$\mathbb{F}$上的一个 n 阶方阵，I 是 n 阶单位矩阵，$\lambda\in\mathbb{F}$。

(1) 称 $\det(A-\lambda I)=\begin{vmatrix} a_{11}-\lambda & a_{12} & \cdots & a_{1n} \\ a_{21} & a_{22}-\lambda & \cdots & a_{2n} \\ \vdots & \vdots & & \vdots \\ a_{n1} & a_{n2} & \cdots & a_{nn}-\lambda \end{vmatrix}$ 为 A 的特征多项式。

(2) 称关于 λ 的一元 n 次方程 $\det(A-\lambda I)=0$ 为 A 的特征方程。

由代数基本定理容易证明下面的性质。

性质 7.1.1 设 A 是复数域$\mathbb{C}$上的一个 n 阶方阵，则 A 的特征方程 $\det(A-\lambda I)=0$ 的解是 A 的特征值。进而 A 至少有一个特征值且至多有 n 个特征值。

设 $e_1, e_2, \cdots, e_n$ 是有限维线性空间 X 的一个基，$T\in L(X)$，n 阶方阵 T_e 是 T 关于 X 的基 $e_1, e_2, \cdots, e_n$ 的矩阵表示，则$(Te_1, Te_2, \cdots, Te_n)=(e_1, e_2, \cdots, e_n)T_e$。

矩阵 T_e 的特征值、谱和预解集分别称为算子 T 的特征值、谱和预解集。

性质 7.1.2 设 X 是有限维复线性空间，$T\in L(X)$，则 T 关于 X 的不同基的表示矩阵有相同的特征值，即表示矩阵的特征值与线性空间基的选取无关。

证明： 设 $\dim X=n$；$e_1, e_2, \cdots, e_n$ 和 $f_1, f_2, \cdots, f_n$ 是 X 的两个基，则存在 n 阶可逆矩阵 C 使得 $(f_1, f_2, \cdots, f_n)=(e_1, e_2, \cdots, e_n)C$。设 T 在两个基下的表示矩阵分别为 T_e 和 T_f，则

$$(Te_1, Te_2, \cdots, Te_n)=(e_1, e_2, \cdots, e_n)T_e, (Tf_1, Tf_2, \cdots, Tf_n)=(f_1, f_2, \cdots, f_n)T_f$$

$\forall x \in X$，则 $x=\sum_{k=1}^{n} x_k e_k$，$y=\sum_{k=1}^{n} y_k f_k$。由于

$$(f_1, f_2, \cdots, f_n)=(e_1, e_2, \cdots, e_n)C$$

则

$$(e_1, e_2, \cdots, e_n)(x_1, x_2, \cdots, x_n)^{\mathrm{T}}=x=(e_1, e_2, \cdots, e_n)C(y_1, y_2, \cdots, y_n)^{\mathrm{T}}$$

由于 $e_1, e_2, \cdots, e_n$ 是 X 的基，则 $(e_1, e_2, \cdots, e_n)$ 可逆且

$$(x_1, x_2, \cdots, x_n)^{\mathrm{T}}=C(y_1, y_2, \cdots, y_n)^{\mathrm{T}}$$

又由于

$$\begin{aligned}Tx&=\sum_{k=1}^{n} x_k Te_k=(Te_1, Te_2, \cdots, Te_n)(x_1, x_2, \cdots, x_n)^{\mathrm{T}}\\&=(e_1, e_2, \cdots, e_n)T_e(x_1, x_2, \cdots, x_n)^{\mathrm{T}}\end{aligned}$$

$$\begin{aligned}Tx&=\sum_{k=1}^{n} y_k Tf_k=(Tf_1, Tf_2, \cdots, Tf_n)(y_1, y_2, \cdots, y_n)^{\mathrm{T}}\\&=(f_1, f_2, \cdots, f_n)T_f(y_1, y_2, \cdots, y_n)^{\mathrm{T}}\end{aligned}$$

则

$$(f_1, f_2, \cdots, f_n)T_f(y_1, y_2, \cdots, y_n)^{\mathrm{T}}=(e_1, e_2, \cdots, e_n)T_e(x_1, x_2, \cdots, x_n)^{\mathrm{T}}$$

由 $(f_1, f_2, \cdots, f_n)=(e_1, e_2, \cdots, e_n)C$ 且 $(x_1, x_2, \cdots, x_n)^{\mathrm{T}}=C(y_1, y_2, \cdots, y_n)^{\mathrm{T}}$，则

$$\begin{aligned}(e_1, e_2, \cdots, e_n)CT_f(y_1, y_2, \cdots, y_n)^{\mathrm{T}}&=(e_1, e_2, \cdots, e_n)T_e(x_1, x_2, \cdots, x_n)^{\mathrm{T}}\\&=(e_1, e_2, \cdots, e_n)T_eC(y_1, y_2, \cdots, y_n)^{\mathrm{T}}\end{aligned}$$

由 $(e_1, e_2, \cdots, e_n)$ 可逆，则 $CT_f(y_1, y_2, \cdots, y_n)^{\mathrm{T}}=T_eC(y_1, y_2, \cdots, y_n)^{\mathrm{T}}$。

由 $(y_1, y_2, \cdots, y_n)$ 的任意性，则 $CT_f=T_eC$。故 $T_f=C^{-1}T_eC$。由于

$$\det(T_f-\lambda I)=\det(C^{-1}T_eC-\lambda I)=\det(C^{-1})\det(T_e-\lambda I)\det(C)=\det(T_e-\lambda I)$$

则 T_e 和 T_f 有相同的特征方程。因此 T_e 和 T_f 有相同的特征值。

定义 7.1.3　设 X 是一个复非零赋范线性空间，$T: D(T)\to X$ 是一个线性算子，$\lambda\in\mathbb{C}$，$T_\lambda=T-\lambda I$。如果 T_λ 可逆，则称 T_λ^{-1} 为 T 的预解算子，记为 R_λ，即 $R_\lambda=T_\lambda^{-1}$。

定义 7.1.4　设 X 是复赋范线性空间，$T: D(T)\to X$ 是线性算子。如果复数 λ 满足

(1) R_λ 存在；

(2) R_λ 有界；

(3) R_λ 定义在 X 的稠密子集上，即 $\overline{D(R_\lambda)}=X$，

则称 λ 为算子 T 的正则值(regular value)，称算子 T 的所有正则值构成的集合为 T 的预解集，记为 $\rho(T)$，称 $\rho(T)$ 在复平面 $\mathbb{C}$ 中的补集 $\rho(T)^c$ 为算子 T 的谱，记为 $\sigma(T)$。

定义 7.1.5　设 X 是一个复赋范线性空间，$T: D(T)\to X$ 是一个线性算子。

(1) 称集合 $\{\lambda\in\mathbb{C}: R_\lambda$ 不存在$\}$ 为算子 T 的点谱(point spectrum)，记为 $\sigma_p(T)$，称点

谱 $\sigma_p(T)$ 中的元素 λ 为算子 T 的特征值。

(2) 称集合 $\{\lambda\in\mathbb{C}: R_\lambda$ 存在且 $\overline{D(R_\lambda)}=X$，但 R_λ 是无界的$\}$ 为 T 的连续谱，记为 $\sigma_c(T)$。

(3) 称集合 $\{\lambda\in\mathbb{C}: R_\lambda$ 存在且 $\overline{D(R_\lambda)}\neq X\}$ 为算子 T 的剩余谱，记为 $\sigma_r(T)$。

注意到：R_λ 存在当且仅当 $N(T_\lambda)=\{0\}$。故 $\lambda\in\sigma_p(T)\Leftrightarrow N(T-\lambda I)\neq\{0\}$。

由定义 7.1.4 和定义 7.1.5，则 $\rho(T)\cup\sigma_p(T)\cup\sigma_c(T)\cup\sigma_r(T)=\mathbb{C}$。

定理 7.1.1 设 X 是一个复线性空间，$T: D(T)\to X$ 是一个线性算子。如果 λ_1，λ_2，…，λ_m 为算子 T 的不同特征值，则从属于 λ_1，λ_2，…，λ_m 的特征向量 $\boldsymbol{x}_1$，$\boldsymbol{x}_2$，…，$\boldsymbol{x}_m$ 线性无关的。

证明: 设 $\sum_{k=1}^{m}\alpha_k x_k=0$。由于 $Tx_k=\lambda_k x_k$，其中 $k=1, 2, \cdots, m$，则

$$\sum_{k=1}^{m}\lambda_k\alpha_k x_k=\sum_{k=1}^{m}\alpha_k Tx_k=T\left(\sum_{k=1}^{m}\alpha_k x_k\right)=0$$

再次用 T 作用可得 $\sum_{k=1}^{m}\lambda_k^2\alpha_k x_k=0$。

类似地，$\sum_{k=1}^{m}\lambda_k^3\alpha_k x_k=0$，$\sum_{k=1}^{m}\lambda_k^4\alpha_k x_k=0$，…，$\sum_{k=1}^{m}\lambda_k^{m-1}\alpha_k x_k=0$。

因此
$$(\alpha_1 x_1, \alpha_2 x_2, \cdots, \alpha_m x_m)\begin{pmatrix}1 & \lambda_1 & \cdots & \lambda_1^{m-1}\\ 1 & \lambda_2 & \cdots & \lambda_2^{m-1}\\ \vdots & \vdots & & \vdots\\ 1 & \lambda_m & \cdots & \lambda_m^{m-1}\end{pmatrix}=0$$

由于 λ_1，λ_2，…，λ_m 互不相同，则 m 阶方阵

$$\begin{pmatrix}1 & \lambda_1 & \cdots & \lambda_1^{m-1}\\ 1 & \lambda_2 & \cdots & \lambda_2^{m-1}\\ \vdots & \vdots & & \vdots\\ 1 & \lambda_m & \cdots & \lambda_m^{m-1}\end{pmatrix}$$

可逆。故 $(\alpha_1 x_1, \alpha_2 x_2, \cdots, \alpha_m x_m)=0$ 且 $\alpha_k x_k=0$；$k=1, 2, \cdots, m$。由 $x_k\neq 0$，则 $\alpha_k=0$；$k=1, 2, \cdots, m$。故 x_1，x_2，…，x_m 是线性无关的。

引理 7.1.1 设 X 和 Y 是两个赋范线性空间，$T: D(T)\to Y$ 是一个有界线性算子。

(1) 如果 $D(T)$ 是 X 的闭子空间，则 T 是闭算子。

(2) 如果 T 是闭算子且 Y 是完备的，则 $D(T)$ 是 X 的闭子空间。

证明: (1) $\forall\{x_n\}\subseteq D(T)$ 且 $\lim_{n\to\infty}x_n=x$，$\lim_{n\to\infty}T(x_n)=y$。由于 $D(T)$ 是 X 的闭子空间，则 $x\in D(T)$。由于 T 是有界的及定理 5.1.3，则 T 连续。故

$$Tx=T(\lim_{n\to\infty}x_n)=\lim_{n\to\infty}T(x_n)=y$$

因此 T 是闭算子。

(2) $\forall\{x_n\}\subseteq D(T)$ 且 $\lim_{n\to\infty}x_n=x$，则 $\{x_n\}$ 是 Cauchy 列。由 T 是有界线性算子，则

$$\|Tx_n-Tx_m\|=\|T(x_n-x_m)\|\leqslant\|T\|\|x_n-x_m\|$$

故$\{Tx_n\}$是 Y 中的 Cauchy 列。由于 Y 是完备的，则$\{Tx_n\}$收敛，即$\exists y\in Y$使得$\lim\limits_{n\to\infty}Tx_n=y$。由于$\lim\limits_{n\to\infty}(x_n,\ Tx_n)=(x,\ y)$且 T 是闭算子，则 $x\in D(T)$。因此 $D(T)$是 X 的闭子空间。

定理 7.1.2　设 X 是一个复 Banach 空间，$T: D(T)\to X$ 是一个线性算子，$\lambda\in\rho(T)$。如果 T 是闭算子，则 $D(R_\lambda)=X$。

证明： 由$\lambda\in\rho(T)$，则$\overline{D(R_\lambda)}=X$ 且 R_λ 有界。$\forall x\in\overline{D(R_\lambda)}$，则$\exists\{x_n\}\subseteq D(R_\lambda)$使得$\lim\limits_{n\to\infty}x_n=x$，故$\{x_n\}$是 Cauchy 列。由 R_λ 有界，则$\{R_\lambda x_n\}$是 Cauchy 列。由 X 是 Banach 空间，则$\{R_\lambda x_n\}$是收敛的，即$\exists y\in X$使得$\lim\limits_{n\to\infty}R_\lambda x_n=y$。由 T_λ 是闭算子，$R_\lambda x_n\in D(T_\lambda)$及

$$\lim_{n\to\infty}T_\lambda(R_\lambda x_n)=\lim_{n\to\infty}(T_\lambda R_\lambda)x_n=\lim_{n\to\infty}x_n=x$$

则 $y\in D(T_\lambda)$且 $x=T_\lambda y\in R(T_\lambda)=D(R_\lambda)$。故$\overline{D(R_\lambda)}=D(R_\lambda)$。因此

$$D(R_\lambda)=\overline{D(R_\lambda)}=X$$

推论 7.1.1　设 X 是一个复 Banach 空间，$T: X\to X$ 是一个线性算子，$\lambda\in\rho(T)$。如果 T 是有界算子，则 $D(R_\lambda)=X$。

证明： 由 T 是有界的及定理 5.5.6，得知 T 是闭算子。由定理 7.1.2，则结论成立。

定理 7.1.3　设 X 是一个 Banach 空间，$T\in B(X)$，则 $\rho(T)$是开集，故 $\sigma(T)$是闭集。

证明： 如果 $\rho(T)=\varnothing$，则 $\rho(T)$是开集。如果 $\rho(T)\neq\varnothing$，$\forall\lambda_0\in\rho(T)$，则 $R_{\lambda_0}\in B(X)$。由 $T\in B(X)$及推论 7.1.1 得 $D(R_{\lambda_0})=X$。$\forall\lambda\in\mathbb{C}$，则

$$T_\lambda=T-\lambda I=(T-\lambda_0 I)(I-(\lambda-\lambda_0)(T-\lambda_0 I)^{-1})=T_{\lambda_0}(I-(\lambda-\lambda_0)R_{\lambda_0})$$

当$|\lambda-\lambda_0|<\dfrac{1}{\|R_{\lambda_0}\|}$时，则$\|(\lambda-\lambda_0)R_{\lambda_0}\|<1$。由定理 5.5.8，则 $I-(\lambda-\lambda_0)R_{\lambda_0}$ 的逆算子有界。由 $R_{\lambda_0}\in B(X)$，则 $R_\lambda\in B(X)$。由 $D(R_\lambda)=R(T_\lambda)=R(T_{\lambda_0})=X$，则 $\lambda\in\rho(T)$。

即对于 $\lambda_0\in\rho(T)$，$\exists\delta=\dfrac{1}{\|R_{\lambda_0}\|}>0$ 使得 $U(\lambda_0,\ \delta)\subseteq\rho(T)$。故 λ_0 是 $\rho(T)$的内点。由 λ_0 的任意性，则 $\rho(T)$是开集。因此 $\sigma(T)=\mathbb{C}-\rho(T)$是闭集。

推论 7.1.2　设 X 是一个 Banach 空间，$T\in B(X)$，$\lambda_0\in\rho(T)$，则$\sum\limits_{n=0}^{\infty}(\lambda-\lambda_0)^n R_{\lambda_0}^{n+1}$ 在复平面$\mathbb{C}$的开圆盘$\left\{\lambda\in\mathbb{C}:|\lambda-\lambda_0|<\dfrac{1}{\|R_{\lambda_0}\|}\right\}$上绝对收敛。

定理 7.1.4　设 X 是一个 Banach 空间，$T\in B(X)$。如果 $\lambda\in\rho(T)$且$|\lambda|>\|T\|$，则 $f(\lambda)=(\lambda I-T)^{-1}$ 在 $\rho(T)$上解析。

证明： 设 $F(\lambda)=\lambda I-T$，则 $F:\rho(T)\to B(X)$是连续的。设 $G(X)$表示 $B(X)$中全体有界可逆算子之集。定义 $g: G(X)\to G(X)$为 $g(T)=T^{-1}$，则

$$\|g(T+A)-g(T)\|=\|((I+T^{-1}A)^{-1}-I)T^{-1}\|\leqslant\|(I+T^{-1}A)^{-1}-I\|\,\|T^{-1}\|$$

当$\|A\|<\dfrac{1}{2\|T^{-1}\|}$时，则$\|T^{-1}A\|\leqslant\|A\|\ \|T^{-1}\|<\dfrac{1}{2}<1$。由定理 5.5.8，则

$$\begin{aligned}\|(I+T^{-1}A)^{-1}-I\|&=\left\|\sum_{n=1}^{\infty}(T^{-1}A)^n\right\|\leqslant\sum_{n=1}^{\infty}\|T^{-1}A\|^n\\&=\frac{\|T^{-1}A\|}{1-\|T^{-1}A\|}<2\|T^{-1}A\|\leqslant 2\|T^{-1}\|\ \|A\|\end{aligned}$$

$\forall \varepsilon > 0$，取 $\delta = \min\left\{\dfrac{\varepsilon}{2\|T^{-1}\|^2}, \dfrac{1}{2\|T^{-1}\|}\right\}$，则 $\forall A \in B(X)$ 且 $\|A\| < \delta$ 有

$$\|g(T+A)-g(T)\| \leqslant \|(I+T^{-1}A)^{-1}-I\|\|T^{-1}\| \leqslant 2\|T^{-1}\|^2\|A\| < \varepsilon$$

故 $g(T)$连续。因此 $f(\lambda)=(\lambda I-T)^{-1}=(gF)(\lambda)$连续。

$\forall \lambda \in \rho(T)$，$\forall h \in \mathbb{C}-\{0\}$且 $h+\lambda \in \rho(T)$。由$\dfrac{1}{h}(f(\lambda+h)-f(\lambda))=-f(\lambda+h)f(\lambda)$及 $f(\lambda)$连续，则

$$\lim_{h\to 0}\frac{1}{h}(f(\lambda+h)-f(\lambda))=-f(\lambda)^2$$

因此 $f'(\lambda)$在 $\rho(T)$上存在。由 $f(\lambda)$连续，则 $f'(\lambda)$在 $\rho(T)$上连续。故 $f(\lambda)=(\lambda I-T)^{-1}$ 在 $\rho(T)$上解析。

定理 7.1.5 设 X 是一个非零复 Banach 空间，$T \in B(X)$，则 $\sigma(T) \neq \varnothing$。

证明： 如果 $T=0$，则 $\sigma(T)=\{0\} \neq \varnothing$。如果 $T \neq 0$，那么 $\|T\| \neq 0$。假设 $\sigma(T)=\varnothing$，则 $\rho(T)=\mathbb{C}$。由定理 7.1.4 知 R_λ 在$\mathbb{C}$上解析。$\forall \lambda \in \mathbb{C}=\rho(T)$，则 R_λ 在$\mathbb{C}$上有界。由定理 5.4.7 得，$R_\lambda=(T-\lambda I)^{-1}$ 在$\mathbb{C}$上是一个常算子，于是与前面“R_λ 在 C 上有界”产生矛盾。因此 $\sigma(T) \neq \varnothing$。

定理 7.1.6 设 X 是一个 Banach 空间。若 $T \in B(X)$，则 $\sigma(T) \subseteq \{\lambda \in \mathbb{C}: |\lambda| \leqslant \|T\|\}$，进而 $\sigma(T)$是紧集。

证明： 若$|\lambda| > \|T\|$，则 $\left\|\dfrac{1}{\lambda}T\right\| < 1$。由定理 5.5.8，则 $T_\lambda=\lambda\left(\dfrac{1}{\lambda}T-I\right)$可逆且$R_\lambda \in B(X)$。由 $D(R_\lambda)=R(T_\lambda)=X$，则 $\lambda \in \rho(T)$。即 $\forall \lambda \in \sigma(T)$有$|\lambda| \leqslant \|T\|$。故 $\sigma(T)$有界且 $\sigma(T) \subseteq \{\lambda \in \mathbb{C}: |\lambda| \leqslant \|T\|\}$。由定理 7.1.3，$\sigma(T)$是闭集。由定理 4.3.8，则 $\sigma(T)$是紧集。

注记： 设 $p(\sigma(T))=\{\mu \in \mathbb{C}: \exists \lambda \in \sigma(T)$使得 $\mu=p(\lambda)\}$，其中

$$p(\lambda)=a_0+a_1\lambda+a_2\lambda^2+\cdots+a_n\lambda^n$$

是一个多项式且 $a_n \neq 0$。

定理 7.1.7(谱定理) 设 X 是一个 Banach 空间，$p(\lambda)=a_0+a_1\lambda+a_2\lambda^2+\cdots+a_n\lambda^n$，$T \in B(X)$，$p(T)=a_0I+a_1T+a_2T^2+\cdots+a_nT^n$。若 $\sigma(T) \neq \varnothing$，则 $\sigma(p(T))=p(\sigma(T))$。

证明： 设 $S_\mu(\lambda)=p(\lambda)-\mu=a_n(\lambda-\gamma_1)(\lambda-\gamma_2)\cdots(\lambda-\gamma_n)$，其中 $\gamma_1, \gamma_2, \cdots, \gamma_n$ 是 $S_\mu(\lambda)=0$ 的复根。故

$$S_\mu(T)=a_n(T-\gamma_1I)(T-\gamma_2I)\cdots(T-\gamma_nI)$$

若 $\forall k \in \{1, 2, \cdots, n\}$有 $\gamma_k \in \rho(T)$，则 $T-\gamma_kI$ 可逆。进而 $p(T)-\mu I=S_\mu(T)$可逆，故 $\mu \in \rho(p(T))$。即 $\forall \mu \in \sigma(p(T))$，则 $\exists m \in \{1, 2, \cdots, n\}$使得 $\gamma_m \in \sigma(T)$。由 $p(\gamma_m)-\mu=S_\mu(\gamma_m)=0$，则 $\mu=p(\gamma_m) \in p(\sigma(T))$。因此 $\sigma(p(T)) \subseteq p(\sigma(T))$。

如果 $\mu \in p(\sigma(T))$，则 $\exists \xi \in \sigma(T)$使得 $\mu=p(\xi)$且 $T-\xi I$ 不可逆。由于 $p(\xi)-\mu=0$，则 ξ 为 $S_\mu(\lambda)$的零点。故存在多项式 $g(\lambda)$使得

$$S_\mu(\lambda)=(\lambda-\xi)g(\lambda)=g(\lambda)(\lambda-\xi)$$

因此

$$S_\mu(T)=(T-\xi I)g(T)=g(T)(T-\xi I)$$

假设 $S_\mu(T)$ 是可逆的，则

$$I=(T-\xi I)g(T)S_\mu(T)^{-1}=g(T)S_\mu(T)^{-1}(T-\xi I)$$

故 $T-\xi I$ 可逆，这与前述"$T-\xi I$ 不可逆"产生矛盾。因此 $S_\mu(T)$ 是不可逆的。故 $\mu\in\sigma(p(T))$ 且 $p(\sigma(T))\subseteq\sigma(p(T))$。因此 $\sigma(p(T))=p(\sigma(T))$。

定义 7.1.6 设 X 是一个复 Banach 空间，$T\in B(X)$，则称 $\sup\{|\lambda|: \lambda\in\sigma(T)\}$ 为算子 T 的谱半径(spectral radius)，记为 $r(T)$，即 $r(T)=\sup\{|\lambda|: \lambda\in\sigma(T)\}$。

注记： 由定理 7.1.6，则 $r(T)\leqslant\|T\|$。

定理 7.1.8(Beurling) 设 X 是一个 Banach 空间，$T\in B(X)$，则

$$r(T)=\lim_{n\to\infty}\sqrt[n]{\|T^n\|}$$

证明： $\forall n\in\mathbb{N}$，由定理 7.1.7，则 $\sigma(T^n)=(\sigma(T))^n$。故 $r(T^n)=(r(T))^n$。由定理 7.1.6，则 $(r(T))^n=r(T^n)\leqslant\|T^n\|$，进而 $r(T)\leqslant\sqrt[n]{\|T^n\|}$。故 $r(T)\leqslant\varliminf_{n\to\infty}\sqrt[n]{\|T^n\|}$。

由定理 7.1.4，则 $(\lambda I-T)^{-1}$ 在 $\rho(T)$ 上解析。因此 $(\lambda I-T)^{-1}$ 存在唯一的 Laurent 级数展开式。当 $|\lambda|>\|T\|$ 时，由定理 5.5.8 得

$$(\lambda I-T)^{-1}=\sum_{n=0}^{\infty}\lambda^{-n-1}T^n$$

由 Laurent 级数展开式的唯一性得

$$\forall\lambda\in\rho(T)\quad 有\quad (\lambda I-T)^{-1}=\sum_{n=0}^{\infty}\lambda^{-n-1}T^n$$

故 $\lim_{n\to\infty}\|\lambda^{-n-1}T^n\|=0$。因此 $\exists m$ 使得 $\forall n>m$ 有 $\|\lambda^{-n}T^n\|<1$，即 $\sqrt[n]{\|T^n\|}<|\lambda|$。$\forall\varepsilon>0$，则 $r(T)+\varepsilon\in\rho(T)$。取 $\lambda=r(T)+\varepsilon$，$\forall n>m$ 有 $\sqrt[n]{\|T^n\|}<r(T)+\varepsilon$。故 $\varlimsup_{n\to\infty}\sqrt[n]{\|T^n\|}<r(T)+\varepsilon$。由 ε 的任意性，则

$$\varlimsup_{n\to\infty}\sqrt[n]{\|T^n\|}\leqslant r(T)\leqslant\varliminf_{n\to\infty}\sqrt[n]{\|T^n\|}\leqslant\varlimsup_{n\to\infty}\sqrt[n]{\|T^n\|}$$

故

$$r(T)=\lim_{n\to\infty}\sqrt[n]{\|T^n\|}$$

7.2 紧算子的谱理论

本节研究赋范线性空间上的紧算子的谱理论。首先给出紧算子的定义。

定义 7.2.1 设 X 和 Y 是两个赋范线性空间，$T\in L(X, Y)$。如果 X 的任何有界子集 A 的像的闭包 $\overline{T(A)}$ 是 Y 中的紧集，则称 T 是一个紧算子(compact operator)。

分析中的很多线性算子是紧算子。紧线性算子的系统理论是从形如 $((T-\lambda I)x)(s)=y(s)$ 的积分方程理论中产生的，其中 $(Tx)(s)=\int_a^b k(s, t)x(t)\mathrm{d}t$。

引理 7.2.1 设 X 和 Y 是两个赋范线性空间。

(1) 如果 $T\in L(X, Y)$ 是紧算子，则 T 是有界的，即 $T\in B(X, Y)$。

(2) 如果 $\dim X=+\infty$，则恒等算子 $I_X\in B(X)$，但不是紧算子。

证明：(1) 由 T 是紧算子，则 $\overline{T(\overline{S}(0, 1))}$是 Y 中的紧集。由推论 4.3.3 及定理 4.3.7 可得，$\overline{T(\overline{S}(0, 1))}$是有界集，故 $\sup\{\|Tx\|: x\in\overline{S}(0, 1)\}<+\infty$。因此 T 是有界的。

(2) 由于 $\|I_X\|=\sup\{\|I_Xx\|: \|x\|\leqslant 1\}=1<+\infty$，则 $I_X\in B(X)$。

设 M 是 X 中的任何一个有界闭集。假设 I 是紧算子。故 $M=\overline{I(M)}$是紧集。由定理 5.6.2 可得 $\dim X<+\infty$，产生矛盾。因此 I 不是紧算子。

定理 7.2.1　设 X 和 Y 是两个赋范线性空间，$T\in L(X, Y)$，则 T 是紧算子当且仅当 X 中的任何一个有界序列$\{x_n\}$的像集$\{Tx_n\}$都在 Y 中存在一个收敛子列。

证明：必要性。设 T 是紧算子且$\{x_n\}$是 X 的任何一个有界序列，则$\{Tx_n\}$在 Y 中的闭包是紧集。由推论 4.3.3，则$\{Tx_n\}$是 Y 中的列紧集。故$\{Tx_n\}$存在一个收敛子列。

充分性。设 M 是 X 中的有界集，$\forall\{y_n\}\subseteq T(M)$，则 $\forall n\in\mathbb{N}$，$\exists x_n\in M$ 使得 $y_n=Tx_n$，故$\{x_n\}$是 X 中的有界序列。因此$\{Tx_n\}$存在一个收敛子列$\{Tx_{n_k}\}$，$T(M)$是列紧集，从而 $\overline{T(M)}$是 Y 中的自列紧集。由推论 4.3.3，则 $\overline{T(M)}$是 Y 中的紧集，故 T 是紧算子。

定理 7.2.2　设 X 和 Y 是两个赋范线性空间，$T\in L(X, Y)$。

(1) 如果 $T\in B(X, Y)$且 $\dim R(T)<+\infty$，则 T 是紧算子。

(2) 如果 $\dim X<+\infty$，则 T 是紧算子。

证明：(1) 设 M 是 X 中的有界集。由 $\forall x\in M$ 有 $\|Tx\|\leqslant\|T\|\|x\|$，则 $T(M)$在 Y 中是有界的。由 $\dim R(T)<+\infty$及定理 5.6.2，则 $\overline{T(M)}$是 $R(T)$中的紧集，故 T 是紧算子。

(2) 由 $T\in L(X, Y)$，$\dim X<+\infty$及定理 5.6.3，则 $T\in B(X, Y)$。由 $\dim X<+\infty$及定理 1.8.7，则 $\dim R(T)<+\infty$。由(1) 可得 T 是紧算子。

定理 7.2.3　设 X 是一个赋范线性空间，Y 是一个 Banach 空间，$\{T_n\}\subseteq B(X, Y)$是一个紧算子列，$T\in B(X, Y)$。如果$\{T_n\}$依范数收敛于 T，则 T 是紧算子。

证明：设$\{x_n\}$是 X 中的一个有界序列。由 T_1 是紧算子及定理 7.2.1，则$\{x_n\}$在 X 中存在一个子列$\{x_{(n,1)}\}$使得$\{T_1(x_{(n,1)})\}$收敛，故$\{T_1(x_{(n,1)})\}$是 Cauchy 列。

类似地，$\{T_2(x_{(n,1)})\}$存在一个子列$\{T_2(x_{(n,2)})\}$是 Cauchy 列。如此继续，存在$\{x_n\}$的子列$\{x_{(n,m)}\}$使得$\{T_mx_{(n,m)}\}$是 Cauchy 列。构造$\{x_n\}$的一个子列$\{y_m\}=\{x_{(n,m)}\}$使得$\{T_m(y_m)\}$是 Cauchy 列。由$\{x_n\}$有界，则$\exists c>0$ 使得 $\|x_n\|<c$，$\forall n\in\mathbb{N}$，进而 $\|y_m\|<c$，$\forall m\in\mathbb{N}$。由$\{T_n\}$依范数收敛于 T，则 $\forall\varepsilon>0$，$\exists k_1$，$\forall n>k_1$ 有 $\|T_n-T\|<\frac{\varepsilon}{3c}$。由于$\{T_m(y_m)\}$是 Cauchy 列，则对上述 ε，$\exists k_2$，$\forall m>k_2$ 有

$$\|T_{m+p}(y_{m+p})-T_m(y_m)\|<\frac{\varepsilon}{3}$$

对上述 ε，取 $k=k_1+k_2$，$\forall m>k$，$\forall p\in\mathbb{N}$有

$$\begin{aligned}&\|T(y_{m+p})-T(y_m)\|\\ \leqslant&\|T(y_{m+p})-T_{m+p}(y_{m+p})\|+\|T_{m+p}(y_m)-T_m(y_m)\|+\|T_m(y_m)-T(y_m)\|\\ \leqslant&\|T-T_{m+p}\|\|y_{m+p}\|+\|T_{m+p}(y_{m+p})-T_m(y_m)\|+\|T-T_m\|\|y_m\|<\varepsilon\end{aligned}$$

故$\{T(y_m)\}$是 Y 中的 Cauchy 列。由 Y 是 Banach 空间推得$\{T(y_m)\}$收敛。因此$\{x_n\}$存在一个子列$\{y_m\}$使得$\{T(y_m)\}$收敛。由定理 7.2.1 得知 T 是紧算子。

定理 7.2.4　设 X 和 Y 是两个赋范线性空间，$T\in L(X, Y)$是一个紧算子。如果$\{x_n\}$在 X 中弱收敛于 x，则$\{T(x_n)\}$在 Y 中依范数收敛于 $T(x)$。

证明：设 $y=T(x)$，$y_n=T(x_n)$，$\forall n\in\mathbb{N}$。$\forall g\in Y^*$，定义 $f(z)=g(T(z))$，$\forall z\in X$。故 f 是线性泛函。由 T 是紧算子及引理 7.2.1，则 T 是有界算子。由 $g\in Y^*$ 及

$$|f(z)|=|g(T(z))|\leqslant\|g\|\|T(z)\|\leqslant\|g\|\|T\|\|z\|$$

得 $\|f\|\leqslant\|g\|\|T\|$。故 $f\in X^*$。由于$\{x_n\}$弱收敛于 x，则 $\lim\limits_{n\to\infty}f(x_n)=f(x)$，即 $\lim\limits_{n\to\infty}g(T(x_n))=g(T(x))$。由 g 的任意性可得，$\{T(x_n)\}$在 Y 中弱收敛于 $T(x)$，即$\{y_n\}$在 Y 中依范数收敛于 y。故 $\lim\limits_{n\to\infty}\|y_n-y\|=0$。

假设 $\lim\limits_{n\to\infty}\|y_n-y\|\neq 0$，则 $\exists\,\eta>0$，$\exists\,\{y_{n_k}\}\subseteq\{y_n\}$ 使得 $\|y_{n_k}-y\|\geqslant\eta$。由于$\{x_{n_k}\}$弱收敛于 x，则$\{x_{n_k}\}$有界。由 T 是紧算子及定理 7.2.1 推得$\{T(x_{n_k})\}$存在收敛子列。不妨设这个收敛子列为$\{\tilde{y}_k\}$且 $\lim\limits_{k\to\infty}\tilde{y}_k=\tilde{y}$，则对上述 η，$\exists\, m$，$\forall\, k>m$ 有 $\|\tilde{y}_k-\tilde{y}\|<\eta$，这与 $\|y_{n_k}-y\|\geqslant\eta$ 矛盾。因此 $\lim\limits_{n\to\infty}\|y_n-y\|=0$，即$\{T(x_n)\}$依范数收敛于 $T(x)$。

定理 7.2.5　设 X 和 Y 是两个赋范线性空间，$T\in L(X, Y)$。如果 T 是一个紧算子，则 $R(T)$是 Y 的一个可分子空间。

证明：$\forall n\in\mathbb{N}$，设 $B_n=S(0, n)$，$C_n=T(B_n)$。由 T 是紧算子，则 $\overline{C_n}$ 是紧集。由推论 4.3.1，则 $\overline{C_n}$ 是列紧集，进而 C_n 是列紧集。由推论 4.3.1，则 C_n 是可分的。$\forall x\in X$，取 $k=[\|x\|]+1$，则 $x\in B_k$，故 $X=\bigcup\limits_{n=1}^{\infty}B_n$。因此

$$T(X)=T\left(\bigcup_{n=1}^{\infty}B_n\right)=\bigcup_{n=1}^{\infty}T(B_n)=\bigcup_{n=1}^{\infty}C_n$$

$\forall n\in\mathbb{N}$，由 C_n 是可分的，则存在可数集 D_n 使得 $C_n\subseteq\overline{D_n}$。取 $D=\bigcup\limits_{n=1}^{\infty}D_n$，则 D 是可数集且 $T(X)=\bigcup\limits_{n=1}^{\infty}C_n\subseteq\bigcup\limits_{n=1}^{\infty}\overline{D_n}$。$\forall k\in\mathbb{N}$，由于 $D_k\subseteq\overline{\bigcup\limits_{n=1}^{\infty}D_n}=\overline{D}$，则 $\overline{D_k}\subseteq\overline{\overline{D}}=\overline{D}$。因此

$$\bigcup_{n=1}^{\infty}\overline{D_n}\subseteq\overline{D}\quad 且\quad R(T)=T(X)\subseteq\bigcup_{n=1}^{\infty}\overline{D_n}\subseteq\overline{D}$$

故 $R(T)$ 是 Y 的可分子空间。

定义 7.2.2　设 X 和 Y 是两个赋范线性空间，$T\in B(X, Y)$，$T^*: Y^*\to X^*$。如果 $\forall y^*\in Y^*$ 有$(T^*y^*)(x)=y^*(Tx)$，$\forall x\in X$，则称 T^* 为算子 T 的伴随算子。

类似于内积，记$(T^*y^*)(x)=(x, T^*y^*)$，则该记号对每个分量都是线性的。因此

$$(x, T^*y^*)=(T^*y^*)(x)=y^*(Tx)=(Tx, y^*),\ \forall y^*\in Y^*,\ \forall x\in X$$

$\forall x\in X$，定义 $\tilde{x}: X^*\to\mathbb{F}$ 为 $\tilde{x}(x^*)=x^*(x)$，称 $x\to\tilde{x}$ 为 $X\to X^{**}$ 的自然映射。

定义 7.2.3　设 X 是一个赋范线性空间，X^* 是 X 的对偶空间，$A\subseteq X$，$B\subseteq X^*$。

(1) 称$\{f\in X^*: f(x)=0, \forall x\in A\}$为 A 的零化子，记为 $A^{\perp}$。

(2) 称$\{x\in X: f(x)=0, \forall f\in B\}$为 B 的预零化子，记为 $^{\perp}B$。

性质 7.2.1　设 X 和 Y 是数域 $\mathbb{F}$ 上的两个 Banach 空间。

(1) $(\alpha S+\beta T)^*=\alpha S^*+\beta T^*$，$S$、$T\in B(X, Y)$，$\alpha$、$\beta\in\mathbb{F}$。

(2) $T^{**}|_X=T$，$T\in B(X, Y)$。

(3) $\|T^*\|=\|T\|$，$T\in B(X, Y)$。

(4) $R(T)^{\perp}=N(T^*)$且${}^{\perp}R(T^*)=N(T)$，$T\in B(X,Y)$。

证明：(1) $\forall y^*\in Y^*$，$\forall x\in X$。由两个分量的线性性可得

$$\begin{aligned}((\alpha S+\beta T)^*y^*)x&=(x,(\alpha S+\beta T)^*y^*)=((\alpha S+\beta T)x,y^*)\\&=(\alpha Sx+\beta Tx,y^*)=\alpha(Sx,y^*)+\beta(Tx,y^*)\\&=\alpha(x,S^*y^*)+\beta(x,T^*y^*)\\&=(x,\alpha S^*y^*+\beta T^*y^*)=(x,(\alpha S^*+\beta T^*)y^*)\\&=((\alpha S^*+\beta T^*)y^*)x\end{aligned}$$

由 x 的任意性，则

$$(\alpha S+\beta T)^*(y^*)=(\alpha S^*+\beta T^*)(y^*)$$

由 y^* 的任意性，则

$$(\alpha S+\beta T)^*=\alpha S^*+\beta T^*$$

(2) $\forall y^*\in Y^*$，$\forall x\in X$ 有

$$(T^{**}x)y^*=(y^*,T^{**}x)=(T^*y^*,x)=(y^*,Tx)=(Tx)y^*$$

因此 $T^{**}x=Tx$。由 x 的任意性，则 $T^{**}|_X=T$。

(3) $\forall y^*\in Y^*$，$\forall x\in X$ 且 $\|y^*\|\leqslant 1$，$\|x\|\leqslant 1$，则

$$\|(T^*y^*)x\|=\|y^*(Tx)\|\leqslant\|y^*\|\|T\|\|x\|\text{ 且 }\|T^*y^*\|\leqslant\|y^*\|\|T\|$$

故 $\|T^*\|\leqslant\|T\|$。$\forall x\in X$ 且 $\|x\|\leqslant 1$，由(2)可得

$$\|Tx\|=\|T^{**}x\|\leqslant\|T^{**}\|\|x\|\leqslant\|T^{**}\|\leqslant\|T^*\|$$

故 $\|T\|\leqslant\|T^*\|$。因此 $\|T^*\|=\|T\|$。

(4) $\forall y^*\in N(T^*)$，$\forall x\in X$，则

$$T^*y^*=0\text{ 且 }y^*(Tx)=(Tx,y^*)=(x,T^*y^*)=(x,0)=0$$

故 $y^*\in R(T)^{\perp}$ 且 $N(T^*)\subseteq R(T)^{\perp}$。$\forall y^*\in R(T)^{\perp}$，$\forall x\in X$，则

$$(T^*y^*)x=(Tx,y^*)=0$$

由 x 的任意性，则 $T^*y^*=0$ 且 $y^*\in N(T^*)$。故

$$R(T)^{\perp}\subseteq N(T^*)\text{ 且 }N(T^*)=R(T)^{\perp}$$

$\forall x\in N(T)$，$\forall y^*\in Y^*$，则

$$(T^*y^*)x=(x,T^*y^*)=(Tx,y^*)=(0,y^*)=0\text{ 且 }x\in{}^{\perp}R(T^*)$$

$\forall x\in{}^{\perp}R(T^*)$，$\forall y^*\in Y^*$，则

$$T^*y^*\in R(T^*)\text{ 且 }y^*(Tx)=(Tx,y^*)=(x,T^*y^*)=0$$

由 y^* 的任意性，则 $Tx=0$，故 $x\in N(T)$。因此 $N(T)={}^{\perp}R(T^*)$。

设 X 是一个赋范线性空间，X^* 是 X 的对偶空间。容易证明：

(1) 如果 $\forall x^*\in X^*$，$\forall x\in X$ 有 $P_{x^*}(x)=|x^*(x)|$，则 P_{x^*} 是 X 上的半范数。

(2) 如果 $\forall x^*\in X^*$，$\forall x\in X$ 有 $P_x(x^*)=|x^*(x)|$，则 P_x 是 X^* 上的半范数。

定义 7.2.4　设 X 是一个赋范线性空间，X^* 是 X 的对偶空间。

(1) 称由半范数族$\{P_{x^*}: x^*\in X^*\}$生成的拓扑为弱拓扑，记为 $\sigma(X,X^*)$。

(2) 称由半范数族$\{P_x: x\in X\}$生成的拓扑为弱*拓扑，记为 $\sigma(X^*,X)$。

定理 7.2.6(Schauder)　设 X 和 Y 是两个赋范线性空间，$T\in B(X,Y)$，则 T 是紧算

子当且仅当 T^* 是紧算子。

证明： 必要性。设 T 是紧算子，$\{y_n^*\}$ 是 Y^* 中的一个序列且 $\|y_n^*\|=1$。由 Alaoglu 定理，则 $\exists y^*\in Y^*$ 使得 $\{y_{n_k}^*\}$ 弱 * 收敛于 y^*。由 T 是紧算子，则 $\overline{T(\bar{S}(0,1))}$ 是紧集。由推论 4.3.3，则 $\overline{T(\bar{S}(0,1))}$ 是自列紧集。由定理 4.3.5，则 $T(\bar{S}(0,1))$ 是列紧集。由定理 4.3.7，则 $T(\bar{S}(0,1))$ 是全有界集。故 $\forall\varepsilon>0$，$\exists m\in\mathbb{N}$ 使得

$$T(\bar{S}(0,1))\subseteq\bigcup_{k=1}^{m}\left\{y\in Y:\|y-y_k\|<\frac{\varepsilon}{3}\right\}$$

$\forall x\in\bar{S}(0,1)$，则 $\exists j\in\{1,\cdots,m\}$ 使得 $\|Tx-y_j\|<\frac{\varepsilon}{3}$。由 $\{y_n^*\}$ 弱 * 收敛于 y^*，对上述 ε，$\exists s\in\mathbb{N}$，$\forall n>s$ 有 $|(y_j,y^*-y_n^*)|<\frac{\varepsilon}{3}$。对上述 ε，取上述 s，$\forall n>s$ 有

$$\begin{aligned}|(x,T^*y^*-T^*y_{n_k}^*)|&=|(Tx,y^*-y_{n_k}^*)|\leqslant|(Tx-y_j,y^*-y_{n_k}^*)|+|(y_j,y^*-y_{n_k}^*)|\\&\leqslant\|Tx-y_j\|(\|y^*\|+\|y_{n_k}^*\|)+\frac{\varepsilon}{3}\leqslant2\|Tx-y_j\|+\frac{\varepsilon}{3}=\varepsilon\end{aligned}$$

故 $\lim\limits_{k\to\infty}T^*(y_{n_k}^*)=T^*(y^*)$。由定理 7.2.1，则 T^* 是紧算子。

充分性。设 T^* 是紧算子，则 T^{**} 是紧算子。由 $T=T^{**}|_X$，则 T 是紧算子。

引理 7.2.2　设 X 是一个 Banach 空间，$T\in B(X)$ 是一个紧算子。

如果 $\lambda\neq0$ 且 $\inf\{\|(T-\lambda)x\|:\|x\|=1\}=0$，则 $\lambda\in\sigma_p(T)$。

证明： 由 $\inf\{\|(T-\lambda)x\|:\|x\|=1\}=0$，则 $\forall n\in\mathbb{N}$，$\exists x_n\in X$ 且 $\|x_n\|=1$ 使得

$$\lim_{n\to\infty}\|(T-\lambda)x_n-0\|=\lim_{n\to\infty}\|(T-\lambda)x_n\|=0$$

故 $\lim\limits_{n\to\infty}(T-\lambda)x_n=0$。由定理 7.2.1 及 T 是紧算子，则 $\exists\{x_{n_k}\}\subseteq\{x_n\}$ 使得 $\lim\limits_{k\to\infty}Tx_{n_k}=y$。由

$$\lim_{k\to\infty}x_{n_k}=\frac{1}{\lambda}\left(\lim_{k\to\infty}Tx_{n_k}-\lim_{k\to\infty}(T-\lambda)x_{n_k}\right)=\frac{1}{\lambda}y$$

则 $\frac{\|y\|}{|\lambda|}=\left\|\frac{1}{\lambda}y\right\|=\lim\limits_{k\to\infty}\|x_{n_k}\|=1$ 且 $y\neq0$。由

$$y=\lim_{k\to\infty}Tx_{n_k}=T\left(\lim_{k\to\infty}x_{n_k}\right)=\frac{1}{\lambda}Ty$$

则 $Ty=\lambda y$。又由 $y\neq0$，则 $\lambda\in\sigma_p(T)$。

引理 7.2.3　设 X 是一个 Banach 空间，$T\in B(X)$ 是一个紧算子。如果 $\lambda\neq0$ 且 $N(T-\lambda I)=\{0\}$，则 $R(T-\lambda I)$ 是闭的。

证明： 由 $N(T-\lambda I)=\{0\}$，则 $\lambda\notin\sigma_p(T)$。由引理 7.2.2，则

$$\inf\{\|(T-\lambda)x\|:\|x\|=1\}=c>0$$

进而 $\forall x\in X$ 有

$$\|(T-\lambda I)x\|\geqslant c\|x\|$$

$\forall\{x_n\}\subseteq X$，如果 $\lim\limits_{n\to\infty}(T-\lambda I)x_n=y$，则 $\{(T-\lambda I)x_n\}$ 是 X 中的 Cauchy 列。故 $\forall\varepsilon>0$，$\exists k$，$\forall n,m>k$ 有

$$\|x_n-x_m\|\leqslant\frac{1}{c}\|(T-\lambda I)(x_n-x_m)\|=\frac{1}{c}\|(T-\lambda I)x_n-(T-\lambda I)x_m\|<\varepsilon$$

因此$\{x_n\}$是 X 中的 Cauchy 列。由 X 是 Banach 空间，则 $\exists x\in X$ 使得$\lim\limits_{n\to\infty}x_n=x$。由 T 是紧算子，则 T 是有界的且

$$y=(T-\lambda I)(\lim_{n\to\infty}x_n)=(T-\lambda I)x$$

故 $y\in R(T-\lambda I)$。因此 $R(T-\lambda I)$是闭的。

引理 7.2.4 设 X 是一个 Banach 空间，$T\in B(X)$是一个紧算子。如果$\{\lambda_n\}$是$\sigma_p(T)$中的一个互异的数列，则$\lim\limits_{n\to\infty}\lambda_n=0$。

证明： 由$\{\lambda_n\}\subseteq\sigma_p(T)$，则

$$\exists\{x_n\}\subseteq N(T-\lambda_n I)-\{0\}$$

由$\{\lambda_n\}$是$\sigma_p(T)$中的互异的数列及定理 7.1.1，则 x_1，x_2，…，x_n 线性无关。$\forall n\in\mathbb{N}$，设 $M_n=\mathrm{L}(x_1, x_2, \cdots, x_n)$，则 $M_n\subseteq M_{n+1}$ 且 $M_n\neq M_{n+1}$。

由 Riesz 引理，则 $\exists y_n\in M_n$ 且 $\|y_n\|=1$ 使得 $d(y_n, M_{n-1})>2^{-1}$。

不妨设 $y_n=\sum\limits_{k=1}^{n}\alpha_k x_k$。由 $Tx_n=\lambda_n x_n$，则

$$(T-\lambda_n)(y_n)=\sum_{k=1}^{n-1}\alpha_k(Tx_k-\lambda_n x_k)=\sum_{k=1}^{n-1}\alpha_k(\lambda_k-\lambda_n)x_k\in M_{n-1}$$

故$\exists k\in\mathbb{N}$使得$\forall n>k$ 时有$\lambda_n\neq 0$。当 $n>m>k$ 时，由

$$\lambda_m^{-1}(T-\lambda_m)y_m-\lambda_n^{-1}(T-\lambda_n)y_n+y_m\in M_{m-1}+M_{n-1}+M_{n-1}\subseteq M_{n-1}$$

则

$$T(\lambda_n^{-1}y_n)-T(\lambda_m^{-1}y_m)=y_n-(\lambda_m^{-1}(T-\lambda_m)y_m-\lambda_n^{-1}(T-\lambda_n)y_n+y_m)$$

且

$$\|T(\lambda_n^{-1}y_n)-T(\lambda_m^{-1}y_m)\|\geqslant d(y_n, M_{n-1})>2^{-1}$$

故$\{T(\lambda_n^{-1}y_n)\}$不是 Cauchy 列。因此$\{T(\lambda_n^{-1}y_n)\}$不存在收敛子列。

由 T 是紧算子及定理 7.2.1，则$\{\lambda_n^{-1}y_n\}$不存在有界子序列。故$\lim\limits_{n\to\infty}\|\lambda_n^{-1}y_n\|=+\infty$。由

$$\lim_{n\to\infty}|\lambda_n|=\lim_{n\to\infty}\|\lambda_n^{-1}y_n\|^{-1}=0$$

则$\lim\limits_{n\to\infty}\lambda_n=0$。

引理 7.2.5 设 X 是一个 Banach 空间，$T\in B(X)$是一个紧算子。如果 $\lambda\in\sigma(T)$且 $\lambda\neq 0$，则 $\lambda\in\sigma_p(T)$或者 $\lambda\in\sigma_p(T^*)$。

证明： 假设$\lambda\notin\sigma_p(T)$且$\lambda\notin\sigma_p(T^*)$。由$\lambda\neq 0$ 且$\lambda\notin\sigma_p(T)$及引理 7.2.2，则$\exists c>0$ 使得$\forall x\in X$ 有$\|(T-\lambda I)x\|\geqslant c\|x\|$。由$\lambda\notin\sigma_p(T)$，则 $N(T-\lambda I)=\{0\}$。由$\lambda\neq 0$ 及引理 7.2.3，则 $R(T-\lambda I)$是闭的。由$\lambda\notin\sigma_p(T^*)$，则 $N(T^*-\lambda I)=\{0\}$。由性质 7.2.1，则

$$R(T-\lambda I)=\overline{R(T-\lambda I)}={}^{\perp}N((T-\lambda I)^*)={}^{\perp}N(T^*-\lambda I)=X$$

故 $T-\lambda I$ 是满射。

由 $T\in B(X)$，则 $T-\lambda I\in B(X)$。由定理 5.5.2 可得，$T-\lambda I$ 存在有界逆算子。因此$\lambda\in\rho(T)$，这与$\lambda\in\sigma(T)$矛盾。故$\lambda\in\sigma_p(T)$或者$\lambda\in\sigma_p(T^*)$。

定理 7.2.7 设 X 是一个赋范线性空间，$T\in B(X)$是一个紧算子。如果 $\lambda\in\sigma(T)$且 $\lambda\neq 0$，则 $\dim N(T-\lambda I)<+\infty$。

证明： 设 M 是 $N(T-\lambda I)$ 中的有界闭集。$\forall\{x_n\}\subseteq M$，则 $\{x_n\}$ 有界。由 T 是紧算子及定理 7.2.1，则 $\{Tx_n\}$ 存在一个收敛子列 $\{Tx_{n_k}\}$。由 $x_n\in N(T-\lambda I)$，则 $(T-\lambda I)x_n=0$。由 $\lambda\neq 0$，则 $x_n=\dfrac{1}{\lambda}Tx_n$。故 $\{x_{n_k}\}$ 收敛。不妨设 $\lim\limits_{k\to+\infty}x_{n_k}=x$。由 M 是闭的，则 $x\in M$。因此 M 是列紧集。由推论 4.3.1，则 M 是紧集。由定理 5.6.2，则 $\dim N(T-\lambda I)<+\infty$。

下述定理的证明要用到 Riesz 幂等元的性质。因此证明略去。

定理 7.2.8(F. Riesz)　设 X 是一个 Banach 空间，$T\in B(X)$。如果 T 是紧算子，则 $\sigma(T)$ 是空集，有限集或者是可数集。进而 0 是 $\sigma(T)$ 唯一可能的聚点。

注记： 上述定理说明紧线性算子有至多可数个特征值且能够将这些特征值排成一个收敛于零的数列。因此紧算子的谱在很大程度上与有限维空间上的算子极为相似。

定理 7.2.9　设 X 是一个赋范线性空间，$T\in B(X)$ 是一个紧算子。

如果 $\lambda\neq 0$，则 $\exists r\in\mathbb{N}$ 依赖于 λ 使得 $\forall n>r$ 有 $N(T_\lambda^n)=N(T_\lambda^r)$。若 $r>0$，则

$$N(T_\lambda^0)\subseteq N(T_\lambda^1)\subseteq\cdots\subseteq N(T_\lambda^{r-1})\subseteq N(T_\lambda^r)$$

是真包含关系，其中 $T_\lambda^0=I$。

证明： $\forall n\in\mathbb{N}$，记 $N_n=N(T_\lambda^n)$。首先证明 $\exists m\in\mathbb{N}$ 使得 $N_m=N_{m+1}$。

$\forall x\in N_n$，则 $T_\lambda^n x=0$ 且 $T_\lambda^{n+1}x=T_\lambda(T_\lambda^n x)=0$，故 $x\in N(T_\lambda^{n+1})=N_{n+1}$ 且 $N_n\subseteq N_{n+1}$。假设 $\forall n\in\mathbb{N}$ 有 $N_n\subseteq N_{n+1}$ 且 $N_n\neq N_{n+1}$。由 N_n 是闭的及 Riesz 引理，则 $\exists x_n\in N_n$ 且 $\|x_n\|=1$ 使得 $\forall x\in N_{n-1}$ 有 $\|x_n-x\|\geqslant\dfrac{1}{2}$。由 $T_\lambda=T-\lambda I$，则 $T=T_\lambda+\lambda I$。$\forall m$、$n\in\mathbb{N}$ 且 $n>m$，则

$$Tx_n-Tx_m=\lambda x_n-(T_\lambda x_m+\lambda x_m-T_\lambda x_n)$$

由 $m\leqslant n-1$，则 $\lambda x_m\in N_m\subseteq N_{n-1}$ 且 $T_\lambda^{m-1}(T_\lambda x_m)=T_\lambda^m x_m=0$。

因此 $T_\lambda x_m\in N_{m-1}\subseteq N_{n-1}$。类似地，$T_\lambda x_n\in N_{n-1}$。

设 $\tilde{x}=Tx_m+\lambda x_m-T_\lambda x_n$，则 $\tilde{x}\in N_{n-1}$。故

$$\|Tx_n-Tx_m\|=\|\lambda x_n-\tilde{x}\|\geqslant\frac{1}{2}|\lambda|$$

所以 $\{Tx_n\}$ 不是 Cauchy 列。这与定理 7.2.1 矛盾！故 $\exists m\in\mathbb{N}$ 依赖于 λ 使得 $N_m=N_{m+1}$。

其次证明当 $n>m$ 时，$N_n=N_m$。假设 $\exists k\in\mathbb{N}$ 且 $k>m$ 使得 N_k 真包含于 N_{k+1}。故 $\exists x\in N_{k+1}-N_k$。因此 $T_\lambda^{k+1}x=0$ 且 $T_\lambda^k x\neq 0$。令 $y=T_\lambda^{k-m}x$，则 $T_\lambda^{m+1}y=T_\lambda^{k+1}x=0$ 且 $T_\lambda^m y=T_\lambda^k x\neq 0$。故 $y\in N_{m+1}$ 且 $y\notin N_m$。这与 $N_m=N_{m+1}$ 矛盾。取 r 为满足 $N_m=N_{m+1}$ 的最小的自然数 m。若 $r>0$，则

$$N(T_\lambda^0)\subseteq N(T_\lambda^1)\subseteq\cdots\subseteq N(T_\lambda^{r-1})\subseteq N(T_\lambda^r)$$

是真包含关系。

定理 7.2.10　设 X 是一个赋范线性空间，$T\in B(X)$ 是一个紧算子。如果 $\lambda\neq 0$，则 $\exists q\in\mathbb{N}$ 依赖于 λ 使得 $\forall n>q$ 有 $R(T_\lambda^n)=R(T_\lambda^q)$。若 $q>0$，则

$$R(T_\lambda^0)\supseteq R(T_\lambda^1)\supseteq\cdots\supseteq R(T_\lambda^{r-1})\supseteq R(T_\lambda^r)$$

是真包含关系。

证明：$\forall n\in\mathbb{N}$，记 $R_n=R(T_\lambda^n)$。$\forall y\in R_n$，则 $\exists x\in X$ 使得 $y=T_\lambda^n x$。即 $y=T_\lambda^{n-1}(T_\lambda x)$。故 $y\in R_{n-1}$ 且 $R_n\subseteq R_{n-1}$。假设 $\forall n\in\mathbb{N}$ 有 $R_n\subseteq R_{n-1}$ 都是真包含关系。由 R_n 是闭的及 Riesz 引理可得，$\exists y_n\in R_n$ 且 $\|y_n\|=1$ 使得 $\forall y\in R_{n+1}$ 有 $\|y_n-y\|\geqslant\dfrac{1}{2}$。$\forall m$、$n\in\mathbb{N}$ 且 $n>m$，则

$$Ty_m-Ty_n=\lambda y_m-(T_\lambda y_n+\lambda y_n-T_\lambda y_m)$$

由 $m\leqslant n-1$，则 $\lambda y_m\in R_m$ 且 $T_\lambda y_m\in R_{m+1}$。因此

$$T_\lambda y_n\in R_{n+1},\ \lambda y_n\in R_n\subseteq R_{m+1}$$

设 $\tilde{y}=Ty_n+\lambda y_n-T_\lambda y_m$，则 $\tilde{y}\in R_{m+1}$，故

$$\|Ty_m-Ty_n\|=\|\lambda y_m-\tilde{y}\|\geqslant\frac{1}{2}|\lambda|$$

因此 $\{Ty_n\}$ 不是一个 Cauchy 列。这与定理 7.2.1 矛盾。

故 $\exists k\in\mathbb{N}$ 使得 $R_k=R_{k+1}$。取 q 为满足 $R_k=R_{k+1}$ 的最小的 k。当 $q>0$，则

$$R(T_\lambda^0)\supseteq R(T_\lambda^1)\supseteq\cdots\supseteq R(T_\lambda^{r-1})\supseteq R(T_\lambda^r)$$

是真包含关系。

由于 $R_q=R_{q+1}$，则 T_λ 映 R_q 到 R_q。反复用 T_λ 作用可得当 $n>q$ 时，$R(T_\lambda^n)=R(T_\lambda^q)$。

结合上述两个结论可得下面的定理。证明略去。

定理 7.2.11 设 X 是一个赋范线性空间，$T\in B(X)$ 是一个紧算子。如果 $\lambda\neq 0$，则存在最小自然数 r 依赖于 λ 使得，当 $n>r$ 时，$R(T_\lambda^n)=R(T_\lambda^q)$ 且 $N(T_\lambda^n)=N(T_\lambda^r)$。

若 $r>0$，则

$$R(T_\lambda^0)\supseteq R(T_\lambda^1)\supseteq\cdots\supseteq R(T_\lambda^{r-1})\supseteq R(T_\lambda^r),$$
$$N(T_\lambda^0)\subseteq N(T_\lambda^1)\subseteq\cdots\subseteq N(T_\lambda^{r-1})\subseteq N(T_\lambda^r)$$

是真包含关系。

7.3 有界自伴算子的谱性质

本节研究复 Hilbert 空间上的有界自伴算子的谱性质。由于自伴算子在应用中特别重要，因此它的谱理论研究得到了高度发展。

定理 7.3.1 设 T 是 Hilbert 空间 H 上的有界自伴线性算子，即 $T\in S(H)$。

(1) 如果 $\lambda\in\sigma_p(T)$，则 $\lambda\in\mathbb{R}$，即 $\sigma_p(T)\subseteq\mathbb{R}$。

(2) 如果 $\sigma_p(T)\neq\varnothing$，则从属于 T 的不同特征值的特征向量是正交的。

证明：(1) 设 $\lambda\in\sigma_p(T)$，则 $\exists x\neq 0$ 使得 $Tx=\lambda x$。由于 T 是自伴的，则

$$\lambda\|x\|^2=[\lambda x,x]=[Tx,x]=[x,Tx]=[x,\lambda x]=\bar{\lambda}\|x\|^2$$

由 $x\neq 0$，则 $\bar{\lambda}=\lambda$。因此 $\lambda\in\mathbb{R}$。

(2) 设 λ、$\mu\in\sigma_p(T)$ 且 $\lambda\neq\mu$，则 $\exists x$、$y\neq 0$ 使得 $Tx=\lambda x$ 且 $Ty=\mu y$。由 $T^*=T$，则

$$\lambda[x,y]=[\lambda x,y]=[Tx,y]=[x,Ty]=[x,\mu y]=\mu[x,y]$$

由 $\lambda\neq\mu$，则 $[x,y]=0$。故 $x\perp y$。

定理 7.3.2 设 $T\in S(H)$，则

$$\lambda\in\rho(T)\Leftrightarrow\exists c>0,\ \|T_\lambda x\|\geqslant c\|x\|,\ \forall x\in H$$

即

$$\inf\{\|(T-\lambda I)x\|:\|x\|=1\}\geqslant c>0$$

证明： 必要性。如果 $\lambda\in\rho(T)$，则 $R_\lambda=T_\lambda^{-1}\in B(H)$，进而 $\|R_\lambda\|\neq 0$。$\forall x\in H$，则

$$\|x\|=\|R_\lambda(T_\lambda x)\|\leqslant\|R_\lambda\|\|T_\lambda x\|$$

取 $c=\dfrac{1}{\|R_\lambda\|}>0$，则

$$\|T_\lambda x\|\geqslant\frac{1}{\|R_\lambda\|}\|x\|=c\|x\|$$

充分性。如果 $T_\lambda x_1=T_\lambda x_2$，则

$$0=\|T_\lambda x_1-T_\lambda x_2\|=\|T_\lambda(x_1-x_2)\|\geqslant c\|x_1-x_2\|\geqslant 0$$

故 $\|x_1-x_2\|=0$ 且 $x_1=x_2$。因此 T_λ 是单射。$\forall x\in R(T_\lambda)^\perp$，$\forall y\in H$，则

$$0=[T_\lambda y, x]=[Ty, x]-\lambda[y, x]=[Ty, x]-[y, \bar{\lambda}x]$$

故 $[y, \bar{\lambda}x]=[Ty, x]$。由 $T^*=T$，则

$$[y, \bar{\lambda}x]=[Ty, x]=[y, T^*x]=[y, Tx]$$

由 y 的任意性，则 $Tx=\bar{\lambda}x$。

假设 $x\neq 0$，则 $\bar{\lambda}\in\sigma_p(T)$。由定理 7.3.1，则 $\bar{\lambda}=\lambda$，故 $T_\lambda x=Tx-\lambda x=0$。由 $\|T_\lambda x\|\geqslant c\|x\|$，则 $0=\|T_\lambda x\|\geqslant c\|x\|\geqslant 0$，故 $c\|x\|=0$。由 $x\neq 0$，则 $c=0$，这与 $c>0$ 产生矛盾。因此 $\overline{R(T_\lambda)}^\perp=R(T_\lambda)^\perp=\{0\}$。故 $\overline{R(T_\lambda)}=H$，即 $R(T_\lambda)$在 H 中是稠密的。

$\forall y\in\overline{R(T_\lambda)}$，$\exists\{x_n\}\subseteq H$ 使得 $y=\lim\limits_{n\to\infty}T_\lambda x_n$。故 $\forall\varepsilon>0$，$\exists N$，$\forall n, m\in\mathbb{N}$，当 $n, m>N$ 时，

$$\|x_n-x_m\|\leqslant\frac{1}{c}\|T_\lambda(x_n-x_m)\|=\frac{1}{c}\|T_\lambda x_n-T_\lambda x_m\|<\varepsilon$$

故$\{x_n\}$是 H 中的 Cauchy 列。由 H 是 Hilbert 空间，则 $\exists x\in H$ 使得 $x=\lim\limits_{n\to\infty}x_n$。由 $T_\lambda\in B(H)$，则

$$y=\lim_{n\to\infty}T_\lambda x_n=T_\lambda(\lim_{n\to\infty}x_n)=T_\lambda x$$

故 $y\in R(T_\lambda)$且 $R(T_\lambda)$在 H 中是闭的。由逆算子定理，则 $T_\lambda^{-1}\in B(H)$。故 $\lambda\in\rho(T)$。

定理 7.3.3　设 $T\in S(H)$，则 $\sigma(T)\subseteq\mathbb{R}$。

证明： 设 $\lambda=\alpha+\mathrm{i}\beta$，$\alpha, \beta\in\mathbb{R}$且 $\beta\neq 0$。$\forall x\in H-\{0\}$，由 $T^*=T$，则$[Tx, x]\in\mathbb{R}$。由$[T_\lambda x, x]=[Tx, x]-\lambda[x, x]$，则

$$\overline{[T_\lambda x, x]}=[Tx, x]-\bar{\lambda}[x, x]$$

对上述两式做差可得，

$$\overline{[T_\lambda x, x]}-[T_\lambda x, x]=(\bar{\lambda}-\lambda)\|x\|^2=2\mathrm{i}\beta\|x\|^2$$

故

$$2|\beta|\|x\|^2\leqslant 2|[T_\lambda x, x]|\leqslant 2\|T_\lambda x\|\|x\|$$

取 $c=|\beta|>0$，则

$$\|T_\lambda x\|\geqslant|\beta|\|x\|=c\|x\|, \forall x\in H$$

由定理 7.3.2，则 $\lambda\in\rho(T)$，故 $\forall\lambda\in\sigma(T)$ 有 $\mathrm{Im}(\lambda)=0$，即 $\lambda\in\mathbb{R}$。因此 $\sigma(T)\subseteq\mathbb{R}$。

由于有界自伴算子的谱有重要的性质和重要的意义，因此需要更详细的表示。

设 $T\in S(H)$。当 $\|x\|=1$ 时，

$$|[Tx, x]|\leqslant\|Tx\|\|x\|\leqslant\|T\|\|x\|^2=\|T\|<+\infty$$

由 T 是自伴算子，则 $[Tx, x]\in\mathbb{R}$，故 $\|x\|=1$ 时，$-\|T\|\leqslant[Tx, x]\leqslant\|T\|$。由确界原理，则 $m=\inf\{[Tx, x]: \|x\|=1\}$ 和 $M=\sup\{[Tx, x]: \|x\|=1\}$ 存在。

定理 7.3.4 设 $T\in S(H)$，则 $\sigma(T)\subseteq[m, M]$。

证明： 由定理 7.3.3，则 $\sigma(T)\subseteq\mathbb{R}$。设 $\lambda>M$，$c=\lambda-M>0$。$\forall x\in H-\{0\}$，取 $y=\frac{1}{\|x\|}x$，则 $\|y\|=1$。由 $[Tx, x]=\|x\|^2[Ty, y]\leqslant M\|x\|^2$，则 $-[Tx, x]\geqslant-M\|x\|^2$。由 Cauchy 不等式可得

$$\begin{aligned}\|T_\lambda x\|\|x\|\geqslant|[T_\lambda x, x]|\geqslant-[T_\lambda x, x]&=\lambda[x, x]-[Tx, x]\\&\geqslant(\lambda-M)\|x\|^2=c\|x\|^2\end{aligned}$$

故 $\exists c>0$ 使得 $\|T_\lambda x\|\geqslant c\|x\|$，$\forall x\in H$。由定理 7.3.2，则 $\lambda\in\rho(T)$。

故 $\forall\lambda\in\sigma(T)$ 有 $\lambda\leqslant M$。同理可得，$\forall\lambda\in\sigma(T)$ 有 $\lambda\geqslant m$。故 $\sigma(T)\subseteq[m, M]$。

注记： 定理 7.3.4 中的 m 和 M 以一种有趣的方式与算子的范数联系在一起。

定理 7.3.5 设 $T\in S(H)$，则 $\|T\|=\sup\{|[Tx, x]|: \|x\|=1\}=\max\{|m|, |M|\}$。

证明： 当 $T=0$，则 $\|T\|=0=\sup\{|[Tx, x]|: \|x\|=1\}$。下面考虑 $T\neq0$ 的情形。

设 $K=\sup\{|[Tx, x]|: \|x\|=1\}$。$\forall x\in H$ 且 $\|x\|=1$。由 Cauchy 不等式，则

$$|[Tx, x]|\leqslant\|Tx\|\|x\|\leqslant\|T\|\|x\|=\|T\|$$

故

$$K=\sup\{|[Tx, x]|: \|x\|=1\}\leqslant\|T\|$$

由 $T\neq0$，则 $\exists z\in H$ 且 $\|z\|=1$ 使得 $Tz\neq0$。令 $v=\sqrt{\|Tz\|}\,z$，$w=\frac{1}{\sqrt{\|Tz\|}}Tz$，则 $\|v\|^2=\|w\|^2=\|Tz\|$。取 $f=v+w$，$g=v-w$。一方面，由 $T^*=T$，则

$$[Tf, f]-[Tg, g]=2([Tv, w]+[Tw, v])=2([Tz, Tz]+[T^2z, z])=4\|Tz\|^2$$

$\forall y\in H-\{0\}$，取 $x=\frac{1}{\|y\|}y$，则 $\|x\|=1$ 且 $y=\|y\|x$。故

$$\begin{aligned}[Ty, y]&=\|y\|^2[Tx, x]\leqslant\|y\|^2|[Tx, x]|\\&\leqslant\|y\|^2\sup\{|[Tx, x]|: \|x\|=1\}\\&=K\|y\|^2\end{aligned}$$

另一方面，由上述不等式及平行四边形法则可得，

$$\begin{aligned}|[Tf, f]-[Tg, g]|&\leqslant|[Tf, f]|+|[Tg, g]|\\&\leqslant K(\|f\|^2+\|g\|^2)=K(\|v+w\|^2+\|v-w\|^2)\\&=2K(\|v\|^2+\|w\|^2)=4K\|Tz\|\end{aligned}$$

故 $4\|Tz\|^2\leqslant4K\|Tz\|$，即 $\|Tz\|\leqslant K$，因此 $\|T\|\leqslant K$。故

$$\|T\|=K=\sup\{|[Tx, x]|: \|x\|=1\}$$

由 $m\leqslant[Tx, x]\leqslant M$，则 $|[Tx, x]|\leqslant\max\{|m|, |M|\}$。因此 $K\leqslant\max\{|m|, |M|\}$。由 $[Tx, x]\leqslant|[Tx, x]|\leqslant\sup\{|[Tx, x]|: \|x\|=1\}=K$，则

$$m=\inf\{[Tx, x]: \|x\|=1\}\leqslant K$$

由$[Tx, x]\geqslant -|[Tx, x]|$，则

$$\begin{aligned} m &=\inf\{[Tx, x]: \|x\|=1\}\geqslant \inf\{-|[Tx, x]|: \|x\|=1\} \\ &=-\sup\{|[Tx, x]|: \|x\|=1\}=-K \end{aligned}$$

故$-K\leqslant m\leqslant K$，即$|m|\leqslant K$。同理，$|M|\leqslant K$。故$K\geqslant \max\{|m|, |M|\}$。

因此$\|T\|=K=\max\{|m|, |M|\}$。

注记： 下述定理说明，自伴算子的谱的边界是不能再紧缩的。

定理 7.3.6 设$T\in S(H)$，则$m\in\sigma(T)$且$M\in\sigma(T)$。

证明： 由谱映射定理，$\forall\lambda\in\mathbb{R}$有$m\in\sigma(T)\Leftrightarrow m+\lambda\in\sigma(T+\lambda I)$。不妨设$0\leqslant m\leqslant M$。

由定理 7.3.5，则$M=\|T\|=\sup\{[Tx, x]: \|x\|=1\}$。故$\exists\{x_n\}\subseteq H$使得$\|x_n\|=1$且$[Tx_n, x_n]>M-\varepsilon_n$，$\forall n\in\mathbb{N}$，其中$\varepsilon_n>0$且$\lim\limits_{n\to\infty}\varepsilon_n=0$。由$\|Tx_n\|\leqslant\|T\|\|x_n\|=M$及极化恒等式，则

$$\begin{aligned} \|T_M x_n\|^2 &= \|Tx_n-Mx_n\|^2=\|Tx_n|^2+M^2\|x_n\|^2-2M[Tx_n, x_n] \\ &\leqslant 2M^2-2M(M-\varepsilon_n)=2M\varepsilon_n \end{aligned}$$

由$\lim\limits_{n\to\infty}\varepsilon_n=0$，则$\lim\limits_{n\to\infty}\|T_M x_n\|=0$。即不存在$c>0$使得$\|T_M x\|\geqslant c\|x\|$，$\forall x\in H$。由定理 7.3.2，则$M\notin\rho(T)$。故$M\in\sigma(T)$。类似地，$m\in\sigma(T)$。

7.4 正算子及其平方根

本节研究正算子及其平方根。正算子在算子理论的研究具有重要的价值。正算子的平方根在研究有界自伴线性算子的谱表示方面起着根本的作用。

定理 7.4.1 设$T, S\in B(H)$是复 Hilbert 空间H上的有界自伴算子。如果T和S是正算子，则ST是正算子当且仅当S和T可交换，即$ST=TS$。

证明： 必要性。由S和T是自伴的且ST是正算子，则ST是自伴的。故$ST=TS$。

充分性。(1) 若$S=0$，则$ST=0$是正算子；若$S\neq 0$，则$\|S\|\neq 0$。

设$S_1=\dfrac{1}{\|S\|}S$，$\forall x\in H$且$\|x\|=1$，则

$$0\leqslant[S_1x, x]=\frac{1}{\|S\|}[Sx, x]\leqslant\frac{1}{\|S\|}\sup\{[Sx, x]: \|x\|=1\}=1 \text{ 且 } 0\leqslant S_1\leqslant I$$

$\forall n\in\mathbb{N}$，定义$S_{n+1}=S_n-S_n^2$。假设$n=k$时，$0\leqslant S_k\leqslant I$。

$\forall x\in H$，则$[S_k^2(I-S_k)x, x]=[(I-S_k)(S_kx), (S_kx)]\geqslant 0$，故$S_k^2(I-S_k)\geqslant 0$。

类似地，$S_k(I-S_k)^2=(I-S_k)^2S_k\geqslant 0$，故

$$S_{k+1}=S_k-S_k^2=S_k^2(I-S_k)+S_k(I-S_k)^2\geqslant 0$$

由$S_k^2\geqslant 0$且$I-S_k\geqslant 0$，则$I-S_{k+1}=S_k^2+(I-S_k)\geqslant 0$，故$S_{k+1}\leqslant I$。即$0\leqslant S_{k+1}\leqslant I$。

由数学归纳法可得，$\forall n\in\mathbb{N}$有$0\leqslant S_n\leqslant I$。

(2) $\forall n\in\mathbb{N}$，由$S_n^2=S_n-S_{n+1}$，则

$$\sum_{k=1}^{n}S_k^2=\sum_{k=1}^{n}(S_k-S_{k+1})=S_1-S_{n+1}\leqslant S_1\leqslant I$$

由

$$\sum_{k=1}^{n}\|S_kx\|^2=\sum_{k=1}^{n}[S_kx,S_kx]=\sum_{k=1}^{n}[S_k^2x,x]=[(\sum_{k=1}^{n}S_k^2)x,x]\leqslant[x,x]=\|x\|^2$$

则$\sum_{n=1}^{\infty}\|S_nx\|^2$收敛。故$\lim_{n\to\infty}\|S_nx\|^2=0$且$\lim_{n\to\infty}S_nx=0$。

(3) 由$(\sum_{k=1}^{n}S_k^2)x=\sum_{k=1}^{n}(S_k-S_{k+1})x=S_1x-S_{n+1}x$且$\lim_{n\to\infty}S_{n+1}x=0$，则

$$\lim_{n\to\infty}(\sum_{k=1}^{n}S_k^2)x=S_1x-\lim_{n\to\infty}S_{n+1}x=S_1x$$

$\forall n\in\mathbb{N}$，$S_{n+1}=S_n-S_n^2$，$S_1=\frac{1}{\|S\|}S$且S和T可交换，则S_n和T可交换。由$S=\|S\|S_1$，则S是自伴的且$T\geqslant 0$。$\forall x\in H$有

$$[(ST)x,x]=\|S\|[(S_1T)x,x]=\|S\|[S_1x,Tx]=\|S\|\left[\lim_{n\to\infty}\sum_{k=1}^{n}S_k^2x,Tx\right]$$
$$=\|S\|\lim_{n\to\infty}\sum_{k=1}^{n}[(S_kTS_k)x,x]=\|S\|\lim_{n\to\infty}\sum_{k=1}^{n}[T(S_kx),(S_kx)]\geqslant 0$$

因此ST是正算子。

类似于数学分析中的单调有界原理，可得下面的定理。

定理 7.4.2 设$\forall n\in\mathbb{N}$，T_n，$K\in S(H)$。如果$\forall n$，$m\in\mathbb{N}$有$T_n\leqslant T_{n+1}\leqslant K$且$T_nK=KT_n$，$T_nT_m=T_mT_n$，则存在$T\in S(H)$使得$T\leqslant K$且$T_n\xrightarrow{s}T$。

证明： (1) 令$S_n=K-T_n$。由T_n和K是自伴的，则S_n是自伴的。$\forall m$，$n\in\mathbb{N}$且$m<n$有$T_nK=KT_n$，$T_nT_m=T_mT_n$，则

$$(K-T_m)(T_n-T_m)=(T_n-T_m)(K-T_m)$$

由定理 7.4.1 及$T_n-T_m\geqslant 0$，$K-T_m\geqslant 0$，则

$$S_m^2-S_nS_m=(S_m-S_n)S_m=(T_n-T_m)(K-T_m)\geqslant 0$$

类似地，$S_nS_m-S_n^2=S_n(S_m-S_n)=(K-T_n)(T_n-T_m)\geqslant 0$。

当$m<n$时，$S_m^2-S_n^2=(S_m^2-S_nS_m)+(S_nS_m-S_n^2)\geqslant 0$，即$S_m^2\geqslant S_n^2$。$\forall x\in H$，由$[S_m^2x,x]\geqslant[S_n^2x,x]$且$[S_n^2x,x]=[S_nx,S_nx]=\|S_nx\|^2\geqslant 0$，则实数列$\{[S_n^2x,x]\}$单调递减且有下界。由实数的单调有界原理，则实数列$\{[S_n^2x,x]\}$收敛。

(2) $\forall m$，$n\in\mathbb{N}$且$m<n$，由$S_nS_m\geqslant S_n^2$，则$[(S_nS_m)x,x]\geqslant[S_n^2x,x]$，$\forall x\in H$。由极化恒等式可得

$$\|S_mx-S_nx\|^2=\|S_mx\|^2+\|S_nx\|^2-2\mathrm{Re}([S_nx,S_mx])$$
$$=[S_m^2x,x]+[S_n^2x,x]-2[S_mS_nx,x]$$
$$\leqslant[S_m^2x,x]-[S_n^2x,x]$$

由$\{[S_n^2x,x]\}$收敛，则$\{[S_n^2x,x]\}$是 Cauchy 列。故$\{S_nx\}$是H中的 Cauchy 列。由H是 Hilbert 空间，则$\{S_nx\}$收敛。由$T_n=K-S_n$，则$\{T_nx\}$收敛。故$\exists y\in H$使得$\lim_{n\to\infty}T_nx=y$。由于y依赖于x，定义算子T：$H\to H$使得$Tx=y=\lim_{n\to\infty}T_nx$。

(3) $\forall n\in\mathbb{N}$，由T_n是线性算子和极限的线性性，则T是线性算子。由$\{T_nx\}$收敛，则$\{T_nx\}$，$\forall x\in H$有界。由一致有界原理可得，$T\in B(H)$。由T_n是自伴的，则T是自

伴的。

由 $T_n \leqslant K$ 且 $Tx=\lim\limits_{n\to\infty} T_n x$，则 $\forall x\in H$ 有

$$[(K-T)x, x]=[Kx, x]-[\lim_{n\to\infty} T_n x, x]=[Kx, x]-\lim_{n\to\infty}[T_n x, x] =\lim_{n\to\infty}[(K-T_n)x, x]\geqslant 0$$

故 $K-T\geqslant 0$，即 $T\leqslant K$。

若 T 是自伴算子，则 $\forall x\in H$ 有$[T^2x, x]=[Tx, Tx]=\|Tx\|^2\geqslant 0$，故 $T^2\geqslant 0$。

现在考虑逆问题：给定正算子 T，求一个自伴算子 A 使得 $A^2=T$。

定义 7.4.1　设 $T\in S(H)$。

(1) 如果存在 $A\in S(H)$使得 $A^2=T$，则称 A 为算子 T 的一个平方根。

(2) 如果 $A\geqslant 0$ 且 A 为 T 的平方根，则称算子 A 为算子 T 的正的平方根，记为$\sqrt{T}$。

定理 7.4.3　设 $T\in B(H)$是正自伴算子，则 T 存在唯一的正平方根$\sqrt{T}\in B(H)$。进而，如果 $S\in B(H)$且 $TS=ST$，则$\sqrt{T}S=S\sqrt{T}$。

证明：(1) 当 $T=0$，取 $A=0$，则 $A\geqslant 0$ 且 $A^2=0=T$。当 $T\neq 0$，则 $\|T\|\neq 0$。取 $S=\dfrac{1}{\|T\|}T$。$\forall x\in H$ 有

$$[Sx, x]=\frac{1}{\|T\|}[Tx, x]\leqslant\frac{1}{\|T\|}\|Tx\|\|x\|\leqslant\frac{1}{\|T\|}\|T\|\|x\|^2=[x, x]$$

故 $S\leqslant I$。假设 S 存在唯一的正平方根 $B=\sqrt{S}$。取 $A=\sqrt{\|T\|}B$，则 $A\geqslant 0$ 且

$$A^2=(\sqrt{\|T\|}B)(\sqrt{\|T\|}B)=\|T\|B^2=\|T\|S=T$$

因此 T 存在唯一的正的平方根 A。

(2) 不妨设 $T\leqslant I$。$\forall n\in\mathbb{N}$，设 $A_0=0$，$A_{n+1}=A_n+\dfrac{1}{2}(T-A_n{}^2)$，构造序列$\{A_n\}$。由于 T 是自伴的，则 A_n 是自伴的。由 A_n 是 T 的多项式，则$\{A_n\}$中任意两个算子可交换且与 T 可交换。由 $A_0=0$，则 $A_0\leqslant I$。$\forall n\in\mathbb{N}$，由 A_{n-1} 是自伴的，则 $I-A_{n-1}$ 是自伴的。故 $(I-A_{n-1})^2\geqslant 0$。由 $I-A_n=\dfrac{1}{2}(I-A_{n-1})^2+\dfrac{1}{2}(I-T)\geqslant 0$，则 $\forall n\in\mathbb{N}$有 $A_n\leqslant I$。

(3) 注意到：$A_0=0\leqslant\dfrac{1}{2}T=A_1$。假设 $n=k$ 时 $A_k\leqslant A_{k+1}\leqslant I$，则

$$I\geqslant\frac{1}{2}(A_{k+1}+A_k)\text{且 }A_{k+2}-A_{k+1}=(A_{k+1}-A_k)\Big(I-\frac{1}{2}(A_{k+1}+A_k)\Big)\geqslant 0$$

故 $A_{k+1}\leqslant A_{k+2}$。

由数学归纳法，$\forall n\in\mathbb{N}$有 $A_n\leqslant A_{n+1}$。由定理 7.4.2，则存在自伴算子 $A\in B(H)$使得 $\forall x\in H$ 有$\lim\limits_{n\to\infty}A_n x=Ax$ 且$[Ax, x]=\lim\limits_{n\to\infty}[A_n x, x]\geqslant 0$，故 $A\geqslant 0$。由 $TS=ST$，则 $A_nS=SA_n$。故 $\forall x, y\in H$ 有

$$[(AS)x, y]=\lim_{n\to\infty}[A_n(Sx), y]=\lim_{n\to\infty}[S(A_n x), y] =[S(\lim_{n\to\infty}A_n x), y]=[(SA)x, y]$$

故 $AS=SA$。

(4) 由 $A_{n+1}=A_n+\frac{1}{2}(T-A_n^2)$，则 $T=2A_{n+1}-2A_n+A_n^2$。$\forall x, y\in H$，由

$$\begin{aligned}[Tx, y]&=\lim_{n\to\infty}[(2A_{n+1}-2A_n+A_n^2)x, y]\\&=2\lim_{n\to\infty}[A_{n+1}x, y]-2\lim_{n\to\infty}[A_nx, y]+\lim_{n\to\infty}[A_nx, A_ny]\\&=2[\lim_{n\to\infty}A_{n+1}x, y]-2[\lim_{n\to\infty}A_nx, y]+[\lim_{n\to\infty}A_nx, \lim_{n\to\infty}A_ny]\\&=[Ax, Ay]=[A^2x, y]\end{aligned}$$

则 $A^2=T$。故 T 存在正平方根 A。

(5) 设 A 和 B 都是 T 的正平方根，则 $A^2=T=B^2$。由 $BT=B^3=TB$ 及(3)可得，$BA=AB$。$\forall x\in H$，设 $y=(A-B)x$。由 $A\geqslant 0$，$B\geqslant 0$，则$[Ay, y]\geqslant 0$，$[By, y]\geqslant 0$。由 $BA=AB$ 且 $A^2=B^2$，则

$$[Ay, y]+[By, y]=[(A+B)y, y]=[(A^2-B^2)x, y]=0$$

进而，$[Ay, y]=0$ 且$[By, y]=0$。由 A 是正算子，则 A 有一个正平方根 C。

由 C 是自伴算子，则

$$\|Cy\|^2=[Cy, Cy]=[C^2y, y]=[Ay, y]=0 \text{ 且 } Cy=0$$

由 $A=C^2$，则 $Ay=C^2y=C(Cy)=0$。

类似地，$By=0$。由 $y=(A-B)x$，则

$$\|Ax-Bx\|^2=[(A-B)((A-B)x), x]=[Ay-By, x]=0 \text{ 且 } Ax-Bx=0$$

即 $Ax=Bx$。由 x 的任意性可得，$A=B$。

7.5　有界自伴算子的谱族

本节的目的是用简单算子，即投影算子表示 Hilbert 空间上的有界自伴线性算子。为了获得复杂算子的有关信息，只需直接研究简单算子的性质。称这样的表示为算子的谱表示。用适当的投影族给出有界自伴线性算子的谱表示，称这个投影族为算子的谱族。

首先从有限维的情形了解算子谱族的产生背景。

设 T 是酉空间 $H=\mathbb{C}^n$ 上的自伴算子，则 T 是有界的。给定 H 的一个基，则 T 可以用 Hermite 矩阵表示，仍记为 T。算子 T 的谱由矩阵 T 的特征值构成且它们都是实数。

假设 T 有 n 个不同的特征值为$\lambda_1<\lambda_2<\cdots<\lambda_n$，则 T 有 n 个规范正交特征向量，x_1，x_2，…，x_n。$\forall x\in H$ 有 $x=\sum_{k=1}^{n}[x, x_k]x_k$。故

$$Tx=\sum_{k=1}^{n}[x, x_k]Tx_k=\sum_{k=1}^{n}\lambda_k[x, x_k]x_k$$

$\forall x\in H$，定义算子 P_k：$H\to H$ 为 $P_kx=[x, x_k]x_k$，$k=1, 2, \cdots, n$，则 P_k 是λ_k 的特征空间上的投影算子。因此

$$Ix=x=\sum_{k=1}^{n}[x, x_k]x_k=\sum_{k=1}^{n}P_kx=\left(\sum_{k=1}^{n}P_k\right)x$$

故 $I=\sum_{k=1}^{n} P_k$。

由 $Tx=\sum_{k=1}^{n}\lambda_k[x, x_k]x_k=\left(\sum_{k=1}^{n}\lambda_k P_k\right)x$，则 $T=\sum_{k=1}^{n}\lambda_k P_k$ 是用投影算子给出的表示。

利用投影算子表示算子是很自然的且在几何上是很明显的。但是它无法推广到无限维空间。现在给出另一种方法。虽然不太直观，但是对于推广到无限维的情形却很方便。

用投影之和代替投影 $P_1, P_2, \cdots, P_n$，即 $\forall\lambda\in\mathbb{R}$，定义 $E_\lambda=\sum_{\lambda_j\leqslant\lambda} P_j$。设 V_λ 是由 $\lambda_j\leqslant\lambda$ 的所有特征向量生成的 H 的子空间。当 $\lambda\leqslant\mu$ 时，$V_\lambda\subseteq V_\mu$。当 λ 从小到大遍历 $\mathbb{R}$，E_λ 从 0 增大到 I，E_λ 只在 T 的特征值上增长且在任何不含特征值的任何区间中的 λ 处，E_λ 不变。

定义 7.5.1(谱族分解)　设 $\{E_\lambda : \lambda\in\mathbb{R}\}$ 是 Hilbert 空间 H 上的单参数投影族。如果

(1) $\lambda<\mu$ 蕴涵 $E_\lambda\leqslant E_\mu$，即 $E_\lambda E_\mu=E_\mu E_\lambda=E_\lambda$；

(2) $\forall x\in H$ 有 $\lim\limits_{\lambda\to-\infty} E_\lambda x=0$；

(3) $\forall x\in H$ 有 $\lim\limits_{\lambda\to+\infty} E_\lambda x=x$；

(4) $\forall x\in H$ 有 $\lim\limits_{\varepsilon\to 0+} E_{\lambda+\varepsilon}x=E_\lambda x$，

则称 $\{E_\lambda : \lambda\in\mathbb{R}\}$ 是实谱族。

注记：因此一个实谱族是 $\mathbb{R}\to B(H)$ 的一个映射使得 $\forall\lambda\in\mathbb{R}$，存在唯一的一个投影算子 $E_\lambda\in B(H)$ 与之对应。定义中的条件(4)意味着映射 $\lambda\to E_\lambda$ 是强算子拓扑右连续。

定义 7.5.2　设 $\{E_\lambda : \lambda\in\mathbb{R}\}$ 是一个实谱族。如果存在 $[a, b]$ 使得 $E_\lambda=\begin{cases}0, & \lambda<a\\ I, & \lambda\geqslant b\end{cases}$，则称 $\{E_\lambda : \lambda\in\mathbb{R}\}$ 是 $[a, b]$ 上的一个谱族。

由于有界自伴算子的谱落在 $\mathbb{R}$ 的一个有限区间上，故上述定义的谱族有重要的意义。

现在回到有限维空间。假设矩阵 T 的特征值为 $\lambda_1<\lambda_2<\cdots<\lambda_n$。故

$$E_{\lambda_1}=P_1,\ E_{\lambda_2}=P_1+P_2,\ \cdots,\ E_{\lambda_n}=P_1+P_2+\cdots+P_n$$

因此 $P_1=E_{\lambda_1}$，$P_k=E_{\lambda_k}-E_{\lambda_{k-1}}$，$2\leqslant k\leqslant n$。进而 $P_k=E_{\lambda_k}-E_{\lambda_{k-0}}$，$1\leqslant k\leqslant n$。

设 $\Delta E_\lambda=E_\lambda-E_{\lambda-0}$，$\forall x\in H$ 有 $x=\sum_{k=1}^{n} P_k x=\left(\sum_{k=1}^{n}\Delta E_{\lambda_k}\right)x$，则 $Tx=(\sum_{k=1}^{n}\lambda_k\Delta E_{\lambda_k})x$。

因此 $T=\sum_{k=1}^{n}\lambda_k\Delta E_{\lambda_k}$。

$\forall x, y\in H$ 有

$$[Tx, y]=\sum_{k=1}^{n}\lambda_k[\Delta E_{\lambda_k}(x), y]=\int_{-\infty}^{+\infty}\lambda\,\mathrm{d}[E_\lambda(x), y]$$

记为 $T=\int_{-\infty}^{+\infty}\lambda\,\mathrm{d}E_\lambda$。

注记：上述讨论虽然是针对有限维空间上的有界自伴线性算子，但是却为考虑任意的 Hilbert 空间的情形铺平了道路。

定义 7.5.3 设 $T\in S(H)$，$|T|$表示 T^2 唯一的正平方根，则称$\frac{1}{2}(|T|+T)$为 T 的正部，记为 T^+，称$\frac{1}{2}(|T|-T)$为 T 的负部，记为 T^-。

显然，$T=T^+-T^-$，$|T|=T^++T^-$。用 E 表示 H 到 T^+的零空间 $N(T^+)$上的投影算子。

定理 7.5.1 设 $T\in S(H)$。

(1) $|T|$，T^+和 T^-为自伴算子。

(2) 若 $S\in B(H)$且 $TS=ST$，则$|T|S=S|T|$，$T^+S=ST^+$且 $T^-S=ST^-$；特别地，

$$T|T|=|T|T,\ TT^+=T^+T,\ T^-T=TT^-,\ T^-T^+=T^+T^-$$

(3) 若 $S\in B(H)$是自伴的且 $TS=ST$，则 $ES=SE$；特别地，$ET=TE$，$E|T|=|T|E$。

(4) $T^+\geqslant 0$，$T^-\geqslant 0$；$T^-T^+=0$，$T^+T^-=0$；$ET^+=T^+E=0$，$ET^-=T^-E=T^-$；$TE=-T^-$，$T(I-E)=T^+$。

证明：(1) 由 $T\in B(H)$是自伴算子，则 $T^2\in B(H)$是自伴算子。由定理 7.4.3 可得，$|T|\in B(H)$。由定义 7.5.3，则 T^+和 T^-为自伴算子。

(2) 由 $ST=TS$，则

$$ST^2=(ST)T=T(ST)=T(TS)=T^2S$$

由定理 7.4.3 可得，$S|T|=|T|S$。由 $T^+=\frac{1}{2}(|T|+T)$，则 $ST^+=T^+S$。类似地，

$$T^-T=TT^-,\ T^-T^+=T^+T^-$$

(3) 由 E 是 H 到 $N(T^+)$上的投影算子，$\forall x\in H$ 有 $Ex\in N(T^+)$。故$(T^+E)x=0$。由(2)可得，

$$T^+((SE)x)=(T^+S)(Ex)=S((T^+E)x)=0$$

故$(SE)x\in N(T^+)$。进而

$$(ESE)(x)=E((SE)x)=(SE)x$$

由 x 的任意性，则 $ESE=SE$。由 S 和 E 是自伴算子，则

$$ES=E^*S^*=(SE)^*=(ESE)^*=ESE=SE$$

(4) 由(2)得，

$$T^-T^+=T^+T^-=\frac{1}{4}(|T|^2+|T|T-T|T|-T^2)=0$$

$\forall x\in H$，由$(T^+E)x=0$，则 $T^+E=0$。由 $TT^+=T^+T$，则 $ET^+=T^+E=0$。

由 $T^+T^-=0$，则 $T^+(T^-x)=0$ 且 $T^-x\in N(T^+)$，故 $E(T^-x)=T^-x$。

由 $T^-T=TT^-$，则 $T^-E=ET^-$ 且$(T^-E)x=(ET^-)x=T^-x$。

由 x 的任意性，则 $T^-E=ET^-=T^-$。由 $T=T^+-T^-$，则

$TE=(T^+-T^-)E=T^+E-T^-E=-T^-$ 且 $T(I-E)=T-TE=T+T^-=T^+$

由 $T^-=ET^-+ET^+=E(T^-+T^+)=E|T|$及定理 7.4.1 可得，$T^-\geqslant 0$。

由 $T^+=|T|-T^-=|T|-|T|E=|T|(I-E)$及定理 7.4.1 可得，$T^+\geqslant 0$。

下面用 T_λ 代替定义 7.5.3 中的算子 T，E_λ 表示从 H 到 $N(T_\lambda^+)$上的投影算子，则

$$|T_\lambda|=\sqrt{T_\lambda^2},\ T_\lambda^+=\frac{1}{2}(|T_\lambda|+T_\lambda),\ T_\lambda^-=\frac{1}{2}(|T_\lambda|-T_\lambda)$$

推论 7.5.1　设 $T\in S(H)$。$\forall\lambda,\mu,\nu,\tau,k\in\mathbb{R}$，则 T_λ，$|T_\mu|$，T_ν^+，T_τ^-，E_k 都可交换。

证明： 由 $T_\lambda=T-\mu I-(\lambda-\mu)I=T_\mu-(\lambda-\mu)I$，则 $TS=ST$ 且 $T_\lambda S=ST_\lambda$。故 $|T_\lambda|S=S|T_\lambda|$。进而 $|T_\mu|S=S|T_\mu|$。如果 $S=T_k$，则 $|T_\mu|T_k=T_k|T_\mu|$。

其他结论类似可证。

定理 7.5.2　设 $T\in S(H)$。如果 $\forall\lambda\in\mathbb{R}$ 有 E_λ 是从 H 到 T_λ^+ 的零空间 $N(T_\lambda^+)$ 上的投影算子，则 $\{E_\lambda:\lambda\in\mathbb{R}\}$ 是 $[m,M]$ 上的一个谱族。

证明：(1) $\forall\lambda,\mu\in\mathbb{R}$ 且 $\lambda<\mu$。由定理 7.5.1，则 $T_\lambda^+-T_\lambda=T_\lambda^-\geqslant 0$，即 $T_\lambda^+\geqslant T_\lambda$。故

$$T_\lambda^+-T_\mu\geqslant T_\lambda-T_\mu=(\mu-\lambda)I\geqslant 0$$

由推论 7.5.1 可得，$T_\lambda^+-T_\mu$ 与 T_μ^+ 可交换。由定理7.5.1 可得，$T_\mu^+\geqslant 0$ 且 $T_\mu^+T_\mu^-=0$。由定理 7.4.1，则

$$T_\mu^+T_\lambda^+-(T_\mu^+)^2=T_\mu^+T_\lambda^+-T_\mu^{+2}+T_\mu^+T_\mu^-=T_\mu^+(T_\lambda^+-T_\mu)\geqslant 0\text{，即 }T_\mu^+T_\lambda^+\geqslant(T_\mu^+)^2$$

$\forall x\in N(T_\lambda^+)$，则 $T_\lambda^+x=0$。由

$$\|T_\mu^+x\|^2=[(T_\mu^+)^2x,x]\leqslant[T_\mu^+(T_\lambda^+x),x]=[0,x]=0$$

则 $x\in N(T_\mu^+)$。因此 $N(T_\lambda^+)\subseteq N(T_\mu^+)$。由定理 6.7.3，则 $E_\lambda\leqslant E_\mu$。

(2) 设 $\lambda<m$，假设 $E_\lambda\neq 0$，则 $\exists z\in H$ 使得 $x=E_\lambda z\neq 0$。不妨设 $\|x\|=1$，由定理 7.5.1(4)可得，$T_\lambda E_\lambda=-T_\lambda^-\leqslant 0$，这与

$$\begin{aligned}[(T_\lambda E_\lambda)x,x]&=[T_\lambda(E_\lambda x),x]=[T_\lambda x,x]=[Tx,x]-\lambda\|x\|^2\\&\geqslant\inf\{[Tx,x]:\|x\|=1\}-\lambda=m-\lambda>0\end{aligned}$$

产生矛盾。故 $E_\lambda=0$，因此 $\lim\limits_{\lambda\to-\infty}E_\lambda x=0$。

设 $\lambda>M$。假设 $E_\lambda\neq I$，则 $\exists x\in H$ 使得 $\|x\|=1$ 且 $(I-E_\lambda)x=x$。由定理 7.5.1(4)可得，$T_\lambda(I-E_\lambda)=T_\lambda^+\geqslant 0$，这与

$$\begin{aligned}[(T_\lambda(I-E_\lambda))x,x]&=[T_\lambda((I-E_\lambda)x),x]=[T_\lambda(x),x]=[Tx,x]-\lambda\|x\|^2\\&\leqslant\sup\{[Tx,x]:\|x\|=1\}-\lambda=M-\lambda<0\end{aligned}$$

产生矛盾。故 $E_\lambda=I$，因此 $\lim\limits_{\lambda\to+\infty}E_\lambda x=x$。

(3) $\forall\lambda,\mu\in\mathbb{R}$，$\lambda<\mu$，$\Delta=(\lambda,\mu]$，定义 $E(\Delta)=E_\mu-E_\lambda$。由 $\lambda<\mu$，则 $E_\lambda\leqslant E_\mu$。由定理 6.7.3，则 $E(\Delta)=E_\mu-E_\lambda$ 是一个投影算子。因此

$$E_\mu E(\Delta)=E_\mu^2-E_\mu E_\lambda=E_\mu-E_\lambda=E(\Delta)$$

且

$$(I-E_\lambda)E(\Delta)=E(\Delta)-E_\mu E_\lambda+E_\lambda^2=E(\Delta)$$

由 $E(\Delta)$，T_μ^- 和 T_λ^+ 是可交换正算子，则 $T_\mu^-E(\Delta)\geqslant 0$ 且 $T_\lambda^+E(\Delta)\geqslant 0$。由定理 7.5.1 (4)，则

$$TE(\Delta)-\mu E(\Delta)=T_\mu E(\Delta)=T_\mu(E_\mu E(\Delta))=(T_\mu E_\mu)E(\Delta)=-T_\mu^-E(\Delta)\leqslant 0$$

$$TE(\Delta)-\lambda E(\Delta)=T_\lambda E(\Delta)=T_\lambda((I-E_\lambda)E(\Delta))=(T_\lambda(I-E_\lambda))E(\Delta)=T_\lambda^+E(\Delta)\geqslant 0\text{。}$$

因此 $\lambda E(\Delta)\leqslant TE(\Delta)\leqslant\mu E(\Delta)$。

(4) 设 $\mu>\lambda$，则 $E_\mu\geqslant E_\lambda$。$\forall x\in H$，由定理 7.4.2，$\lim\limits_{\mu\to\lambda+}E(\Delta)x=P(\lambda)x$，其中 $P(\lambda)$ 是有界自伴算子。由 $E(\Delta)$ 是幂等元，则 $P(\lambda)$ 是幂等元。由定理 6.7.1，则 $P(\lambda)$ 是投影算子，故

$$\lim_{\mu\to\lambda+}(\mu E(\Delta))x=\lim_{\mu\to\lambda+}\mu\lim_{\mu\to\lambda+}E(\Delta)x=\lambda P(\lambda)x$$

由 $\lambda E(\Delta)\leqslant TE(\Delta)\leqslant\mu E(\Delta)$ 及夹逼准则可得,

$$\lambda P(\lambda)x=\lim_{\mu\to\lambda+}(TE(\Delta)x)=T(\lim_{\mu\to\lambda+}E(\Delta)x)=TP(\lambda)x$$

由 x 的任意性,则 $\lambda P(\lambda)=TP(\lambda)$,即 $T_\lambda P(\lambda)=0$。

由 $$T_\lambda^+P(\lambda)=((I-E_\lambda)T_\lambda)P(\lambda)=(I-E_\lambda)(T_\lambda P(\lambda))=0$$

则 $T_\lambda^+(P(\lambda)x)=(T_\lambda^+P(\lambda))x=0$,$\forall x\in H$ 且 $P(\lambda)x\in N(T_\lambda^+)$

故 $E_\lambda(P(\lambda)x)=P(\lambda)x$。因此 $(I-E_\lambda)P(\lambda)x=0$。

由 $(I-E_\lambda)E(\Delta)=E(\Delta)$,则

$$\begin{aligned}\lim_{\mu\to\lambda+}E(\Delta)x&=\lim_{\mu\to\lambda+}((I-E_\lambda)E(\Delta))x\\&=(I-E_\lambda)(\lim_{\mu\to\lambda+}E(\Delta)x)=(I-E_\lambda)P(\lambda)x=0\end{aligned}$$

由 $E(\Delta)=E_\mu-E_\lambda$,则 $\lim\limits_{\mu\to\lambda+}E_\mu x=E_\lambda x$,故 $\{E_\lambda:\lambda\in\mathbb{R}\}$ 右连续。

7.6 有界自伴算子的谱表示

由上节可知,复 Hilbert 空间上的每一个有界自伴算子都可以生成一个谱族。在本节,用该谱族给出算子的一个谱表示,即下述定理 7.6.1 给出的算子的积分表示。定理 7.6.1 中积分下限写作 $m-0$ 表示:当 $m\neq0$ 且 $E_m\neq0$ 时,必须考虑 $\lambda=m$ 时的投影算子 E_m。

故 $\forall a<m$ 有 $\int_a^M\lambda\,\mathrm{d}E_\lambda=\int_{m-0}^M\lambda\,\mathrm{d}E_\lambda=mE_m+\int_m^M\lambda\,\mathrm{d}E_\lambda$。

注记: $m=\inf\{[Tx,x]:\|x\|=1\}$,$M=\sup\{[Tx,x]:\|x\|=1\}$。

类似地,如果 $p(\lambda)$ 是 λ 的实系数多项式,$\forall a<m$ 有

$$\int_a^M p(\lambda)\mathrm{d}E_\lambda=\int_{m-0}^M p(\lambda)\mathrm{d}E_\lambda=p(m)E_m+\int_m^M p(\lambda)\mathrm{d}E_\lambda$$

定理 7.6.1 设 $T\in S(H)$。

(1) T 有谱表示 $T=\int_{m-0}^M\lambda\,\mathrm{d}E_\lambda$,其中 $\{E_\lambda:\lambda\in\mathbb{R}\}$ 是定理 7.5.2 中定义的 T 的一个谱族。积分依 $B(H)$ 中的范数拓扑收敛且 $\forall x,y\in H$ 有 $[Tx,y]=\int_{m-0}^M\lambda\,\mathrm{d}[E_\lambda x,y]$。

(2) 若 $p(\lambda)=a_0+a_1\lambda+a_2\lambda^2+\cdots+a_n\lambda^n$ 是一个实系数多项式,则 $p(T)$ 有谱表示 $p(T)=\int_{m-0}^M p(\lambda)\mathrm{d}E_\lambda$ 且 $\forall x,y\in H$ 有 $[p(T)x,y]=\int_{m-0}^M p(\lambda)\mathrm{d}[E_\lambda x,y]$。

证明: (1) $\forall n\in\mathbb{N}$,给定 $(a,b]$ 的一个划分 $\{P_n\}$,其中 $a<m$,$b>M$。P_n 将 $(a,b]$ 划分成 $\Delta_{n,k}=(\lambda_{n,k},\mu_{n,k})$,其中 $k=1,2,\cdots,n$。当 $k=1,2,\cdots,n-1$ 时,$\lambda_{n,k+1}=\mu_{n,k}$。设区间 $\Delta_{n,k}$ 的长度为 $l(\Delta_{n,k})=\mu_{n,k}-\lambda_{n,k}$,$\|P_n\|=\max\limits_{1\leqslant k\leqslant n}l(\Delta_{n,k})$ 且 $\lim\limits_{n\to\infty}\|P_n\|=0$。

由定理 7.5.2 可得,$\lambda_{n,k}E(\Delta_{n,k})\leqslant TE(\Delta_{n,k})\leqslant\mu_{n,k}E(\Delta_{n,k})$。两边求和可得

$$\sum_{k=1}^n\lambda_{n,k}E(\Delta_{n,k})\leqslant\sum_{k=1}^n TE(\Delta_{n,k})\leqslant\sum_{k=1}^n\mu_{n,k}E(\Delta_{n,k})$$

由 $\lambda_{n,0}=a<m$,$\mu_{n,n}=b>M$,则 $E_{\lambda_{n,0}}=0$,$E_{\mu_{n,n}}=I$。由 $E(\Delta_{n,k})=E_{\mu_{n,k}}-E_{\lambda_{n,k}}$,则

$$\sum_{k=1}^{n} E(\Delta_{n,k}) = \sum_{k=1}^{n} (E_{\mu_{n,k}} - E_{\lambda_{n,k}}) = E_{\mu_{n,n}} - E_{\lambda_{n,0}} = I - 0 = I$$

$\forall \varepsilon > 0$，$\exists N$，$\forall n > N$ 有 $\| P_n \| < \frac{\varepsilon}{2}$。$\forall \xi_{n,k} \in (\lambda_{n,k}, \mu_{n,k})$ 有

$$\begin{aligned}
\sum_{k=1}^{n} TE(\Delta_{n,k}) - \sum_{k=1}^{n} \xi_{n,k} E(\Delta_{n,k}) &= \sum_{k=1}^{n} (TE(\Delta_{n,k}) - \xi_{n,k} E(\Delta_{n,k})) \\
&\leqslant \sum_{k=1}^{n} (\mu_{n,k} - \xi_{n,k}) E(\Delta_{n,k}) \\
&\leqslant \sum_{k=1}^{n} (\mu_{n,k} - \lambda_{n,k}) E(\Delta_{n,k}) \\
&= \sum_{k=1}^{n} l(\Delta_{n,k}) E(\Delta_{n,k}) \\
&\leqslant \sum_{k=1}^{n} \| P_n \| E(\Delta_{n,k}) \\
&< \frac{\varepsilon}{2} \sum_{k=1}^{n} E(\Delta_{n,k}) = \frac{\varepsilon}{2} I
\end{aligned}$$

且

$$\begin{aligned}
\sum_{k=1}^{n} TE(\Delta_{n,k}) - \sum_{k=1}^{n} \xi_{n,k} E(\Delta_{n,k}) &= \sum_{k=1}^{n} (TE(\Delta_{n,k}) - \xi_{n,k} E(\Delta_{n,k})) \\
&\geqslant \sum_{k=1}^{n} (\lambda_{n,k} - \xi_{n,k}) E(\Delta_{n,k}) \\
&\geqslant - \sum_{k=1}^{n} (\mu_{n,k} - \lambda_{n,k}) E(\Delta_{n,k}) \\
&= - \sum_{k=1}^{n} l(\Delta_{n,k}) E(\Delta_{n,k}) \\
&\geqslant - \sum_{k=1}^{n} \| P_n \| E(\Delta_{n,k}) \\
&> - \frac{\varepsilon}{2} \sum_{k=1}^{n} E(\Delta_{n,k}) = - \frac{\varepsilon}{2} I
\end{aligned}$$

则 $\| T - \sum_{k=1}^{n} \xi_{n,k} E(\Delta_{n,k}) \| \leqslant \| \frac{\varepsilon}{2} I \| = \frac{\varepsilon}{2} < \varepsilon$。因此 $T = \lim_{\| P_n \| \to 0} \sum_{k=1}^{n} \xi_{n,k} E(\Delta_{n,k}) = \int_{m-0}^{M} \lambda \, \mathrm{d} E_\lambda$。

由于和式按照算子范数拓扑收敛，则和式也按照强算子范数拓扑收敛。由内积的连续性，则 $\forall x, y \in H$ 有 $[Tx, y] = \int_{m-0}^{M} \lambda \, \mathrm{d}[E_\lambda x, y]$。

(2) $\forall j \in \mathbb{N}$，$p(\lambda) = \lambda^j$。$\forall k < \lambda \leqslant \mu < \nu$。由定义 7.5.1 可得

$$(E_\lambda - E_k)(E_\mu - E_\nu) = E_\lambda E_\mu - E_\lambda E_\nu - E_k E_\mu + E_k E_\nu = E_\lambda - E_\lambda - E_k + E_k = 0$$

当 $j \neq k$，则 $E(\Delta_{n,j}) E(\Delta_{n,k}) = 0$。由 $E(\Delta_{n,j})$ 是投影，则 $\forall s \in \mathbb{N}$ 有

$$E(\Delta_{n,j})^s = E(\Delta_{n,j})$$

进而

$$\left(\sum_{k=1}^{n} \xi_{n,k} E(\Delta_{n,k}) \right)^j = \sum_{k=1}^{n} \xi_{n,k}^j E(\Delta_{n,k})$$

如果

$$T=\lim_{\|P_n\|\to 0}\sum_{k=1}^{n}\xi_{n,k}E(\Delta_{n,k})=\int_{m-0}^{M}\lambda\,\mathrm{d}E_\lambda$$

则 $\forall\varepsilon>0$，$\exists N$，当 $n>N$ 时，

$$\|T^j-\sum_{k=1}^{n}\xi_{n,k}^{j}E(\Delta_{n,k})\|<\varepsilon$$

由极限的线性性可得，$p(T)=\int_{m-0}^{M}p(\lambda)\mathrm{d}E_\lambda$。

由内积的连续性，则 $\forall x, y\in H$ 有 $[p(T)(x), y]=\int_{m-0}^{M}p(\lambda)\mathrm{d}[E_\lambda(x), y]$。

对于给定的有界自伴算子，要真正确定它的谱族，一般来说是不容易的。对某些相对简单的情况，由上述定理可以推测它的谱族。

下面给出算子 $p(T)$ 的性质。证明略去。

定理 7.6.2　设 $T\in S(H)$，p，p_1，p_2 是实系数多项式，α，$\beta\in\mathbb{R}$。

(1) $p(T)\in S(H)$。

(2) 如果 $p(\lambda)=\alpha p_1(\lambda)+\beta p_2(\lambda)$，则 $p(T)=\alpha p_1(T)+\beta p_2(T)$。

如果 $p(\lambda)=p_1(\lambda)p_2(\lambda)$，则 $p(T)=p_1(T)p_2(T)$。

(3) 如果 $\forall\lambda\in[m, M]$ 有 $p(\lambda)\geqslant 0$，则 $p(T)\geqslant 0$。

(4) $\|p(T)\|\leqslant\max\{|p(\lambda)|: \lambda\in[m, M]\}$。

(5) 如果 $S\in B(H)$ 是自伴算子且 $TS=ST$，则 $p(T)S=Sp(T)$。

现在将上述定理推广到连续函数的情形，首先明确 $f(T)$ 的含义。

设 $T\in S(H)$，$f(\lambda)$ 是 $[m, M]$ 上的连续函数。由 Weierstrass 定理，则存在实系数多项式序列 $\{p_n(\lambda)\}$ 使得 $\{p_n(\lambda)\}$ 在 $[m, M]$ 上一致收敛于 $f(\lambda)$。因此得到一个自伴算子序列 $\{p_n(T)\}$。由定理 7.6.2，则

$$\|p_n(T)-p_m(T)\|\leqslant\max_{\lambda\in[m, M]}|p_n(\lambda)-p_m(\lambda)|$$

由 $\{p_n(\lambda)\}$ 收敛，则 $\{p_n(\lambda)\}$ 是 Cauchy 列。进而 $\{p_n(T)\}$ 是 $B(H)$ 中的 Cauchy 列。由 $B(H)$ 是完备的，则 $\{p_n(T)\}$ 收敛。定义 $f(T)=\lim\limits_{n\to\infty}p_n(T)$。为了说明 $f(T)$ 的定义是合理的，只需证明 $f(T)$ 仅依赖于 $f(\lambda)$ 和 T，与 $\{p_n(T)\}$ 的选取无关。

证明： 设实系数多项式列 $\{q_n(\lambda)\}$ 在 $[m, M]$ 上一致收敛于 $f(\lambda)$ 且 $\lim\limits_{n\to\infty}q_n(T)=g(T)$。由 $\lim\limits_{n\to\infty}(p_n(\lambda)-q_n(\lambda))=0$ 及定理 7.6.2 可得，$\lim\limits_{n\to\infty}(p_n(T)-q_n(T))=0$。因此 $\forall\varepsilon>0$，$\exists N$，当 $n>N$ 时，

$$\|g(T)-q_n(T)\|<\frac{\varepsilon}{3},\ \|q_n(T)-p_n(T)\|<\frac{\varepsilon}{3}\text{和}\ \|p_n(T)-f(T)\|<\frac{\varepsilon}{3}$$

进而

$$\|g(T)-f(T)\|\leqslant\|g(T)-q_n(T)\|+\|q_n(T)-p_n(T)\|+\|p_n(T)-f(T)\|<\varepsilon$$

由 ε 的任意性可得，$\|g(T)-f(T)\|=0$ 且 $g(T)-f(T)=0$，故 $g(T)=f(T)$。

现在将定理 7.6.1 从多项式推广到实值连续函数。

定理 7.6.3　设 $T\in S(H)$，f 是 $[m, M]$ 上的连续函数，则 $f(T)$ 有谱表示

$$f(T)=\int_{m-0}^{M}f(\lambda)\mathrm{d}E_\lambda\quad\text{且}\quad[f(T)(x), y]=\int_{m-0}^{M}f(\lambda)\mathrm{d}[E_\lambda x, y],\ \forall x, y\in H$$

将定理 7.6.2 中的 $p(T)$ 换成 $f(T)$ 可得下面的结论。

推论 7.6.1　设 T 是复 Hilbert 空间 H 上的有界自伴线性算子，f，f_1，f_2 是 $[m, M]$ 上的连续函数，则定理 7.6.2 仍然成立。

有趣的是，Hilbert 空间上的有界自伴算子的谱族直接而且明显地反映出谱的性质。

在有限维空间上，$E_{\lambda_0}-E_{\lambda_0-0}\neq 0$ 当且仅当 $\lambda_0\in\sigma_p(T)$。值得注意的是，下面的定理表明，在无线维空间中仍有这个性质。

定理 7.6.4　设 $T\in S(H)$，$\{E_\lambda: \lambda\in\mathbb{R}\}$ 是 T 的一个谱族，则 $\lambda_0\in\sigma_p(T)$ 当且仅当 $E_{\lambda_0}\neq E_{\lambda_0-0}$。进而特征空间 $N(T-\lambda_0 I)=R(E_{\lambda_0}-E_{\lambda_0-0})$。

证明： 设 $F_0=E_{\lambda_0}-E_{\lambda_0-0}$。当 $\lambda<\mu$ 时，则 $\lambda E(\Delta)\leqslant TE(\Delta)\leqslant\mu E(\Delta)$。$\forall n\in\mathbb{N}$，取 $\lambda=\lambda_0-\dfrac{1}{n}$，$\mu=\lambda_0$，$\Delta_n=\left(\lambda_0-\dfrac{1}{n}, \lambda_0\right]$，则 $\left(\lambda_0-\dfrac{1}{n}\right)E(\Delta_n)\leqslant TE(\Delta_n)\leqslant\lambda_0 E(\Delta_n)$。

由 $E(\Delta)=E_\mu-E_\lambda$，则 $E(\Delta_n)=E_{\lambda_0}-E_{\lambda_0-\frac{1}{n}}$。故 $\{E(\Delta_n)\}$ 是一个可交换的、单调递减的投影算子列。由定理 7.4.2，则 $\{E(\Delta_n)\}$ 在强算子拓扑中收敛。由 E_λ 是 H 到 $N(T_\lambda^+)$ 上的投影算子，则 $E(\Delta_n)\xrightarrow{s}E_{\lambda_0}-E_{\lambda_0-0}=F_0$。

由 $\left(\lambda_0-\dfrac{1}{n}\right)E(\Delta_n)\leqslant TE(\Delta_n)\leqslant\lambda_0 E(\Delta_n)$，则 $\lambda_0 F_0\leqslant TF_0\leqslant\lambda_0 F_0$ 且 $TF_0=\lambda_0 F_0$，故

$$(T-\lambda_0)F_0=0 \quad 且 \quad R(F_0)=R(E_{\lambda_0}-E_{\lambda_0-0})\subseteq N(T-\lambda_0 I)$$

充分性。若 $E_{\lambda_0}\neq E_{\lambda_0-0}$，则 $R(E_{\lambda_0}-E_{\lambda_0-0})\neq\{0\}$。故 $N(T-\lambda_0 I)\neq\{0\}$ 且 $\lambda_0\in\sigma_p(T)$。

必要性。设 $\lambda_0\in\sigma_p(T)$，则 $N(T-\lambda_0 I)\neq\{0\}$ 且 $\lambda_0\in[m, M]$。$\forall x\in N(T-\lambda_0 I)-\{0\}$，则 $(T-\lambda_0 I)x=0$ 且 $(T-\lambda_0 I)^2 x=0$。设 $a<m$，$b>M$，由定理 7.6.1 可得

$$\int_a^b(\lambda-\lambda_0)^2\mathrm{d}[E_\lambda x, x]=[(T-\lambda_0 I)^2 x, x]=0$$

由 $(\lambda-\lambda_0)^2\geqslant 0$ 且 $\{[E_\lambda x, x]\}$ 单调递增及上式可得，在任一正长度的子区间上的积分为零。

$\forall\varepsilon>0$，则

$$0=\int_a^{\lambda_0-\varepsilon}(\lambda-\lambda_0)^2\mathrm{d}[E_\lambda x, x]\geqslant\int_a^{\lambda_0-\varepsilon}\varepsilon^2\mathrm{d}[E_\lambda x, x]=\varepsilon^2[E_{\lambda_0-\varepsilon}x, x]$$

和

$$0=\int_{\lambda_0+\varepsilon}^b(\lambda-\lambda_0)^2\mathrm{d}[E_\lambda x, x]\geqslant\int_{\lambda_0+\varepsilon}^b\varepsilon^2\mathrm{d}[E_\lambda x, x]=\varepsilon^2([(I-E_{\lambda_0+\varepsilon})x, x])$$

由 ε 的任意性，则

$$[E_{\lambda_0-\varepsilon}x, x]=0 \quad 和 \quad [(I-E_{\lambda_0+\varepsilon})x, x]=0$$

故 $E_{\lambda_0-\varepsilon}x=0$，$(I-E_{\lambda_0+\varepsilon})x=0$ 且 $x=E_{\lambda_0+\varepsilon}x$。

因此 $x=E_{\lambda_0+\varepsilon}x=E_{\lambda_0+\varepsilon}x-0=(E_{\lambda_0+\varepsilon}-E_{\lambda_0-\varepsilon})x$。由谱族的右连续性可得，

$$\begin{aligned}x&=\lim_{\varepsilon\to 0+}(E_{\lambda_0+\varepsilon}-E_{\lambda_0-\varepsilon})x=\lim_{\varepsilon\to 0+}E_{\lambda_0+\varepsilon}x-\lim_{\varepsilon\to 0+}E_{\lambda_0-\varepsilon}x\\&=E_{\lambda_0}x-E_{\lambda_0-0}x=(E_{\lambda_0}-E_{\lambda_0-0})x=F_0 x\end{aligned}$$

故 $x\in R(F_0)$ 且 $N(T-\lambda_0 I)\subseteq R(F_0)$。因此 $N(T-\lambda_0 I)=R(F_0)=R(E_{\lambda_0}-E_{\lambda_0-0})$。

定理 7.6.5　设 $T\in S(H)$，$\{E_\lambda: \lambda\in\mathbb{R}\}$ 是 T 的一个谱族，则 $\lambda_0\in\rho(T)$ 当且仅当 $\exists\gamma>0$ 使得 $\{E_\lambda\}$ 在 $[\lambda_0-\gamma, \lambda_0+\gamma]$ 上是不变的。

证明： 充分性。设 $\lambda_0\in\mathbb{R}$ 且 $\exists\gamma>0$ 使得 $\{E_\lambda: \lambda\in\mathbb{R}\}$ 在 $K=[\lambda_0-\gamma, \lambda_0+\gamma]$ 上是不变

的。由定理 7.6.1，则 $\forall x\in H$ 有

$$\|(T-\lambda_0 I)x\|^2=[(T-\lambda_0 I)^2x, x]=\int_{m-0}^{M}(\lambda-\lambda_0)^2\mathrm{d}[E_\lambda x, x]$$

由 $\{E_\lambda\}$ 在 K 上不变，则上述积分在 K 上为零。$\forall\lambda\notin K$，则 $(\lambda-\lambda_0)^2\geqslant\gamma^2$ 且

$$\begin{aligned}\|(T-\lambda_0 I)x\|^2&=\int_{m-0}^{M}(\lambda-\lambda_0)^2\mathrm{d}[E_\lambda x, x]\geqslant\gamma^2\int_{m-0}^{M}1\mathrm{d}[E_\lambda x, x]\\&=\gamma^2[Ix, x]=\gamma^2\|x\|^2\end{aligned}$$

即 $\exists\gamma>0$，$\forall x\in H$ 有 $\|(T-\lambda_0 I)x\|\geqslant\gamma\|x\|$。由定理 7.3.2，则 $\lambda_0\in\rho(T)$。

必要性。设 $\lambda_0\in\rho(T)$。由定理 7.3.2，则 $\exists\gamma>0$，$\forall x\in H$ 有 $\|(T-\lambda_0 I)x\|\geqslant\gamma\|x\|$。用反证法。假设 $\{E_\lambda\}$ 在 K 上是变化的。由 $\lambda<\mu$ 时，$E_\lambda\leqslant E_\mu$。故 $\exists\eta\in(0, \gamma)$，即存在 $0<\eta<\gamma$ 使得 $E_{\lambda_0+\eta}-E_{\lambda_0-\eta}\neq0$。故 $\exists y\in H$ 使得

$$x=(E_{\lambda_0+\eta}-E_{\lambda_0-\eta})y\neq0$$

进而

$$E_\lambda x=E_\lambda(E_{\lambda_0+\eta}-E_{\lambda_0-\eta})y=(E_\lambda E_{\lambda_0+\eta}-E_\lambda E_{\lambda_0-\eta})y$$

当 $\lambda<\lambda_0-\eta$，则 $E_\lambda\leqslant E_{\lambda_0-\eta}\leqslant E_{\lambda_0+\eta}$ 且 $E_\lambda E_{\lambda_0+\eta}=E_\lambda$，$E_\lambda E_{\lambda_0-\eta}=E_\lambda$，故 $E_\lambda x=0$。

当 $\lambda>\lambda_0+\eta$，则 $E_{\lambda_0-\eta}\leqslant E_{\lambda_0+\eta}\leqslant E_\lambda$ 且 $E_\lambda E_{\lambda_0+\eta}=E_{\lambda_0+\eta}$，$E_\lambda E_{\lambda_0-\eta}=E_{\lambda_0-\eta}$。

故 $E_\lambda x=(E_{\lambda_0+\eta}-E_{\lambda_0-\eta})y=x$。因此 $\lambda\notin K$ 时，$E_\lambda x$ 与 λ 无关。进而积分为零。

当 $\lambda\in K$，则 $\lambda_0-\eta<\lambda<\lambda_0+\eta$，故

$$E_{\lambda_0-\eta}\leqslant E_\lambda\leqslant E_{\lambda_0+\eta}\text{ 且 }E_\lambda E_{\lambda_0+\eta}=E_\lambda,\ E_\lambda E_{\lambda_0-\eta}=E_{\lambda_0-\eta}$$

因此 $[E_\lambda x, x]=[(E_\lambda-E_{\lambda_0-\eta})y, y]$。

一方面，由定理 7.6.1 及 $\|(T-\lambda_0 I)x\|\geqslant\gamma\|x\|$，则

$$\begin{aligned}\int_{m-0}^{M}(\lambda-\lambda_0)^2\mathrm{d}[E_\lambda x, x]&=[(T-\lambda_0 I)^2x, x]=\|(T-\lambda_0 I)x\|^2\geqslant\gamma^2\|x\|^2\\&=\gamma^2\int_{m-0}^{M}1\mathrm{d}[E_\lambda x, x]\end{aligned}$$

进而

$$\int_{\lambda_0-\eta}^{\lambda_0+\eta}(\lambda-\lambda_0)^2\mathrm{d}[E_\lambda x, x]=\int_{\lambda_0-\eta}^{\lambda_0+\eta}(\lambda-\lambda_0)^2\mathrm{d}[E_\lambda y, y]\geqslant\gamma^2\int_{\lambda_0-\eta}^{\lambda_0+\eta}1\mathrm{d}[E_\lambda y, y]$$

另一方面，由 $-\eta<\lambda-\lambda_0<\eta$，则 $(\lambda-\lambda_0)^2\leqslant\eta^2<\gamma^2$。由 $\int_{\lambda_0-\eta}^{\lambda_0+\eta}1\mathrm{d}[E_\lambda y, y]>0$，则

$$\int_{\lambda_0-\eta}^{\lambda_0+\eta}(\lambda-\lambda_0)^2\mathrm{d}[E_\lambda y, y]<\gamma^2\int_{\lambda_0-\eta}^{\lambda_0+\eta}1\mathrm{d}[E_\lambda y, y]$$

产生矛盾，故 $\{E_\lambda\}$ 在 K 不变。

习　题　七

7.1　设 $T\in B(\mathbb{C}^n)$。求证：$\sigma(T)=\sigma_p(T)$。

7.2　设 $X=C[0, 1]$，$(Ax)t=tx(t)$，$x\in X$。求证：$\sigma(A)=[0, 1]$ 且 $\sigma_p(A)=\varnothing$。

7.3　设 $X=C[0, 2\pi]$，$(Ax)t=\mathrm{e}^{it}x(t)$，$x\in X$。求证：$\sigma(A)=\{\lambda\in\mathbb{C}: |\lambda|=1\}$。

7.4　设 $X=l^2$，$Ax=A(x_1, x_2, x_3, \cdots, x_n, \cdots)=(x_2, x_3, \cdots, x_n, \cdots)$，求 $\sigma(A)$。

7.5　设 $X=l^2$，

$Tx=T(x_1, x_2, x_3, \cdots, x_n, \cdots)=(0, -x_1, -x_2, -x_3, \cdots, -x_n, \cdots)$

求证：$\sigma_p(T)=\varnothing$，$\rho(T)=\{\lambda\in\mathbb{C}: |\lambda|>1\}$。

7.6　设 T 是 Hilbert 空间 H 上的有界线性算子，T^* 为 T 的共轭算子。

求证：$\sigma(T^*)=\{\lambda\in\mathbb{C}: \lambda\in\sigma(T)\}=\overline{\sigma(T)}$。

7.7　求证：Volterra 积分方程 $\lambda x(t)-\int_a^b K(t, s)x(s)\mathrm{d}s=v(t)$ 有唯一解 $\tilde{x}\in C[a, b]$，其中 $t\in[a, b]$，$x, v\in C[a, b]$，$\lambda\in\mathbb{C}$，$K(s, t)$ 在矩形域 $D=\{(t, s): a\leqslant s, t\leqslant b\}$ 上连续。

7.8　设 $T: l^2\to l^2$，定义 $Tx=\left(\frac{x_2}{1}, \frac{x_3}{2}, \cdots, \frac{x_{n+1}}{n}, \cdots\right)$，$x=(x_1, x_2, \cdots, x_n, \cdots)\in l^2$。

求证：T 是紧算子且 $\sigma_p(T)=\{0\}$。

7.9　设 $(T\varphi)s=\int_0^1 \mathrm{e}^{s+t}\varphi(t)\mathrm{d}t$。求 T 的特征值和特征函数。

7.10　设 $K(s, t)$ 在 $D=\{(t, s): a\leqslant s, t\leqslant b\}$ 上有定义，$K(s, t)\in L^2(D)$ 且 $K(s, t)=K(t, s)$。定义 $(T\varphi)s=\int_a^b K(s, t)\varphi(t)\mathrm{d}t$。求证：

(1) T 是自伴的紧算子。

(2) 如果 T 所有特征值 λ_n 都不等于 1，则 $\varphi(s)=f(s)+\int_a^b K(s, t)\varphi(t)\mathrm{d}t$ 有唯一解

$$\tilde{\varphi}(s)=\sum_{n=1}^{\infty}\frac{[f, g_n]}{1-\lambda_n}g_n$$

其中 g_n 是对应于特征值 λ_n 的单位特征向量(λ_n 可以为零)。

7.11　求证：对于复平面 $\mathbb{C}$ 上任意一个有界闭集 K，都存在一个有界线性算子 A 使得 $\sigma(A)=K$。

参考文献

[1] 华东师范大学数学系. 数学分析(上册). 4 版. 北京：高等教育出版社，2010.

[2] 华东师范大学数学系. 数学分析(下册). 4 版. 北京：高等教育出版社，2010.

[3] 克莱鲍尔. 数学分析. 庄亚栋，译. 上海：上海科技出版社，1981.

[4] 北京大学数学系几何与代数教研室. 高等代数. 3 版. 北京：高等教育出版社，2003.

[5] 张禾瑞. 近世代数. 北京：高等教育出版社，1978.

[6] 聂灵沼，丁石孙. 代数学引论. 北京：高等教育出版社. 2 版，2000.

[7] 熊金城. 点集拓扑学. 2 版. 北京：高等教育出版社，1998.

[8] GAMLIN T W，GREENE R E，Introduction to Topology，NewYork：CBS college publishing，1983.

[9] 胡适耕. 实变函数. 2 版. 北京：高等教育出版社，2014.

[10] 周性伟. 实变函数. 2 版. 北京：科学出版社，2007.

[11] 程民德，邓东皋，龙瑞林. 实分析. 2 版. 北京：高等教育出版社，2008.

[12] PEDERSEN G K. Analysis Now. Beijing：Spring-Verlag，1990.

[13] RUDIN W. Real and complex analysis. Third edition. Beijing：China Machine Press，2003.

[14] 李广民，刘三阳. 应用泛函分析. 西安：西安电子科技大学，2003.

[15] CONWAY J B. A course in functional analysis. Second edition. 北京：世界图书出版社，1990.

[16] 曹怀信，张建华,陈峥立，等. 泛函分析引论. 西安：陕西师范大学出版社，2006.

[17] SCHECHTER M. 泛函分析原理. 游若云，徐天芳，译. 大连：辽宁科技出版社，1986.

[18] 柳重堪. 应用泛函分析. 北京：国防工业出版社，1986.

[19] 徐利治，周蕴时，孙玉柏. 逼近论. 北京：国防工业出版社，1985.

[20] 刘培德. 泛函分析基础. 武昌：武汉大学出版社，2001.

[21] 时宝，王兴平，盖明久，等. 泛函分析引论及其应用. 北京：国防工业出版社，2006.

[22] 韩崇昭. 应用泛函分析. 北京：清华大学出版社，2008.

[23] BANACH S. 线性算子理论. 金成桴,译. 北京：科学出版社，2011.

[24] 孙炯，王忠. 线性算子的谱理论. 北京：科学出版社，2005.

[25] KREYSZIG E. 泛函分析导论及应用. 蒋正新，吕善伟，张式淇，译. 北京：北京航空学院出版社，1987.

[26] SCHECTER M. Operator Methods in Quantum Mechanics. Elsevier，North-Holland，1981.

[27] 程其襄，张奠宙，胡善文，等. 实变函数与泛函分析基础. 2 版. 北京：高等教育出版社，2003.

[28] BOBROWSKI A. Functional Analysis for Probability and Stochastic Process. Cam-

bridge：Cambridge University Press，2005.

[29] 曹怀信，张建华，陈峥立，等. 实变函数与泛函分析. 北京：科学出版社，2017.

[30] 张恭庆，林源渠. 泛函分析讲义(上册). 2 版. 北京：北京大学出版社，2021.

[31] 张恭庆，郭懋正. 泛函分析讲义(下册). 北京：北京大学出版社，1990.

[32] 王声望，郑维行. 实变函数与泛函分析(第二册). 4 版. 北京：高等教育出版社，1989.

[33] 许全华，马涛，尹智. 泛函分析讲义. 北京：高等教育出版社，2017.